Die Hartzerkleinerung

Maschinen, Theorie und Anwendung in den verschiedenen Zweigen der Verfahrenstechnik

Von

Carl Mittag
Köln

Unter Mitarbeit von
Dr.-Ing. Hellmuth Weinrich
Köln

Mit 190 Abbildungen

Springer-Verlag
Berlin / Göttingen / Heidelberg
1953

ISBN-13: 978-3-642-92605-1 e-ISBN-13: 978-3-642-92604-4
DOI: 10.1007/978-3-642-92604-4

Softcover reprint of the hardcover 1st edition 1953

Vorwort.

Die Anregung zur Herausgabe dieses Buches wurde mir vom Springer-Verlag gegeben. Darüber hinaus entsprach dieser Gedanke auch meinem eigenen Wunsche, die Erfahrungen, die ich in einer mehr als fünf Jahrzehnte langen Berufstätigkeit auf dem Gebiete der Hartzerkleinerung sammeln konnte, hier niederzulegen. Diese Erfahrungen und Beobachtungen gaben mir auch den Leitfaden zu der Art der Abfassung dieser Arbeit.

Die Hartzerkleinerung hat in den letzten Jahrzehnten einen außerordentlichen Umfang angenommen, so daß eine das ganze Gebiet bis in alle Einzelheiten umfassende Behandlung den Umfang eines Lexikons annehmen würde. Dies wäre aber nicht der eigentliche Zweck dieser Arbeit. Hier handelt es sich vielmehr um die Schaffung eines Handbuches, das vielen Kreisen einen Gesamtüberblick über die Hartzerkleinerung und über ihre zweckmäßigste Anwendung in den verschiedenen Gebieten der Verfahrenstechnik vermitteln soll. Das heißt also:

1. den Studierenden an den technischen Hochschulen, den Bergakademien und technischen Lehranstalten einen leichtverständlichen Überblick über die Hartzerkleinerung allgemein, über ihre theoretischen Grundlagen und ihre Anwendung in der Industrie zu geben,

2. den Konstrukteur, der heute in der Zerkleinerungstechnik bereits weitgehend spezialisiert ist, mit dem Gesamtumfang seines Arbeitsgebietes vertraut zu machen,

3. den Projekteur bei seinen Entwurfsarbeiten ganzer Anlagen in der richtigen Auswahl der zweckmäßigsten Zerkleinerungsmaschinen zu unterstützen,

4. den Betriebsführern und Meistern in den verschiedenen verfahrenstechnischen Gebieten einen Einblick in die Arbeitsvorgänge der Zerkleinerungsmaschinen sowie einen Hinweis auf die vorteilhafteste Anwendung und Ausnützung dieser Maschinen zu vermitteln,

5. den Wissenschaftler mehr in die Sorgen des Praktikers einzuweihen, um hierdurch einen engeren Kontakt zwischen Theorie und Praxis zu schaffen und schließlich

6. den Erfinder zur weiteren Verbesserung der Zerkleinerungsmaschinen und Methoden anzuregen.

So hoffe und wünsche ich, daß dieses Buch den beabsichtigten Zweck erfüllen möge.

Köln, im März 1952.

Carl Mittag.

Inhaltsverzeichnis.

Erster Teil.

Die Hartzerkleinerung und ihre wichtigsten Maschinen.

Zweiter Teil.

Theoretische Grundzüge der physikalischen und technischen Zerkleinerung und ihre Bedeutung für die Praxis.

Dritter Teil.

Die Hartzerkleinerung in der Aufbereitungs- und Verfahrenstechnik.

Berichtigung.

S. 35, Abb. 39,

statt *Leistung* $L = \frac{A}{E}$ (m^3/h)

lies: *Leistung* $L = \frac{E}{A}$ (m^3/h).

Ordinate: statt kWh/t lies: kWh/m^3.

Erster Teil.

Die Hartzerkleinerung und ihre wichtigsten Maschinen.

A. Einleitung.

Bei der Behandlung der einzelnen Hartzerkleinerungsmaschinen ist von einer Gruppeneinteilung Abstand genommen worden, da sich eine solche Gruppeneinteilung sachlich schwer durchführen läßt. Verschiedene in der konstruktiven Durchbildung auf gleichartigem Zerkleinerungsprinzip beruhende Maschinen dienen sowohl zum Grobbrechen wie auch zum Feinbrechen oder sowohl zum Schroten wie auch zum Feinmahlen. Im übrigen ist auch eine solche Gruppeneinteilung für die Praxis belanglos. Selbstverständlich soll bei der Behandlung der einzelnen Maschinen eine gewisse Richtlinie innegehalten werden, und zwar in der Reihenfolge von der Grobzerkleinerung zur Feinzerkleinerung.

Es ist weiterhin davon Abstand genommen worden, bei allgemein bekannten Maschinenarten auf die Bauausführung einzelner Maschinenfabriken hinzuweisen, sofern nicht durch die besondere Ausführung ein bestimmter Zweck erreicht wird oder soweit es sich nicht um besondere Maschinentypen überhaupt handelt.

Ferner wird grundsätzlich vermieden, auf Patente, Gebrauchsmuster od. dgl. hinzuweisen, da gerade unter den derzeitigen Verhältnissen eine korrekte Behandlung dieser Fragen unmöglich erscheint.

In den Tabellen sind die Maschinengrößen bestimmter Typen nicht nach Katalogen einzelner Maschinenfabriken angegeben, sondern, soweit wie es möglich war, den bisherigen Festlegungen des Normenausschusses angepaßt worden. Diese Angaben tragen zwar noch keinen verbindlichen Charakter, zeigen aber dennoch den Weg zu dem erstrebten Ziel.

Was die Angaben der Leistungen der einzelnen Maschinen anbelangt, so sind diese natürlich nur als Durchschnittsleistungen zu bewerten. Gerade in der Hartzerkleinerung sind die Schwankungen in der Leistung der Maschinen sehr weitgehend. Hier spielt die Art des zu zerkleinernden Materials in physikalischer und in chemischer Hinsicht, wie auch der

Feuchtigkeitsgehalt eine erhebliche Rolle. Selbst Naturstoffe, wie Kalkstein oder Granit od. dgl. können einen spezifischen Mahlwiderstand in weiten Grenzen aufweisen, der aber bei der maschinellen Zerkleinerung nicht in unmittelbarer Beziehung zur spezifischen Festigkeit des Gesteins steht, wenngleich auch, ganz allgemein gesehen, das härtere Gestein einen höheren Arbeitsaufwand zur Zerkleinerung erfordert als das weniger harte. In der Tab. 1, die der Hütte, des Ingenieurs Taschenbuch 27. Auflage, entnommen ist, sind die Druckfestigkeiten einiger Gesteinsarten angegeben.

Tabelle 1. *Druckfestigkeiten kg/cm² einzelner Gesteinsarten.*

Granit	800—2700	Sandstein	150—3200
Gabbro	1000—2800	Grauwacke	1800—3600
Quarzporphyr	1900—3500	Kalkstein	250—1900
Basalt	1000—5800	Dolomit	500—1600
Gneis	1500—2300	Marmor	400—2800

Bei der Grob- und Mittelzerkleinerung ist die Leistung der Zerkleinerungsmaschine, unabhängig von der Art des Aufgabegutes, nur geringeren Schwankungen unterlegen, während der nach der Art des Aufgabegutes stark schwankende spez. Arbeitsbedarf in dem Leistungsbedarf der Maschine zum Ausdruck kommt. Bei der Feinzerkleinerung dagegen, besonders bei Kugel- und Rohrmühlen, äußert sich die Verschiedenheit in der Mahlbarkeit der Stoffe unmittelbar in der Leistung der Maschine, während der Leistungsbedarf nahezu konstant bleibt.

In den nachfolgenden Ausführungen wird die Leistung einer Maschine durch die Menge des zerkleinerten bzw. vermahlenen Gutes in t/h oder m³/h ausgedrückt. Unter Leistungsbedarf ist die Antriebsenergie, die die Zerkleinerungsmaschine zum Betrieb benötigt, zu verstehen. Sie entspricht der verlangten Leistung des Antriebsmittels, also in den meisten Fällen der vom Elektromotor verlangten Leistung, sofern dieser unmittelbar mit der Maschine gekuppelt ist. Der Leistungsbedarf kommt einheitlich in kW zum Ausdruck. Mit Rücksicht auf die auftretenden Schwankungen im Leistungsbedarf der Zerkleinerungsmaschine und mit Rücksicht auf das oftmals sehr beträchtliche Anlaßmoment der Maschine ist der Antriebsmotor zweckmäßig mit einer etwa 25% höheren Leistung zu wählen, als dem Leistungsbedarf der Zerkleinerungsmaschine entspricht.

Da die Leistung der Zerkleinerungsmaschinen häufig sowohl in Tonnen als auch in Kubikmeter erwünscht ist, so ist die Kenntnis der Schüttgewichte wertvoll. In der Tab. 2 sind neben den spezifischen Gewichten einer Reihe von Stoffen auch die Schüttgewichte des gebrochenen oder gemahlenen Gutes aufgeführt.

Tabelle 2. *Spezifische und Schüttgewichte.*

Gegenstand	Spezifisches Gewicht 1 dm³ = kg	Schüttgewicht gebrochen 1 m³ = kg	Schüttgewicht gemahlen 1 m³ = kg
Golderz	2,7	1800	—
Bleizinkerz	3,0	2000	—
Kupfererz	2,9—3,1	2000	—
Eisenerz	3,5—4,0	2500	—
Manganerz	3,0—3,6	2200	—
Zinn-Wolframerz	2,7—2,8	1800	—
Kalkstein	2,3—2,6	1600	1200
Schamotte	2,0—2,3	1400	1100
Dolomit	2,8—3,0	2000	1500
Quarzit	2,5—2,8	1800	1400
Magnesit	2,2—2,4	1500	1200
Feldspat	2,6	1700	1300
Steinkohle	1,2—1,5	900	700
Koks (Hütten-)	1,4	900	700
Thomasschlacke	2,5—3,0	1800	1400
Hochofenschlacke	2,5—3,0	1800	1400
Hüttenzement	—	1600	1200

Neben der mengenmäßigen Angabe der Leistung einer Zerkleinerungsmaschine ist auch der Körnungsanfall bei grob zerkleinertem Gut, wie auch der Feinheitsgrad des Mahlgutes bei der Feinzerkleinerung erforderlich, denn die beiden sich ergänzenden Angaben lassen erst die Beurteilung der Leistungsfähigkeit der Maschine zu. In der Praxis ist es heute noch allgemein üblich, den Körnungsanfall, wie auch den Feinheitsgrad des Mahlgutes durch Absiebung auf genormten Sieben festzustellen. Bewegt sich jedoch der Feinheitsgrad eines Mahlgutes unter 60 μ, entsprechend einem Sieb von 10000 Maschen/cm², so muß man zur weiteren Zerlegung des Mahlgutes zur Sedimentationsanalyse übergehen.

Tabelle 3. *Prüfsiebe.*

Prüfsieb		Nach DIN 1171		
Nr. Anzahl Maschen auf 1″ engl.	Nr. Anzahl Maschen auf 1 cm	Anzahl der Maschen je cm²	Lichte Maschenweite mm	Drahtstärke mm
10	4	16	1,5	1,00
13	5	25	1,2	0,80
15	6	36	1,02	0,65
20	8	64	0,75	0,50
25	10	100	0,60	0,40
28	11	121	0,54	0,37
30	12	144	0,49	0,34
35	14	196	0,43	0,28
40	16	256	0,385	0,24
50	20	400	0,300	0,20
60	24	576	0,250	0,17
75	30	900	0,200	0,13
100	40	1600	0,150	0,10
130	50	2500	0,120	0,08
150	60	3600	0,102	0,065
180	70	4900	0,088	0,055
200	80	6400	0,075	0,050
250	100	10000	0,060	0,040

In der Tab. 3 sind die Maschenweiten und Drahtstärken der genormten Prüfsiebe wiedergegeben, während die Abb. 1 einen ungefähren Überblick über den Körnungsanfall bei der Hartzerkleinerung vermittelt. Wird beispielsweise ein Gestein auf einem Backenbrecher auf 70 mm Korngröße gebrochen, so kann man aus der graphischen Darstellung der

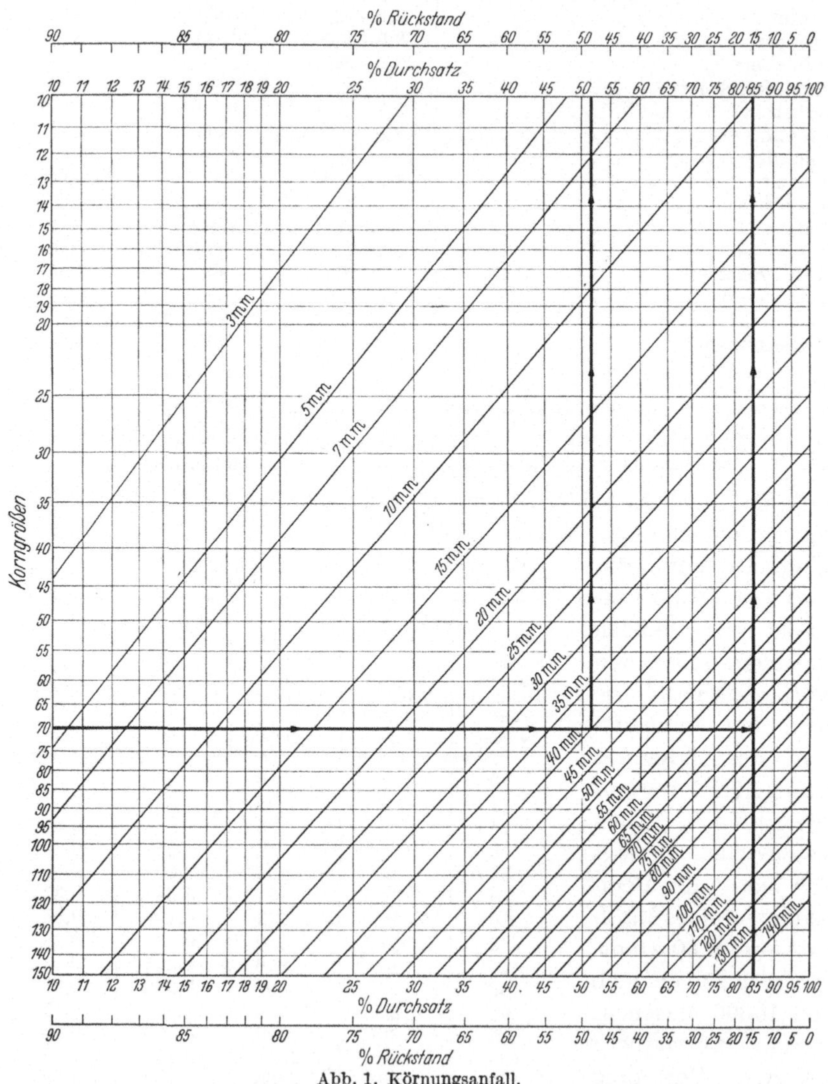

Abb. 1. Körnungsanfall.

Abb. 1 den ungefähren Körnungsanfall entnehmen. Die stark ausgezogene Pfeillinie zeigt beispielsweise an, daß in dem Brechgut etwa 52% Korn von 40 mm und ein Überkorn von etwa 15% enthalten sein werden.

B. Geschichtlicher Überblick.

Schon frühzeitig begannen die Menschen sich Hilfsvorrichtungen zum Zerkleinern der Stoffe, die sie für ihren Lebensunterhalt benötigten, zu schaffen. Zur Vermeidung der reinen Handarbeit kam man sehr bald dazu, diesen Vorrichtungen einen mehr maschinellen Charakter zu geben. So entstanden schon in frühester Zeit die Pochwerke, Mahlgänge, Steinkoller usw., die entsprechend den damaligen Mitteln durch Tier-, Wind- oder Wasserkraft angetrieben wurden. Die natürliche Begrenzung der zur Verfügung stehenden Antriebsmittel stand aber einer Weiterentwicklung der bis dahin geschaffenen Zerkleinerungsvorrichtungen hemmend entgegen. Ein entscheidender Wandel trat hier erst mit der Einführung der Dampfmaschine ein, durch die es möglich wurde, örtlich unbegrenzt, größere Energiequellen auch für die Zerkleinerung von Massengütern nutzbar zu machen.

So begann Mitte des vorigen Jahrhunderts das Zeitalter der eigentlichen maschinellen Zerkleinerung. Gekennzeichnet wurde der Beginn dieses Zeitalters durch die Erfindung des Backenbrechers im Jahre 1858 durch den Amerikaner Blake. Nach einer Reihe vorangegangener Versuche über die Zerkleinerung größerer Gesteinsstücke gelangte Blake schließlich zu der konstruktiven Lösung des Kniehebelbrechers, wie wir ihn ja noch heute als eine der wichtigsten Grobzerkleinerungsmaschinen kennen. Gerade die Tatsache, daß die von Blake geschaffene Bauart des Backenbrechers sich bis zur Jetztzeit nicht nur erhalten hat, sondern daß sie trotz vieler Versuche durch Abwandlung der Kniehebelanordnung etwas Besseres zu schaffen, noch heute die einzig brauchbare Ausführungsform für die bis zu gewaltigen Abmessungen gelangten Großbackenbrecher darstellt, kennzeichnet die Größe der Blakeschen Erfindung zur damaligen Zeit. Es dürfte nicht zu viel gesagt sein, wenn man die Erfindung des Backenbrechers durch Blake mit der Erfindung der Dampfmaschine durch James Watt in Parallele stellt, denn auch das Grundprinzip der von Watt ersonnenen Ausnützung der Expansionskraft des Dampfes durch einen hin- und hergehenden Kolben hat sich unverändert bis in die heutige Zeit erhalten. Ebenso wie uns heute unzählige Dampfmaschinen nach Wattschem Prinzip enorme Mengen motorischer Arbeitsenergie zur Verfügung stellen, so ist der Blakesche Backenbrecher zu einer unentbehrlichen Zerkleinerungsmaschine im Bereich der gesamten Verfahrenstechnik geworden.

Aus dem Blakeschen Kniehebelbackenbrecher entwickelte sich dann sehr bald in Amerika der Rundbrecher, auch Kegelbrecher genannt, der die intermittierende Arbeitsweise des Backenbrechers in einen kontinuierlichen Arbeitsgang umwandelte. Auch hier wieder finden wir eine Analogie in der Entwicklung der Dampfmaschine zur Dampfturbine.

In der Weiterentwicklung der maschinellen Zerkleinerung ist es auffallend, daß zunächst immer wieder die Vereinigten Staaten von Nordamerika hierin führend waren. Dieses Land war in der zweiten Hälfte des vorigen Jahrhunderts im zivilisatorischen Aufbau begriffen, und es war naheliegend, daß hierfür ein außerordentlicher Bedarf an Baustoffen aller Art einsetzte, die letzten Endes aus der heimatlichen Erde gewonnen werden mußten. So entstanden die Kalkwerke, die Bergwerke, die Schotterwerke usw. Überall zeigte sich ein erheblicher Bedarf an Zerkleinerungsmaschinen. Natürlich wurden damit auch die Ansprüche, die man an die Maschinen stellte, und besonders auch an das erzeugte Gut, immer größer. Hierdurch wurde die Weiterentwicklung der Zerkleinerungsmaschinen und die Schaffung gänzlich neuer Bauarten günstig beeinflußt. Besonders kam das Gebiet der Schrotung und Feinmahlung immer mehr zur Geltung. Es entstanden in kurzer Reihenfolge die Hammerbrecher und Hammermühlen, die Kentmühlen, die Griffinmühlen, die Maxiconmühlen, die Fullermühlen, die Bradleymühlen, die Reymondmühlen u. a. Diese Entwicklung zeigte sich durch die Bevorzugung schnellaufender Maschinen wie eine Symbolik des rastlosen schnellen Aufbaues der Zivilisation in den Vereinigten Staaten von Amerika, während man sich in Europa und besonders in Deutschland mehr der Durchbildung langsam laufender Maschinen hingab. Hier entstanden neben den Backen- und Rundbrechern und den Hammerbrechern, deren Ausführungen den amerikanischen Bauarten entnommen wurden, die Walzenmühlen, Kugel- und Rohrmühlen.

Die Entwicklung all dieser Maschinen fand auf rein empirischem Wege statt. Oftmals war man sich über die eigentlichen Zerkleinerungsvorgänge in den einzelnen Maschinen gar nicht recht klar. Als ein typisches Beispiel hierfür sei die kontinuierlich arbeitende Rohrmühle genannt, die auf Grund eines Patentes der Firma F. L. Smidth, Kopenhagen, am Ende des vorigen Jahrhunderts zur Einführung gelangte. Die Kennzeichnung dieses Patentes war, wie noch im nächsten Abschnitt gezeigt werden wird, auf vollkommen falscher Vorstellung über die wirklichen Zerkleinerungsvorgänge in diesen Mühlen festgelegt worden, so daß sich hierdurch ein geradezu klassischer Patentprozeß zwischen den Herstellerfirmen und der Patentinhaberin entwickelte, der sich praktisch über die gesamte Laufzeit des Patentes erstreckte.

Die Zähigkeit, mit welcher der Patentprozeß in der Rohrmühlen-Angelegenheit durchgeführt wurde, zeigte aber auch die ungeheure Bedeutung, die man schon damals dieser Feinmahlmaschine beimaß. Und diese Anschauung hat sich auch bewahrheitet; denn die Rohrmühle, die in den letzten Jahrzehnten eine außerordentliche Weiterentwicklung erfahren hat, gilt heute als die wichtigste Maschine in der Feinmahltechnik.

Dieser Erkenntnis ist es zuzuschreiben, daß mit Beginn dieses Jahrhunderts die langsam laufenden Mahlmaschinen, wie Kugel- und Rohrmühlen, auch in den Vereinigten Staaten von Amerika allmählich Eingang fanden. Hiermit bahnte sich gleichzeitig ein lebhafter Erfahrungsaustausch auf dem Gebiete der Hartzerkleinerung zwischen amerikanischen und europäischen Firmen an. So wurden von den Maschinenbauanstalten in Frankreich, England und besonders auch in Deutschland schnellaufende Maschinen amerikanischer Bauart übernommen und in ihrer Ausführung, besonders in Deutschland, weiter entwickelt, wie beispielswcise die Ringmühlen, die Fuller-Petersmühle, die Löschemühle usw.

Der mit dem fortschreitenden zivilisatorischen Aufbau in den Vereinigten Staaten von Amerika verbundene außerordentliche Bedarf an Zerkleinerungsmaschinen brachte es mit sich, daß in diesem Lande Maschinenfabriken entstanden, die die eine oder die andere Maschine als Sonderbauart in Serienfertigung herstellten, ohne Rücksicht auf den besonderen Verwendungszweck. Die Projektierung ganzer Anlagen und die Auswahl der geeignetsten Maschinen erfolgte dann nicht durch die für die Lieferung der Maschinen in Frage kommenden Herstellungsfirmen, sondern wurde den Zivilingenieurbüros übertragen. Diese übernahmen die Anfertigung der Entwürfe ganzer Anlagen bis zur Bestellung der einzelnen Maschinen und schließlich auch noch die Ausführung der Anlagen. Hierbei war die Lieferfirma im allgemeinen jeder verbindlichen Angabe über die Leistung der Maschinen enthoben und hatte lediglich die Gewähr für eine einwandfreie maschinentechnische Ausbildung der Maschine zu übernehmen. Dieser Weg zur Erstellung ganzer Anlagen hatte zwar den Vorzug, die benötigten Maschinen infolge der Serienanfertigung der Sonderfirmen mit kürzester Lieferfrist zu erhalten, legte aber andererseits die ganze Verantwortung über die richtige Auswahl der Maschinen in die Hände der Zivilingenieurbüros, die für eintretende Verluste infolge unsachgemäßer und unzweckmäßiger Ausführung der Anlage nur im beschränkten Umfang eintreten konnten.

Demgegenüber entstand in Europa und besonders wieder in Deutschland eine Entwicklung in der Zerkleinerungstechnik auf gänzlich anderer Grundlage. Hier wurden von den großen Maschinenfabriken nicht nur Zerkleinerungsmaschinen aller Art gebaut, sondern diese Werke hatten auch einen erheblichen Einfluß auf die Entwicklung der Verfahrenstechnik, in welcher die Zerkleinerung eine wichtige Rolle spielt. So entstanden in diesen Fabriken ausgedehnte Projektierungsbüros für den Entwurf vollständiger Anlagen sowie Versuchsanstalten, in welchen gänzlich neue Verfahren auf den verschiedenen Gebieten der Verfahrenstechnik entwickelt wurden. Diese Maschinenfabriken waren dadurch in der Lage, vollständige Anlagen auf allen möglichen Gebieten, wie Kohleaufbereitung, Erzaufbereitung, Aluminium-Industrie, Kalkstickstoff-Industrie, Zement-Industrie usw. zu entwerfen und die gesamte Einrichtung hierfür, soweit es die Zerkleinerungstechnik betraf, zu liefern und auch die volle Gewähr für die richtige Auswahl der Maschinen wie auch für die verlangte Leistung zu übernehmen. Hierdurch entwickelte sich ein bedeutender Export nach dem Ausland. Gerade der Umstand, daß es der Auftraggeber bei Bestellung einer vollständigen Anlage nur mit einer Lieferfirma zu tun hatte, wirkte sich besonders günstig für den Export aus. Es gibt wohl kein Land der Welt, in dem nicht deutsche Maschinen der Zerkleinerungstechnik ihren Eingang gefunden hätten. Übrigens hat diese althergebrachte deutsche Gepflogenheit in der Abwicklung derartiger Geschäfte in den letzten Jahrzehnten auch in den Vereinigten Staaten von Amerika Schule gemacht, auch dort haben sich inzwischen einige Großfirmen auf die Lieferung vollständiger Anlagen eingestellt.

Die Entwicklung in der Zerkleinerungstechnik bekam in den letzten drei Jahrzehnten einen erheblichen Aufschwung. Hierbei handelte es sich weniger um die Schaffung neuer Maschinentypen, als um die Fortentwicklung der bekannten Maschinenarten. In den Vereinigten Staaten von Amerika erschien der Symons-Brecher als eine Fortentwicklung des Rundbrechers und in Deutschland waren es besonders die Mehrkammer-Rohrmühlen und die Luftsichter-Mühlen mit gleichzeitiger Trocknung, die eine außerordentliche Verbreitung fanden. In allerjüngster Zeit eröffnet sich ein vielversprechender Ausblick in der Entwicklung der Prallzerkleinerung, deren wesentlichstes Merkmal die selektive Zerkleinerung, d. h. die Trennung verwachsener Erze oder sonstiger Mineralien nach Kornsorten zu werden scheint.

Eng verbunden mit der Zerkleinerungstechnik war schon immer die Siebtechnik. In der fortschreitenden Entwicklung der Verfahrenstechnik wurde das Bedürfnis nach einer sorgfältigen Klassierung der Zerkleinerungsprodukte immer lebhafter. Die bisher üblichen Siebtrommeln erwiesen sich den an sie gestellten Anforderungen gegenüber sehr bald als völlig unzureichend. Hier brachte das Erscheinen des Schwingsiebes einen ungeahnten Auftrieb in der Entwicklung der gesamten Verfahrenstechnik. Die Klassierung der durch die Grob- und Feinzerkleinerung erzeugten gewaltigen Mengen an Brechgut in die verschiedenen Kornklassen wäre ohne die Verwendung von Schwingsieben kaum noch denkbar.

Eine besondere Vervollkommnung erfuhren die Schwingsiebe mit der Anwendung des Resonanzprinzips nach SCHIEFERSTEIN. Hierdurch wurde es möglich, Siebe bis zu den größten Abmessungen ohne nachteiligen Einfluß der schwingenden Massen auf die Gebäudeteile am Aufstellungsort zu bauen.

Mit der Einführung der Schwingsiebe bekam auch die Entwicklung der in der Zerkleinerungstechnik erschienenen Schwingmühle einen besonderen Impuls. Befindet sich diese Maschine auch noch in der Entwicklung, so lassen die bisher erzielten Erfolge die künftige Bedeutung dieser Maschine offensichtlich erkennen. Besonders die Anwendung des Resonanzprinzips zeigt auch hier den Weg zu höchster Vervollkommnung dieser Mühlenart. Es ist zu erwarten, daß die Schwingmühle besonders bei bisher noch nicht angewendeten hohen Schwingungszahlen einen erheblichen Einfluß auf die Feinstmahltechnik ausüben wird.

Die hier kurz geschilderte Entwicklung der Hartzerkleinerungstechnik in den zurückliegenden 100 Jahren ist im wesentlichen auf rein empirischem Wege erfolgt. Erst in den letzten Jahrzehnten ist man bestrebt gewesen, eine wissenschaftliche Grundlage zu schaffen. Namhafte Forscher waren bemüht, eine Gesetzmäßigkeit der Zerkleinerungsvorgänge zu ergründen. Erlitten auch die tiefschürfenden Arbeiten in dieser Richtung immer wieder gewisse Einschränkungen durch die naturbedingten Einflüsse bei den Brechvorgängen, so ist doch als wesentlichstes Ergebnis der wissenschaftlichen Forschung die Erkenntnis zu bewerten, daß die technische oder maschinelle Zerkleinerung gegenüber der gesetzmäßigen reinen physikalischen Zerkleinerungsarbeit praktisch aus 99% Verlustarbeit besteht. Gerade diese Erkenntnis sollte dem Wissenschaftler, dem Praktiker und dem Erfinder einen unwiderstehlichen Anreiz zur wenigstens teilweisen Beseitigung dieser unerhörten Verlustarbeit geben. Jede wissenschaftliche Forschung wäre vergeblich, wenn es nicht auch gelänge, ihre Erkenntnisse als Grundlage für die Fortentwicklung der Maschine auszuwerten und ihre offensichtlichen Mängel zu beseitigen.

C. Die wichtigsten Maschinen der Hartzerkleinerung.

1. Backenbrecher.

Allgemeines.

Im Jahre 1858 erfand der Amerikaner BLAKE eine Backenquetsche, mit der es zum ersten Male möglich wurde, größere Gesteinsstücke auf maschinellem Wege zu zerdrücken, also in kleinere Stücke zu zerlegen. Die Aufgabe, die hier zu lösen war, bestand im wesentlichen darin, die Umfangskraft der Antriebsscheibe einer solchen Maschine in einfachster Weise auf die zum Zerquetschen des Steines erforderliche außerordentliche Druckkraft zu übersetzen. Es ist selbst nach unseren heutigen technischen Erkenntnissen erstaunlich, in welcher einfachen, geradezu primitiven Weise diese Aufgabe von Blake gelöst wurde. Hierin aber liegt die Größe der Erfindung, die durch nichts besser gekennzeichnet wird als durch die Tatsache, daß sich bis auf den heutigen Tag an dem Konstruktionsprinzip nichts geändert hat und dasselbe sogar

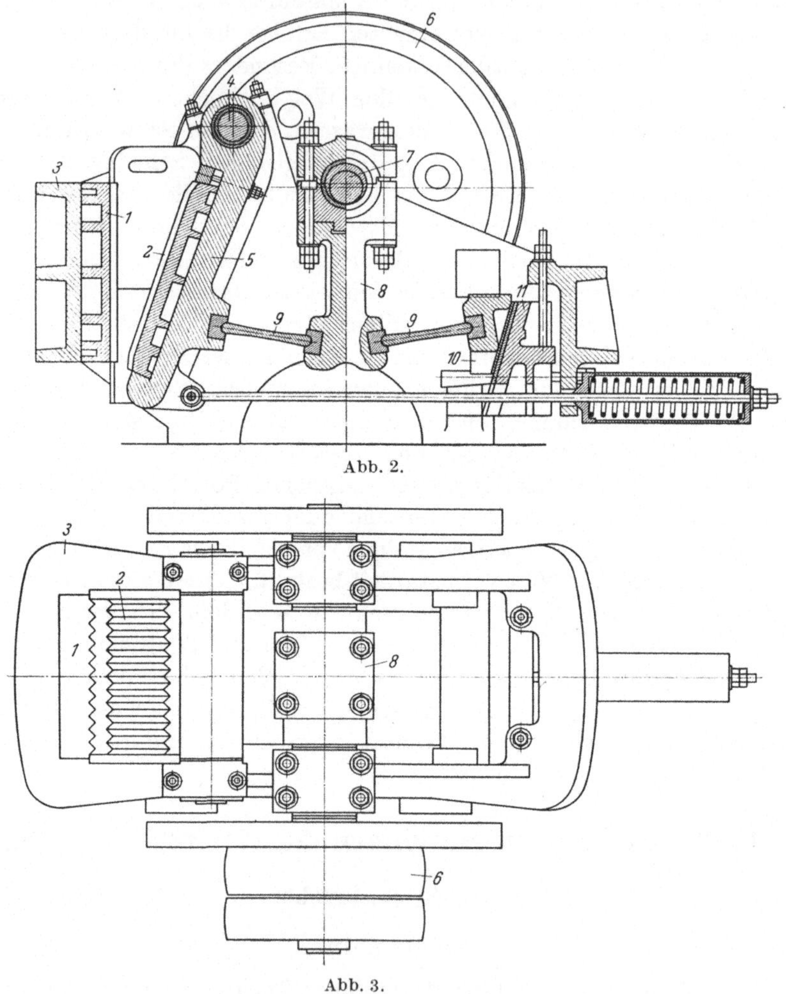

Abb. 2.

Abb. 3.

Abb. 2 u. 3. Backenbrecher.

für die in den letzten Jahrzehnten zu gewaltigen Abmessungen entwickelten Großbackenbrecher als das einzig und allein Brauchbare anerkannt werden muß.

In den Abb. 2 u. 3 ist eine Backenquetsche, jetzt allgemein Backenbrecher genannt, nach Bauart Blake in üblicher Ausführung im Längsschnitt und Grundriß dargestellt. Der Arbeitsvorgang, das Brechen des Gesteins, erfolgt zwischen den Brechbacken *1* und *2*, von welchen die Brechbacke *1* fest in dem Maschinenrahmen *3* sitzt, während die Brechbacke *2* auf der Schwinge *5* befestigt ist, die auf der Achse *4* drehbar gelagert ist. Die von der Riemenscheibe *6* angetriebene, in ihrem mittleren Teil exzentrisch ausgebildete Antriebswelle *7* setzt die auf dem exzentrischen Teil gelagerte Zugstange *8* in auf- und abwärtsgehende Bewegung. Das untere Ende der Zugstange bildet mit den beiden Druckplatten *9* ein Kniehebelsystem, das durch die auf- und abwärtsgehende Bewegung der Zugstange in eine mehr oder weniger gestreckte Lage gebracht wird. Hierdurch erfährt die beweglich aufgehängte Schwinge *5* eine hin- und hergehende Bewegung, durch welche die in das von den Brechbacken *1* und *2* gebildete „Brechmaul" gelangenden Gesteinsstücke zerquetscht werden. Ist im oberen Teil des Brechmaules ein Gesteinsstück beim Vorwärtsgang der Schwinge in kleinere Stücke zerbrochen, so rutschen diese beim Rückgang der Schwinge durch die eigene Schwere tiefer in das Brechmaul hinein und werden bei der Vorwärtsbewegung der Schwinge erneut in kleinere Stücke gebrochen usf., bis das zur gewünschten Stückgröße zerkleinerte Brechgut schließlich den Brechraum durch die untere Spaltöffnung verläßt. Um die untere Spaltweite des Brechers und damit auch die Korngröße des gebrochenen Gutes verändern zu können, ist das Kniehebelsystem gegen den Gleitklotz *10* gelagert, der durch einen verstellbaren Keil *11* in seiner Lage verschoben werden kann. Hierdurch kann dann über das Kniehebelsystem auch die Spaltweite der Austrittsöffnung enger oder weiter gestellt werden.

Backenbrecher nach vorstehender Erläuterung werden als Grobbrecher und Feinbrecher mit Maulbreiten von etwa 300 bis 1000 mm und als Großbackenbrecher mit Maulbreiten von 1200 bis 2200 mm gebaut. Backenbrecher unter 300 mm Maulbreite sind mehr oder weniger als Laboratoriumsbrecher anzusprechen.

Bauarten.

a) Grobbrecher.

Bei kleineren Brechern wird der Brecherrahmen häufig noch in Gußeisen ausgeführt, während bei den größeren Brechern fast ausschließlich Stahlgußrahmen in einteiliger oder geteilter Form in Frage kommen. Für leichtere Bauarten werden die Seitenwände auch aus gewalzten Stahlplatten hergestellt.

Für die Brechbacken hat sich für die kleineren und mittleren Größen Schalenhartguß bestens bewährt, während für sämtliche Größen hochwertiger Mangan-Hartstahl als der geeignetste Baustoff anzusprechen ist. Die Brechfläche der Brechbacken ist mit Brechzähnen ausgerüstet, deren Form und Größe sich mehr oder weniger nach der Art des Brechgutes und der Stückgröße des zerkleinerten Gutes richtet. Im allgemeinen wählt man die Zahnteilung je nach Größe der Brecher 50 bis 80 mm und den Zahnwinkel etwa 60° bis 70°.

Der zwischen den Brechbacken gebildete „Einzugswinkel" darf in keinem Falle größer sein als der Reibungswinkel zwischen Brechgut und Material der Brechbacken, da sonst die Gefahr besteht, daß das Brechgut aus dem Brechmaul herausspringt. Im allgemeinen wird für Grobbrecher ein Einzugswinkel von 16° bis 20° für harte Gesteinsarten und 18° bis 22° für mittelharte Stoffe gewählt.

Zur Erreichung der günstigsten Leistung des Brechers ist das Verhältnis der Spaltweite der Eintrittsöffnung (Maulweite) zur Spaltweite der Austrittsöffnung von Bedeutung. Das günstigste Verhältnis liegt etwa bei 5 : 1 bis 7 : 1. Hiermit ist auch gleichzeitig der Zerkleinerungsgrad gekennzeichnet.

Die Lager der Brecher sind im allgemeinen als Gleitlager mit Weißmetallausguß und Fettschmierung ausgerüstet. Das Exzenterlager der Zugstange wird bei den größeren Brechern zweckmäßig auch mit Wasserkühlung eingerichtet. In neuerer Zeit sind die Brecher bereits vielfach mit Wälzlagern ausgerüstet worden, was sich besonders vorteilhaft auf den Leistungsbedarf und den Schmiermittelverbrauch auswirkt.

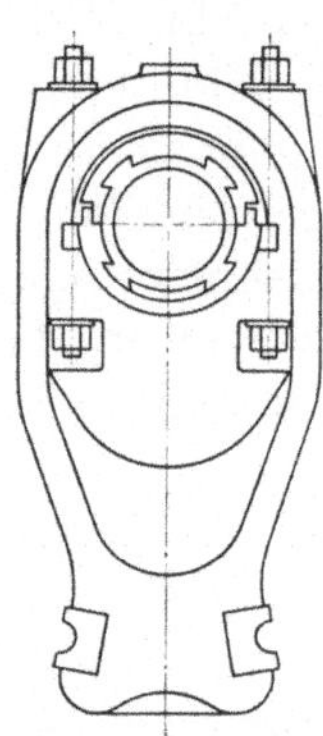
Abb. 4. Zugstange.

Eine besonders starke Beanspruchung erfahren die Deckelschrauben der Zugstange durch die dauernd wechselnde Beanspruchung. Hier hat das Grusonwerk, Magdeburg, eine besondere Ausbildung der Zugstange nach Abb. 4 herausgebracht, bei der die Lagerteilung und somit auch die Beanspruchung der Deckelschrauben vermieden wird. Im übrigen ist die Konstruktion so getroffen, daß die Zugstangenlager ausgebaut werden können, ohne die Exzenterwelle herauszunehmen.

Die Kniehebelplatten sind als die schwächsten Konstruktionsteile ausgebildet, damit sie beim Eindringen von Fremdkörpern (Eisen- oder Stahlstücke) als Bruchsicherung dienen können. Allerdings ist dies sehr fragwürdig, da sich die Beanspruchung dieser Teile bereits beim normalen Betrieb des Brechers in weiten Grenzen bewegt und auch die tatsächliche Belastung, die zum Bruch der Platten führen könnte, je nach Art des Gußmaterials Schwankungen unterliegt.

Zum Ausgleich der erheblichen Schwankungen im Leistungsbedarf des Brechers während des Brechvorganges wird die Exzenterwelle mit Schwungscheiben ausgerüstet. Bei den größeren Brechern können die

Schwungscheiben gleichzeitig als Antriebsscheiben gelten, während bei den kleineren Maschinen eine besondere Antriebsscheibe, evtl. Los- und Festscheibe, vorgesehen ist. Der Antrieb des Brechers erfolgt im allgemeinen unmittelbar vom Elektromotor aus über Keil- oder Flachriemen. Die Normalleistung des Elektromotors ist im allgemeinen 25% größer zu wählen, als der durchschnittliche Leistungsbedarf des Brechers beträgt.

Von besonderem Einfluß auf die Leistung des Brechers ist die richtige Bemessung der Hubzahl der beweglichen Brechbacke bzw. die Umdrehungszahl der Antriebsscheibe sowie die Größe des Hubes der Schwinge am Austrag. Bei zu großer Drehzahl des Brechers findet das im oberen Teil des Brechraumes gebrochene Gut nicht genügend Zeit zum Nachrutschen entsprechend der sich ergebenden Fallgeschwindigkeit, so daß hierdurch Leerlaufarbeit entsteht, während ein zu kleiner Hub am unteren Teil der Schwinge mehr ein Paketieren des Brechgutes, als eine wirkliche Zerkleinerung desselben bewirkt. Hierdurch wird der Leistungsbedarf des Brechers erhöht und die Leistung selbst vermindert. Bei der in der Praxis gemachten Beobachtung zur Erreichung der höchsten Leistung liegt die Umdrehungszahl der Exzenterwelle und somit auch die Hubzahl der Schwinge meistens bei 200 bis 220 in der Minute.

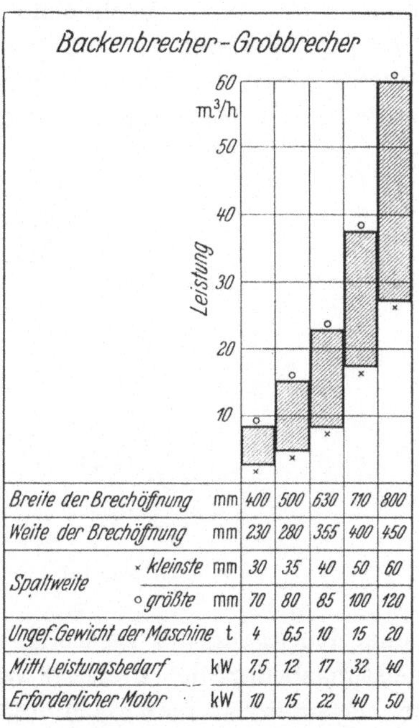

Breite der Brechöffnung		mm	400	500	630	710	800
Weite der Brechöffnung		mm	230	280	355	400	450
Spaltweite	× kleinste	mm	30	35	40	50	60
	○ größte	mm	70	80	85	100	120
Ungef. Gewicht der Maschine		t	4	6,5	10	15	20
Mittl. Leistungsbedarf		kW	7,5	12	17	32	40
Erforderlicher Motor		kW	10	15	22	40	50

Abb. 5. Leistungstabelle.

Der günstigste Hubweg der Schwinge im unteren Teil des Brechraumes hängt von der Spaltweite der Austrittsöffnung ab. Er bewegt sich entsprechend den Brechergrößen etwa zwischen 15 und 25 mm. Wichtig ist ferner, daß die Aufhängung der Schwinge über dem Brechraum so hoch liegt, daß am Eintritt zum Brechraum, im „Brechmaul", eine Hubbewegung von mindestens noch 4 bis 6 mm entsteht.

Das **Anwendungsgebiet** der Grobbrecher ist außerordentlich umfangreich. In den verschiedensten Zweigen der Verfahrenstechnik, der Erzaufbereitung, der Baustoff-Industrie sowie im Hartzerkleinerungsgebiet ganz allgemein dient er als Grob- oder als Vorbrechmaschine für Erze, Gesteine und künstlich hergestellte Produkte aller Art.

Aus der Abb. 5 sind die wichtigsten Angaben für die verschiedenen Maschinengrößen und die zu erwartenden mittleren Leistungen zu entnehmen.

b) Feinbrecher.

Für Feinbrecher gilt ganz allgemein das im Abschnitt Grobbrecher Gesagte. Abweichungen hiervon zeigen sich im besonderen in der Formgebung der Brechbacken bzw. des Brechraumes. Die Abb. 6 zeigt die Brechbackenanordnung beim Grobbrecher und die Abb. 7 diejenige des Feinbrechers. Die bei Grobbrechern übliche Ausführung der geradlinig verlaufenden Brechfläche der Brechbacken hat sich für die Feinbrecher nicht bewährt. Bei dieser Bauart würde bei dem relativ engen Austragsspalt des Feinbrechers leicht eine Stauung des Brechgutes im unteren Teil des Brechraumes eintreten, wodurch nicht nur ein erheblicher Rückgang der Leistung, sondern auch ein erhöhter spezifischer Leistungsbedarf des Brechers verursacht würde. Um diesem Übelstand zu begegnen, ist man dazu übergegangen, die Oberfläche der beweglichen Brechbacke in vertikaler Richtung gewölbt auszuführen. Hierdurch wird der Einzugswinkel zum Austragsspalt zu immer kleiner, wodurch sich das nachrutschende Brechgut auflockert und auch eine größere Gleichmäßigkeit desselben erreicht wird.

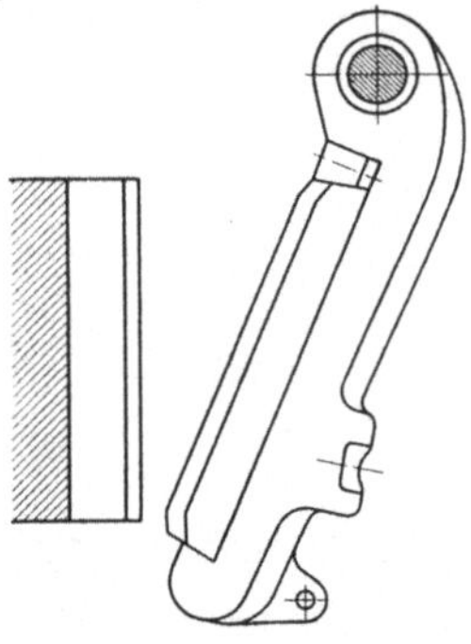

Abb. 6. Grobbrecher.

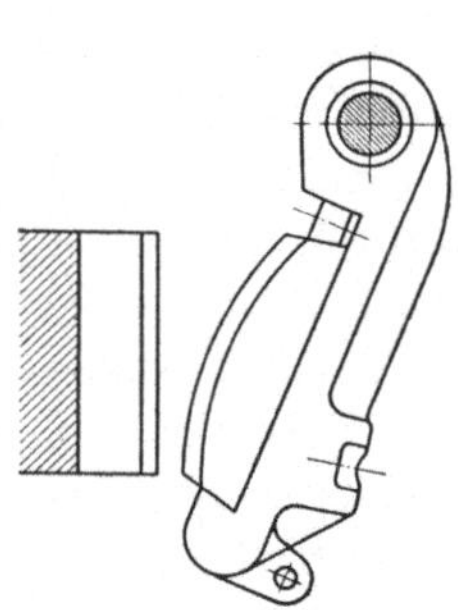

Abb. 7. Feinbrecher.

Da die Feinbrecher als Aufgabegut bereits vorgebrochenes Gut erhalten, so werden sie mit einer relativ geringeren Brechmaulweite ausgerüstet. Hierdurch geht der Zerkleinerungsgrad auf 3 : 1 bis 4 : 1 zurück. Ein Nachteil für den Brechvorgang und die Leistung der Brecher entsteht hierbei aber nicht, da es sich ja nur um die Weiterzerkleinerung eines bereits vorgebrochenen Gutes handelt. Andererseits wirkt sich diese Maßnahme günstig auf eine Verminderung der Bauhöhe des Brechers aus. Im übrigen hat man zur Erzielung einer größeren Leistung das Verhältnis Maulbreite zu Maulweite, das bei den Grobbrechern bei etwa 1,7 : 1 liegt, bei den Feinbrechern zu etwa 3,5 : 1 gewählt. Der günstigste Einzugswinkel im Brechmaul beträgt etwa 14° bis 16°.

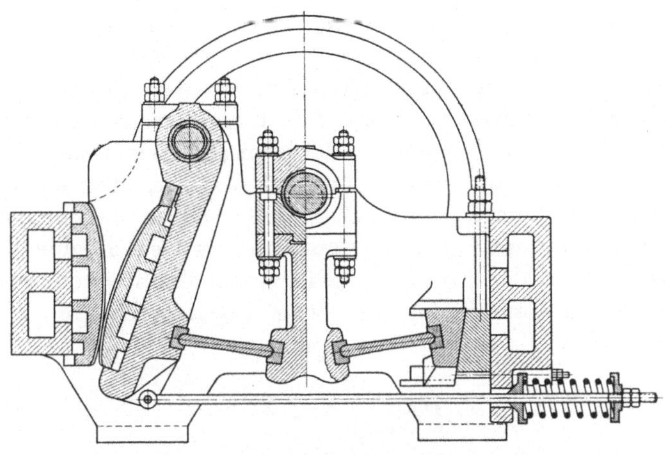

Abb. 8. Feinbrecher.

Sodann ist entsprechend der geringeren Austragsspaltweite des Feinbrechers gegenüber dem Grobbrecher auch der Hubweg der Schwinge am Austragsspalt verkürzt worden. Er beträgt bei den Feinbrechern etwa 10 bis 12 mm. Andererseits aber kann die Hubzahl, demgemäß also auch die Umdrehungszahl der Antriebsscheibe, zur Erhöhung der Leistung unbedenklich um 25 bis 30% gegenüber der Umdrehungszahl der Grobbrecher erhöht werden. Auf der Abb. 8 ist ein Feinbrecher im Längsschnitt dargestellt.

Das **Anwendungsgebiet** der Feinbrecher erstreckt sich im allgemeinen auf die schon für Grobbrecher genannten Gebiete. Ganz besonders wertvoll und unentbehrlich sind die Feinbrecher in der Baustoff- und Schotter-Industrie zur Erzeugung von Feinsplitt geworden.

Die Abb. 9 enthält die wichtigsten Angaben für verschiedene Maschinengrößen und die zu erwartenden mittleren Leistungen.

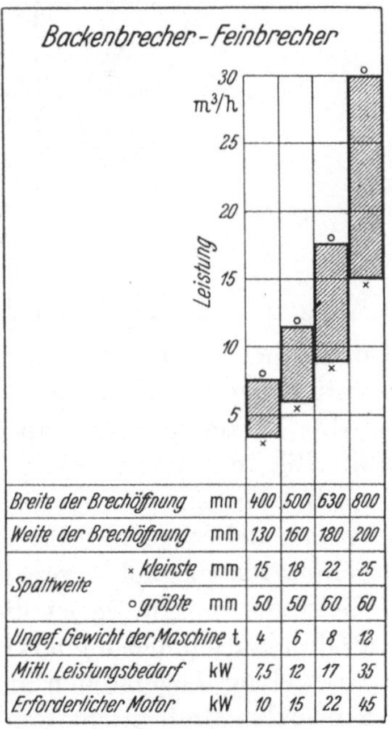

		400	500	630	800
Breite der Brechöffnung	mm	400	500	630	800
Weite der Brechöffnung	mm	130	160	180	200
Spaltweite × kleinste	mm	15	18	22	25
Spaltweite ∘ größte	mm	50	50	60	60
Ungef. Gewicht der Maschine	t	4	6	8	12
Mittl. Leistungsbedarf	kW	7,5	12	17	35
Erforderlicher Motor	kW	10	15	22	45

Abb. 9. Leistungstabelle.

c) Großbackenbrecher.

Die Entwicklung der Großbackenbrecher zu immer größeren Einheiten begann unmittelbar nach dem ersten Weltkrieg. Dem Konstrukteur war hierbei eine schwere, verantwortungsvolle Aufgabe gestellt. Wußte man einerseits, daß mit zunehmender Größe des Brechers die relative Beanspruchung der Konstruktionsteile des Brechers sich erheblich steigern müsse, so fehlte es doch andererseits an den theoretischen Grundlagen zur Berechnung der beanspruchten Teile. Hier mußte also eine Maschine von größtem Ausmaß gewissermaßen aus dem Fingerspitzengefühl heraus entwickelt werden. So entstanden nach und nach Brecher mit immer größerer Maulweite, bis das sich schließlich noch lohnende Endziel der Entwicklung in einem Großbackenbrecher von 2200×1600 mm Maulöffnung mit einem Eigengewicht von 260000 kg erreicht wurde.

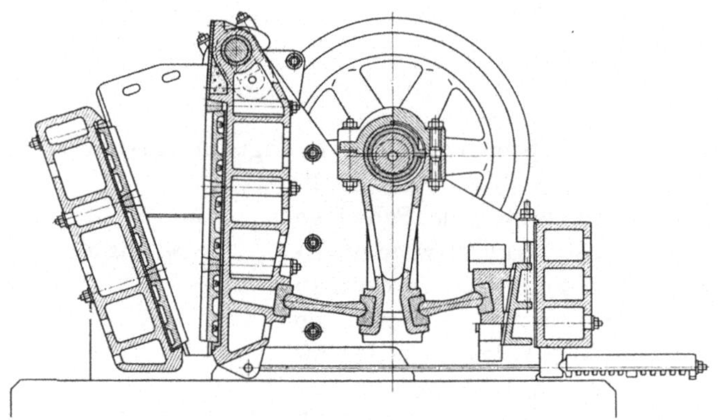

Abb. 10. Großbackenbrecher.

Auch für den Großbackenbrecher gilt ganz allgemein das für die Grobbrecher Gesagte. Natürlich sind die Abweichungen in der Konstruktion der Einzelteile erheblich.

Abb. 10 zeigt einen Längsschnitt eines Großbackenbrechers. Das mehrteilig in bestem Stahlguß ausgeführte Gehäuse hat eine andere Form bekommen. Hier ist die feste Backe schräg gelagert, während die Schwinge nahezu senkrecht auf der Schwingachse hängt, um so die Druckplatten möglichst von dem Gewicht der Schwinge zu entlasten.

Besonders sorgfältig ist die Lagerschmierung durchgebildet. Es ist eine Ölumlaufschmierung mit Ölfilterreinigung vorgesehen, durch welche den einzelnen Lagerstellen ständig gereinigtes Öl zugeführt wird. Die Lagerschalen sind mit bestem Weißmetallausguß versehen.

Die Großbackenbrecher sind mit schweren Schwungrädern, die

gleichzeitig als Antriebsscheiben für Keil- oder Flachriemenantrieb dienen, ausgerüstet. Die bedeutenden Schwungmassen der Antriebsscheiben gleichen die erheblichen Stöße beim Zerkleinern der großen Gesteinsblöcke weitgehendst aus, so daß die Belastung des Antriebsmotors relativ gleichmäßig verläuft. Andererseits allerdings verlangen die großen Schwungmassen große Anfahrkräfte, um den Brecher in Gang zu setzen. Hatte man also einerseits erreicht, daß der Antriebsmotor infolge der großen Schwungmassen in seiner Leistungsgröße nur wenig über den durchschnittlichen Leistungsbedarf des Brechers gewählt zu werden brauchte, so mußte doch andererseits ein Motor von erheblich größerer Leistung zur Überwindung des Anfahrmomentes vorgesehen werden. Um auch diesem Nachteil zu begegnen, wird, besonders für die größeren Brecher, die Aufstellung zweier gleichartiger Motoren, die in ihrer Einzelleistung dem durchschnittlichen Leistungsbedarf des Brechers angepaßt sind, empfohlen. Hierbei werden dann beide Motoren zum Anfahren der Maschine benutzt, während nach Erreichung der normalen Umdrehungszahl des Brechers der zweite Motor abgeschaltet wird.

Eingehende Untersuchungen über die Antriebsverhältnisse und das Kräftespiel bei Backenbrechern, insbesondere bei Großbackenbrechern, wurden erstmalig von Bonwetsch[1] durchgeführt. Die Untersuchungen erstreckten sich im wesentlichen auf die Messung der im normalen Betrieb der Brecher auftretenden Zugkräfte an der Zugstange. Als Meßinstrumente dienten Kondensatordruckdosen, mit denen die in den Deckelschrauben der Zugstange auftretenden Zugkräfte gemessen und mittels eines Oszillographen registriert wurden. Hierdurch gewann man ein anschauliches Bild über den tatsächlichen Verlauf der in den Brechern auftretenden Beanspruchungen der Maschinenteile und ihre Spitzenbelastungen. Unter Zugrundelegung derartiger Meßergebnisse sind nach Bonwetsch die maximalen Zugstangenkräfte P (in t), die im normalen Brechbetrieb und beim Zerkleinern selbst der härtesten in Deutschland vorkommenden Gesteinsarten auftreten, durch die Formel

$$P_{\max} = 4400 \frac{N}{r\,n}$$

bestimmt. Hierin bedeutet N die in kW vom Antriebsmotor im Brechbetrieb abgegebene Leistung, r die Exzentrizität der Antriebswelle des Brechers in Millimeter und n die Drehzahl derselben in der Minute. Da jedoch damit gerechnet werden muß, daß gelegentlich auch mal ein Fremdkörper in das Brechmaul gelangt, der eine augenblickliche Über-

[1] Bonwetsch, A.: Dissertation. Berlin: VDI-Verlag 1933.

lastung des Brechers bedingt, empfiehlt Bonwetsch als Konstruktionsgrundlage die Formel

$$P_{\max} = 9200 \frac{N}{r\,n}$$

zu wählen.

Sodann geht aus den Untersuchungen von Bonwetsch hervor, daß Backenbrecher ganz allgemein einen schlechten mechanischen Wirkungsgrad haben, der im Mittel etwa bei 50% liegt, d. h. daß etwa die Hälfte des Leistungsbedarfs des Brechers in Reibungsverluste umgesetzt wird. Es ist deshalb in höherem Maße als bisher die Verwendung von Kugel- und Rollenlagern anzustreben.

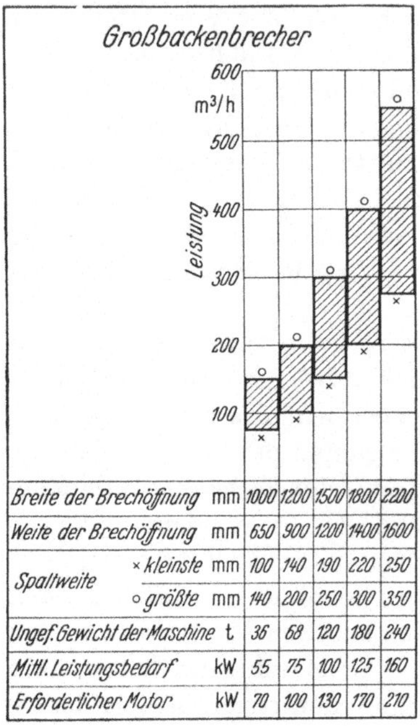

Schließlich weist Bonwetsch noch darauf hin, daß es vorteilhaft sei, für die Antriebsmotoren der Brecher Schlupfwiderstände vorzusehen, wodurch die Schwungräder der Brecher bei Belastungsstößen zu stärkerer Mitarbeit herangezogen werden.

Großbackenbrecher

Breite der Brechöffnung mm	1000	1200	1500	1800	2200
Weite der Brechöffnung mm	650	900	1200	1400	1600
Spaltweite × kleinste mm	100	140	190	220	250
Spaltweite ○ größte mm	140	200	250	300	350
Ungef. Gewicht der Maschine t	36	68	120	180	240
Mittl. Leistungsbedarf kW	55	75	100	125	160
Erforderlicher Motor kW	70	100	130	170	210

Abb. 11. Leistungstabelle.

Anwendungsgebiet. Die Großbackenbrecher finden ausschließlich als Vorbrecher für alle Arten Gesteine, Erze u. dgl. Verwendung. Für sehr harte Gesteinsarten ist bei der Verwendung von Großbackenbrechern von über 1500 mm Maulbreite Vorsicht geboten, da die spezifischen Beanspruchungen der Maschinenteile mit wachsender Größe der Brecher erheblich zunehmen.

Die Abb. 11 enthält die wichtigsten Angaben für verschiedene Brechergrößen sowie die zu erwartenden mittleren Leistungen.

d) Einschwingenbrecher.

Eine abweichende Bauart von den vorstehend behandelten Kniehebel-Backenbrechern kennzeichnet die Einschwingenbrecher. Diese besitzen keine Zugstange, sondern die Schwinge ist unmittelbar an der exzentrisch ausgebildeten Antriebswelle aufgehängt. Wie aus der Abb. 12 hervorgeht, erfolgt die Abstützung der Schwinge lediglich durch eine schräg gestellte Druckplatte. Durch diese Anordnung entsteht beim Betrieb des Brechers im oberen Teil des Brechraumes eine nahezu kreisförmige Bewegung der Brechbacke, während am Austragsspalt die auf- und abwärtsgehende Bewegung gegenüber der Schließbewegung vorherrschend ist. Hierdurch wird der Durchgang des Gutes im Brechspalt beschleunigt. Allerdings tritt hierbei auch eine stärkere Abnutzung der Brechbakken auf. Die maschinentechnische Ausrüstung ist im übrigen die gleiche wie bei den Backenbrechern üblicher Bauart.

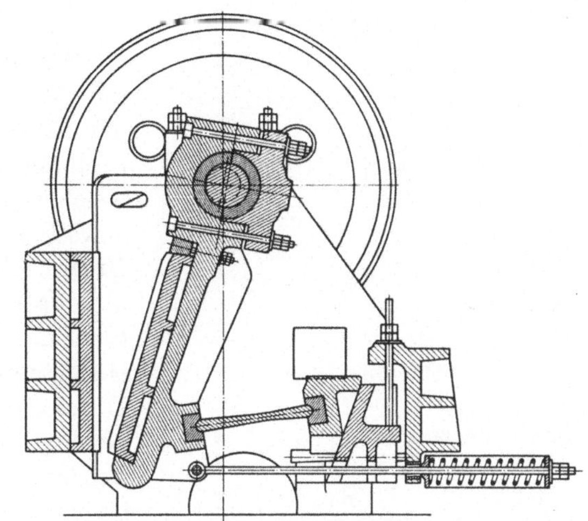

Abb. 12. Einschwingenbrecher.

Anwendungsgebiet. Einschwingenbrecher werden in Abmessungen bis zu 1000 mm Maulbreite hergestellt. Die kleineren Brecher finden hauptsächlich in der Baustoff-Industrie zur Herstellung von Schotter und Zuschlagstoffen Verwendung, während die größeren Brecher sich als Nachbrecher gut bewährt haben. Abb. 13 zeigt einen Einschwingenbrecher von 1000 × × 600 mm Maulöffnung zum Nachbrechen auf Großbackenbrechern vorgebrochener, mittelharter Erze, Kalksteine od. dgl.

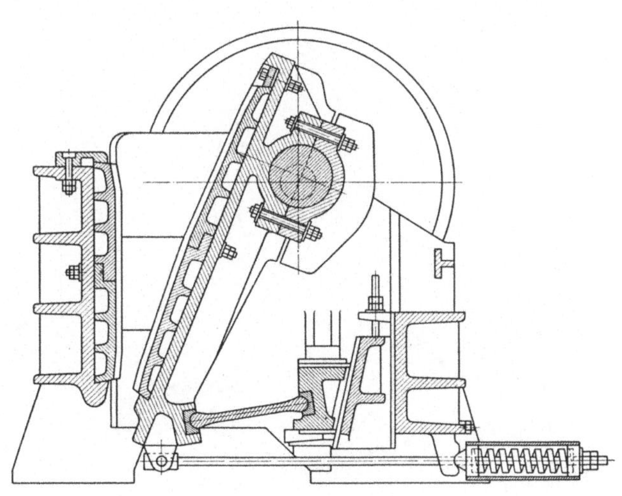

Abb. 13. Einschwingenbrecher großer Ausführung.

Durch die vereinfachte Bauart ergaben sich für die Einschwingenbrecher relativ geringe Gewichte und Anschaffungskosten, so daß sie besonders in Baustoffbetrieben auch vielfach als fahrbare Brecher Verwendung finden.

In der Abb. 14 sind die wichtigsten Angaben für verschiedene Brechergrößen und die zu erwartenden mittleren Leistungen enthalten.

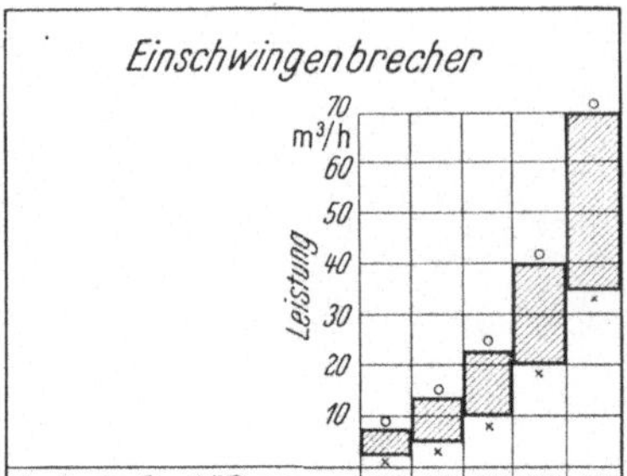

Einschwingenbrecher

		400	500	630	800	1000
Breite der Brechöffnung	mm	400	500	630	800	1000
Weite der Brechöffnung	mm	200	250	315	400	600
Spaltweite × kleinste	mm	35	40	45	50	60
Spaltweite ○ größte	mm	70	80	90	100	120
Ungef. Gewicht der Maschine	t	3	5	8	11	15
Mittl. Leistungsbedarf	kW	7,5	12	20	32	50
Erforderlicher Motor	kW	10	15	25	40	65

Abb. 14. Leistungstabelle.

e) Granulatoren.

Wie Abb. 15 zeigt, entsprechen die Granulatoren in ihrer Bauart den Einschwingenbrechern. Nur die Stellung der Druckplatte ist abweichend hiervon angeordnet. Die gewölbte Form der beweglichen Brechbacke deutet schon darauf hin, daß diese Brecher zum Nachbrechen vorgebrochenen Gutes auf ein feineres Korn bestimmt sind. Durch das längere Verweilen des Brechgutes im unteren Teil des Brechraumes wird das Brechgut im gewissen Sinne kalibriert und in eine gleichmäßigere kubische Form gebracht.

Anwendungsgebiet. Die vorstehend genannten Vorzüge haben dem Granulator besonders Eingang in die Steinindustrie zur Herstellung von Edelsplitt gleichmäßiger Körnungen aus selbst den härtesten Gesteinsarten verschafft.

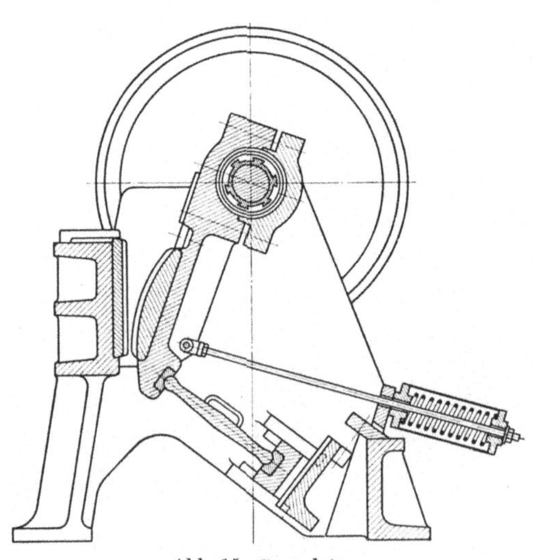

Abb. 15. Granulator.

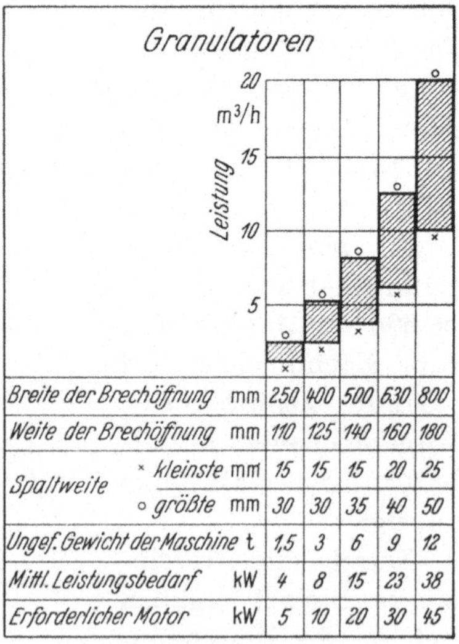

Granulatoren

		250	400	500	630	800
Breite der Brechöffnung	mm	250	400	500	630	800
Weite der Brechöffnung	mm	110	125	140	160	180
Spaltweite × kleinste	mm	15	15	15	20	25
Spaltweite ○ größte	mm	30	30	35	40	50
Ungef. Gewicht der Maschine	t	1,5	3	6	9	12
Mittl. Leistungsbedarf	kW	4	8	15	23	38
Erforderlicher Motor	kW	5	10	20	30	45

Abb. 16. Leistungstabelle.

Die Abb. 16 enthält die wichtigsten Angaben für verschiedene Brechergrößen und die zu erwartenden mittleren Leistungen.

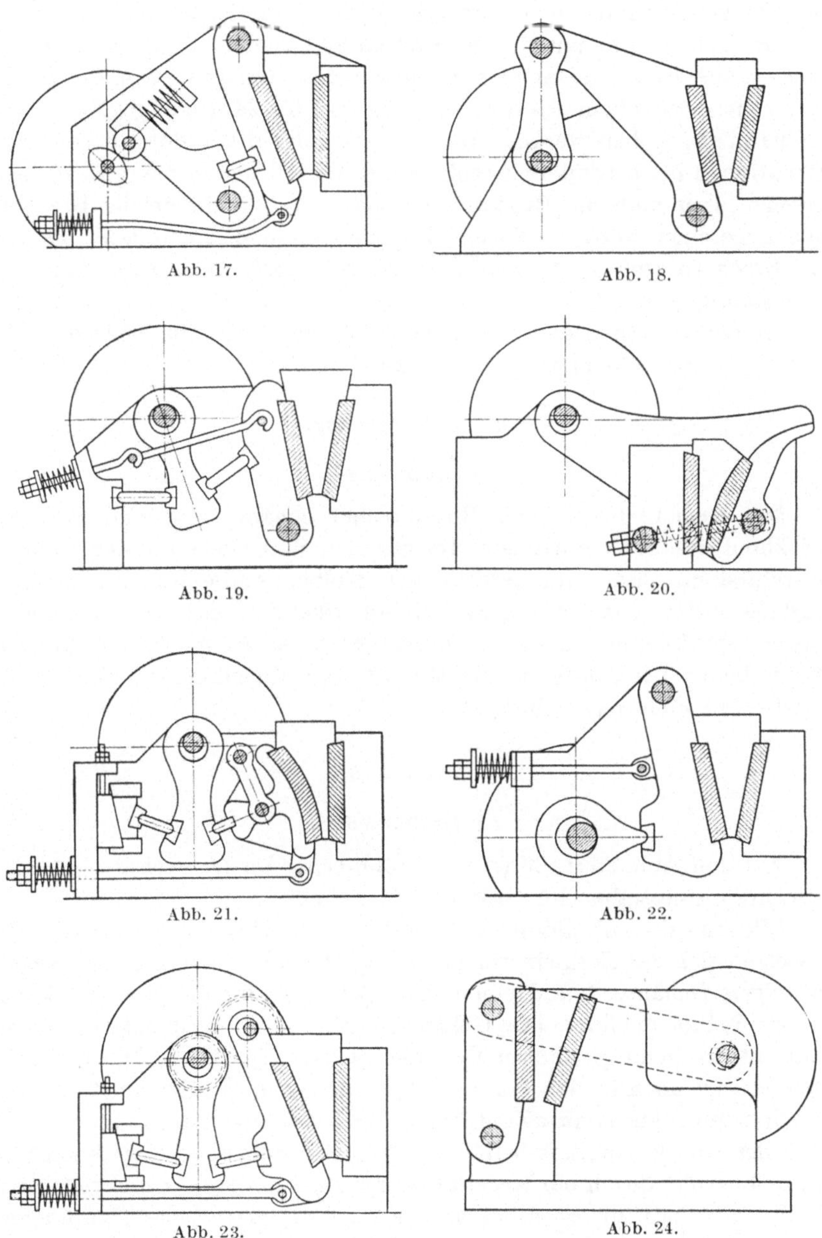

Abb. 17 bis 24. Schematische Darstellung verschiedener Backenbrechertypen.

Allgemeine Betrachtung. Es ist nicht verwunderlich, daß im Laufe der verflossenen, nahezu 100 Jahre seit der BLAKEschen Erfindung des Backenbrechers viele Konstrukteure sich bemühten, die Wirkungsweise des Backenbrechers zu verbessern. Der erfinderische Geist war auf diesem Gebiete besonders rege, und es entstanden im Laufe der Zeit eine ganze Reihe neuartiger Bauarten des Brechers, von denen die wesentlichsten schematisch auf den Abb. 17 bis 24 wiedergegeben sind. Es kann zugegeben werden, daß die eine oder die andere dieser Konstruktionen für besondere Zwecke einen Vorteil bieten mag, im ganzen gesehen aber muß die BLAKEsche Bauart als der universelle Brechertyp angesehen werden, dessen einfache sinnvolle Arbeitsweise gerade bei Brechern größten Ausmaßes auch heute noch einzig und allein zur Anwendung gelangt.

Hierzu vgl. auch die allgemeinen Betrachtungen am Ende des Abschnittes „Kegelbrecher“, S. 28 u. 29.

2. Kegelbrecher.

Allgemeines.

Der Kegelbrecher, auch Rundbrecher genannt, ist eine Fortentwicklung des Backenbrechers. Im gleichen Sinne wie aus der Dampfmaschine mit hin- und hergehenden Kolben schließlich die Dampfturbine entstand, so gelang es dem Amerikaner GATES in dem Kegelbrecher gewissermaßen eine Brechturbine zu schaffen, bei der ein kontinuierlicher Brechvorgang stattfindet. Die Kegelbrecher werden als Grob- und Feinbrecher hergestellt.

Bauarten.

a) Grobbrecher.

Auf den Abb. 25 u. 26 ist ein Grobbrecher im Querschnitt und der Brechraum desselben im Grundriß dargestellt.

Wie aus den Abbildungen ersichtlich ist, wird der Brechraum, in welchem sich der Zerkleinerungsvorgang abspielt, aus einem hohlkegelförmigen Gehäuse *1* und einem Brechkegel *2*, der auf der vertikalen Achse *3* sitzt, gebildet. Das Gehäuse *1* wie auch der Brechkegel *2* sind mit entsprechend gezahnten Verschleißteilen ausgerüstet. Die vertikale Achse *3* ist oben in der Traverse *4* gelagert und darüber mittels einer Stellmutter *5* auf einer zylindrischen Buchse *6* aufgehängt. Im unteren Teil des Brecherständers befindet sich eine zylindrische Lagerbüchse *7*, in welcher die durch ein Kegelradpaar *8* angetriebene Antriebsbüchse *9* läuft. Innerhalb dieser Antriebsbüchse ist die eigentliche Hauptlagerbüchse *10* der vertikalen Achse mittels eines mit einer exzentrischen

Bohrung versehenen Ringes *11* eingesetzt. Das Ritzel des Kegelradpaares wird durch die mit der Antriebsscheibe *12* versehenen in den beiden Lagern *13* laufenden Antriebswelle *14* angetrieben.

Wird der Kegelbrecher in Betrieb gesetzt, so dreht sich die Antriebsbüchse *9* um die Achsmitte des Brechkörpers, während die mittels des Ringes *11* mitgenommene Hauptlagerbüchse *10* eine zwar um

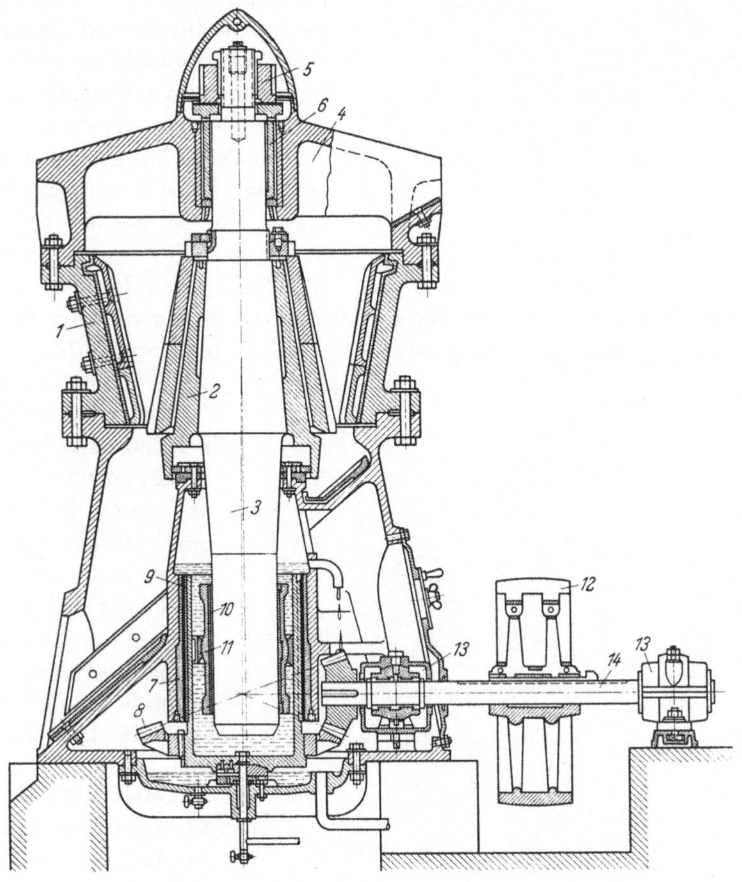

Abb. 25. Kegelbrecher.

die eigene Mittelachse sich drehende, um die Mittelachse des Brechkörpers dagegen kreisförmige Bewegung ausführt. Hierdurch erhält die vertikale Achse *3* am unteren Ende eine kreisförmig taumelnde Bewegung, ohne sich selbst mitzudrehen. Diese taumelnde Bewegung überträgt sich den Hebellängen entsprechend auf den Brechkegel, dessen hierdurch am Austrittsspalt des Brechraumes entstehende schließende und öffnende Bewegung bei jeder Umdrehung der Antriebsbüchse *9* über den ganzen kreisförmigen Austragsspalt verläuft. Es findet somit zu jeder Zeit im Austragsspalt, im Kreise wandernd ein Schließen und Öffnen der Spaltöffnung, mit anderen Worten ein kontinuierlicher Brechvorgang statt. Hierdurch wird gegenüber dem Backenbrecher jeder Leerlauf vermieden und eine relativ höhere Arbeitsleistung erzielt.

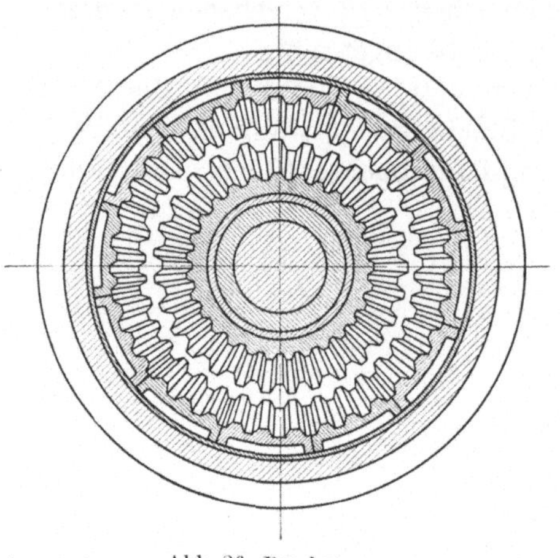

Abb. 26. Brechraum.

Die Veränderung der unteren Spaltweite des Brechraumes und somit der Korngröße des Austragsgutes wird durch Anziehen oder Nachlassen der Stellmutter *5* bewirkt. Während man beim Backenbrecher durch Einbau kürzerer oder längerer Kniehebelplatten praktisch jede beliebige Spaltöffnung herstellen kann, ist diese Veränderungsmöglichkeit beim Kegelbrecher, bedingt durch die Bauart, wesentlich geringer. Dieser Nachteil wirkt sich besonders ungünstig bei starker Abnutzung des Brechkegels und des Brechmantels am Austrittsspalt des Brechraumes aus.

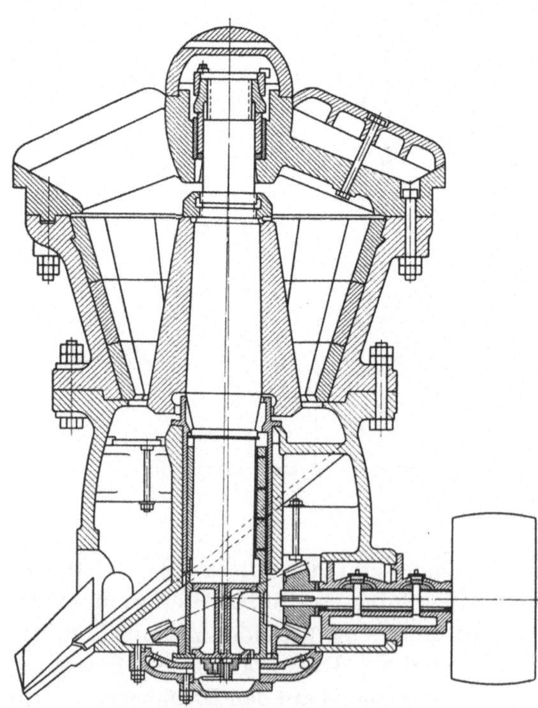

Abb. 27. Kegelbrecher amerikanischer Bauart.

Unterhalb des kreisförmigen Austragsspaltes befindet sich eine entsprechend geformte Austragsschurre, die das austretende gebrochene Gut auffängt und im unteren Teil des Brecherständers abführt. Von besonderer Bedeutung ist die sorgfältige Schmierung der unteren Lagerbüchsen, die sich aber sehr leicht und wirkungsvoll durch eine Ölumlaufschmierung, ähnlich wie beim Großbackenbrecher, durchführen läßt.

Der Hub am Austrittsspalt, bedingt durch die Exzentrizität der Hauptlagerbüchse, ist abhängig von der Spaltweite am Austrittsspalt des Brechraumes bzw. von der Stückgröße des fertig gebrochenen Gutes und dementsprechend auch von der Größe des Brechers selbst. Die übliche Hubbewegung beträgt bei Grobbrechern etwa 15 bis 20 mm.

Die Abb. 27 zeigt noch einen Kegelbrecher amerikanischer Bauart. Die Arbeitsweise ist im Prinzip die gleiche wie bei dem Kegelbrecher deutscher Bauart. Auffallend ist bei dem amerikanischen Brecher die gedrungene Bauart.

Das **Anwendungsgebiet** der Kegelbrecher als Grobbrecher ist im Prinzip das gleiche wie bei den Backenbrechern. Sie dienen zur Vorzerkleinerung jeder Art von Gestein beliebiger Härte besonders für die Bau-Industrie und den Straßenbau, ferner zur Zerkleinerung von Erzen und Mineralien aller Art. Die Abb. 28 enthält die wichtigsten Angaben über verschiedene Brechergrößen und die zu erwartenden durchschnittlichen Leistungen dieser Brecher.

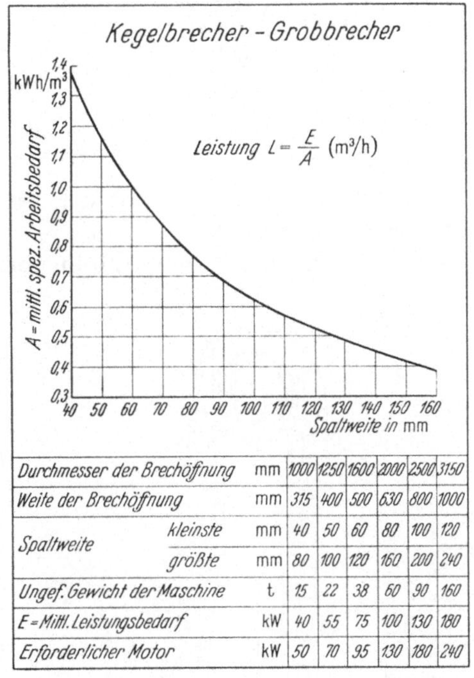

Durchmesser der Brechöffnung		mm	1000	1250	1600	2000	2500	3150
Weite der Brechöffnung		mm	315	400	500	630	800	1000
Spaltweite	kleinste	mm	40	50	60	80	100	120
	größte	mm	80	100	120	160	200	240
Ungef. Gewicht der Maschine		t	15	22	38	60	90	160
E = Mittl. Leistungsbedarf		kW	40	55	75	100	130	180
Erforderlicher Motor		kW	50	70	95	130	180	240

Abb. 28. Leistungstabelle.

b) Feinbrecher.

Der konstruktive Aufbau ist beim Feinbrecher der gleiche wie beim Grobbrecher. Der einzige Unterschied liegt hier wie bei den Backenbrechern in der Formgebung der Brechorgane. Die Abb. 29 zeigt die Form des Brechkegels und des Brechmantels eines Grobbrechers und die Abb. 30 diejenige eines Feinbrechers. Während beide Brechflächen beim Grobbrecher geradlinig verlaufen, ist beim Feinbrecher die Brechfläche des Brechmantels gewölbt ausgeführt. Es ergeben sich hierdurch dieselben Arbeitsvorgänge, wie bereits beim Feinbrecher der Backen-

Abb. 29. Grobbrechkegel.

Abb. 30. Feinbrechkegel.

brecher näher beschrieben. Auf der Abb. 31 ist der obere Teil eines Feinbrechers dargestellt.

Beim Feinbrecher ist der Hub im Austragsspalt etwa 8 bis 12 mm. Die Hub- bzw. Drehzahl der Exzenterbüchse kann gegenüber dem Grobbrecher erheblich gesteigert werden.

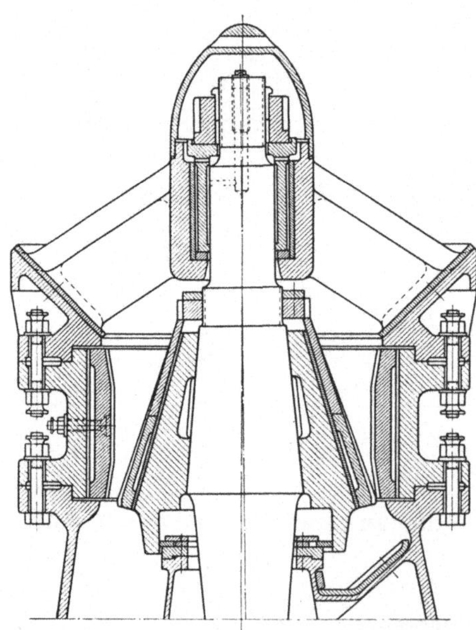

Abb. 31. Oberteil Feinbrecher.

Anwendungsgebiet. Die Kegelbrecher als Feinbrecher finden hauptsächlich Verwendung als Nachbrecher zur Herstellung kleinerer Kornklassen aller Arten von Erzen und Mineralien. Die gegenüber den Backenbrechern als Nachbrecher stärker ausgeprägte kubische Form des Brechgutes wirkt sich besonders günstig in der Bauindustrie und dem Straßenbau zur Herstellung von Splitt und Feinsplitt aus. Die Abb. 32 enthält die wichtigsten Angaben über verschiedene Brechergrößen und die zu erwartenden mittleren Leistungen derselben.

c) Der Kegelbrecher von Symons.

In dem Bestreben, die Bauhöhe des Kegelbrechers so niedrig wie möglich zu gestalten, verzichtete der Amerikaner Symons gänzlich auf eine hebelartige Übersetzung von der exzentrischen Büchse zum Brechkegel und legte die exzentrische Büchse unmittelbar in den Brechkegel hinein, wie aus der Abb. 33 hervorgeht. Bei dieser Bauart steht die Mittelachse *1* fest im Brechergehäuse. Um die Mittelachse dreht sich die durch das Kegelräderpaar *2* angetriebene exzentrische Büchse *3*, die ihrerseits den lose auf ihr sitzenden Brechkegel *4* in eine hin- und hergehende Bewegung versetzt. Diese Kegelbrecher-Bauart hat sich nur in geringeren Abmessungen und zum Brechen mittelharten Gesteins bewährt. Sie ist von dem Erfinder SYMONS selbst wieder aufgegeben worden, als die Gebrüder SYMONS einen vollkommen neuen Weg in der Entwicklung der Kegelbrecher beschritten,

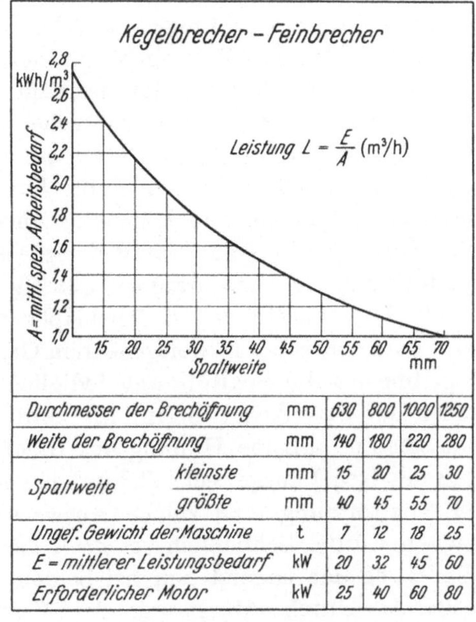

Durchmesser der Brechöffnung		mm	630	800	1000	1250
Weite der Brechöffnung		mm	140	180	220	280
Spaltweite	kleinste	mm	15	20	25	30
	größte	mm	40	45	55	70
Ungef. Gewicht der Maschine		t	7	12	18	25
E = mittlerer Leistungsbedarf		kW	20	32	45	60
Erforderlicher Motor		kW	25	40	60	80

Abb. 32. Leistungstabelle.

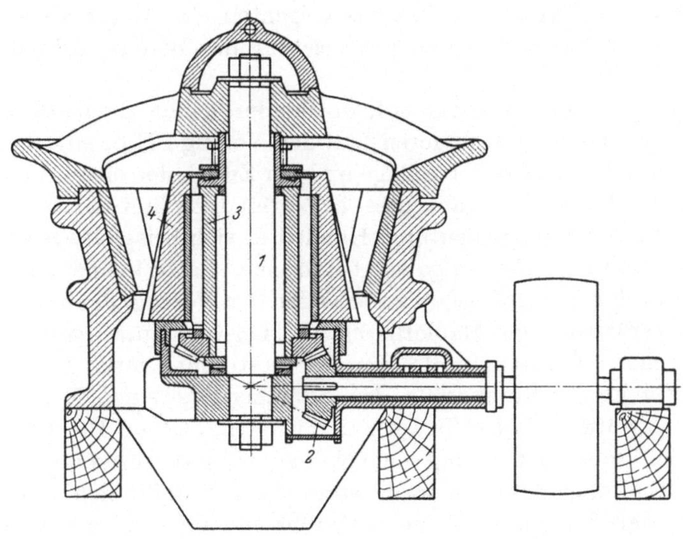

Abb. 33. Kegelbrecher von SYMONS.

der schließlich zu den jetzt allgemein bekannten SYMONS-Brechern, die im nächsten Abschnitt näher behandelt werden, führte.

Allgemeine Betrachtungen. Der Vorzug der Kegelbrecher gegenüber den Backenbrechern liegt im wesentlichen in der kontinuierlichen Arbeitsweise, durch welche der mechanische Wirkungsgrad des Kegelbrechers gegenüber dem Backenbrecher günstiger gestaltet wird. Ferner gewinnt man mit dem Kegelbrecher ein mehr kubisches Korn gegenüber dem Backenbrecher. Der Backenbrecher hat demgegenüber den Vorzug niedrigerer Bauhöhe und leichterer Auswechselbarkeit der Verschleißteile. Ferner wirkt sich beim Backenbrecher die Nachstellbarkeit an der Spaltöffnung des Brechraumes günstiger aus als beim Kegelbrecher. Durch Auswechseln der Kniehebelplatten läßt sich die Spaltöffnung beim Backenbrecher in weitgehenden Grenzen regulieren, während beim Kegelbrecher die Spaltöffnung lediglich durch Anziehen bzw. Höherstellen des Brechkegels beeinflußt werden kann. Ist dieses infolge Verschleißes am äußeren Umfang des Brechkegels nicht mehr möglich, so muß der Kegel ausgewechselt werden, obgleich der Verschleiß oberhalb der Spaltöffnung eine solche Auswechslung noch nicht erforderlich machen würde. Schließlich sei noch darauf hingewiesen, daß sich die Abnutzung der Lagerstellen bei beiden Brecherarten sehr verschieden auswirkt. Durch Abnützung der Kurbelwellenlager entsteht beim Backenbrecher eine Senkung der Zugstange. Hierdurch wird auch der Winkel des Kniehebelpaares zur Horizontalen und somit auch der Hub am Austrittsspalt vergrößert. Durch diesen Vorgang vergrößert sich die Leistung des Brechers. Beim Kegelbrecher tritt bei zunehmendem Verschleiß der Exzenterbüchse das Gegenteil ein. Der Hub am Austrittsspalt verringert sich und die Leistung der Brecher geht dementsprechend zurück.

Es tut sich nun die Frage auf, welche der beiden Brecherarten verdient in dem einen oder anderen Fall den Vorzug? Hier entscheidet in der Hauptsache die Art der Anlage und der Zweck derselben. Besonders die Stückgröße des Aufgabegutes in Verbindung mit der verlangten Leistung ist hier von Bedeutung. Handelt es sich beispielsweise um ein verhältnismäßig grobes Aufgabegut und eine relativ kleinere Leistung, so verdient der Backenbrecher entschieden den Vorzug, denn bei diesem ist das Verhältnis der Maulöffnung zur Leistung günstiger als beim Kegelbrecher. Würde man also für eine bestimmte verlangte Leistung bei relativ großer Stückgröße des Aufgabegutes einen Kegelbrecher wählen, so würde sehr häufig der Fall eintreten, daß der Brecher infolge seiner viel größeren Leistung nicht voll ausgenützt würde und somit in den Anschaffungskosten zu teuer wäre. Hieraus ergibt sich schon ohne weiteres, daß für ausgesprochene Großbrecheranlagen, bei denen oftmals Aufgabestückgrößen von 1 m^3 und mehr in Frage kommen, der

Backenbrecher den Vorzug als Vorbrecher verdient. Als Nachbrecher dagegen wird der Kegdbrecher von Vor

Aufgabestückgröße des vorgebrochenen Gutes bei verhältnismäßig geringerer Abmessung und geringeren Anschaffungskosten die verlangte Leistung erfüllen kann. Abgesehen davon ist auch die Erzeugung eines mehr kubischen Kornanfalls für die Wahl des Kegelbrechers als Nachbrecher von Bedeutung.

3. Symons-Brecher.

Allgemeines.

Dem heute allgemein bekannten Symons-Brecher geht eine langzeitige Entwicklung voraus. Die Amerikaner, Gebrüder Symons, hatten es sich zur Aufgabe gemacht, eine konstruktive Lösung eines kontinuierlich, nach Art des Kegelbrechers arbeitenden Brechers zu finden, mit dem insbesondere ein scharfkantiges Brechgut erreicht wird, wie es der uns aus alter Zeit bekannte Steinklopfer am Chausseerand durch Handarbeit erzeugte. Die maschinelle Zerkleinerung durch Backen- und Kegelbrecher brachte ja gegenüber der Handarbeit den Nachteil mit sich, daß das zu brechende Gestein mehr gedrückt als geschlagen wurde und daß hierdurch die erwünschte Scharfkantigkeit des Brechgutes mehr oder weniger verlorenging. Die Gebrüder Symons haben ihre ganze Lebensarbeit der Erreichung dieses Zieles gewidmet. Es war ein dornenvoller Weg, der aber nach mancherlei Enttäuschungen schließlich zum Erfolg führte.

Bauarten.

a) Symons-Tellerbrecher.

In der Entwicklung des Symons-Brechers entstand als erste betriebsfähige Maschine der Tellerbrecher, wie er auf der Abb. 34 dargestellt ist. Die in den beiden Lagern *1* und *2* laufende und von der Riemenscheibe *3* angetriebene Hohlwelle *4* ist an ihrem Ende als konkave Scheibe *5* ausgebildet, die ihrerseits mit der zylindrischen Scheibe *6* durch Schrauben und entsprechende Zwischenstücke fest verbunden ist. Innerhalb der Hohlwelle *4* befindet sich die etwas konisch ausgebildete Welle *7*, die an einem Ende die kugelförmige Scheibe *8* trägt, deren kugelförmige Fläche in die konkave Scheibe *5* eingreift. Das andere Ende der Welle *7* wird von der in der Büchse *9* exzentrisch angeordneten Innenbohrung aufgenommen und kann sich in dieser um die eigene Achse drehen. Die Büchse *9* ist im Maschinenrahmen bei *10* drehbar gelagert und wird von der Riemenscheibe *11* angetrieben. Während der Drehung der Büchse *9* vollzieht die Welle *7* und mit ihr die kugelförmige Scheibe 8 eine taumelnde Bewegung. Auf der Innenfläche der zylindrischen Scheibe *6* sowie auf der Außenfläche der kugelförmigen Scheibe *8* sind Verschleißplatten aus verschleißfestem Material aufgelegt. Der zwischen der zylindrischen Scheibe *6* und der kugelförmigen Scheibe *8* entstehende Zwischenraum bildet den eigentlichen Brechraum, in welchem das zu brechende Gut durch die feststehende Einlaufschurre *12* zentral eingeführt wird.

Der Arbeitsvorgang der Maschine gestaltet sich nun wie folgt: das in den Brechraum gelangende grobstückige Gut klemmt sich durch die zentrifugale Wirkung der sich drehenden Scheibe *6* zwischen den Scheiben *6* und *8* fest. Hierdurch wird auch die Scheibe *8* mitgenommen und zu einer sich frei drehenden Bewegung veranlaßt. Gleichzeitig aber erhält die Scheibe *8* durch die Drehung der Büchse *9* eine taumelnde

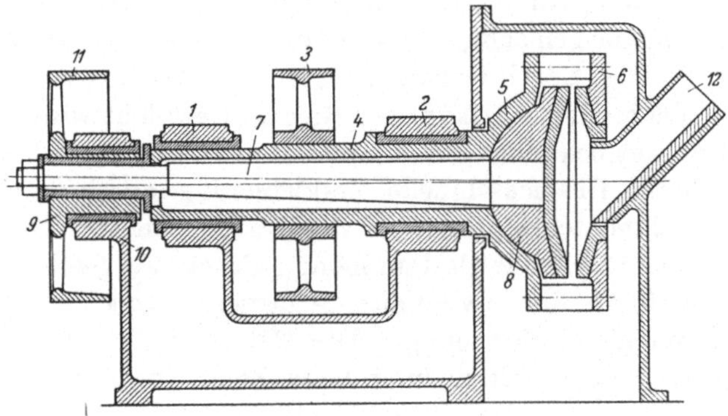

Abb. 34. SYMONS-Tellerbrecher.

Bewegung, so daß sich die Spaltöffnung zwischen den beiden Scheiben *6* und *8* am Umfang umlaufend ständig vergrößert und verkleinert. Hierdurch wird die Zerkleinerung des eingeführten Materials bewirkt. Alle durch die Zerkleinerung erzeugten Gutskörnungen in der Korngröße unterhalb der geringsten Spaltöffnung des Brechraumes verlassen diesen sofort durch die Zentrifugalwirkung der sich drehenden Scheiben. Eine Änderung der Spaltweite kann durch Einschaltung entsprechender Distanzstücke zwischen den Scheiben *5* und *6* vorgenommen werden.

Beim Betrieb des Brechers wird die Umdrehungszahl der Büchse *9* etwa doppelt so groß gewählt als die Umdrehungszahl der Hohlwelle *4*. Hierdurch entsteht eine mehrfache taumelnde Bewegung der kugelförmigen Scheibe *8* während einer Umdrehung der zylindrischen Scheibe *6*, was sich günstig auf die spezifische Leistung des Brechers auswirkt. Ebenso ist auch die zentrifugale Wirkung der sich drehenden Brechscheiben von Vorteil für die schnelle Entleerung des fertig zerkleinerten Gutes.

Der Tellerbrecher ist zum Brechen aller Arten von Gestein und Erzen geeignet, und zwar als Nachbrecher bereits vorgebrochenen Gutes. Seine spezifische Leistung kann derjenigen der Fein-Kegelbrecher gleichgesetzt werden.

b) SYMONS-Tellerbrecher mit vertikaler Welle.

Unter Zugrundelegung des Arbeitsprinzips des vorstehend beschriebenen Tellerbrechers entstand dann der Tellerbrecher mit vertikaler Welle, wie er in Abb. 35 dargestellt ist.

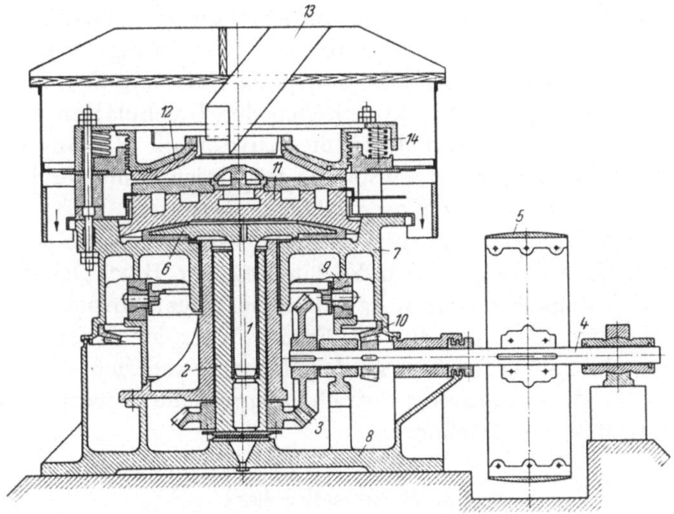

Abb. 35. SYMONS-Tellerbrecher mit vertikaler Welle.

Die vertikale Welle *1* ist exzentrisch in der Büchse *2* gelagert, die ihrerseits über ein Kegelräderpaar *3* von der Antriebswelle *4* bzw. von der Antriebsscheibe *5* angetrieben wird. Auf der vertikalen Welle 1 sitzt die flach kugelförmig ausgebildete Lagerscheibe *6*, die bei der Drehung der Büchse *2* auf dem Gestell *7* kreisförmig entsprechend der Exzentrizität der Bohrung in der Büchse *2* hin- und herbewegt wird. Das Gestell *7* ist auf dem Maschinengerüst *8* mittels Rollenlagerung *9* drehbar gelagert und wird von der Antriebswelle *4* über einen Kegelradzahnkranz *10* und Ritzel ebenfalls in drehende Bewegung gesetzt. In dem Gestell *7* ist nachgiebig die Brechplatte *11* eingelegt, die mit ihrer unteren, hohlkugelartig ausgebildeten Fläche auf der kugelförmigen Lagerscheibe *6* ruht, im übrigen aber von dem Gestell *7* nicht in drehende Bewegung gesetzt wird. Mit dem drehbaren Gestell *7* ist weiterhin die obere hohlkegelförmig ausgebildete Brechplatte *12* fest verbunden. Die Brechplatten *11* und *12* sind mit entsprechenden Verschleißplatten belegt und der Hohlraum zwischen ihnen bildet den Brechraum, der durch die feststehende Schurre *13* zentral mit dem zu brechenden Material beschickt wird. Der Brechspalt bzw. die Korngröße des Brechgutes kann durch die Stärke der Zwischenstücke zwischen dem Gestell *7* und der oberen Brechplatte *12* eingerichtet werden.

Der Arbeitsgang ist nun wie bei dem unter a) beschriebenen Tellerbrecher folgender: Beim Eindringen des zu brechenden Gutes in den Brechraum klemmt sich das Material zwischen den beiden Brechplatten *11* und *12* fest. Da sich die Brechplatte *12* in drehender Bewegung befindet, so wird durch das eingeklemmte Material auch die Brechplatte *11* mehr oder weniger mitgenommen. Gleichzeitig wird diese Brechplatte aber auch durch die sich kreisförmig verschiebende Lagerscheibe *6* in eine taumelnde Bewegung versetzt. Das durch die Schurre *13* eingeführte Gut wird zwischen den Brechplatten nach und nach zerkleinert und wandert durch die zentrifugale Wirkung der sich drehenden Brechscheiben zur Peripherie des Brechraumes und verläßt diesen dann in gewünschter Korngröße.

Der SYMONS-Tellerbrecher mit vertikaler Welle besitzt eine weitere Verbesserung in einer federnden Verbindung der Brechplatte *12* mit dem Gestell *7*. Beim Eindringen irgendwelcher Fremdkörper weicht die obere Brechplatte *12* aus, so daß der Fremdkörper den Brechraum verlassen kann, ohne einen Schaden an der Maschine angerichtet zu haben. Die Federn *14*, die im normalen Betrieb entsprechend vorgespannt sind, bilden somit eine Bruchsicherung.

c) Der SYMONS-Brecher[1].

Aus den eben behandelten zwei Vorläufern entwickelte sich dann der SYMONS-Kegelbrecher in seiner heutigen Ausführung und nunmehr kurz SYMONS-Brecher genannt. Die Abb. 36 zeigt einen Querschnitt eines solchen Brechers.

Der Brechraum wird durch den Zwischenraum zwischen Brechkegel *1* und Brechmantel *2* gebildet. Der Brechkegel sitzt auf dem Tragkegel *3* und der Brechmantel in dem Brechrumpf *4*. Der Tragkegel *3* ist auf der nach unten konisch verlaufenden Achse *5* befestigt. Der konische Teil dieser Achse ist exzentrisch und drehbar in der Exzenterbüchse *6* gelagert, die sich ihrerseits zentrisch drehbar im Ständer *7* befindet und über ein Kegelräderpaar *8* und *9* von der ebenfalls im Ständer *7* gelagerten Antriebswelle *10*, mit welcher die Antriebsscheibe *11* fest verbunden ist, angetrieben wird. Der Tragkegel *3* ruht auf der

[1] Der SYMONS-Brecher wurde anfangs der dreißiger Jahre von der Fried. Krupp Grusonwerk A.-G., Magdeburg, nach amerikanischer Bauweise in Europa eingeführt.

Kugellagerschale *12.* Der den Brechmantel tragende Brechrumpf *4* sitzt mit grobem Gewinde und drehbar in dem Einstellring *13.* Durch die Windvorrichtung *14* kann der Brechrumpf *4* zur Einstellung beliebiger Spaltweiten zwischen Brechkegel und Brechmantel auf und ab bewegt werden. Der Einstellring *13* ist am ganzen Umfang mit dem Ständer durch vorgespannte Federn *15* verbunden, so daß er und damit auch der Brechmantel beim Eindringen von Fremdkörpern in den Brechraum nachgeben kann. Durch diese Anordnung ist eine Bruchsicherung für den Brecher gewährleistet.

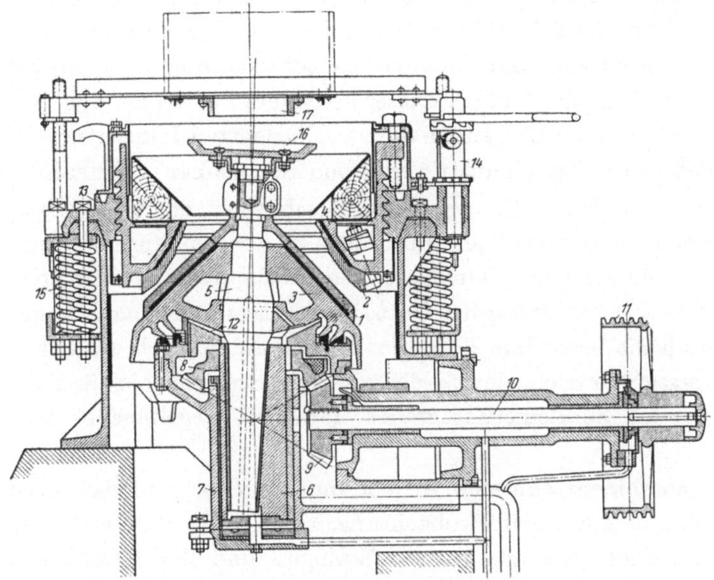

Abb. 36. SYMONS-Brecher.

Beim Antrieb des SYMONS-Brechers wird der Brechkegel durch die exzentrische Lagerung der Hauptachse *5* in der Exzenterbüchse *6* wieder in eine taumelnde Bewegung versetzt, ohne sich selbst dabei zu drehen. Durch diese taumelnde Bewegung nähert sich der Brechkegel fortlaufend am Umfang dem Brechmantel, während sich der Brechspalt auf der der Annäherung entgegengesetzten Seite öffnet. Am Kopf der Hauptachse *5* befindet sich ein Verteilteller *16,* der ebenfalls an der taumelnden Bewegung des Brechkegels teilnimmt und das durch die Öffnung *17* aufgegebene zu zerkleinernde Gut gleichmäßig über den ganzen Brechraum verteilt. Wie nun aus der Abbildung ersichtlich, hat der Brechkegel und dementsprechend auch der Brechmantel eine im Gegensatz zum üblichen Kegelbrecher besonders flache Form, die charakteristisch für die Arbeitsweise des SYMONS-Brechers ist.

Der grundsätzliche Unterschied zwischen dem Kegelbrecher und dem SYMONS-Brecher liegt darin, daß beim Kegelbrecher die Hubbewegung des Brechkegels am Austrittsspalt stets geringer ist als die Spaltweite, während dies beim SYMONS-Brecher gerade umgekehrt der Fall ist. Hier ist die Hubbwegung des Brechkegels ein Mehrfaches der engsten Spaltweite bzw. der gewünschten Korngröße des zu zerkleinernden Gutes. Durch diese Anordnung haben die Gebrüder SYMONS schließlich erreicht, wonach sie schon bei Beginn ihrer Arbeit strebten, nämlich die quetschende Arbeitsweise des Backen- und des Kegelbrechers auszuschalten und die Zertrümmerung des zu zerkleinernden Gesteins mehr durch Schlagwirkung herbeizuführen. Hierdurch erhält das fertig gebrochene Gut eine wesentlich mehr kubische und scharfkantige Form als dies auf Backen-Brechern der Fall ist. Dieser besondere Vorzug hat dem SYMONS-Brecher sehr schnell Eingang in die verschiedensten Industriezweige und besonders in die Bau-Industrie und den Straßenbau verschafft.

Durch die schnelle Bewegung des Brechkegels, das weite Öffnen des Brechraumes und schließlich durch den großen Umfang des Austrittsspaltes ist ein schneller Durchgang des Brechgutes und eine hohe Leistung ohne eine Anstauung des Gutes im Brechraum bedingt. Desgleichen wird durch die besondere Form des Brechmantels auch ein hoher Zerkleinerungsgrad erzielt, der bei den größeren Brechern bis 15 : 1 also das Doppelte des Zerkleinerungsgrades normaler Kegelbrecher betragen kann.

Die maschinentechnische Ausbildung der SYMONS-Brecher ist auf Grund der langjährigen Beobachtungen sorgfältig durchgeführt. Der Maschinenständer ist aus bestem Stahlguß und der Brechkegel und Brechmantel aus Manganhartstahl gefertigt. Alle Verschleißteile können leicht ausgewechselt werden. Die Lager und Lagerbüchsen sind aus Lagerbronze besonderer Zusammensetzung hergestellt und werden durch Umlauföl geschmiert. Zum Zwecke der Umlaufschmierung ist eine Ölpumpe unmittelbar mit der Antriebswelle gekuppelt oder durch einen besonderen Elektromotor angetrieben.

Die SYMONS-Brecher werden nach amerikanischer Bauweise in fünf Größen gebaut. Die Größenbezeichnung 2, 3, 4, $5^1/_2$ und 7 entspricht dem Durchmesser des Brechkegels in englischen Fuß. Darüber hinaus ist jede Größe als Grob- und Feinbrecher, d. h. mit größerer oder kleinerer Brechraumöffnung ausgebildet, wobei die Brecher mit kleinerer Brechraumöffnung zur Erzielung der geringst möglichen Korngröße des gebrochenen Gutes bestimmt sind.

Der SYMONS-Brecher gelangt in den kleinen Größen auch als SYMONS-Granulator zur Ausführung. Der konstruktive Unterschied des Granulators gegenüber dem Brecher besteht im wesentlichen nur in der Form-

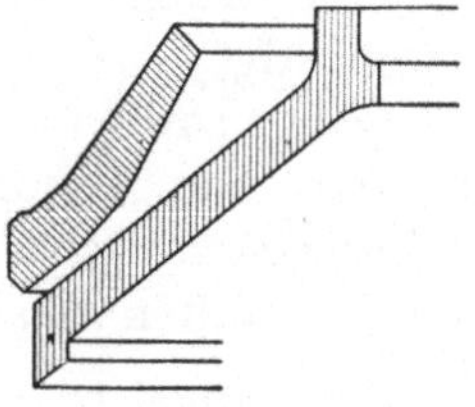

Abb. 37. SYMONS-Brecher.

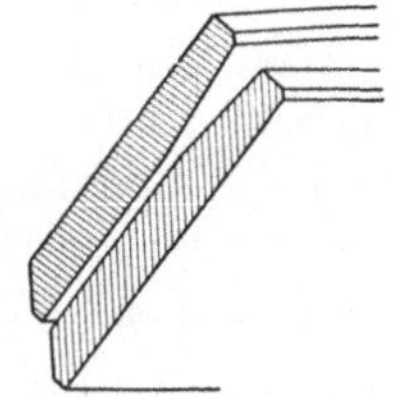

Abb. 38. SYMONS-Granulator.

gebung des Brechkegels und des Brechmantels. Der Unterschied hierin ist aus obenstehenden Abb. 37 und 38 ersichtlich, in welchen die Abb. 37 die Auskleidung des Brechraumes im SYMONS-Brecher und die Abb. 38 die Auskleidung desselben im SYMONS-Granulator zeigt. Wie schon der Name besagt, dient der Granulator zur Feinzerkleinerung, zum Granulieren, und zwar geschieht dies im allgemeinen im Umlaufverfahren, d. h. das aus dem Granulator austretende Gut gelangt zunächst auf ein Sieb, auf welchem die gewünschte Kornklasse ausgeschieden wird, während der Rückstand auf dem Sieb dann wieder zwecks Weiterzerkleinerung zum Granulator zurückfließt. Dieser Vorgang geht ununterbrochen vor sich. Mit dieser Einrichtung ist es möglich, Kornklassen bis auf 3 mm herunter zu gewinnen, und zwar auch hier wieder in der bevorzugten möglichst kubischen und scharfkantigen Form.

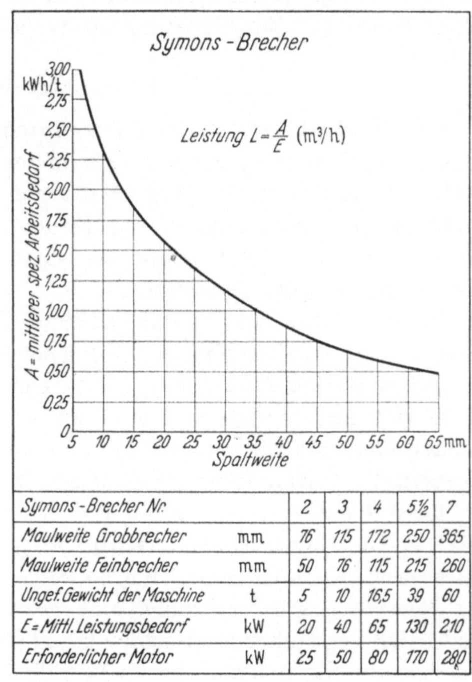

Symons-Brecher Nr.		2	3	4	5½	7
Maulweite Grobbrecher	mm	76	115	172	250	365
Maulweite Feinbrecher	mm	50	76	115	215	260
Ungef. Gewicht der Maschine	t	5	10	16,5	39	60
E = Mittl. Leistungsbedarf	kW	20	40	65	130	210
Erforderlicher Motor	kW	25	50	80	170	280

Abb. 39. Leistungstabelle.

Das **Anwendungsgebiet** des SYMONS-Brechers und -Granulators ist außerordentlich vielseitig. In den Schotter- und Splittwerken werden diese Maschinen bevorzugt zur Herstellung eines erstklassigen Brechgutes. Auch in der Erzaufbereitung und in der chemischen Industrie haben sie überall Eingang gefunden. Die SYMONS-Brecher und Granulatoren eignen sich zur Zerkleinerung aller vorkommenden Gesteinsarten, wie Basalt, Quarz-Porphyr, Quarzit, Magnesit, Feldspat, Chromerz usw. In allen diesen Verwendungsgebieten erweist sich der hohe Zerkleinerungsgrad vielfach als besonders günstig.

Aus der Abb. 39 sind die wichtigsten Angaben sowie die ungefähren Leistungen und der ungefähre Leistungsbedarf des SYMONS-Brechers zu entnehmen. Aus der graphischen Darstellung ist zunächst der spezifische Arbeitsbedarf A in kWh/m^3 bei der gewählten Spaltweite abzulesen. Wert A dient dann als Divisor in der Formel $L = \frac{E}{A}$, in der E den Leistungsbedarf des in Betracht gezogenen Brechers und L die gesuchte Leistung desselben bedeutet. Natürlich handelt es sich hier nur um durchschnittliche Werte. Gerade weil es sich sowohl bei dem Brecher wie auch bei dem Granulator um weitgehende Zerkleinerung handelt, ist auch mit größeren Schwankungen in der Leistung je nach der Art des verwendeten Zerkleinerungsgutes zu rechnen.

d) Schlagbrecher.

Das in den SYMONS-Brechern durchgeführte Prinzip der schlagartigen Zerkleinerung wurde im Laufe der fortschreitenden Entwicklung auch auf den Backenbrecher übertragen. Es fand hier also eine Entwicklung im entgegengesetzten Sinne zur Entwicklung des Kegelbrechers aus dem Backenbrecher statt. In Abb. 40 ist ein Schlagbrecher im Schnitt dargestellt.

Der Schlagbrecher besteht aus dem Gehäuse *1*, in welchem die mit einer gewölbten Brechbacke *2* versehene Schwinge *3* auf dem durchgehenden Bolzen *4* aufgehängt ist. Der untere Teil der Schwinge *3* stützt sich mit der Druckplatte *5* auf das Kurbelwellenlager *6*, das als Pendelrollenlager ausgebildet ist und auf dem exzentrischen Teil der Kurbelwelle *7* sitzt. Diese ist ihrerseits in den beiden Seitenwangen des Gehäuses *1* gelagert und trägt außerhalb der Lagerung die Antriebsscheibe. Die Zugstange *8* in Verbindung mit der Feder *9* sorgt dafür, daß zwischen Schwinge und Kurbelwellenlager stets, also auch während der Bewegung der Schwinge, eine geschlossene Verbindung erhalten bleibt. Die feststehende Brechbacke *10* sitzt in dem Gußkörper *11*, der auf dem durchgehenden Bolzen *12* aufgehängt ist, und sich um diesen Bolzen drehen kann. Der untere Teil des Gußkörpers *11* ist über Pufferfedern *13* mittels der Schraubenbolzen *14* mit dem Gehäuse *1* verbunden. Die Pufferfedern *13* dienen wie beim SYMONS-Brecher als Sicherungsvorrichtung gegen Eindringen von Fremdkörpern in den

Brechraum. Sie werden auf Vorspannung eingestellt, so daß sie beim normalen Brechvorgang wenig oder gar nicht nachgeben und sich erst bei Überbelastung durch Eindringen eines Fremdkörpers zusammendrücken. Die einzelnen Bauteile des Schlagbrechers sind aus Stahlguß und die Brechbacken aus Manganhartstahl hergestellt.

Wie beim Symons-Brecher ist auch beim Schlagbrecher die durch die Exzenterdrehung hervorgerufene Hubbewegung ein Mehrfaches der eingestellten Spaltweite, und da die Brechbacken stark geneigt liegen, so entsteht innerhalb des Brechraumes derselbe Arbeitsvorgang wie bei

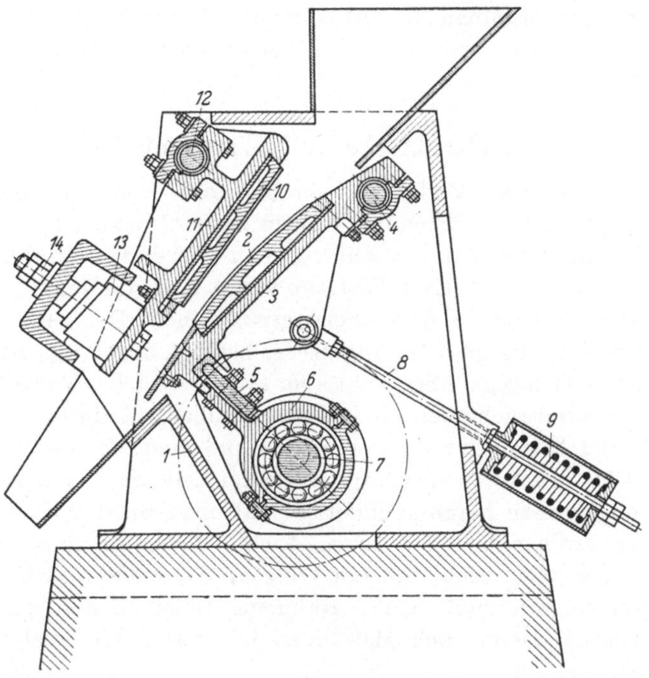

Abb. 40. Schlagbrecher.

dem Symons-Brecher bereits eingehend geschildert. Durch die besondere Form der Brechbacken und die im unteren Teil des Brauchraumes immer größer werdende Hubbewegung wird das Brechgut beim Durchgang durch das Brechmaul aufgelockert, so daß keine Ansammlung von feinem Korn und eine damit verbundene Verstopfung erfolgen kann. Durch die relativ hohe Geschwindigkeit, mit welcher die Schwinge bewegt wird, ergibt sich eine relativ hohe Leistung des Schlagbrechers, und schließlich wird durch die Schlagwirkung und das mehrfache Umwenden des Brechgutes im Brechraum ein bevorzugt kubisches und griffiges Fertiggut erzeugt.

Das **Anwendungsgebiet** des Schlagbrechers ist das gleiche wie für den SYMONS-Brecher. Besonders bevorzugt ist seine Verwendung auf dem Gebiete der Steine und Erden zum Brechen von Basalt, Granit, Diabas, Grünstein u. dgl. Der Schlagbrecher kann hierbei sowohl als Vorbrecher wie auch als Nachbrecher arbeiten.

Schlußbemerkung. Der SYMONS-Brecher wurde anfangs der dreißiger Jahre von der Fried. Krupp Grusonwerk A.-G, Magdeburg, nach amerikanischer Bauweise in Europa eingeführt. Hierunter fiel auch das Prinzip des Schlagbrechers, der vom Grusonwerk in der in der Abbildung 41 dargestellten Weise entwickelt wurde. Nach dem letzten Weltkriege übernahm der Stahlbau Rheinhausen die Fabrikation von SYMONS-Brechern und verbesserte auch die konstruktive Ausbildung des Schlagbrechers.

4. Walzenbrecher und Walzenmühlen.

Allgemeines. Das Verfahren, ein Material zwischen zwei sich in gegenläufigem Sinne drehenden Walzen zu zerdrücken, ist schon sehr alt. Es bestand bereits in der Zeit vor dem Vorhandensein maschineller Antriebe. Auch heute sind Walzenbrecher und Walzenmühlen noch sehr vielseitig benutzte Zerkleinerungsmaschinen. Der zerkleinerungstechnische Wirkungsgrad ist ungünstig, bedingt durch das Prinzip des Zerdrückens. Demgegenüber steht aber als wesentlicher Vorteil die Einfachheit, Betriebssicherheit und Unempfindlichkeit dieser Maschinen. Je nach den Erfordernissen der Praxis und nach der Art des aufzugebenden Materials haben sich im Laufe der Zeit sehr verschiedenartige Ausführungsformen herausgebildet, so daß man nicht von einem Einheitswalzenbrecher sprechen kann. Auch ist man in manchen Fällen dazu übergegangen, nicht nur ein Walzenpaar, sondern zwei oder drei Paar Walzen innerhalb eines Rahmens übereinander anzuordnen, während andererseits auch Maschinen mit nur einer einzigen Walze ausgeführt werden.

Der Unterschied in der Bezeichnung Walzenbrecher oder Walzenmühle liegt in der Ausbildung der Walzen begründet. Sind die Walzen mit Nocken, Zähnen od. dgl. zum Grobbrechen eingerichtet, so handelt es sich um einen Walzenbrecher, während glatte oder geriffelte Walzen das Kennzeichen der Walzenmühlen sind.

Bauarten. Bevor auf die einzelnen Bauarten näher eingegangen wird, sollen einige grundlegende Berechnungen zu den Walzenmühlen durchgeführt werden. Zunächst ist zu untersuchen, unter welchen Bedingungen glatte Walzen das aufgegebene Material noch mit Sicherheit einziehen. Es muß unbedingt vermieden werden, daß ein Stück an den Walzen abrutscht und nur immer auf diesen herumtanzt, ohne zerkleinert zu werden. Wie Abb. 41 zeigt, läuft die Bewegungsrichtung zwischen den Walzen nach unten. Jede Walze übt auf den Stein, der hier kugelförmig angenommen ist, eine radiale Kraft P aus, deren horizontale Komponente H zerdrückend auf das Material wirkt, während ihre Vertikalkomponente V den Stein nach oben herausschieben will. Bezeichnet man den Einzugswinkel mit 2β, so gilt für die Vertikalkomponente:

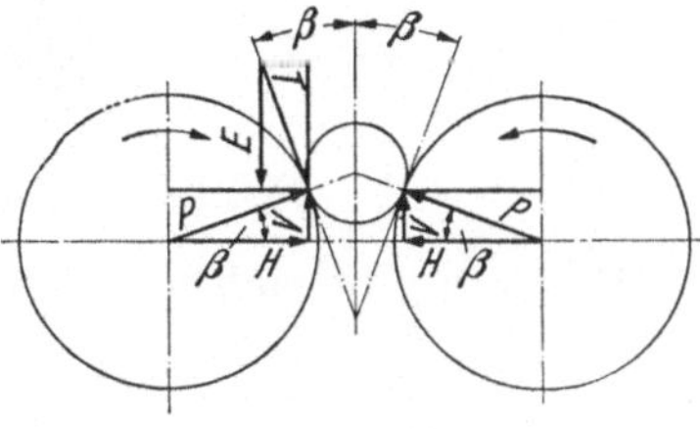

Abb. 41.

$$V = P \sin\beta.$$

Entgegen dieser nach oben wirkenden Kraft V ist die Vertikalkomponente E der tangentialen Reibungskraft: $T = \mu P$ bestrebt, den Stein nach unten einzuziehen, wobei:

$$E = T \cos\beta = \mu P \cos\beta$$

ist.

Damit der Stein eingezogen wird, muß also sein:

$$E > V$$

oder:

$$\mu P \cos\beta > P \sin\beta,$$

folglich:

$$\mu \cos\beta > \sin\beta$$

$$\mu > \frac{\sin\beta}{\cos\beta}$$

$$\mu > \operatorname{tg}\beta$$

oder, wenn man für μ den Tangens des Reibungswinkels ϱ einführt:

$$\operatorname{tg}\varrho > \operatorname{tg}\beta, \quad \text{d. h.} \quad \varrho > \beta.$$

Der Tangens des halben Einzugswinkels muß also kleiner sein als der Reibungskoeffizient bzw. der halbe Einzugswinkel kleiner als der Reibungswinkel. Nimmt man μ für Stein auf Eisen mit 0,3 an, so entspricht dies einem Reibungswinkel von 16,7°. Demgemäß hat sich ein Einzugswinkel von $2\beta = 2$ mal 16°, also von rund 30° für diesen Reibungsfall bewährt. Im ganzen erkennt man: Die Einzugsverhältnisse sind um so besser, je größer Reibungskoeffizient, Walzendurchmesser und Spaltweite sind und je kleiner der Einzugswinkel ist.

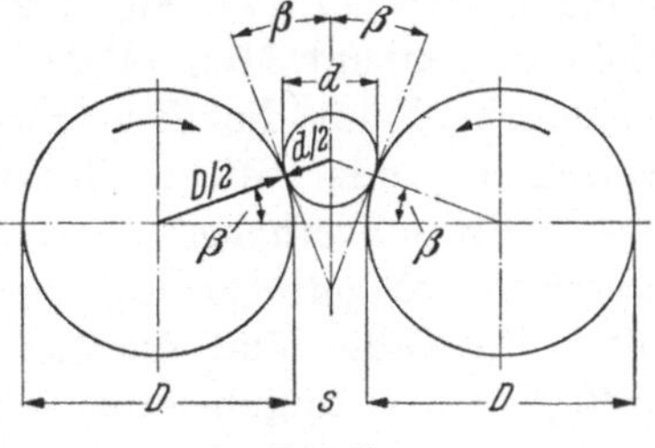

Abb. 42.

Aus den vorangegangenen Überlegungen ergibt sich nun die Berechnung des Mindestmaßes für den Walzendurchmesser. In Abb. 42 ist der Stein wieder kugelförmig mit einem Durchmesser d angenommen. Die Walzen haben den Durchmesser D, die Spaltbreite beträgt s. Aus dem schraffierten Dreieck folgt die Beziehung:

$$\frac{D/2 + s/2}{D/2 + d/2} = \cos\beta,$$

$$\cos\beta = \frac{D+s}{D+d}.$$

Daraus ergibt sich:

$$D = \frac{d\cos\beta - s}{1 - \cos\beta}.$$

Setzt man die bekannte Beziehung

$$\cos\beta = \frac{1}{\sqrt{1 + \mathrm{tg}^2\beta}}$$

ein, so ergibt sich nach Umwandlung:

$$D = \frac{d - s\sqrt{1 + \mathrm{tg}^2\beta}}{\sqrt{1 + \mathrm{tg}^2\beta} - 1}.$$

Da $\mathrm{tg}\,\beta < \mu$ sein muß, so gilt:

$$D > \frac{d - s\sqrt{1 + \mu^2}}{\sqrt{1 + \mu^2} - 1}.$$

Mit $\mu = 0{,}3$ und $d = 4\,s$, d. h. bei einem Zerkleinerungsgrad von 1 : 4 wird:

$$D = \frac{4\,s - s\sqrt{1 + 0{,}3^2}}{\sqrt{1 + 0{,}3^2} - 1} = \text{etwa } 70 \cdot s.$$

Damit erhält man z. B. für 20 mm Spaltweite, d. h. etwa 80 mm Aufgabe-Korngröße einen Walzendurchmesser von:

$$D = \text{etwa } 1400 \text{ mm}.$$

Das Verhältnis von Walzendurchmesser zu Aufgabe-Stückgröße wäre hiernach etwa 17,5 : 1. Meist wird für glatte Walzen sogar 20 : 1 als Minimum genannt. Man soll den Walzendurchmesser keinesfalls zu klein annehmen, damit die Stücke mit Sicherheit eingezogen werden. Bei Walzen, die mit Riffeln, Nocken oder Zähnen versehen sind, liegen bessere Einziehverhältnisse vor, und es kann daher der Walzendurchmesser um so geringer angenommen werden, je größer, schärfer oder spitzer die Zähne sind. Man kommt dann herab bis zu etwa 6 : 1. Die Griffigkeit des Aufgabegutes spielt natürlich ebenfalls eine Rolle. Auch wird man beim Aufgeben besonders großer Stücke den Zerkleinerungsgrad geringer wählen, d. h. eine verhältnismäßig große Spaltweite einstellen, um nicht übermäßig große Walzen zu erhalten. Der Walzendurchmesser wird in der Praxis meist nicht über 1500 bis 1600 mm ausgeführt.

Der Zerkleinerungsgrad beträgt bei Walzenmühlen im allgemeinen nicht viel mehr als 1 : 4, abgesehen von etwas Schrot und Mehl, das sich immer nebenher noch bildet. Wird eine weitergehende Zerkleinerung verlangt, so schaltet man zweckmäßig mehrere Walzenpaare hintereinander. So kann z. B. ein Material von 60 mm Korngröße vom ersten Walzenpaar auf etwa 15 mm, vom zweiten auf etwa 4 mm zerkleinert werden.

Die Umfangsgeschwindigkeit der Walzen darf nicht zu hoch sein, namentlich bei glatten Walzen, weil sonst das Material an den Walzen abrutscht. Meist geht man nicht über 2 bis 3 m/s. Im übrigen kann die Geschwindigkeit um so größer gewählt werden, je kleiner die Stückgröße des Aufgabegutes ist. Zum Feinbrechen oder zur Verarbeitung weniger harten Materials kann man schnellaufende Walzenmühlen mit wesentlich höheren Umfangsgeschwindigkeiten von etwa 6 bis 8 m/s anwenden. Am besten richtet man es dann so ein, daß das Material mit der gleichen Geschwindigkeit in die Mühle fällt. Es wird dann sofort eingezogen.

Die Brechleistung eines Walzenbrechers oder einer Walzenmühle müßte theoretisch $L = 3600 \cdot v\, b\, s$ (m³/h) betragen, wobei:

v = Umfangsgeschwindigkeit der Walzen (m/s),
b = Walzenbreite (m),
s = Spaltweite (m)

praktisch gilt:

$$L = k \cdot 3600 \cdot v\, b\, s \quad (\mathrm{m^3/h}),$$

wobei k einen Füllungsgrad bedeutet, dessen Wert kleiner als 1 ist, da der Raum zwischen den Walzen nie ganz ausgefüllt und die Beschickung nicht immer gleichmäßig ist. Der Füllungsgrad ist bei der Grobzerkleinerung geringer als bei der Feinschrotung und schwankt demgemäß etwa zwischen:

$$k = 0{,}25 \text{ bis } 0{,}75\,.$$

Der Leistungsbedarf ist außer von der stündlichen Brechleistung auch sehr von der Beschaffenheit des Aufgabegutes (Festigkeit, Zähigkeit usw.) sowie vom Zerkleinerungsgrad abhängig. Allgemeingültige Berechnungen lassen sich hier nicht durchführen, und man hält sich zweckmäßig an Erfahrungswerte. Für Grobschroten von Kalkstein sind z. B. etwa 0,8 kWh/t erforderlich, für Erzeugung von Feinsplitt etwa 1,1 bis 1,5 kWh/t.

Zur Bauart der Walzenbrecher und Walzenmühlen ist allgemein folgendes zu sagen: Die Oberfläche der Walzen wird je nach Verwendungszweck sehr verschiedenartig ausgebildet. Sie kann glatt, aber auch mit Riffeln versehen sein, ferner Nocken sowie kleinere oder größere Zähne oder Zacken erhalten. Auch kann eine Walze glatt, die Gegenwalze geriffelt sein. Bei gezahnten Walzen greifen die Zähne ineinander, wobei eine Spaltweite sowohl zwischen den Zahnflanken der beiden Walzen als auch zwischen den Zahnspitzen und dem Zylindermantel der Gegenwalze vorhanden ist.

Normalerweise ist eine der zwei Walzen fest gelagert. Die Lager der zweiten Walze dagegen können gegen die Kräfte stark vorgespannter Federn ausweichen. Hierdurch werden Brüche an der Maschine verhütet, falls besonders harte Stücke oder gar Eisenteile zwischen die Walzen gelangen. Wird bei kleineren Mühlen und bei Zerkleinerung weicherer Stoffe auf eine Ausweichvorrichtung dieser Art verzichtet, so muß zumindest eine Bruchsicherung vorgesehen werden. Die Vorspannung der Federn der ausweichbaren Walze ist durch Spindeln einstellbar und muß größer sein als die beim normalen Brechvorgang auftretende Kraft. Die Spaltweite zwischen den Walzen ist ebenfalls einstellbar, z. B. durch Spindeln oder Einlegeplatten. Bei schweren Ausführungen werden die Spindeln zum Einstellen der Spaltweite mitunter durch Schneckentrieb bewegt. Um beim Zurückschnellen der Loswalze zu harte Stöße auf Fundament und Lager zu vermeiden, wird zweckmäßig eine Pufferung etwa durch Bunastücke vorgesehen.

Die Abb. 43 u. 44 zeigen eine Walzenmühle zum Zerkleinern harter Stoffe, z. B. von Erzen oder Gestein. Der Maschinenrahmen ist gegossen. Die Walze *1* ist fest gelagert. Die ausweichbare Walze *2* hat ihre Lagerung in dem gabelförmigen Gleitrahmen *3* aus Gußeisen. Dieser enthält in dem Gehäuse 4 eine zentrale Druckfeder, die mittels der Spindel *5* vorgespannt wird. Bei schweren Ausführungen sind meist drei solcher Federn vorhanden. Der Gleitrahmen kann sich in der schwalbenschwanzförmigen Führung *6* bewegen. Bei größeren Mühlen drücken die Kegelfedern *7* mittels der Vorrichtungen *8* und der Rollen *9* den Gleitrahmen auf den Maschinenrahmen. Infolge des steifen Gleitrahmens und seiner soliden Führungen ist eine schiefe Einstellung der ausweichbaren Walze nicht möglich. Die Einlegeplatten *10* dienen zur Einstellung der Spaltweite. Die Gummipuffer *11* mildern die Stöße bei Rückfederung. Die fest gelagerte Walze wird vom Elektromotor aus durch einen Flach- oder Keilriemen von der Riemenscheibe *12* angetrieben, die zugleich als Schwungscheibe ausgebildet ist. Die verschiebbare Walze erhält bei dieser Bauart ihren Antrieb durch einen zweiten Elektromotor über die normale Riemenscheibe *13*. Zahngetriebe und Kuppelräder sind vermieden. Das nicht angetriebene Ende der fest gelagerten Walze trägt eine schmale Riemenscheibe *14*, die eine kleine Riemenscheibe *15* antreibt, von deren Welle aus ein Rüttelspeiser *16* betätigt wird. Die Menge des dem Trichter *17* aufgegebenen Materials kann durch Verstellen der Klappe *18* vom Handrad *19* aus reguliert werden. Die Seitenständer *20* mit auswechselbaren Seitenschildern verhindern seitliches Herausspringen des Mahlgutes. Die Abstreichbleche *21* und *22*, die durch Gegengewichte an die Walzen gedrückt werden, säubern diese von anhängendem Mahlgut. Die Walzenlager sind reichlich bemessen, um den spezifischen Lagerdruck niedrig zu halten. Auf beiden Seiten werden die Lager durch Staubkappen und Filzeinlagen abgedichtet, um Eindringen von Staub oder Schlamm zu verhindern. Sowohl die Walzenlager als auch die Schlittenführungen werden mit Staufferfett geschmiert. Es ist empfehlenswert, die Mühle mit einer Zentralfettschmierung aus-

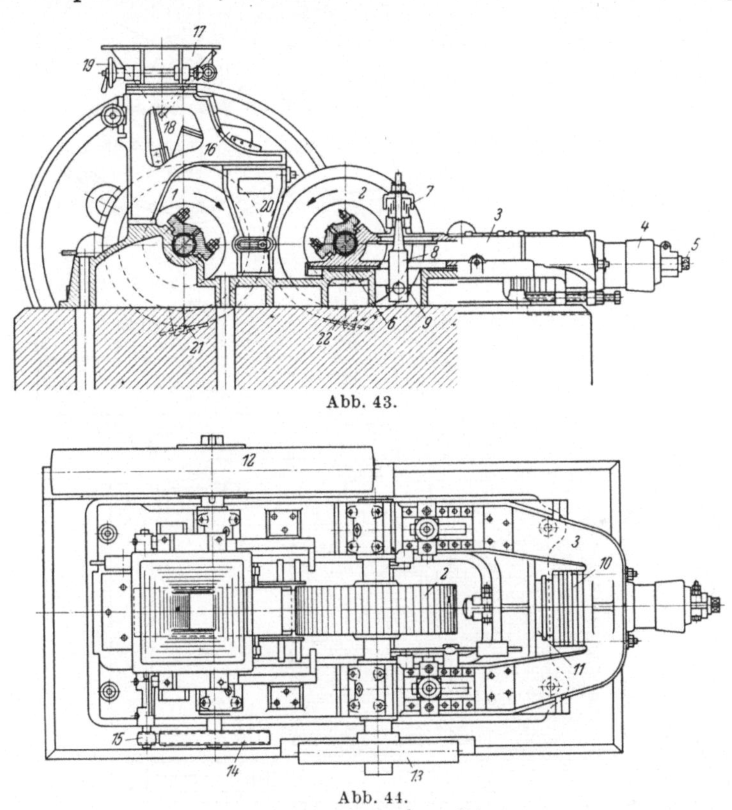

Abb. 43.

Abb. 44.

Abb. 43 u. 44. Walzenmühle.

zurüsten, die auf dem Maschinenrahmen befestigt und von der fest gelagerten Walze aus z. B. durch Exzenter angetrieben wird. Bei Verarbeitung besonders harten Materials besteht die Gefahr, daß sich in den Mänteln der glatten Walzen trotz Verwendung hoch verschleißfesten Werkstoffes Rillen bilden. Daher ist in solchen Fällen eine axiale Verschiebbarkeit der fest gelagerten Walze vorgesehen worden. Diese wird z. B. erreicht durch eine zweiteilige Überwurfmutter, die in die Walzenwelle eingreift und die sich an der Außenseite des der Riemenscheibe gegenüberliegenden Lagers befindet. Die Verstellung ist auch während des Betriebes möglich.

Bei besonders schweren Konstruktionen kann ein doppelseitiger Gleitrahmen vorgesehen werden. Hierbei sind die beiden Gleitrahmen symmetrisch zueinander angeordnet, so daß beide Walzen ausweichen

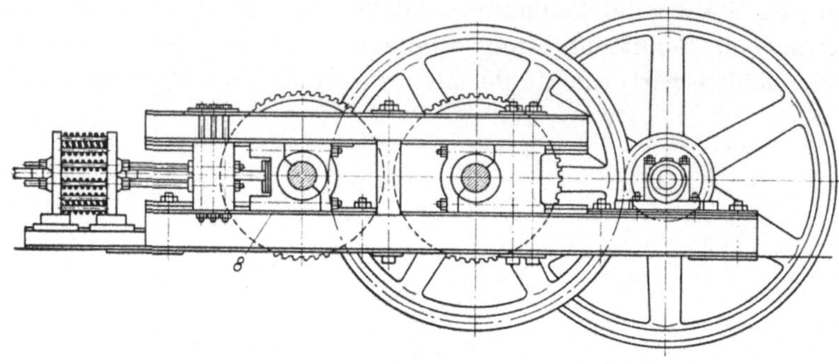

Abb. 45.

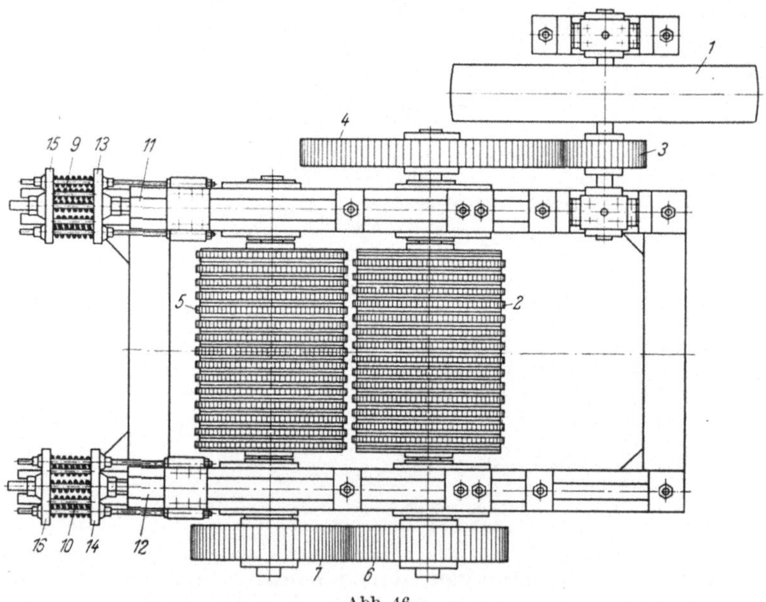

Abb. 46.

Abb. 45 u. 46. Walzenbrecher leichter Bauart.

können. Derartige Brecher dienen besonders zur Zerkleinerung von grobstückigen Erzen von 800 bis 1000 mm Stückgröße auf etwa 150 bis 200 mm bei einem Walzendurchmesser von etwa 1500 mm und einer Walzenbreite von etwa 1300 mm. Die Drehzahl ist 60 U/min. Jede Walze wird von einem Motor gesondert angetrieben.

Auf den Abb. 45 u. 46 ist ein Walzenbrecher leichterer Bauart dargestellt, der zum Zerkleinern mittelharten Materials, wie Kohle Gips u. dgl., dient. Der Maschinenrahmen ist hier aus Profileisen hergestellt. Der Brecher wird nur von einer Riemenscheibe *1* angetrieben, die zugleich Schwungscheibe ist. Zwischen dieser und der fest gelagerten Walze *2* befindet sich ein Zahnradvorgelege mit den Rädern *3* und *4*. Der Antrieb der verschiebbar gelagerten Walze *5* erfolgt von der festen Walze aus durch die Zahnräder *6* und *7*. Diese als Kuppelräder bezeichneten Räder haben anormal hohe Zähne, so daß sie beim Ausweichen der Walze nicht außer Eingriff gelangen können. Jedes Lager der Loswalze hat bei dieser Bauart eine eigene Führung *8*. Die Lager können gegen die vorgespannten Federn der Federpakete *9* und *10* ausweichen,

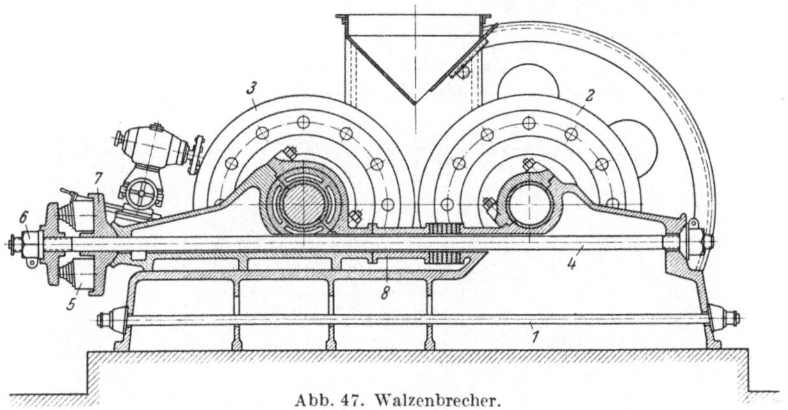

Abb. 47. Walzenbrecher.

wobei die Stangen *11* und *12* über die Platten *13* und *14* die Federn zusammendrücken. Bemerkenswert an dieser Konstruktion ist, daß beim Zurückschnellen der Walze die gleichen Federpakete als Pufferung benutzt werden, wobei die Stangen *11* und *12* als Zugstangen wirken und über die Platten *15* und *16* die Federn zusammendrücken. Kommt ein Stück Eisen einseitig zwischen die Walzen, so wird das eine Lager mehr ausweichen als das andere und die Walze sich dabei schief stellen. Die Lagerschalen müssen deshalb bei dieser Konstruktion kugelgelenkartig ausgebildet sein, so daß eine zwanglose Schrägstellung der Walze möglich ist.

Einen schweren Walzenbrecher, Bauart Klöckner-Humboldt-Deutz A. G. zeigt die Abb. 47.

Dieser Brecher, dessen Rahmen noch durch zwei Zuganker *1* verstärkt wird, zeichnet sich dadurch aus, daß die Lagerkörper der festen Walze *2* und der losen Walze *3* beiderseits durch je eine kräftige Zugstange *4* verbunden sind zur Aufnahme der durch den Brechdruck auftretenden Horizontalkräfte. Die Enden dieser Zugstangen sind von den aus Kegelfedern bestehenden Federpaketen *5* umgeben, die durch die Spindelmuttern *6* vorgespannt werden. Die losen Lager haben genügend lange Führungen, so daß Klemmen nicht möglich ist, und sie drücken mit ihrem als Kugelpfanne ausgebildeten Endstück über die Platten *7* gegen die Federn. Die Einstellbüchsen *8* oder Zwischenlagen zum Einstellen der Spaltweite sind lose auf die Zugstangen geschoben. Desgleichen können Dämpfungspuffer aus Buna diese Stangen umfassen. Zum Nachschleifen der Walzen kann je ein Schleifapparat mit Motor, wie auf der Abbildung links für die lose Walze *3* dargestellt, an der Maschine angebracht werden. Diese Schleifapparate werden mittels

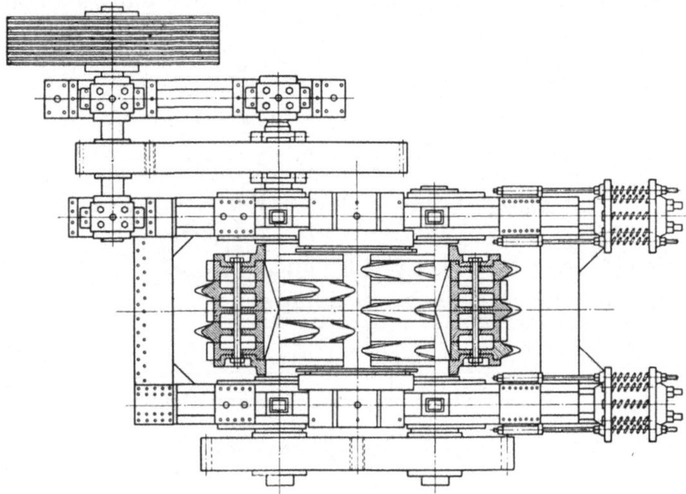

Abb. 48. Walzenbrecher schwerer Bauart.

Spindeln und Supporten bedient und machen zeitraubendes und kostspieliges Ausbauen der Walzen und Abdrehen auf der Drehbank entbehrlich.

Die Befestigung der Walzenmäntel auf den Walzenkörpern kann verschiedenartig ausgeführt werden. Die Mäntel können mit konisch ausgebildeten Klemmringen, die durch Ankerschrauben angespannt werden, einen festen Sitz auf den Walzenkörpern erhalten, während andererseits auch die Walzenkörper konisch mit schwacher Neigung hergestellt werden können, auf welche dann die Walzmäntel mit Hakenschrauben aufgezogen werden.

Auf Abb. 48 ist ein schwerer Walzenbrecher mit gezahnten Walzen und doppeltem Zahnradvorgelege dargestellt. Die gezahnten oder mit Nocken versehenen Walzen bestehen aus einer Reihe auswechselbarer auf den Walzenkörper oder auch unmittelbar auf die Welle geschobener Hartstahlscheiben oder -ringe, die durch Ankerschrauben miteinander verspannt sind. Diese Ausführung der Walzen hat den Vorteil, daß man auch einzelne Scheiben, die vorzeitig besonders stark abgenutzt sind, auswechseln kann. Mitunter werden auch gezahnte Scheiben abwechselnd mit glatten Scheiben aufgezogen. Bei der in der Abb. 48 dargestellten Maschine steht immer eine Scheibe mit großen Zähnen einer solchen mit kleinen Zähnen gegenüber. Die Scheiben bestehen meist aus Hartguß. Abstreicher verhindern das Zusetzen des Raumes zwischen den Zähnen.

Walzenbrecher mit gezahnten Walzen großen Durchmessers dürfen beim Brechen härteren Materials nur mit geringer Umfangsgeschwindigkeit laufen, weil sonst beim Fassen der Zähne zu harte Stöße im Antrieb auftreten. Daher haben sich derartige Walzenbrecher zum Brechen von Hartgestein nicht sehr bewährt. Etwas anderes ist es, wenn die Nocken- oder Zahnwalzen eine weit übernormal hohe Drehzahl erhalten, so daß das zu brechende Gut mehr vibrationsartig gespalten bzw. zerkleinert wird. Ein solcher Fall ist S. 239 unter „Vibrationszerkleinerung" näher behandelt.

Zu erwähnen ist noch, daß die Ausweichbarkeit der Loswalze bei manchen Maschinen auch dadurch erreicht wird, daß diese Walze nicht in Gleitführungen sondern an den Enden von zwei Schwinghebeln gelagert wird. Auch hierbei müssen die Lagerschalen kugelgelenkartig ausgebildet sein für den Fall des Schiefstellens der Walze beim Ausweichen. Man kann aber die beiden Schwinghebel auch zu einem sehr steifen, hufeisenförmigen Bügel vereinigen. Dies hat den Vorteil, daß nach richtig erfolgter Montage eine schiefe Einstellung der Walze nicht mehr möglich ist, und die Walze immer nur parallel zu sich selbst verschoben werden kann. Man bezeichnet diese Ausführung als Pendelwalzenbrecher.

Sodann kann auch zwischen den Walzen ein Übersetzungsverhältnis abweichend von 1 : 1 vorgesehen werden. Meist geschieht dies dadurch, daß bei getrenntem Antrieb verschieden große Riemenscheiben benutzt werden. Hierdurch wird erreicht, daß außer der Druckwirkung auf das zu brechende Material noch eine zerreißende bzw. mahlende Wirkung entsteht. Diese Maßnahme gilt besonders für feinere Zerkleinerung. Walzenmühlen mit verschiedenen Umfangsgeschwindigkeiten der Walzen bezeichnet man auch als Zerreiß- oder Zerreibungs-Walzenmühlen.

So sind sehr verschiedenartige Walzenformen für Walzenbrecher und Walzenmühlen je nach Material und industriellen Anforderungen entstanden. In der keramischen Industrie hat man u. a. auch Walzenringe mit wellenförmigem Querschnitt, wobei die erhöhten Stellen der Wellen Zerreißzähne haben, die beim Umlauf jeweils in die entsprechenden Vertiefungen der Gegenwalze eingreifen. Trotz gleicher Drehzahlen treten dann infolge der Wellenlinien Differenzgeschwindigkeiten und dementsprechende Zerreißwirkungen auf.

Es gibt ferner eine Art von Walzenbrechern, bei denen nur eine Walze vorhanden ist, die Zähne, Dornen, Stacheln od. dgl. trägt und gegen eine ausweichbare Brechwand arbeitet. Die Brechwand kann glatt oder auch mit Riefen oder Zähnen versehen sein. Mit solchen Maschinen wird vornehmlich weiches Material zerkleinert, das auch etwas zäh sein kann. Die Abb. 49 zeigt einen Einrollen-Zahnbrecher, der besonders für Kohleverarbeitung geeignet ist. Auf die Walzentrommel *1* sind entsprechend gekrümmte, gezahnte Platten *2* aufgeschraubt, die leicht ausgewechselt werden können, ohne die Walze oder den Trichter de-

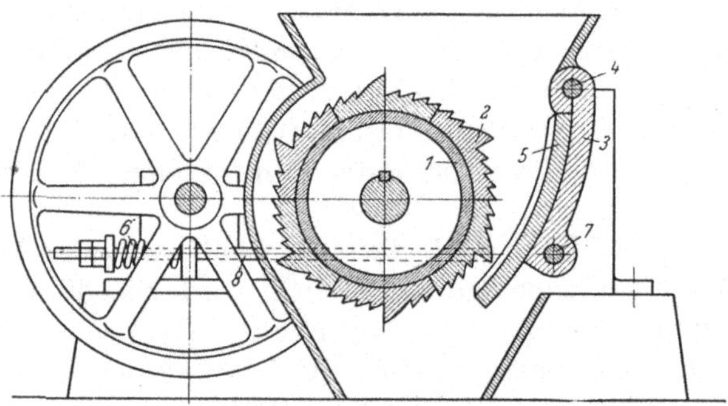

Abb. 49. Einrollen-Zahnbrecher.

montieren zu müssen. Die Platten bestehen aus Hartstahl oder Hartguß. Die Walze arbeitet gegen die gekrümmte Brechwand *3*, die um die Achse *4* schwenken kann und mit der Verschleißplatte *5* armiert ist. Letztere hat Längsriefen. Beim Ausweichen der Brechwand werden die vorgespannten Federn *6* durch die an der Achse *7* angreifenden Zugstangen *8* zusammengedrückt. Die Weite der Austragsöffnung ist einstellbar. Die Antriebsscheibe dient zugleich als Schwungrad. Dieses ist mitunter mit der Maschine durch Holzkeile verbunden, die bei ungewöhnlich hoher Beanspruchung brechen. Ein Vorteil des Einwalzenbrechers ist, daß er keine mechanische Aufgabevorrichtung erfordert.

Anwendungsgebiete. Walzenbrecher und Walzenmühlen sind geeignet zur Zerkleinerung von Erzen, Kohle, Koks, Schlacke, Salz, Gestein verschiedener Art usw. Im wesentlichen handelt es sich bei Walzenbrechern um mittelharte und spröde, bei Mühlen mit glatten Walzen auch um harte Stoffe.

Durch entsprechende Ausbildung der Walzen – gezahnt, geriffelt, glatt usw. – ist eine Anpassung an sehr verschiedenartige Materialien möglich. Man verwendet z. B. Walzen mit hakenförmigen Zähnen zur Zerkleinerung von Asphalt u. dgl.; starke Schneidzähne für halbharte, auch feuchte Stoffe, wie Mergel, Rohkreide, Kohle und besonders Ton; feinere Zähne für Kreide, Gips, Steinsalz u. ä.; Riffelwalzen für halbharte Stoffe, wie Kalk, Ton, feuerfeste Erden, Chemikalien usw., andererseits aber auch glatte Walzen für hartes Material, wie Marmor, Granit, Basalt, Kalkstein, Zementklinker, Spate, Erze, Schlacken usf.

So ist die Anwendbarkeit dieser Maschinen äußerst vielseitig. Meistens wird dem Brecher ein vorzerkleinertes oder durch Siebroste geschicktes Gut von etwa 60 bis 100 mm aufgegeben. Aber auch für bedeutend größere Aufgabestücke sind Walzenbrecher noch anwendbar, wie aus den vorstehenden Beschreibungen hervorgeht. Andererseits ist mit Walzenmühlen eine Feinheit des Endproduktes erreichbar, die man als Grieß oder sogar als grobes Mehl ansprechen kann. Für Mühlen ist die Aufgabestückgröße meist unter 60 mm.

Die Walzenbrecher und Walzenmühlen sind besonders dort geeignet, wo wenig Anfall an Feinstein, d. h. ein möglichst mehlfreies Produkt verlangt wird. Sie liefern allgemein gesehen eine Kornanfall-Linie des Brechproduktes, die dadurch gekennzeichnet ist, daß sie einen hohen Prozentsatz eines bestimmten erwünschten Kornes enthält, dagegen einen geringen Prozentsatz an Fehlkorn. Diese typische Erscheinung kann durch eine stufenweise Zerkleinerung noch gesteigert werden.

Die Tab. 4 enthält nähere Angaben über die Walzenmühle nach Abb. 43 u. 44 zur Zerkleinerung harter Stoffe, während sich die Angaben nach Tab. 5 auf den Walzenbrecher leichterer Bauart nach Abb. 45 u. 46 beziehen.

Tabelle 4. *Walzenmühlen* nach Abb. 43 u. 44.

Durchmesser der Walzen . . . mm	630	800	1000	1250
Breite der Walzen . . . . mm	300	350	400	400
Umläufe der Walzen . . . . U/min	70	60	50	40
Ungefähres Gewicht . . . . . . kg	5500	8000	12000	20000
Aufgabestückgröße etwa . . . . mm	30	35	40	45
Ungefähre Leistung . . . . . m^3/h bei Körnung . . . . . . 0—8 mm	7	8	10	12
Leistungsbedarf etwa. . . . . . kW	7	8	10	12,5
Erforderlich 2 Motore je . . . . kW	11	12	16	20

Tabelle 5. *Walzenbrecher* nach Abb. 45 u. 46.

Durchmesser der Walzen . . . . mm	630	800	1000	1250
Breite der Walzen. . . . . mm	630	800	1000	1250
Umläufe der Walzen. . . . U/min	120	100	80	60
Ungefähres Gewicht . . . . . . kg	5000	7000	10000	17000
Aufgabestückgröße etwa . . . . mm	150	160	180	200
Ungefähre Leistung . . . . . m^3/h bei Körnung von 0—30 . . . . mm	60	80	100	120
Leistungsbedarf etwa . . . . . kW	30	40	50	60
Erforderlicher Motor . . . . . kW	40	50	65	80

5. Hammermühlen und Hammerbrecher.

Allgemeines. Bei den Hammermühlen und Hammerbrechern wird das Aufgabegut durch die Einwirkung schnell aufeinander folgender Schläge zerkleinert. Hierzu dienen Schläger, die am Umfang eines Rotors gelenkig um Zapfen schwenkbar angeordnet sind. Diese Schläger nehmen im Betrieb unter dem Einfluß der Fliehkraft eine radial gestreckte Lage ein. Der Rotor ist verhältnismäßig breit und die Schläger oder Hämmer sind meist in Reihen angeordnet. Am Umfang des Rotors sind mehrere, beispielsweise vier, sechs oder acht Schlägerreihen vorgesehen. Infolge der hohen Drehzahl und der Mehrzahl der Schläger am Umfang wird das Material durch vibrationsartige Schläge, ferner durch Schlag gegen die Gehäusewandungen zerkleinert, was hinsichtlich

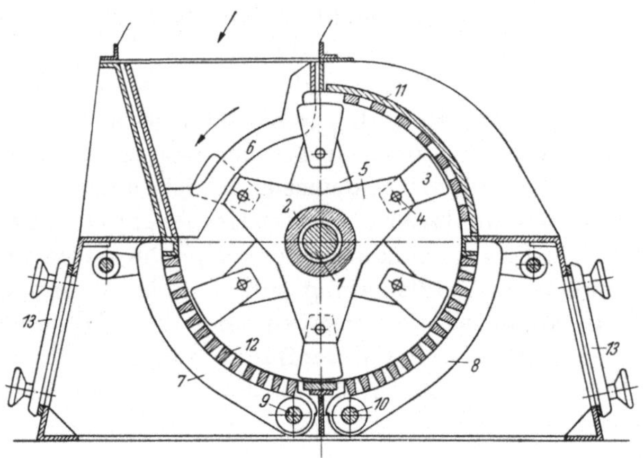

Abb. 50. Hammerbrecher.

des zerkleinerungstechnischen Wirkungsgrades günstig ist. Bei sechs Schlägerreihen am Umfang und 1500 U/min ergeben sich beispielsweise 150 Schläge in der Sekunde. Der Drehsinn der Hammermühle ist so, daß das Material in das Gehäuse eingetrieben wird. Die Bauart der Hammermühle für härteres Aufgabegut und für gröbere Zerkleinerung wird allgemein als Hammerbrecher bezeichnet. Das Arbeitsprinzip ist das gleiche wie bei der Mühle. Nur die Umdrehungszahl wird beim Hammerbrecher etwas geringer gewählt als bei der Hammermühle gleicher Größe. Im übrigen besteht aber keine scharfe Trennung und kein grundsätzlicher Unterschied zwischen Hammermühlen und Hammerbrechern und die Bezeichnungen gehen oft durcheinander.

Bauarten. Die Abb. 50 zeigt den Längsschnitt eines Hammerbrechers mit Siebrosten. Die Welle *1* läuft in Pendelrollenlagern oder in langschaligen Ringschmierlagern und trägt zuweilen außer der Riemenscheibe noch eine Schwungscheibe. Auf der Welle ist der Rotor *2* durch kräftige Keile befestigt. Gewöhnlich besteht der Rotor aus einzelnen Scheiben oder Naben. Hierbei hat die Welle in der Mitte meistens einen vierkantigen Querschnitt zum Mitnehmen der Rotorscheiben. Die Hämmer *3* sind mittels der durchgehenden Stangen *4* sternförmig am Rotor angeordnet, im vorliegenden Fall in sechs Reihen. Wie aus der Abbildung ersichtlich, sind die Naben *5* des Rotors am Umfang abwechselnd gegeneinander versetzt, so daß auch die Schläger entsprechend versetzt liegen und bei der Drehung immer auf einen Schläger eine Lücke folgt und umgekehrt.

In den Aufgabetrichter sind ein paar Roststäbe *6* eingesetzt, die besonders große Aufgabestücke zunächst zurückhalten. Diese Stücke werden dann von den in die Öffnungen zwischen den Roststäben *6* hindurchgreifenden Hämmern *3* vorzerkleinert und gelangen nun mit dem übrigen Aufgabegut in den Mahlraum. Der Mahlraum ist im unteren Teil durch die beiden Rostrahmen *7* und *8*, die um die Zapfen *9* und *10* drehbar und einstellbar gelagert sind, abgeschlossen. Im oberen Teil des Gehäuses ist eine mit Brechleisten versehene Prallplatte *11* angeordnet. Die Rostrahmen *7* und *8* sind mit auswechselbaren Roststäben *12* versehen, so daß je nach Stärke der Roststäbe die Spaltweite und somit auch die Korngröße des Mahlgutes verändert werden kann. Bei leicht zu zerkleinerndem Gut können die Roststäbe der Rostrahmen auch durch Siebbleche ersetzt werden. Außerdem kann im oberen Teil des Gehäuses an Stelle der Prallplatte *11* ein zurückspringender freier Raum vorgesehen werden, in dem sich Fremdkörper ansammeln und von Zeit zu Zeit entfernt werden können. Durch die Türen *13* ist das Gehäuse im unteren Teil zugänglich.

Bei den Hammerbrechern sind die Schläger hammerartig verstärkt. Sie sind symmetrisch ausgebildet, so daß sie nach eingetretenem Verschleiß um 180° gewendet und weiter benutzt werden können. Die Hammermühlen erhalten schmale, plattenförmige Schläger, die dicht aneinander gereiht sind. Dementsprechend ist bei gleichgroßen Maschinen die Anzahl der Schläger in den Hammermühlen größer als in den Hammerbrechern.

Ursprünglich wurden die Gehäuse der Hammermühlen und Hammerbrecher in Stahlguß ausgeführt. Man ist aber dazu übergegangen, die Gehäuse, wie es heute allgemein geschieht, in geschweißter Stahlblechkonstruktion mit entsprechenden Verstärkungsrippen zur Ausführung zu bringen. Die innere Wandung der Gehäuse ist mit Verschleißplatten versehen.

In der Konstruktion der Hammermühlen und Hammerbrecher, wie hier beschrieben, haben sich im Laufe der Zeit verschiedene Sonderbauarten ergeben. Für leicht zu zerkleinerndes und feuchtes Aufgabegut, wie beispielsweise grubenfeuchte Rohbraunkohle, werden Hammermühlen ohne Siebe in verschiedener Ausführung hergestellt, bei denen an Stelle der Siebe verstellbare Schlagplatten, Roststäbe oder auch aus senkrecht aufgehängten Rundstäben bestehende Widerlager eingebaut sind. Bei allen diesen Bauarten bleibt das Prinzip der Zerkleinerung im wesentlichen das gleiche.

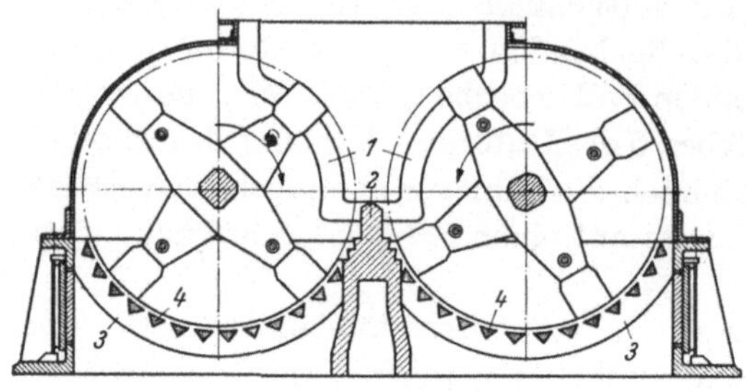

Abb. 51. Doppel-Hammerbrecher.

Eine besondere Bauart des Hammerbrechers ergab sich durch die Einführung des sogenannten Titan-Brechers der damaligen Firma Amme Gieseke & Konegen. Dieser Brecher besitzt zwei gegenläufig angeordnete Rotoren und vereinigt gewissermaßen zwei mit ihrem Einwurftrichter zusammengeschobene normale Hammerbrecher zu einem Doppel-Hammerbrecher Auf der Abb 51 ist ein solcher Doppel-Hammerbrecher im Längsschnitt schematisch dargestellt.

Hammermühlen und Hammerbrecher

Leistung
200 m³/h
180
160
140
120
100
80
60
40
20

			Hammermühlen zum Mahlen von Rohkohle				Hammerbrecher		
Mahlraum	Durchmesser	mm	1200	1400	1400	1600	1200	1600	2000
	Breite	mm	1400	1400	1600	1600	800	1200	1600
Korngröße des zerkleinerten Gutes		○	0-6	0-6	0-6	0-6	0-10	0-10	0-10
		×	0-10	0-10	0-10	0-10	0-30	0-30	0-30
Ungef. Gewicht der Maschine		t	10	13	14	18	10	20	40
Mittl. Leistungsbedarf		kW	130	140	160	180	60	90	120
Erforderlicher Motor		kW	150	170	190	220	80	120	150

Abb. 52. Leistungstabelle.

Kennzeichnend für diesen Brecher ist die besonders groß ausgebildete Aufgabeöffnung, die in der Breite wiederum durch einige kreisförmig gebogene Roststäbe *1* zur Zurückhaltung der großen Aufgabestücke unterbrochen ist. Diese Stücke werden dann von beiden Seiten von den Hämmern der Rotoren, die durch die Lücken zwischen den Roststäben hindurchgreifen, zertrümmert und gelangen dann mit dem übrigen Aufgabegut in die anschließenden Brechräume. Zwischen den beiden Rotoren ist noch ein Amboß *2* vorgesehen, der die Zerkleinerung der großen Stücke günstig beeinflußt. Im unteren Teil des Brechers befinden sich dann wie üblich die Rostrahmen *3* mit den Roststäben *4*. Durch diese

Gesamtanordnung sind die Vorzüge des Doppel-Hammerbrechers: große Aufgabestückgröße, große Leistung und ein hoher Zerkleinerungsgrad.

Anwendungsgebiet. Hammermühlen und Hammerbrecher dienen in leichterer Bauart zur Zerkleinerung von mittelharten Stoffen, die auch zäh und feucht sein können, wie Stein- und Braunkohle, Salz, Gips, Düngemittel, Kalkmergel, Kreide, Chemikalien usw. In der schweren Ausführung sind sie geeignet zur Zerkleinerung von Zementrohstoffen, Kalkstein, Bauxit, Quarz usw. Stark verschleißende Stoffe, wie Koks, Schlacke usw., können zwar auch auf Hammerbrechern gebrochen werden, jedoch ist aus Gründen des starken Verschleißes der Hämmer hiervon abzuraten.

In der vorstehenden Abb. 52 sind die wichtigsten Angaben gängiger Hammermühlen und Hammerbrecher sowie auch die etwa zu erwartenden Leistungen enthalten. Bei den Doppel-Hammerbrechern kann mit 70 bis 80% höherer Leistung gerechnet werden.

6. Prallbrecher und Prallmühlen.

Allgemeines. Während bei den bisher geschilderten Maschinen die Zerkleinerung in der Hauptsache durch Druck bzw. Pressung oder Abscheren oder durch Schlag gegen ein Widerlager bewirkt wird, geschieht dies bei den Prallbrechern und -mühlen durch Prallwirkung bzw. durch Schlag ohne Widerlager. Diese Zerkleinerungsart wirkt also durch Massenkräfte, die Beschleunigungs- oder Verzögerungskräfte sein können. Das Brechgut ist nicht eingespannt, sondern nur auf einer Seite in Berührung mit dem Prallmittel. Dabei trifft entweder das Prallmittel mit hoher Geschwindigkeit gegen das Brechgut oder umgekehrt das Brechgut mit hoher Geschwindigkeit auf das Prallmittel. Im ersteren Falle wird kinetische Energie auf das Brechgut übertragen und das Brechgut scharf beschleunigt, im letzteren Falle die kinetische Energie des Brechgutes abgestoppt und das Brechgut scharf verzögert. Beide Fälle kommen bei der Prallzerkleinerung abwechselnd vor und in beiden Fällen wird dabei ein Teil der kinetischen Energie in Zerkleinerungsarbeit umgesetzt.

Diese Vorgänge bilden die Hauptzerkleinerung innerhalb des eigentlichen, verhältnismäßig großen Prallraumes. Das Anschlagen des Brechgutes erfolgt durch Schlagbalken, die am Umfang von ein oder zwei schnell rotierenden Schlagwalzen starr eingebaut sind. Die von den Schlagbalken losgeschlagenen und beschleunigten Stücke werden durch den Prallraum hindurch gegen die im Brechergehäuse angeordneten Prallelemente geschleudert, wodurch weitere Zerkleinerung erfolgt. Die zurückfallenden, noch nicht genügend vorzerkleinerten Stücke werden

den Schlagwalzen wieder zugeleitet, von den Schlagbalken erneut zerkleinert und gegen die Prallelemente geworfen usf. Außerdem treffen Stücke innerhalb des freien Prallraumes aufeinander und zerschlagen sich gegenseitig, also ohne Verschleiß von Metall.

Das im Prallraum genügend vorzerkleinerte Brechgut gelangt anschließend in einen engen Raum zwischen Schlagwalze und Prallplatten oder -stangen, wo eine Nachzerkleinerung bzw. Nachprallung stattfindet. Der Austrittsspalt ist verstellbar.

Das Arbeitsprinzip des Prallbrechers, d. h. das Aufspalten des Materials durch plötzlich auftretende Schlag- oder Prallwirkung hat sich als vorteilhaft und wirtschaftlich günstig gezeigt. Der zerkleinerungstechnische Wirkungsgrad ist verhältnismäßig hoch. Dabei liegt auch der mechanische Wirkungsgrad gut, weil die Rollenlager des Rotors die einzigen mechanischen Reibungsstellen an der Maschine sind.

Die Prallbrecher haben erst in den letzten zehn Jahren einen Eingang in die Hartzerkleinerung gefunden. Der erfinderische Geist hat sich aber schon viel früher mit diesem Problem beschäftigt, ohne es jedoch zu einer konkreten Lösung zu bringen. Verfolgt man die amerikanische Patentliteratur, so findet man bereits in den zwanziger Jahren Vorschläge für Zerkleinerungsmaschinen, die den Charakter einer Prallzerkleinerung in sich tragen. Auch in Deutschland sind derartige Vorläufer zu verzeichnen. Bereits in den zwanziger Jahren wurde ein Hammerbrecher mit entgegengesetzter Drehrichtung der Schlägerwalze, mit geräumigen Gehäuse und ohne Roste gebaut. Denkt man sich die Schläger durch fest angeordnete Schlagbalken ersetzt, so würde die damalige Ausführung in ihren Grundzügen den heutigen Prallbrechern entsprechen. In ganz ähnlicher Weise sind auch schon frühzeitig Hammerbrecher in der Kalkstickstoffindustrie verwendet worden, deren Schlägerwalze in entgegengesetzter Drehrichtung gegenüber der üblichen Bauart lief.

Diese hier angeführten Beispiele zeigen uns wieder, welch langzeitige Entwicklung ein neuer technischer Gedanke erfordert, bevor dieser eine befriedigende Ausführungsform gewinnt. In den Vereinigten Staaten von Nordamerika dauerte diese Pionierarbeit zwei Jahrzehnte, bis im Jahre 1939 der Prallbrecher eine für die Industrie wirklich brauchbare Form annahm, und in Deutschland begann diese Periode erst unmittelbar nach dem letzten Weltkriege. In den Vereinigten Staaten von Nordamerika war es die New-Holland Manufacturing Co, Mountville Penna, die den „Double Impeller Impact Breaker“ auf den Markt brachte, einen Prallbrecher mit zwei Schlagwalzen, die mit je drei auswechselbaren, aber sonst fest auf den Schlagwalzen sitzenden Schlagbalken versehen waren. In Deutschland erschien als erster Prallbrecher die Prallmühle der Hazemag, Hartzerkleinerungs- und Zementmaschinenbau G. m. b. H. in Münster/Westf. als Einwalzenbrecher. Seit dieser Zeit haben sowohl in Amerika wie auch in Deutschland verschiedene Firmen den Bau von Prallbrechern aufgenommen. Darüber hinaus hat auch noch die Firma Humboldt (Klöckner-Humboldt-Deutz A.-G.) Köln-Kalk die Ausführungsrechte der amerikanischen Bauart des Doppelwalzen-Prallbrechers (Dupra-Brecher) übernommen.

Neben den Prallbrechern, die im wesentlichen zur Grobzerkleinerung bis herunter zur Schrotung des Brechgutes dienen, haben sich auch Prallmühlen herausgebildet, die die Beschleunigung des Brechgutes durch horizontal, sich schnell drehende, runde Beschleunigungsscheiben bewirken. Diese ergeben eine weitergehendere Feinzerkleinerung als die Prallbrecher und können deshalb auch als Prallmühlen angesprochen werden. Landläufig spricht man jedoch von Prallbrechern und Prallmühlen, ohne den Unterschied näher zu definieren. Es dürfte deshalb wohl richtig sein, wenn man die Maschinen mit Prallwalzen durchweg Prallbrecher nennt, unabhängig davon, wieweit die Zerkleinerung durchgeführt wird und die Maschinen mit horizontalen Beschleunigungsscheiben mit Prallmühlen bezeichnet.

a) Prallbrecher.

Da die Prallbrecher erst seit wenigen Jahren Eingang in die Zerkleinerungsindustrie gefunden haben, so steht diese Maschine noch im Stadium ihrer konstruktiven Entwicklung. Es sollen daher auch die bisherigen Bauarten der Prallbrecher zunächst nur in schematischen Darstellungen wiedergegeben werden, um hierdurch einen Einblick in die Arbeitsvorgänge dieser Maschinen zu erhalten.

Auf der Abb. 53 ist die Bauart des Einwalzen-Brechers schematisch dargestellt. Das Aufgabegut gelangt durch den Aufgabetrichter *1* in den Brecher. Die Schlagwalze besteht aus dem Walzenkörper *2*, der von der Achse *3* getragen wird. Die Achse *3* ist außerhalb des Brechers in Wälzlagern gelagert und wird durch eine auf ihr sitzende Riemen- oder Keilriemenscheibe von einem Elektromotor angetrieben. Auf der Schlagwalze *2* befinden sich die Schlagbalken *4*, deren Anzahl sich nach dem Durchmesser der Schlagwalzen und der beabsichtigten Zerkleinerungsart richtet. Das in Schweißkonstruktion ausgeführte Gehäuse *5* ist im Innern mit Verschleißplatten ausgekleidet. Als Prallkörper, gegen die das Aufgabegut von der Schlagwalze geschleudert wird, werden sowohl Prallplatten als auch Prallstangen vorgesehen, die den Prallraum begrenzen. In der Abb. 53 sind beispielsweise Prallplatten dargestellt. Diese Prallplatten *6*, *7* und *8* sind in den beiden Seitenwänden des Gehäuses *5* drehbar aufgehängt und können durch entsprechend angeordnete Arretier-

Vorrichtungen auf einen größeren oder geringeren Abstand von der Schlagwalze eingestellt werden. Während die Stellung der Prallplatten *6* und *7* von geringerem Einfluß auf den Zerkleinerungsgrad des Aufgabegutes ist, ist der Abstand der Prallplatte *8* von der Prallwalze bestimmend für die gewünschte Korngröße des Brechgutes. Das zerkleinerte Gut verläßt dann den Brecher durch den Auslauftrichter *9*. Für den Fall, daß Eisenteile in den Brecher gelangen sollten, sind Sicherungen vorgesehen, z. B. Scherstifte, nach deren Durchscheren die Platte *8* ausweichen kann.

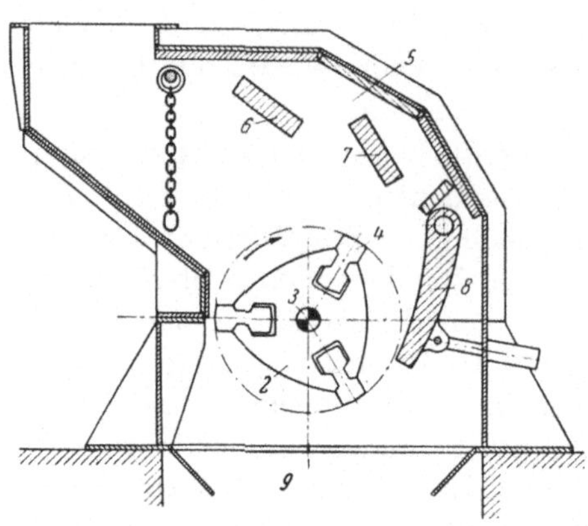

Abb. 53. Einwalzen-Prallbrecher.

Die Schlagwalze erhält beim Betrieb des Brechers eine Umfangsgeschwindigkeit an den Schlagbalken von etwa 25 bis 45 m/sec. Nähert sich das Aufgabegut beim Abgleiten auf der unteren Fläche des Aufgabetrichters *1* den Schlagbalken der Schlagwalze, so wird es von den Schlagbalken von unten sehr heftig angeschlagen und gespalten und die Bruchstücke werden gegen die Prallplatten geschleudert und dort weiter zertrümmert. Dieser Vorgang kann sich mehrfach wiederholen, bis schließlich das zerkleinerte Gut den Brecher durch den Spaltraum zwischen Prallplatte *8* und der Prallwalze als Fertiggut verläßt. Der Einlauf enthält einen Kettenvorhang, der die Bewegung des einrollenden Materials dämpft, ausgleicht und das Zurückspringen von Splittern verhindert.

Für die Schlagbalken hat sich im allgemeinen die Form nach Abb. 54 als brauchbar erwiesen. Die Abbildung zeigt den Querschnitt des Balkens, der sich über die ganze Länge der Schlagwalze erstreckt. Die Schlagbalken erfahren die weitaus größte Abnutzung des Prallbrechers und die in der Abbildung dargestellte Form der Schlagbalken hat sich aus dem Verlangen ergeben, die Balken mehrmals umwenden zu können, um sie in dieser Weise im Höchstmaß auszunützen. Ist eine Schlagkante genügend weit verschlissen, so wird der Schlagbalken aus der Schlagwalze herausgezogen und umgewendet, um eine unabgenützte Schlagkante nach der Wiedereinführung in die Schlagwalze zur Verfügung zu haben. Diese Umwendung kann mehrere Male erfolgen, so daß schließlich alle vier Schlagkanten abgenützt sind und der Schlagbalken durch einen neuen Schlagbalken ersetzt werden muß. Infolge der starken Abnützung

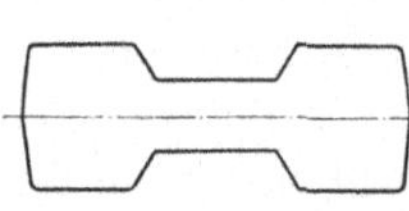
Abb. 54. Schlagbalken.

der Schlagbalken müssen diese aus bestem hochwertig legiertem Stahl hergestellt werden. Außerdem ist es wichtig, daß die Schlagbalken, nachdem sie in die in der Schlagwalze mit reichlichem Spiel vorgesehenen Öffnungen eingeschoben sind, fest eingespannt werden, damit sie auf den Flächen, die die Druckbelastung aufzunehmen haben, gut aufliegen. Diese Befestigung kann in verschiedener Form erfolgen.

Abb. 55 zeigt die schematische Darstellung eines Prallbrechers mit zwei Schlagwalzen nach der amerikanischen Bauart. Die Ausbildung der Schlagwalzen mit den Schlagbalken ist im Prinzip die gleiche wie beim Prallbrecher mit einer Schlagwalze beschrieben.

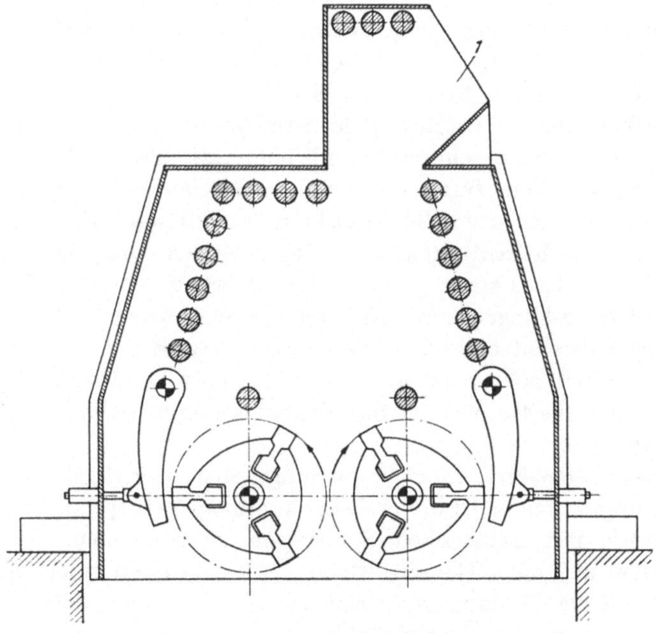

Abb. 55. Zweiwalzen-Prallbrecher.

Die beiden Schlagwalzen drehen sich in entgegengesetzter Richtung, die zwischen den Walzen von unten nach oben verläuft. Sie sind so weit aneinander gerückt, daß die Schlagbalken gerade aneinander vorbeigehen, ohne sich zu berühren. Das Aufgabegut wird im allgemeinen von oben durch den Aufgabetrichter *1* eingeführt und gelangt dadurch in die Mittelstellung zwischen den beiden Schlagwalzen. Beim Auftreffen der Aufgabestücke auf die Schlagwalzen spielt sich im Prinzip derselbe Vorgang ab, wie bei dem Prallbrecher mit einer Prallwalze beschrieben. Infolge der hohen Umfangsgeschwindigkeit der Schlagwalzen gelangt das Aufgabegut beim Niederfallen zum größten Teil nicht einmal bis auf die Schlagwalzenkörper, sondern wird schon bei der Berührung mit den Schlagbalken von diesen erfaßt, teilweise zertrümmert und gegen die Prallstangen geschleudert. Die Prallstangen sind im oberen Teil des Brechergehäuses fest eingesetzt, während die unteren Prallstangen zwischen je zwei Wangen zu Gruppen zusammengefaßt sind, die an den oberen Balken drehbar aufgehängt sind und somit mehr oder weniger an den Drehkreis der Schlagbalken herangerückt werden können. Diese Einstellung der Schlagbalken kann durch eine entsprechende Vorrichtung außerhalb des Gehäuses erfolgen.

Für den Einbau in eine Anlage ist zu beachten, daß der Prallbrecher eine gleichmäßige Zuteilung des Aufgabegutes erhalten muß. Der Aufgeber kann z. B. ein Schwingsieb sein, besonders wenn das Aufgabegut viel Feines enthält, ferner eine Walzen- oder Kettenaufgabe, ein Transportband, ein Tellerspeiser, ein beweglicher Rost usw. Zweckmäßig ist die Anwendung eines besonderen Schütt-Trichters zwischen Aufgeber und Brecher. Bei der Abführung des Brechproduktes ist zu berücksichtigen, daß dieses den Brecher unten mit hoher kinetischer Energie verläßt. Wenn sich also kein Bunker unter dem Brecher befindet, so darf das Material z. B. nicht unmittelbar auf ein Gummiband fallen, sondern ist zumindest durch Rutschen abzuleiten. Zweckmäßig läßt man das Material sich etwas stauen, z. B. durch Anwendung einer Klappe oder eines Kettenvorhanges, um damit auch eine gewisse Abdichtung nach unten gegen den entstehenden Staub zu erhalten. Bei trockenem Material ist der Sammeltrichter unterhalb des Brechers an eine Entstaubungsanlage anzuschließen, um der Staubentwicklung unterhalb des Brechers zu begegnen.

Anwendungsgebiet. Das Anwendungsgebiet der Prallzerkleinerung ist sehr umfangreich. In erster Linie kommen Naturprodukte und sonstige Stoffe mit natürlichen Spaltrissen, inhomogenem Gefüge oder dergleichen in Frage. Die eigentliche Druckfestigkeit spielt eine untergeordnete Rolle. Hieraus ergibt sich auch die Tatsache, daß sich mit der Prallzerkleinerung bereits vorzügliche Ergebnisse in der Erzaufbereitung ergeben haben, bei der die selektive Zerkleinerung, d. h. die Trennung des Erzes von den Bergen von besonderer Bedeutung ist. Im übrigen eignet sich die Prallzerkleinerung besonders auch zur Zertrümmerung durchwachsener oder mit wertvollen Stoffen durchsetzter Gesteinsarten. Bei allen diesen Stoffen besitzen die einzelnen Bestandteile verschiedene Bruchfestigkeiten, so daß anschließend an die Zerkleinerung eine Klassierung und damit auch eine Sortierung der Bestandteile möglich ist.

Aber auch homogenes, festes, sprödes Material z. B. Gestein verschiedenster Art wird im Prallbrecher mit sehr guter Wirkung zerkleinert. Das Brechgut kann auch feucht sein, es darf nur nicht kleben oder schmieren.

Charakteristisch für den Prallbrecher ist der hohe Zerkleinerungsgrad d.h. die Aufnahmefähigkeit großer Aufgabestücke einerseits und die Erzeugung verhältnismäßig geringer Korngrößen des Endproduktes andererseits. Daher kann der Prallbrecher oft zwei Zerkleinerungsstufen zugleich ersetzen, z. B. einen Backenbrecher als Vorbrecher und einen SYMONS- oder Kegelbrecher als Nachbrecher.

Unter Ausnutzung dieses hohen Zerkleinerungsgrades ist der Prallbrecher sehr gut anwendbar als Vorzerkleinerungsmaschine für nachfolgende Feinmahlung z. B. in Kugel- oder Rohrmühlen. Aber auch für die Erzielung bestimmter mittlerer Korngrößen wie bei der Schotter- und Splittererzeugung oder beim Bergeversatz ist der Prallbrecher sehr geeignet.

Der Zerkleinerungsgrad, also die Größenordnung des Fertiggutes läßt sich bei Prallbrechern in weiten Grenzen einstellen. Dies kann sowohl durch Veränderung des Abstandes der unteren Prallflächen von den Schlagbalken als auch durch Veränderung der Drehzahl der Schlagwalzen erreicht werden. Je feiner das Endprodukt werden soll, desto größer ist die Umfangsgeschwindigkeit der Schlagwalzen zu wählen.

Soll bei der gewünschten und am Brecher eingestellten Größe des Endkornes das Auftreten von Überkorn, mit dem normalerweise zu rechnen ist, unbedingt vermieden werden, so muß der Brecher im Kreislauf mit einem Sieb, am besten Schwingsieb von entsprechender Maschenweite, arbeiten. Der Überlauf des Siebes ist dann dem Brecher erneut zuzuführen. Enthält das frisch aufzugebende Material wenig Feines, so kann es dem Brecher unmittelbar zugeleitet werden. Wenn das Frischgut dagegen viel Feines enthält, bzw. das Brechprodukt möglichst wenig Feines enthalten soll, so wird man das Frischgut zweckmäßiger dem Sieb aufgeben, damit das Feine nicht erst in den Brecher gelangt, also nicht weiter zerkleinert wird.

Nach all diesen Überlegungen ist es einleuchtend, daß auch der spezifische Arbeitsbedarf großen Schwankungen unterliegt. Er hängt im wesentlichen von der Sprödigkeit bzw. Zähigkeit, besonders durchwachsener Stoffe, und von dem gewünschten Zerkleinerungsgrad ab. Im Vergleich zu anderen Brecherarten liegen die Prallbrecher in bezug auf die spezifischen Leistungen (kWh/t) günstig. Eine allgemeine Regel läßt sich hier aber nicht aufstellen. Positive Werte lassen sich nur durch einen Brechversuch mit dem betreffenden Material feststellen.

b) Prallmühlen.

Die Bemühungen, eine Feinzerkleinerung durch Prallwirkung zu erreichen, liegen ebenfalls weit zurück. Man glaubte, durch Preßluft oder Dampfstrahl eine Beschleunigung der zu zerkleinernden Stoffe so weit treiben zu können, daß eine weitgehende Zertrümmerung des Gutes beim Gegenprallen gegen eine Prallwand erreicht wird. Alle diese Versuche hatten aber nicht den gewünschten Erfolg. Das erste zufriedenstellende Ergebnis brachte erst der Anger-Luftstrahl-Prallzerkleinerer anfangs der dreißiger Jahre. Seit dieser Zeit ist dieses Prallzerkleinern an zahlreichen Ausführungen zur Feinzerkleinerung von Kohle und Schwelkoks zur Anwendung gelangt. Die weitere Entwicklung der Prallmühle führte dann zu einer maschinell angetriebenen Mühle, bei der die Beschleunigung des Aufgabegutes auf einem auf vertikaler Achse horizontal gelagerten und in schnelle Umdrehung versetzten Beschleunigungsteller durchgeführt wird. In dieser Richtung sind dann weitere Typen entstanden, bei denen die Zerkleinerung in diffenzierter Weise auf mehreren Beschleunigungstellern erfolgt. Schließlich wurden auch Prallmühlen konstruiert, bei denen der auf horizontal gelagerter Welle sitzende und mit entsprechenden Rippen versehene Beschleunigungsteller in vertikaler Ebene in Drehung versetzt wird. Alle diese Bestrebungen, eine geeignete Form der Maschine zur wirkungsvollen Ausnützung der Prallwirkung für die Feinzerkleinerung zeugen von der Bedeutung, die auch diesem Gebiete der Feinzerkleinerung beigemessen werden muß und es ist wohl auch mit Sicherheit zu erwarten, daß die Weiterentwicklung in dieser Richtung zu guten Erfolgen führen wird. Schließlich sei auch noch darauf hingewiesen, daß die in den nachfolgenden Kapiteln zu behandelnden Schlagkreuz- und Schleudermühlen im gewissen Sinne auch Prallmühlen darstellen, denn auch bei diesen Maschinen wird die Zerkleinerung im wesentlichen durch Prallwirkung erreicht.

Die Abb. 56 und 57 zeigen einen Querschnitt und einen Grundriß der Anger-Prallmühle. Der Preßluftstrom tritt durch die Düse *1* in die Mühle. Hier nimmt er das zu zerkleinernde Gut auf und treibt es durch das Rohr *2*, in dem eine gewisse Durchmischung des Gutes erfolgt, gegen die Prallfläche *3*. Zwischen der Prallfläche *3* und dem Rohr *2* ist ein oben offener Hohlkegel *4* angeordnet, der dazu dient, die von der Prallfläche *3* zurückströmende Luft in den Schaufelkranz *5* abzuleiten. Dieser Schaufelkranz besteht aus einer Anzahl gleichzeitig einstellbarer Schaufeln. Hier findet bereits eine Vorklassierung statt: Die gröbere Körnung wird über den Hohlkegel *4* dem durch das Einlaufrohr *6* in die Mühle gelangenden Aufgabegut zugeleitet, um mit diesem erneut der Prallwirkung unterzogen zu werden, während das durch den Schaufelkranz gehende Gut von dem Luftstrom in den Sichtraum *7* weiter getragen wird. Bei der Umkehrung des Luftstromes in dem Sichtraum *7* findet nochmals eine Abscheidung zu grober Körner statt, die dann durch die unteren Öffnungen *8* dem Schaufelkranz *5* erneut zugeführt werden, während der Luftstrom nun mit dem Feinstaub die Mühle verläßt und diesen, soweit es sich um eine Kohlenstaubfeuerung handelt, dem Feuerungsraum zuführt. Handelt es sich um ein anderes Material als Kohlenstaub, so muß das Fertiggut in einem Staubabscheider aus dem Luftstrom ausgeschieden werden. Im übrigen ist der Mahlraum noch mit Prallflächen *10* ausgerüstet gegen die noch gröbere von dem Luftstrom durch den Schaufelkranz *5* mitgerissene Körner gegenprallen und weiter zertrümmert werden.

Zur Erreichung einer guten Wirtschaftlichkeit der Luftstrahl-Prallmühle ist die richtige Einstellung der Luftgeschwindigkeit und ihre Anpassung an den Zerkleinerungswiderstand des zu zerkleinernden

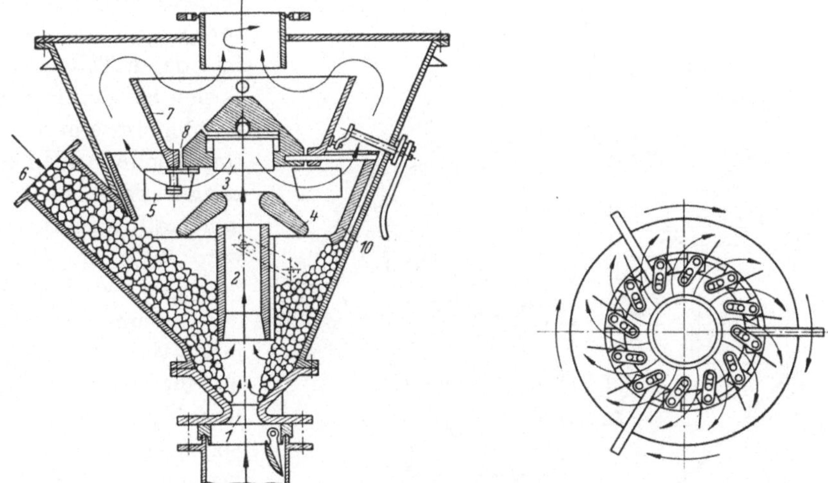

Abb. 56 u. 57. Anger-Prallmühle.

Materials von großer Bedeutung. Im allgemeinen kann mit einer Luftstrahlgeschwindigkeit von etwa 50 m/sec gerechnet werden. Eingehende praktische Versuche mit Anger-Luftstrahl-Prallmühlen wurden von Prof. RAMMLER durchgeführt. Eine umfangreiche theoretische Erfassung der Bewegungs- und Arbeitsvorgänge in den Luftstrahl-Prallmühlen brachte Oberingenieur ERNST RÜCKNER (nicht veröffentlicht).

In der Abb. 58 ist eine Prallmühle mit zwei horizontal angeordneten Schleudertellern dargestellt. Die Mühle besteht aus dem Gehäuse *1* mit Einlauftrichter *2* und Auslauftrichter *3*, den beiden Schleudertellern *4* und *5*, der vertikalen Achse *6*, auf der die beiden Schleuderteller sitzen, dem Kegelradantrieb *7* mit Antriebswelle *8* und Antriebsscheibe *9* und den entsprechenden Lagerungen der Achse *6* und der Welle *8*. Das Gehäuse *1* ist mit schräg verstellbaren Prallplatten *10* ausgekleidet.

Das Aufgabegut gelangt durch den Aufgabetrichter *2* auf den oberen

Schleuderteller *4*, der mit spiralförmig verlaufenden Rippen versehen ist und wird von diesem gegen die Prallplatten *10* geschleudert. Je nach der Stellung der Prallplatten wird das Gut teilweise wieder auf den Schleuderteller zurückgeworfen, um erneut beschleunigt zu werden oder es wird auf den zweiten Schleuderteller *5* abgeführt, um von diesem in gleicher Weise beschleunigt und gegen die Prallplatten geworfen zu werden. Das in dieser Weise zerkleinerte Gut verläßt dann die Prallmühle durch den Auslauftrichter *3*.

Der obere Schleuderteller hat einen kleineren Durchmesser als der untere, so daß die Umfangsgeschwindigkeit des unteren Tellers und damit auch die Beschleunigung des Materials größer ist, als im oberen Teller. Da es sich bei den Prallmühlen um eine weitergehendeZerkleinerung handelt als bei den Prallbrechern, so wird man die Umfangsgeschwindigkeit des oberen Tellers mit etwa 40 m/sec und diejenige des unteren Tellers mit etwa 80 m/sec bemessen. Das aus dem Auslauftrichter austretende Gut kann entweder als Fertiggut gelten oder im Umlaufverfahren über einen Sichter abgeführt und von diesem in Grieße und Fertiggut getrennt werden, wobei die ersteren zwecks Weiterzerkleinerung zur Mühle zurückgelangen, während das Fertiggut in einem Fliehkraftabscheider abgeschieden wird.

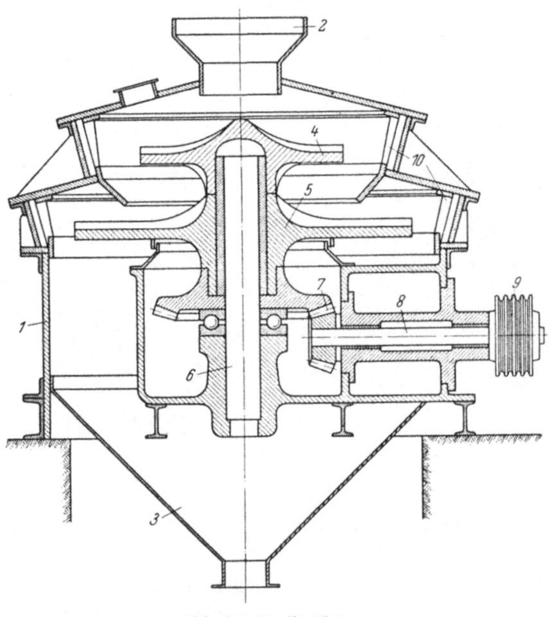

Abb. 58. Prallmühle.

Anwendungsgebiet. Wenn auch die Prallmühlen bisher noch eine beschränkte Anwendung in den verschiedenen Industriezweigen gefunden haben, so ist doch mit Sicherheit zu erwarten, daß sie eine weitgehende Verbreitung in der Hartzerkleinerung finden werden. Alle Stoffe, die auf Prallbrechern zerkleinert werden, können auch eine weitergehende Zerkleinerung auf den Prallmühlen erfahren. Wie weit diese getrieben werden kann, hängt natürlich ganz von der Sprödigkeit und Brüchigkeit des

Aufgabematerials ab. Ganz besonders eignen sich die Prallmühlen wie die Prallbrecher zur selektiven Zerkleinerung.

Da sich die Prallbrecher, wie auch die Prallmühlen mehr oder weniger noch in der Entwicklung befinden, so wird hier von der Aufstellung von Zahlentafeln über Abmessungen, Leistung und Leistungsbedarf abgesehen. Entsprechende Angaben sind jeweilig von den einschlägigen Lieferfirmen zu erhalten.

7. Schlagkreuzmühlen.

Allgemeines. Bei der Schlagkreuzmühle erfolgt die Zerkleinerung in der Hauptsache durch die Schlagwirkung schnell umlaufender Körper von der Form gebogener Leisten oder Arme, die ein Kreuz oder einen Stern bilden. Die Schlagkörper sind mit dem Rotor bzw. der umlaufenden Schlagscheibe starr verbunden. Infolge der heftigen Schläge sowie durch den außerdem auftretenden Anprall des Materials gegen Wände oder Leisten liegt ein verhältnismäßig günstiges Zerkleinerungsprinzip vor. Das Material wird durch die Zentrifugalkraft ausgeworfen.

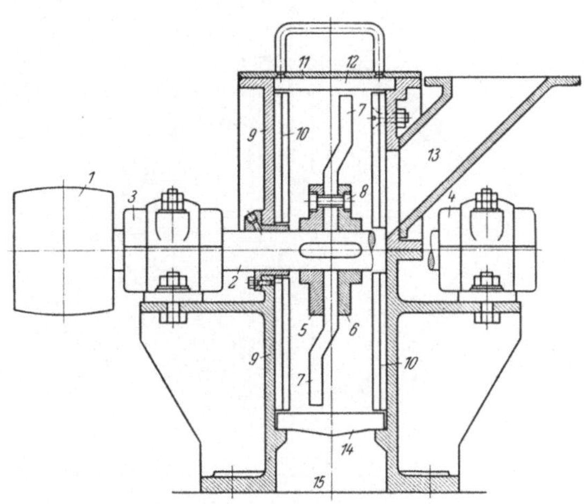

Abb. 59. Schlagkreuzmühle (Längsschnitt).

Durch Anwendung hoher Drehzahlen bauen die Mühlen klein und leicht.

Bauart. Die Abb. 59 u. 60 zeigen eine Schlagkreuzmühle üblicher Bauweise. Die über die Riemenscheibe *1* angetriebene, rasch umlaufende Welle *2* ist in den Ringschmierlagern *3* und *4* gelagert. Es können auch Rollenlager benutzt werden. Zwischen den auf der Welle sitzenden Scheiben *5* und *6* sind wechselseitig abgebogene Schlagarme *7* mittels der Bolzen *8* befestigt und bilden ein Kreuz. Manchmal werden auch sechs Arme zu einem Stern angeordnet. An den Seiten des Gehäuses *9* sind die mit Schlagleisten versehenen Panzerplatten *10* fest verschraubt. Die abnehmbare Gehäusehaube *11* trägt ebenfalls einzelne Schlagleisten *12*. Das Material gelangt durch den Einlauf *13* in die Mühle und wird durch die Schlagwirkung der Arme und durch den Prall gegen die Leisten zerkleinert. Das genügend Feine fällt zwischen den starken Roststäben *14* hindurch und gelangt zum Auslauf *15*. Die Roststäbe sind in das Gehäuseunterteil eingelegt und durch die Schrauben *16* und *17* festgespannt. Durch die Türen *18* und *19* ist der Raum unterhalb des Rostes zugänglich. Auf die Mühle kann eine Speisevorrichtung, z. B. ein Schüttel- oder Stoßspeiser, aufgebaut werden. Zweckmäßig ist auch eine Konstruktion mit fliegender Lagerung des Schlagkreuzes. Dadurch wird das Mühleninnere leichter zugänglich, besonders wenn die eine Seite des Gehäuses schrankartig aufklappbar ist. Ferner erhält die Mühle nach Bedarf einen Entlüftungsstutzen. Es läßt sich dann auch ein Luftstromkreislauf durchführen unter Zwischenschaltung einer Staubkammer, in der das feine Mehl abgeschieden wird. Die Schläger und Roststäbe bestehen aus Hartstahl. Wegen der hohen Umfangsgeschwindigkeiten, die im allgemeinen bis zu 40 m/s betragen, sind die umlaufenden Körper gut auszuwuchten.

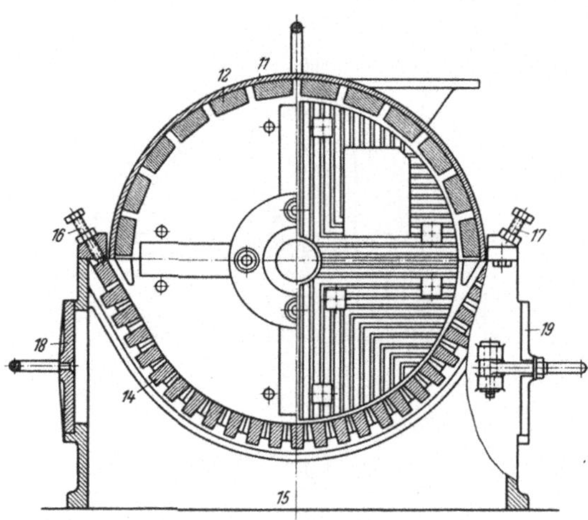

Abb. 60. Schlagkreuzmühle (Querschnitt).

Anwendungsgebiet. Die Schlagkreuzmühlen eignen sich besonders für weiches und mittelhartes Mahlgut, das sowohl spröde als auch zäh sein kann. Es kann z. B. vermahlen werden: Salz, Sulfat, Gips, Düngekalk, Asphaltgestein, Kaolin, Ton, Braunkohle, Knochen usw. Für sehr harte Stoffe sind die Schlagkreuzmühlen nicht geeignet, weil dann der Verschleiß zu hoch wird.

Das aufzugebende Material kann bei großen Mühlen bis etwa Faustgröße sein. Die Feinheit des Endproduktes hängt außer von der Drehzahl der Mühle und der Beschaffenheit des Mahlgutes von der Spaltweite des Rostes ab.

In der Tab. 6 sind die wesentlichsten Angaben über die Schlagkreuzmühlen enthalten.

Tabelle 6. *Schlagkreuzmühlen.*

Durchmesser des Mahlraumes . mm	630	800	1000	1250
Ungefähres Gewicht der Mühle . kg	650	1000	1600	2500
Leistung	Sehr verschieden, je nach der Art des Aufgabegutes und der Spaltweite des Rostes			
Leistungsbedarf etwa . . . . . kW	5	7	10	14
Erforderlicher Motor . . . . . kW	7	9	13	18

8. Schlagnasenmühlen.

Allgemeines. Sehr ähnlich der Schlagkreuzmühle in Wirkungsweise, Bauart und Anwendung ist die Schlagnasenmühle. Sie ist etwas leichter gebaut als erstere, besitzt an Stelle der Schlagarme nur Schlagnasen und statt des Rostes ein die Schlagscheibe umgebendes Sieb.

Bauart. Bei der Schlagnasenmühle gemäß Abb. 61 läuft die von der Riemenscheibe *1* angetriebene Welle *2* in den Wälzlagern *3* und *4*. Am Ende der Welle innerhalb des Gehäuses *5* sitzt die Schlagscheibe *6*, die mittels der Bolzen *7* mitgenommen und axial durch die gesicherte Überwurfmutter *8* gehalten wird. Die Scheibe trägt am Umfang die Schlagnasen *9*. Unter dem Einlauftrichter *10* wird meist eine Speisevorrichtung angebracht, z. B. ein Schüttelspeiser mit der Schurre *11*, angetrieben durch die Riemenscheiben *12* und *13*. In dem Einlaufkasten *14* kann unterhalb der Schurre ein Magnet zum Zurückhalten von Eisenteilen vorgesehen werden. Durch den Einlauf *15* gelangt das Material in die Mühle, wo es durch die Schlagnasen zerkleinert wird. Das genügend zerkleinerte Gut wird durch die Stahlblechsiebe *16* getrieben, gelangt in den Ringraum *17* des Gehäuses und schließlich zum Auslaß *18*. Die Schlagnasen wirken zugleich als Räumer, verhindern das Ansetzen von Mahlgut auf dem Sieb und beschleunigen den Siebdurchgang. Die Seitenwand *19* des Gehäuses ist meist in senkrechten Scharnieren gelagert, so daß man das Gehäuse wie einen Schrank aufklappen kann, wodurch das Innere der Mühle leicht zugänglich wird.

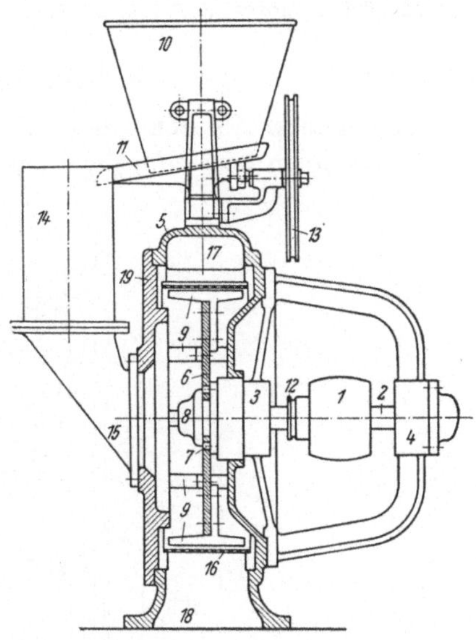

Abb. 61. Schlagnasenmühle.

Anwendungsgebiet. Die Schlagnasenmühle hat ähnliche Verwendbarkeit wie die Schlagkreuzmühle und dient zur Zerkleinerung weicher bis höchstens mittelharter Stoffe wie Ton, Farben, Kreide, Zucker usw. Die Stückgröße des Aufgabegutes ist etwas kleiner als bei der Schlagkreuzmühle. Die Feinheit des Endproduktes hängt von der Drehzahl der Mühle, der Beschaffenheit des Mahlgutes und von der Lochweite des Siebes ab, und sie ist im allgemeinen feiner als bei der Schlagkreuzmühle. Die Umfangsgeschwindigkeit des Schlagwerkes liegt je nach der Art des zu zerkleinernden Materials und der gewünschten Feinheit zwischen 20 bis 40 m/s.

Die Tab. 7 enthält Angaben über die gangbaren Größen der Schlagnasenmühlen.

Tabelle 7. *Schlagnasenmühlen.*

Durchmesser des Schlagwerkes . . . . . . mm	400	630	800
Ungefähres Gewicht der Mühle . . . . . kg	350	700	1200
Leistung	Sehr verschieden je nach Art des Aufgabegutes und der gewünschten Feinheit		
Leistungsbedarf etwa . . . . kW	3	5	7,5
Erforderlicher Motor . . . . kW	4	7	10

9. Schleudermühlen.

Allgemeines. Als Schleudermühlen sollen hier diejenigen Zerkleinerungsmaschinen bezeichnet werden, bei denen Stäbe in konzentrischen

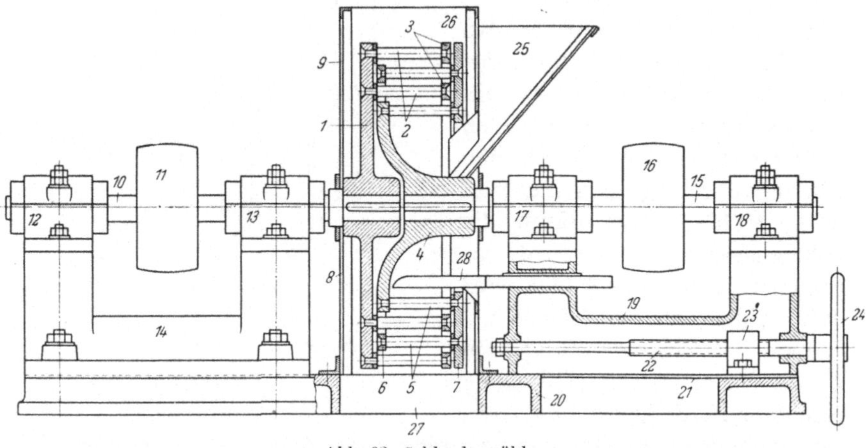

Abb. 62. Schleudermühle.

Kreisen an einem schnell rotierenden Körper angeordnet sind und dabei in die Zwischenräume anderer Stabkreise eingreifen, die sich an einem zweiten, im entgegengesetzten Sinne rotierenden Läufer befinden. Die Schleudermühlen werden auch Desintegratoren genannt. Das Material wird in den Schleudermühlen zwischen den Stäben zerkleinert und durch die Zentrifugalkraft schließlich ausgeworfen. Die Schleudermühlen arbeiten ohne Siebe oder Roste. Ähnlich den Schlägermühlen wird bei den Schleudermühlen die Zerkleinerung durch Schlag und Prall bewirkt, was günstig für den zerkleinerungstechnischen Wirkungsgrad ist.

Bauart. Die Abb. 62 u. 63 zeigen eine Schleudermühle üblicher Bauweise. Der erste Mahlkorb besteht aus der Umlaufscheibe *1*, den in konzentrischen Kreisen eingenieteten Stahlstäben *2* und den Verbindungsringen *3*, der zweite Mahlkorb aus dem Umlaufkörper *4*, den Stabkreisen *5*, die in die Lücken der Stabkreise *2* eingreifen und den Verbindungsringen *6* und *7*. Die Mahlkörbe sind von einem leicht abnehmbaren Blechgehäuse umgeben, das aus dem Unterteil *8* und dem Oberteil *9* besteht. Der erste Mahlkorb sitzt auf dem Ende der Welle *10*, die von der Riemenscheibe *11* angetrieben wird und in den Lagern *12* und *13*, z. B. Pendelrollenlagern, rotiert. Letztere sind auf dem Bock *14* befestigt. Der zweite Mahlkorb sitzt auf dem Ende der Welle *15* mit der Riemenscheibe *16* und den Lagern *17* und 18. Letztere sitzen auf dem Bock *19*. Die zwei Wellen bzw. Mahlkörbe werden in gegenläufigem Sinne angetrieben. Während der Bock *14* auf der Grundplatte *20* fest verschraubt ist, kann der Bock *19* in einer Führung *21* auf der Grundplatte in Richtung der Wellenachse hin- und herbewegt werden. Dies geschieht mittels der Spindel *22* und der Mutter *23* vom Handrad *24* aus. Durch diese Maßnahme ist es möglich, nach Abnehmen des Gehäuses die Mahlkörbe auseinander zu ziehen, um sie nachsehen und reinigen zu können. Das Material tritt durch den Trichter *25* ein, wird zwischen den Stabkreisen zerkleinert, in den Ringraum *26* des Gehäuses geschleudert und fällt durch die untere Öffnung *27* aus der Mühle. Das Messer *28* dient der Vorzerkleinerung größerer Brocken und der Sauberhaltung des inneren Stabkreises. Die Stäbe bestehen aus verschleißfestem Stahl.

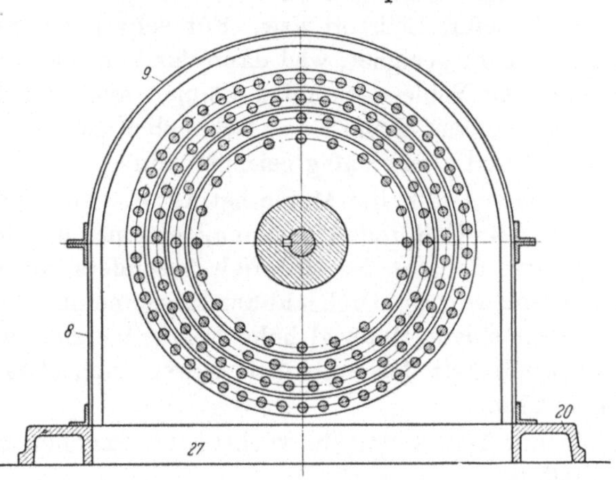

Abb. 63. Schleudermühle (Schnitt durch den Mahlraum).

Die Schleudermühlen werden meist mit vier bis sechs, in Sonderfällen auch mit acht Stabkreisen ausgerüstet. Die Teilung des inneren Stabkreises ist am größten. Nach außen liegen die Stäbe entsprechend der zunehmenden Zerkleinerung immer enger beieinander. Die Mahlkörbe müssen wegen der hohen Drehzahlen gut ausgewuchtet sein. Die Feinheit des Mahlproduktes läßt sich durch Steigerung der Drehzahlen erhöhen. Es ist aber nicht empfehlenwert, mit der Drehzahl übermäßig hoch zu gehen, weil sonst der Luftwiderstand zu groß werden und einen recht beträchtlichen Teil der Antriebsleistung verzehren würde. Durch den gegenläufigen Drehsinn der zwei Mahlkörbe wird erreicht, daß die Relativgeschwindigkeit zwischen den Stäben doppelt so groß wie ihre Umfangsgeschwindigkeit wird.

Es ist zweckmäßig, auf die Schleudermühle eine selbsttätige Speisevorrichtung aufzusetzen, um das Aufgabegut in gleichmäßigen Mengen kontinuierlich aufzugeben. Auch ist oft die Vorschaltung eines Magneten empfehlenswert, um im Aufgabegut befindliche Eisenteile zurückzuhalten.

Anwendungsgebiet. Schleudermühlen kommen für weiche bis mittelharte Stoffe in Frage, die spröde, aber auch zäh oder faserig sein können, nur nicht plastisch oder zu klebrig sein dürfen, so z. B. Salz, Borax, Superphosphat, Ton, Kalk, Asphalt, Formsand, Kreide, Kohle, Koks, Torf, Schiefer, Zellstoff usw. Für sehr harte Stoffe sind Schleudermühlen nicht geeignet, weil dann der Verschleiß der Mahlstäbe zu groß würde. Die Schleudermühlen können auch gleichzeitig zum Mischen benutzt werden. Wenn sie ausschließlich zur Mischung dienen, so kann die Drehzahl zweckmäßig geringer sein.

Je nach Größe der Mühle beträgt die Aufgabe-Stückgröße bis etwa 50 mm. Das Endprodukt ist im allgemeinen grießig. Die Feinheit hängt außer von der Art des Materials besonders von der Anzahl der Stabkreise und von der Drehzahl der Maschine ab. Gegebenenfalls kann bei entsprechendem Material hohe Feinheit erzielt werden. Die Umfangsgeschwindigkeit der Stabkörbe bewegt sich etwa in den Grenzen von 20 bis 40 m/s.

In der Tab. 8 sind die wichtigsten Angaben über Schleudermühlen enthalten.

Tabelle 8. *Schleudermühlen.*

Durchmesser des äußeren Stabkreises mm	630	800	1000	1250	1600
Ungefähres Gewicht der Maschine mit 4 Stabkreisen . . . . kg	1200	1800	2700	4000	7500
mit 6 Stabkreisen . . . . kg	1300	1950	2900	4300	7900
Leistung bei mittelfeinem grießigem Mahlerzeugnis etwa . . . . kg/h	1000	2000	4000	8000	16000
Leistungsbedarf etwa . . . . kW	5	7	10	14	20
Erforderlicher Motor . . . . kW	7	9	13	18	25

10. Schlagstiftmühlen.

Allgemeines und Bauart. Die Schlagstiftmühle, die auch Dismembrator genannt wird, ähnelt in der Wirkungsweise der Schleudermühle. Bei der Schlagstiftmühle sind verhältnismäßig kurze Stifte in konzentrischen Kreisen auf einem schnell rotierenden Läufer angeordnet. Sie greifen in die Lücken entsprechender anderer Stiftkreise ein, die aber nicht wie bei der Schleudermühle umlaufen, sondern am Gehäuse befestigt sind. Die Schlagstiftmühle arbeitet allgemein ohne Siebeinlagen. Hinsichtlich des Zerkleinerungsprinzipes gilt das bei der Schleudermühle Gesagte. Die Stifte können runden oder eckigen Querschnitt haben. Die Schlagstiftmühlen werden sowohl um eine vertikal wie auch um eine horizontal drehbare Achse ausgeführt. Ferner können die Schlagstiftmühlen auch als Doppelmühlen hergestellt werden, wobei die Mahlscheibe beiderseits Stiftkreise trägt und solche auch auf beiden Seiten des Gehäuseinneren angeordnet sind. Dementsprechend wird das Material bei der Einfachmühle an einer, bei der Doppelmühle an beiden Seiten des Gehäuses eingeführt.

Anwendungsgebiet. Die Schlagstiftmühle wird für ähnliche Stoffe benutzt wie die Schleudermühle, d. h. für weiches bis mittelhartes Material, das sowohl spröde als auch zäh oder faserig sein kann, z. B. Speisesalz, Gips, Farben, Kreide, Glimmer, Düngemittel u. dgl. Das aufzugebende Korn kann etwa Haselnußgröße haben. Die Feinheit des Endproduktes hängt vom Material, von der Art der Stifte, der Anzahl der Stiftkreise und von der Maschinendrehzahl ab.

11. Scheibenmühlen.

Allgemeines. In den Scheibenmühlen werden Stoffe zwischen zwei senkrechten Scheiben zerkleinert, deren Flächen mit Zähnen von dreieckigem Querschnitt versehen sind und von denen die eine Scheibe schnell umläuft, wobei ihre Zähne in die Zahnlücken der Gegenscheibe greifen und umgekehrt. Diese Mühle, die sieblos arbeitet, wirkt also in der Hauptsache abscherend, daneben tritt aber bei den Scheibenmühlen noch Schlag- und Prallwirkung auf. Es wird dabei eine gute Zerkleinerungsleistung bei verhältnismäßig geringem Leistungsbedarf der Antriebsmaschine erreicht, so daß sich diese Maschine in vielen Industrien und für Verarbeitung zahlreicher Arten von Material eingeführt hat.

Bauarten. Es gibt verschiedene Ausführungsformen der Scheibenmühlen, von denen wohl die bekannteste die Exzelsiormühle ist. Grundsätzlich kann man zwei Typen unterscheiden: Einfachmühlen mit einem Paar Mahlscheiben und Doppelmühlen mit zwei Paar Mahlscheiben. Bei letzteren ist der rotierende Läufer auf beiden Seiten mit Mahlscheiben ausgerüstet, denen auf jeder Seite eine feste Scheibe gegenübersteht.

In Abb. 64 ist eine Exzelsiormühle als Einfachmühle dargestellt. Sie wird durch die Riemenscheibe *1* angetrieben, deren waagerechte Welle *2* am anderen Ende einen Konus hat, auf dem der Läufer *3* verspannt ist. An diesem ist die auf einem Zentrieransatz sitzende Mahlscheibe *4* durch die Schrauben *5* befestigt. Die Schrauben sind mit

Versenkkopf in die Mahlscheibe eingelassen. In gleicher Weise ist die Gegenscheibe *6* am Gehäuse *7* verschraubt. Die Muttern der unteren Schrauben *8* sind durch Öffnungen des Gehäuses erreichbar. Auf dem Gehäuse sitzt der Fülltrichter *9*. Von der Hauptwelle *2* aus wird bei der gezeichneten Ausführung durch den Riemen *10* noch ein Schüttelspeiser *11* angetrieben. Dieser ist jedoch nur erforderlich, wenn sich das Mahlgut schwer zuführen läßt. Bei leicht zufließendem Material genügt ein Schieber unter dem Trichter. Die Mahlfeinheit wird durch Veränderung des Abstandes der Mahlscheiben reguliert. Dies geschieht von einem Handrad *12* aus über die gehäusefest gelagerte Schwinge *13* mit

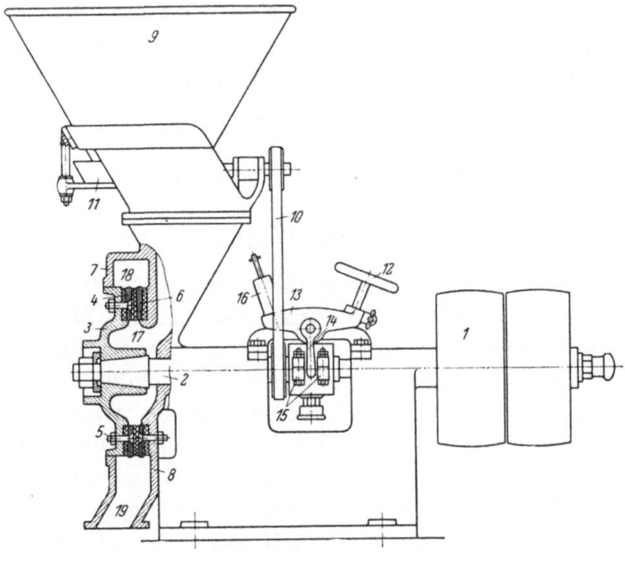

Abb. 64. Exzelsiormühle.

den Hebeln *14* und die in die Antriebswelle eingreifende, zweiteilige Muffe *15*. Der an der Schwinge sitzende Topf *16* enthält eine Feder, welche die Rückbewegung der Schwinge bewirkt. Das Material gelangt vom Trichter her durch die Zuführung *17* an die Innenränder der Scheiben, wird von den Zähnen erfaßt und unter Zerkleinerung nach den Außenrändern der Scheiben gefördert und schließlich von diesen durch die Zentrifugalwirkung in den Ringraum *18* geschleudert, von wo es herabfällt und durch die Öffnung *19* austritt. Ein Abstreicher verhindert das Ansetzen des Materials im Mühlengehäuse. Letzteres kann auf der Seite der rotierenden Scheibe noch durch einen aufgeschraubten Deckel staubdicht abgeschlossen werden. Doppelmühlen lassen sich entsprechend ihrer Bauart leicht staubdicht ausführen.

Bei der Doppelmühle ist die Verstellung der rotierenden Scheibe ebenso wie es für die Einfachmühle geschildert wurde. Außerdem ist aber bei der Doppelmühle noch die Verstellbarkeit der äußeren festen Scheibe erforderlich. Diese Scheibe ist daher an einem im Gehäuse verschiebbaren Körper befestigt, der von einem weiteren Handrad aus in Richtung der Scheibenachse verstellbar ist. Die Einstellung der Spaltweiten ist auch während des Betriebes möglich. Der Einlauf ist bei den Doppelmühlen meist gegabelt. Man kann durch Schließen eines Schiebers auch mit nur einem Scheibenpaar arbeiten. Der Auslauf ist immer gemeinsam für die zwei Scheibenpaare.

Abb. 65 zeigt zwei Arten von Mahlscheiben. Ausführung *1* ist die gebräuchlichste. Sie hat durchweg Zähne mit Dreieckquerschnitt, zwischen denen sich Nuten von gleicher Form befinden, in welche die Gegenzähne der anderen Scheibe eingreifen. Zum besseren Einziehen und Vorzerkleinern des Materials sind die Scheiben innen dünner als außen, die Zähne dementsprechend innen höher und stärker. Auch befinden sich auf den inneren Zahnkreisen weniger Zähne. Bei Ausführung *2* sind an Stelle der inneren starken Zähne schräg angeordnete Schneiden bzw. Riffeln angebracht, die ebenfalls der Vorzerkleinerung dienen. Die Mahlscheiben sind auf beiden Seiten mit Zähnen versehen. Sie können daher nach Abnutzung einer Seite umgedreht werden, um die andere Seite zu benutzen. Ausführung *1* bietet außerdem die Möglichkeit, daß die Scheibe nach Abnutzung zunächst ohne Umdrehen weiter benutzt werden kann, indem man den Drehsinn der Maschine, z. B. durch Anwendung eines gekreuzten Riemens wechselt. Dann kommen die noch kaum abgenutzten rückwärtigen Kanten der Zähne zur Wirkung, deren anhaftender Grat sich schnell abschleift. Der Drehsinn der Maschine kann sogar mehrmals gewechselt werden, wobei sich die Scheiben selbsttätig immer wieder etwas nachschleifen. Das Material der Scheiben ist verschleißfestes Harteisen. Es kann mit den gleichen Mahlscheiben, lediglich durch Verstellen des Spaltes, sowohl grob als auch fein gemahlen werden.

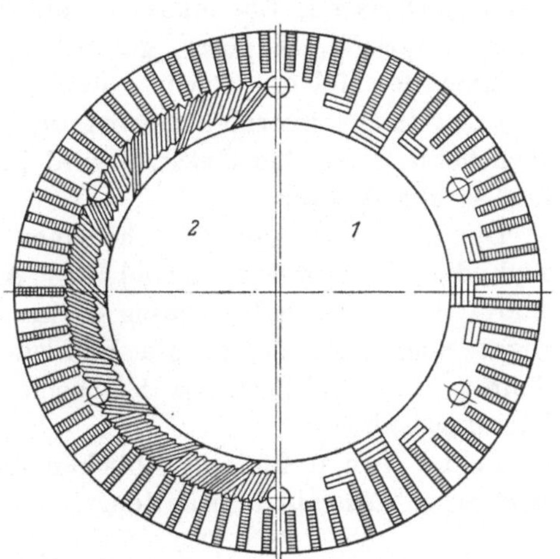

Abb. 65. Mahlscheiben.

Um zu verhindern, daß Eisenstücke in die Mühle gelangen, kann hinter der Speisevorrichtung ein Dauermagnet angebracht werden, der von Zeit zu Zeit vom anhaftenden Eisen zu reinigen ist. Bei größeren Mühlen und erhöhter Gefahr des Vorhandenseins von Eisen im Mahlgut ist die Vorschaltung einer Elektromagnettrommel zweckmäßig.

Es gibt auch eine Ausführung der Exzelsiormühle mit aufgebautem Vorbrecher, bestehend aus zwei Walzen, die aus gezahnten Scheiben zusammengesetzt sind.

Anwendungsgebiete. Infolge ihrer vorwiegend abscherenden Wirkung kommt die Scheibenmühle für die Schrotung weicher bis mittelharter Stoffe in Frage. Ihre Anwendungsmöglichkeit ist sehr ausgedehnt. Z. B. werden folgende Stoffe mit ihr verarbeitet: Düngemittel, Ton, Kaolin, gebrannter Kalk, Farben, Salz, Zucker, Getreide, Hülsenfrüchte, Ölsaaten, Chemikalien verschiedener Art, Gerbstoffe, Holzkohle, Schwefel, Salpeter, gebrochene Ölkuchen, Ölschilfer, Rinden, Korkabfälle, Hölzer, Gewürze usw.

Auch für Naßvermahlung ist die Scheibenmühle anwendbar. Der Welleneintritt in das Gehäuse wird in diesem Fall durch eine Stopfbüchse abgedichtet.

Die Scheibenmühle erreicht einen hohen Zerkleinerungsgrad, nur sind die Korngrößen sowohl des Aufgabematerials als auch des Endproduktes verhältnismäßig klein. Bei einmaligem Durchgang und enger Spaltweite liefert die Exzelsiormühle bereits ein sehr feines Schrot. Die Mahlleistung ist hoch bei verhältnismäßig geringem Leistungsbedarf.

In der Tab. 9 sind die üblichen Größen der Scheibenmühlen mit allgemeinen Angaben enthalten.

Tabelle 9. *Scheibenmühlen (Einfachmühlen).*

Durchmesser der Mahlscheiben . . . . mm	160	250	400	630
Ungefähres Gewicht der Mühle . . . kg	120	180	400	800
Leistung	Sehr verschieden je nach Art des Aufgabegutes			
Leistungsbedarf etwa . . . . kW	0,5	2	3,5	5
Erforderlicher Motor . . . . kW	1	2,5	4,5	6,5

12. Pochwerke.

Allgemeines. Bei den Pochwerken, auch Stampfmühlen genannt, wird die Zerkleinerung durch heftige, schlagartig auftretende Stampfwirkung erzielt. Die Zerkleinerungsarbeit wird durch die kinetische Energie eines herabfallenden Stempels aufgebracht, wobei allerdings der größte Teil dieser Energie in Wärme umgewandelt wird. Die Schläge unterscheiden sich von denen der Prall- oder Schlagmühlen dadurch, daß beim Pochwerk der Stoß des Stempels stets gegen ein festes Widerlager, den Amboß, geführt wird. Man kann diese Art von Schlag daher auch als eine sehr plötzlich auftretende Pressung betrachten. Pochwerke wurden schon vor mehreren Jahrhunderten zur Zerkleinerung benutzt, namentlich zur Aufbereitung solcher Gold-, Silber- und Kupfererze, welche die Metalle in sehr feiner Verteilung enthalten. Es laufen auch heute noch zahlreiche Pochwerke. Neuanlagen dieser Art kommen für den Großbetrieb jedoch kaum noch in Frage, sondern es werden dafür neuere, besser geeignete Maschinen, beispielsweise Kugel- oder Rohrmühlen benutzt.

Bauart. Der Pochstempel der Stampfmühle hat einen langen, senkrechten, gut geführten Schaft, mit dem er periodisch gehoben wird und auf einen Amboß, die Pochsohle, niederfällt. Diese befindet sich innerhalb des Pochtroges.

Dem Verfahren nach unterscheidet man:

1. *Naßpochwerke.* Der Pochtrog wird hierbei auf einer Seite mit dem Material beschickt und hat auf der anderen Seite einen mit Metallgewebe oder gelochten Blechen bespannten Siebrahmen. Das Material unterliegt so lange der Pochwirkung, bis es durch die Maschen dieses Siebes austreten kann. Um den Siebdurchgang zu fördern, wird dem Pochtrog außerdem laufend Wasser zugeleitet, das ihn auf der Siebseite als Pochschlamm oder Pochtrübe verläßt, die danach weiter verarbeitet wird. Außerdem verhindert das Wasser die Staubbildung.

2. *Trockenpochwerke.* Die Siebe liegen hier tiefer und auf beiden Seiten des Pochtroges, damit mehr Durchgangsquerschnitt vorhanden ist. Der Siebdurchgang wird durch den beim Aufschlagen des Stempels entstehenden Windstoß unterstützt.

Meistens werden die Pochwerke als Batterien ausgebildet, wobei mehrere Stempel innerhalb eines Rahmens von einer gemeinsamen Welle angetrieben werden, auch einen gemeinsamen Trog haben und in bestimmtem Rhythmus nacheinander niederfallen.

Die Abb. 66 u. 67 zeigen die Wirkungsweise eines Naßpochwerkes. Der Pochstempel besteht aus dem Schaft *1*, der in den Lagern *2* und *3* geführt ist, dem gußeisernen Beschwerer *4*, der zur Erhöhung der Fallenergie dient und dem Pochschuh *5* aus Hartstahl. Der Pochschuh ist in den Beschwerer eingelassen, mit diesem meist durch Konus verbunden und kann ausgewechselt werden. Der Schaft wird durch die Hebedaumen *6* periodisch angehoben und fallen gelassen. Diese Hebedaumen sitzen auf der vom Vorgelege angetriebenen schweren Welle *7* und greifen abwechselnd unter die Muffe *8* des Schaftes. Da die Hebedaumen exzentrisch zur Schaftachse liegen, so heben sie bei ihrer Drehbewegung den Stempel nicht nur an, sondern drehen ihn jedesmal auch etwas um seine Längsachse. Dadurch wird erreicht, daß sich die beanspruchten Teile gleichmäßig abnutzen. In den Boden des Pochtroges *9* ist die Pochsohle *10* eingesetzt, die aus Hartstahl oder Hartguß besteht. Eine mechanische Beschickungsvorrichtung führt das Material dem Pochtrog zu. Diese Vorrichtung kann beispielsweise durch Rüttelbewegung wirken, die vom mittleren Stempel der Batterie abgeleitet wird, wobei der Rüttelstoß stärker wird, wenn wenig Material im Trog ist, weil dann der Hebel tiefer fällt und umgekehrt. So ist in sinnreicher Weise eine selbsttätige Regelung der Zufuhr erzielt, indem bei großer Materialmenge im Trog weniger, bei kleiner Menge im Trog mehr eingeschüttet wird. Das zerkleinerte Gut gelangt, vermischt mit dem zugeleiteten Wasser durch die mit einem Sieb versehene Öffnung *11* aus dem Pochtrog in die Rinne *12*.

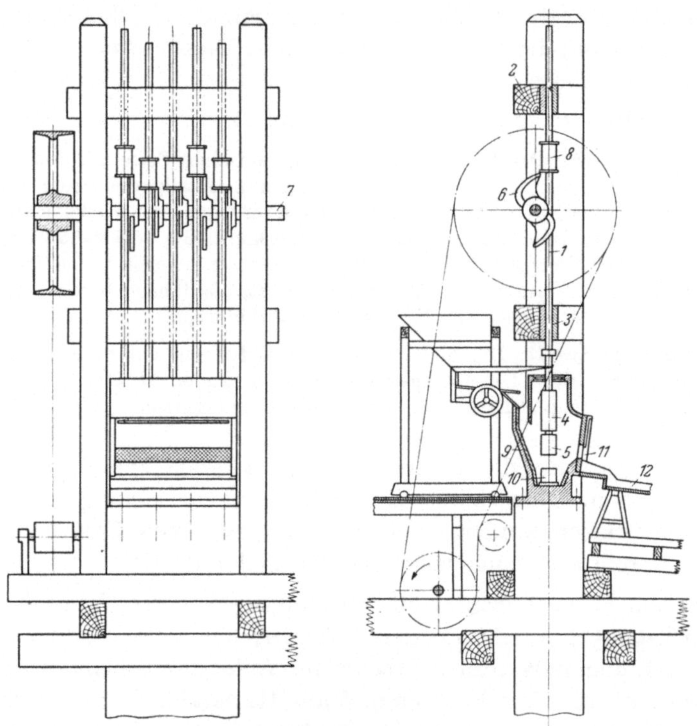

Abb. 66 und 67. Naßpochwerk.

Es gibt Mühlenanlagen mit einer großen Zahl von Stempeln, die in Batterien angeordnet sind und wobei jede Batterie nur wenige, meist 5 bis 6 Stempel enthält, so daß die Stillegung einer Batterie zur Behebung von Störungen u. dgl. den Gesamtbetrieb nur wenig behindert.

Der Leistungsbedarf einer Batterie beträgt:

$$N = \frac{1}{\eta} \frac{Q\,h\,n\,i}{60 \cdot 102} \text{(kW)}\,.$$

Dabei ist:

η der mechanische Wirkungsgrad, der im allgemeinen mit 0,70 bis 0,75 angenommen werden kann,
Q das Gewicht eines Stempels (kg),
h die Hubhöhe (m),
n die Zahl der Hübe in der Minute,
i die Anzahl der angetriebenen Hämmer einer Batterie.

Die Pochwerke erfordern große, kräftige Rahmen und insbesondere sehr schwere, auf gewachsenem Boden ruhende Fundamente wegen der Erschütterungen durch die hohen Massenkräfte der Stempel.

Das Gewicht der Pochstempel kann 400 bis 700 kg betragen. Die Hubhöhe wird etwa 200 mm gewählt. Die Zahl der Hübe je Stempel, also die Umdrehungszahl der Antriebswelle, beträgt etwa 50 bis 80 in der Minute.

Anwendungsgebiet. Die Pochwerke eignen sich zur Zerkleinerung harter und spröder Stoffe, beispielsweise von Erzen, ferner auch von verschiedenen Chemikalien, von Knochen usw. Ist das Aufgabegut sehr großstückig, so muß es auf einem Brecher auf etwa 0 bis 50 mm vorzerkleinert werden. Die Feinheit des Erzeugnisses der Pochwerke hängt von der Art der benutzten Siebe ab.

Die Leistung der Pochwerke unterliegt je nach Art des Mahlgutes und der verlangten Feinheit großen Schwankungen. Als Richtlinie kann der spezifische Arbeitsbedarf etwa dem spezifischen Arbeitsbedarf kWh/t der Siebkugelmühle gleichgestellt werden.

13. Glockenmühlen.

Allgemeines. Bei den Glockenmühlen erfolgt die Zerkleinerung des Aufgabegutes vorwiegend abscherend. Diese Maschinen arbeiten – ähnlich den Kaffeemühlen – derart, daß ein kegelstumpfförmiger mit scharfkantigen Leisten versehener Körper, der Mahlkegel, innerhalb des ebenfalls mit Scherleisten versehenen Mahlgehäuses rotiert.

Bauart. Die Abb. 68 zeigt eine Glockenmühle im Querschnitt. Der Antrieb der senkrechten Mühlenachse erfolgt im unteren Teil des Mahlgehäuses. Die horizontale Antriebswelle *1* trägt eine feste und eine lose Riemenscheibe und arbeitet über die Kegelräder *2* und *3* auf die vertikale Mühlenachse *4*, die in dem unteren Hals- und Spurlager *5* und dem oberen Halslager *6* gelagert ist und den aus dem Oberteil *7* und dem Unterteil *8* bestehenden Mahlkegel durch die Gleitfeder *9* in eine rotierende Bewegung versetzt. Der Mahlkegel dreht sich innerhalb des Mahlgehäuses, das aus dem Oberteil *10* und dem Unterteil *11* besteht. Letzteres ist auf dem Mühlensockel *12* befestigt. Das Mahlgut wird mittels einer nicht gezeichneten Beschickungsvorrichtung dem Trichter *13* aufgegeben und das Mahlprodukt verläßt die Mühle durch die Schurre *14*, der es durch die mit der Mühlenwelle rotierenden Abstreicher *15* zugeleitet wird.

Die außen am Mahlkegel und innen am Mahlgehäuse befindlichen Scherleisten sind oben am stärksten und am höchsten und werden nach unten zu immer schmaler und niedriger. Außerdem sind oben wenig, in der Mitte mehr und unten die meisten Scherleisten. Dementsprechend

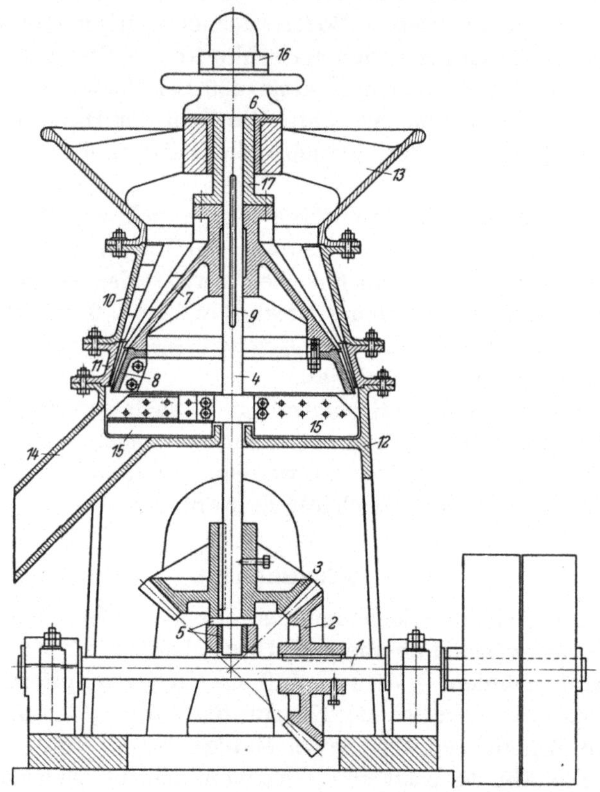

Abb. 68. Glockenmühle.

haben die oberen Leisten die größten Abstände, die mittleren geringere und die unteren die kleinsten Abstände. Die letzteren gleichen einer Riffelung. Wegen des Verschleißes werden Mahlkegel und Mahlgehäuse aus Schalenhartguß hergestellt. Da das Unterteil mit der feinen Riffelung der stärksten Abnutzung unterliegt, so ist dieses von dem Oberteil getrennt ausgeführt und kann daher für sich allein ausgewechselt werden. Zum Zwecke der Einstellung und Nachregulierung des Austrittsspaltes kann der Mahlkegel von der Überwurfmutter *16* aus mittels der mit ihm verbundenen Büchse *17* gehoben oder gesenkt werden.

Die Glockenmühle kann auch von oben her angetrieben werden. Zur Erleichterung der Beschickung baut man mitunter das gesamte Mühlengehäuse in die Arbeitsbühne ein, hängt dagegen den Antrieb, d. h. Riemenscheiben- und Kegelradvorgelege, an der Decke auf. Von dort führt nur noch die senkrechte Mühlenwelle nach unten, so daß der Raum über der Mühle weitgehend frei gehalten ist. Beim Antrieb von oben erfolgt die Höhenverstellung des Mahlkegels meist in der Weise, daß von unten aus das Gehäuse des Spurlagers der Mühlenachse mittels Spindeln und Handrädern gehoben oder gesenkt wird. Zweckmäßig erhält der Antrieb eine Bruchsicherung gegen Überlastungen oder Eindringen von Fremdkörpern.

Bei einer Bauweise mit Antrieb von unten ist das Mühlengehäuse samt dem oberen Lagergehäuse aufklappbar vorgesehen. Es hat zu diesem Zweck auf einer Seite senkrechte Scharniere, so daß die zwei Gehäusehälften wie Türen eines Schrankes leicht aufgeklappt werden können. Man kann so die abgenutzten Teile bequem auswechseln, die Riffeln nachsehen und reinigen, etwa dazwischen geratene Eisenteile entfernen usw. Auf der den Scharnieren gegenüberliegenden Seite wird das Gehäuse zusammengeschraubt.

Anwendungsgebiet. Wegen ihrer abscherenden Arbeitsweise dürfen die Glockenmühlen nur zum Schroten weicher bis mittelharter trockener Stoffe verwendet werden, wie Steinsalz, Sulfat, Alaun, Gips, trockener Ton, Schwerspat, Bauxit, Ziegelbrocken, Kreide, Chamotte, Schwefel, Talkum, Düngesalze, gedämpfte Knochen u. dgl. Die Glockenmühle zeichnet sich durch eine sehr weitgehende Zerkleinerung in einem Arbeitsgang bei guter Leistung aus. Z. B. können Stücke von 60 bis 80 mm Größe in einem Durchgang auf etwa 3 mm Feinheit zerkleinert werden. Je nach Größe der Mühle nimmt diese Stücke von Faust- bis Kopfgröße auf. Das Erzeugnis enthält einen nur geringen Mehlanteil. Bei enger Spalteinstellung besteht das Mahlprodukt aus Körnern von etwa Erbsengröße, vermischt mit etwas Grieß und Mehl. In der Kali-Industrie werden Glockenmühlen speziell als Zwischenglied zwischen Vorbrechern und Feinmahlvorrichtungen benutzt.

In der Tab. 10 sind die gängigen Mühlengrößen usw. angegeben.

Tabelle 10. *Glockenmühlen.*

Größter Durchmesser des Mahlkegels .	mm	400	630	1000	1250
Ungefähres Gewicht	kg	950	2000	4500	7500
Leistung.		Je nach Art und Beschaffenheit des Mahlgutes			
Leistungsbedarf etwa	kW	3	4,5	7	10
Erforderlicher Motor	kW	4	6	9	13

14. Tellermühle.

Allgemeines und Bauart. Die Tellermühle ist im Arbeitsprinzip und in der Anwendungsweise sehr ähnlich der Glockenmühle. Denken wir uns die Kegel des Mahlkörpers und des Gehäuses der Glockenmühle immer flacher werdend, so daß sie schließlich in ebene Scheiben übergehen, so entsteht als Abart der Glockenmühle die Tellermühle. Der Mühlendeckel ist hierbei an der Innenseite mit einem gerippten Deckel, dem Mahlkranz versehen, unter dem sich ein auf senkrechter Welle befestigter, ebenfalls mit Rippen versehener Teller dreht. Mahlkranz und Deckel bestehen aus Schalenhartguß, sind zweiteilig und lassen sich leicht auswechseln. Die Ausführung der Rippen entspricht der bei den Glockenmühlen geschilderten Art. Die Spaltweite bzw. der Abstand zwischen Mahlkranz und Teller kann durch Heben oder Senken des Tellers verstellt werden. Meist dient hierzu ein Schneckentrieb, der von einem Handrad aus betätigt wird.

Anwendungsgebiet. Auch die Tellermühle kommt wegen der scherenden Wirkung nur für Zerkleinerung weicher bis mittelharter, trockner Stoffe in Frage, z. B. von Phosphat, gebranntem Dolomit usw. Diese Mühle nimmt Stücke bis zu doppelter Faustgröße auf und zerkleinert diese z. B. auf Haselnußgröße. Bei enger Spalteinstellung liefert sie eine Korngröße bis zu etwa 5 mm.

15. Brechschnecken und Daumenbrecher.

Allgemeines. In den Brechschnecken, auch Schraubenmühlen genannt, werden Stoffe mittels eines schraubenartigen Körpers zerkleinert, der bei horizontaler Achse innerhalb eines Troges umläuft. Eine solche Vorrichtung wurde zuerst von dem amerikanischen Mühlenbauer Olivier Evans gegen Ende des 18. Jahrhunderts entwickelt und gebaut. Seine Schraubenmühle diente vor allem zur Zerkleinerung von Gips, der s. Z. vielfach für Düngezwecke benutzt wurde. Die Brechschnecke wirkt in der Hauptsache abscherend. Dies ist in bezug auf den zerkleinerungstechnischen Wirkungsgrad zwar nicht günstig; dafür ist aber die Maschine einfach, robust und billig. Bei den Daumenbrechern ist der in dem Trog rotierende Körper mit langen, kräftigen Daumen versehen, die unten in die Lücken eines Rostes eingreifen.

Bauart. Während die Evansche Schraube nur zwei Gänge und nur einen Drehsinn des Gewindes hatte, besitzen die heute gebauten Brechschnecken meist mehrere Gänge, und der Drehsinn verläuft von der Mitte der Schnecke aus nach dem einen Ende zu rechtsgängig, nach dem anderen Ende zu linksgängig. Dadurch werden einerseits die Axialkräfte weitgehend ausgeglichen, andererseits wird eine gleichmäßigere Verteilung des Aufgabegutes erzielt. Auch die Werkstoffe sind wesentlich verbessert worden. Die Abb. 69 u. 70 zeigen eine Schraubenmühle dieser Art. Das Gewinde hat rechteckigen Querschnitt. Die Brechschnecke *1* ist auf der Welle *2* warm aufgezogen. Meist dient beim Gießen der Schnecke die Welle selbst als Kern, während die äußere Gußform ein Eisenmantel ist (Schalenhartguß). Die Welle ruht in langen, gut abgedichteten Gleitlagern *3* und *4* und wird durch die Riemenscheibe *5* angetrieben. Am anderen Wellenende befindet sich ein Schwungrad *6*. Das Gehäuse *7* ist mit Panzerplatten *8* aus Harteisen ausgekleidet. Der Boden des Brechtroges besteht aus bogenförmigen Roststäben *9* aus Stahlguß, zwischen denen das zerkleinerte Gut austritt. Die Panzerplatten und die einzelnen Roststäbe lassen sich leicht auswechseln. Der Querschnitt der Roststäbe ist sehr hoch, so daß sich diese weitgehend abnutzen können. Sie werden entsprechend dem Grad der Abnutzung durch die Spindeln *10* und *11* und die Balken *12* und *13* nachgestellt. Die Schneckendurchmesser betragen im allgemeinen 180 bis 300 mm.

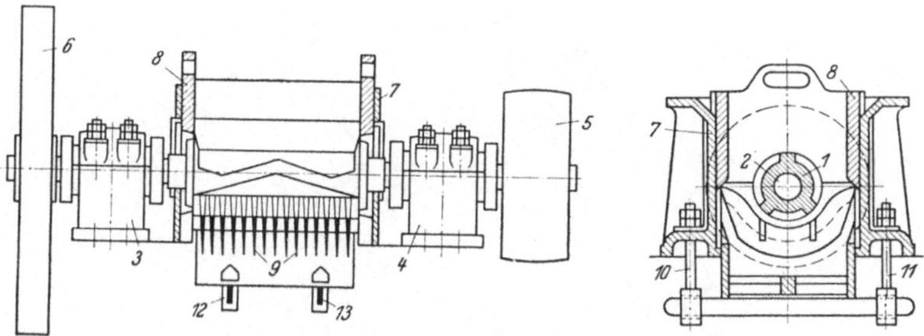

Abb. 69 u. 70. Brechschnecke.

Ähnlich den Brechschnecken sind die Daumenbrecher gebaut, bei denen die horizontale Welle innerhalb des Troges meist als Vierkant ausgebildet ist. Auf dieser Vierkantwelle werden einzelne mit langen Haken oder Daumen versehene Ringe aufgeschoben. Die Daumen schlagen nach unten zwischen den Roststäben hindurch und zerkleinern hierbei das Material.

Anwendungsgebiet. Die Brechschnecken dienen zur Zerkleinerung weicher bis mittelharter Stoffe, wie Ton, Schwerspat, Kalk, Marmor, Gips, Schlacken, Sulfat, Soda, Ziegelbrocken, Ölkuchen, Kohle, weicher Mergel usw. Sie nehmen Stücke von etwa einfacher bis doppelter Faustgröße auf und zerkleinern sie, je nach Spaltweite des Rostes, zu feineren oder gröberen, mit Grieß vermischten Körnern von etwa 6 bis 12 mm Größe. Meist wird die Schraubenmühle zum Vorzerkleinern grobstückiger Stoffe benutzt, die anschließend auf anderen Maschinen fein vermahlen werden sollen.

Der Daumenbrecher ist ebenfalls nur für höchstens mittelharte Stoffe verwendbar, die trocken sein müssen, d. h. nicht kleben oder schmieren dürfen, z. B. für Schlacken.

In der Tab. 11 sind die Hauptabmessungen der Brechschnecken aufgeführt.

Tabelle 11. *Brechschnecken.*

Durchmesser der Schnecke	mm	200	250	315
Länge des Gehäuses	mm	500	630	800
Ungefähres Gewicht	kg	1500	2500	4000
Leistung etwa	kg/h	3000	5000	7000
Leistungsbedarf	kW	3	5	7
Erforderlicher Motor	kW	4	6,5	9

16. Messerbrecher.

Allgemeines. Eine Sonderbauart von verhältnismäßig leichter Konstruktion ist der sogenannte Messerbrecher zur Zerkleinerung mürber

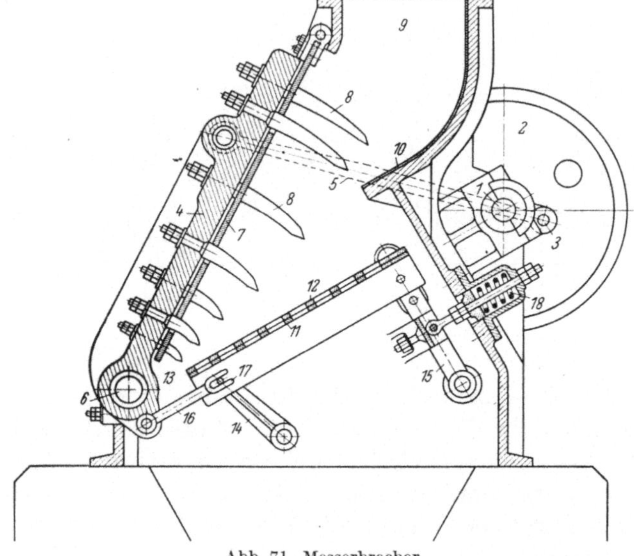

Abb. 71. Messerbrecher.

Stoffe. Er arbeitet in der Weise, daß Messer in das Brechgut eingetrieben werden, die es dabei aufspalten und zerteilen.

Bauart. In Abb. 71 ist eine solche Maschine dargestellt. Die Antriebswelle *1* trägt die Schwungscheibe *2*, an der sich die Kurbelzapfen *3* befinden. Von diesen aus wird die Backe *4* über die Pleuelstangen *5* in schwingende Bewegungen um die Achse *6* versetzt. Beim Arbeitshub der Backe sind die Pleuelstangen lediglich auf Zug beansprucht, und der Druck auf die Antriebslager wird vom Maschinenrahmen aufgenommen.

Die Backe ist durch die Verschleißplatte *7* geschützt. Die Messer *8* sind in die Backe eingelassen und mit ihr verschraubt. Oben, wo der Hub am größten ist, sind die Messer länger als unten. Das Material gelangt durch den Einlauf *9* in den Brecher, wird durch die Messer zerteilt und dabei gegen die Wand *10* und vor allem gegen den Rost *11* mit dem Verschleißsieb *12* gedrückt. Das genügend Zerkleinerte fällt durch den Rost oder durch den Auslauf *13*. Der Rost ist beweglich an den Lenkern *14* und *15* gelagert und wird zur Unterstützung des Zerkleinerungsvorganges sowie zur Beschleunigung der Absiebung durch die Stange *16* mit der Gabel *17* stoßweise in Rüttelbewegung versetzt. Die Feder *18* bewirkt die Rückbewegung des Rostes bis zu einem gehäusefesten Anschlag.

Anwendungsgebiet. Der Messerbrecher kommt nur für die Zerkleinerung brüchiger, mürber Stoffe in Frage. Bei der Zerteilung durch die Messer entsteht ein stückiges Produkt, das nur verhältnismäßig geringe Beimengungen von klarem Material enthält.

17. Mahlgänge.

Allgemeines. Mahlgänge zählen zu den ältesten Zerkleinerungsmaschinen. Ihr Arbeitsprinzip beruht darauf, ein vorzerkleinertes Material zwischen den sich dicht gegenüberstehenden ebenen Flächen zweier Scheiben zu feinem Mehl zu zerreiben wobei die eine Scheibe umläuft, die andere stillsteht. Die Zerkleinerung erfolgt also zum Teil durch Reiben unter Druck, zum Teil auch durch Scherung, letztere an den Hauschlägen. Der Wirkungsgrad dieser Zerkleinerungsart ist sehr gering und der Leistungsbedarf dementsprechend relativ hoch. Vor mehreren Jahrzehnten spielte der Mahlgang noch eine vorherrschende Rolle in der Hartzerkleinerung, z. B. auch in der Zement-Industrie. Heute ist er weitgehend durch neuere Maschinen verdrängt worden, die höhere Leistung, bessere Wirtschaftlichkeit usw. haben.

Bauarten. Man kann allgemein drei Bauarten von Mahlgängen unterscheiden:

1. Oberläufer oder oberläufige Mahlgänge mit waagerecht liegenden Steinen, also mit senkrechter Mühlenwelle bei umlaufendem oberen Mahlstein. Diese Art wird besonders für Naßmahlung benutzt.

2. Unterläufer oder unterläufige Mahlgänge mit waagerecht liegenden Steinen, wobei sich aber der untere Mahlstein dreht. Für Trockenmahlung eignet sich diese Type besser als der Oberläufer, da das trockene Mahlgut bei Drehung der unteren Scheibe leichter eingezogen wird.

3. Mahlgänge mit senkrecht stehenden Steinen, d. h. waagerechter Mühlenwelle. Diese Bauart entstand wesentlich später als die Mahlgänge mit waagerechten Steinen.

Das Material der Mahlsteine für die Hartmüllerei ist in erster Linie Quarzstein der sogenannten Süßwasserbildung. Große Steine werden aus mehreren Stücken zusammengesetzt, miteinander verkittet und durch schmiedeeiserne Reifen zusammengehalten. Steine aus Kalkstein, Porphyr, Basalt, Sandstein u. dgl. kommen mehr für die Weichmüllerei, z. B. Getreidemüllerei in Frage. Für manche Zwecke, z. B. Naßmahlung von Erzen werden auch Metallscheiben an Stelle von Steinen angewendet (grinding pans). Zur Naßmahlung von Farben findet man mitunter auch Scheiben aus Hartporzellan. Schließlich gibt es Mahlsteine aus sehr hartem Kunststein.

Damit die Steine gut mahlen, ist es erforderlich, sie mit Furchen, den sogenannten Hauschlägen von etwa 5 bis 6 mm Tiefe zu versehen. Entsprechend der Abnutzung der Steine müssen diese Hauschläge von Zeit zu Zeit nachgearbeitet werden, was man als Schärfen der Steine bezeichnet. Das Schärfen verursacht eine unliebsame Betriebsunterbrechung bei Mahlgängen. Es sind verschiedene Formen von Hauschlägen entwickelt worden, die teilweise auch vom Verwendungszweck des Mahlganges abhängen. Für die Hartmüllerei hat sich besonders die amerikanische, geradlinige Furche eingeführt. Gemäß Abb. 72 wird diese folgendermaßen hergestellt: Man teilt den Umfang des Steines in zwölf gleiche Teile ein. Von jedem Teilpunkt wird an den Kreis *1*, den man Zugkreis nennt, eine Tangente *2* gezogen, wodurch die Richtungen der Hauptfurchen *3* gegeben sind. Parallel zu jeder Hauptfurche werden dann noch zwei Nebenfurchen *4* und *5* geschlagen. Ruhender und umlaufender Stein erhalten genau die gleiche Ausführung der Hauschläge, so daß beim Aufeinanderlegen der mahlenden Flächen von oben gesehen die Furchen der zwei Steine zueinander symmetrisch liegen. In der Skizze sind eine Haupt- und zwei Nebenfurchen des aufliegenden Gegensteines strichpunktiert angedeutet. Man erkennt, daß sich die Furchen der zwei Steine unter gewissen Winkeln β kreuzen. Die im Kreuzungspunkt befindlichen Mahlgutteilchen unterliegen einerseits einer Scherkraft, andererseits einer austreibenden Kraft. Das Verhältnis dieser zwei Kräfte zueinander hängt von der Größe des Kreuzungswinkels bzw. von der Lage und Form der Hauschläge ab. Hierüber Berechnungen anzustellen hat wenig Zweck. Über die günstigste Ausbildung der Hauschläge entscheidet am besten die praktische Erprobung. Wie bereits erwähnt, hat sich vorstehend geschilderte amerikanische Form für Hartmüllerei gut bewährt. In der Getreidemüllerei erhalten die Furchen zuweilen die Form logarithmischer Spiralen, wobei die Kreuzungswinkel

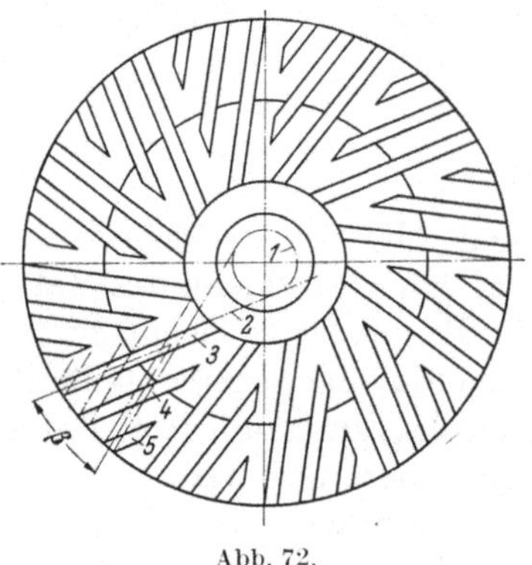

Abb. 72.

von innen nach außen zu konstant bleiben. Bei anderen Formen der Hauschläge sind die Winkel variabel. Geradlinige Furchen ergeben von innen nach außen zu abnehmende Kreuzungswinkel.

Abb. 73 zeigt einen Oberläufer. Der Maschinenrahmen besteht aus drei eisernen Säulen *1* oder auch aus einem Gußrahmen (Hohlgußständer). Die Säulen tragen den trogförmigen Körper *2*, das sogenannte Steinbett, und sind unten durch die Grundplatte *3* miteinander verbunden. Der untere, ruhende Mahlstein *4*, der Bodenstein, ist in die gußeiserne Schale *5* eingesetzt, diese wiederum in das Steinbett *2*. Letz-

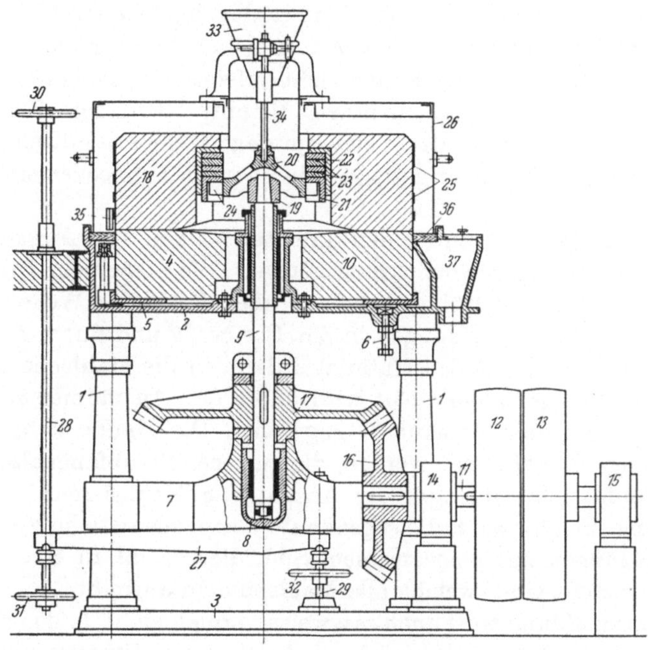

Abb. 73. Oberläufer-Mahlgang.

teres ist mit dem Mühlenboden verbunden. Der Bodenstein kann mittels starker Schrauben *6* eingestellt werden. Eine zwischen den Säulen befindliche Traverse *7* trägt das Gehäuse *8* des unteren Spur- und Halslagers der Mühlenwelle *9*. Das obere Halslager *10* ist in das Steinbett eingesetzt und gut gegen Eindringen von Schmutz geschützt. Bei manchen Konstruktionen ist das Spiel dieses Lagers nachstellbar. Der Antrieb erfolgt von der Welle *11*, welche die Fest- und Losscheibe *12* und *13* trägt und in den Lagern *14* und *15* ruht, über die Kegelräder *16* und *17* auf die Mühlenwelle. Der obere, umlaufende Mahlstein *18*, der Läuferstein, wird von der Mühlenwelle durch ein kardanartiges Gelenk, bestehend aus dem Treibstück *19* und der Haube *20* über die Einsatzstücke *21, 22, 23* mitgenommen. Die ringförmigen Stücke *23* können entsprechend der Abnutzung des Läufersteines herausgenommen werden. Die Ausnehmungen für die Mitnehmerzapfen *24* sind nach unten offen. Das Gelenk erlaubt ein vorübergehendes Abheben oder Schrägstellen des Läufersteines beim Eindringen zu harter Körper in die Mühle und läßt andererseits zu, daß sich der Läuferstein selbsttätig wieder waagerecht stellt. Der Läufer ist durch die schmiedeeisernen Ringe *25* zusammengehalten und von der staubdichten Haube *26* abgedeckt. Die Höheneinstellung des Läufersteines erfolgt über den Hebel *27* mittels der Spindeln *28* und *29* und der Handräder *30, 31* oder *32*, d. h. entweder vom Mühlenboden oder von unten aus. Wenn kein Mahlgut in der Mühle ist, so reiben die Steine nicht aufeinander, sondern es besteht ein minimales Spiel zwischen ihnen. Mitunter wird zum Zwecke der Höhenverstellung das Gehäuse des Spurlagers auch unmittelbar durch eine Spindel gehoben oder gesenkt, die über ein Schneckengetriebe angetrieben wird.

Das Material tritt durch den Trichter *33* ein. Die Aufgabemenge wird durch eine Speisevorrichtung geregelt, die aus einem Rüttelwerk besteht, das von der Mühlenwelle aus über die kleine Welle *34* angetrieben wird. Durch Öffnungen in der Haube *20* und durch die Augen der Mahlsteine gelangt das Material sodann in die Mahlzone zwischen die Steine. Das gemahlene Gut wird durch den Ausräumer *35* auf der Ringscheibe *36* dem Auslauf *37* zugeführt. Die Haube kann an eine Saugleitung angeschlossen werden, die zu einer Staubfanganlage führt.

Oft findet man eine größere Anzahl von Mahlgängen in Reihenaufstellung. Es gibt auch die sogenannte Gruppenaufstellung von meist vier Mahlgängen mit gemeinsamem Silo, die zentral zu einer Königswelle aufgestellt sind, welche alle Mahlspindeln antreibt.

Bei Naßmahlung wird auch satzweise vermahlen, d. h. das mit Wasser vermengte Gut wird erst dann durch einen Stutzen abgelassen, wenn ausreichende Feinheit erzielt ist. Meist besteht hierbei der umlaufende obere Stein aus zwei Teilen, zwischen denen sich ein Kanal befindet. Durch diesen kann das bereits gemahlene Gut immer wieder nach dem Mahlsteinauge zurückfließen und erneut in die Mahlbahn gelangen. Beim Oberläufer ist das Spurlager der Mühlenwelle nur im Leerlauf durch das Gewicht des Läufersteines belastet. Während des Mahlens übt dieses Gewicht den Mahldruck aus, und das Spurlager wird dann nur noch wenig beansprucht. Dies ist ein Vorteil des Oberläufers. Nachteilig hierbei aber ist, daß der Läuferstein bei stärkerer Abnutzung wieder künstlich beschwert werden muß, z. B. durch Aufgießen von Zementmörtel.

Beim Unterläufer muß das Spurlager stets das volle Gewicht des

Läufersteines und außerdem noch den Mahldruck aufnehmen. Dieses Lager ist hier also besonders kräftig auszubilden, um die Gefahr des Heißlaufens zu vermeiden. Wie weiter oben bereits ausgeführt sind beim Unterläufer für Trockenmahlung die Einzugsverhältnisse günstiger. Das die Mahlsteine umgebende Gehäuse ist beim Unterläufer meist in horizontaler Ebene geteilt. Das Oberteil enthält hierbei den ruhenden Mahlstein und kann sich vom Unterteil gegen die Vorspannung von Kegelfedern (welche die Verbindungsbolzen umgeben) etwas abheben, falls zu feste Stoffe zwischen die Mahlscheiben gelangen.

Bei Mahlgängen mit künstlichen Steinen von sehr großer Härte, die insbesondere Schmirgel und ähnliche Stoffe enthalten, wird meist die künstliche Steinmasse in einen eisernen Teller eingegossen und kann auf diese Weise auch leicht erneuert werden. Ein ausgesprochenes Schär-

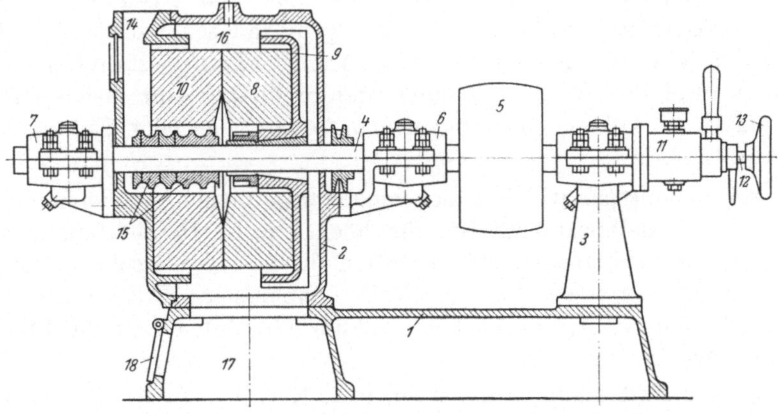

Abb. 74. Vertikal-Mahlgang.

fen ist bei der großen Härte dieser Steine nicht erforderlich. Man braucht nur die Furchen von Zeit zu Zeit etwas nachzuhauen und gegebenenfalls Unebenheiten der Mahlbahn glattzuschleifen. Da diese Scheiben viel dünner sind als die Mahlsteine aus Naturstein, ist auch nur ein leichter Maschinenrahmen und ein verhältnismäßig leichter Unterbau erforderlich.

Abb. 74 stellt einen Mahlgang neuerer Bauart dar mit senkrecht stehenden Mahlsteinen. Der Grundrahmen *1* trägt auf der einen Seite das Gehäuse *2*, in dem die Mahlsteine untergebracht sind, und auf der anderen Seite ein Lager *3* der Mühlenwelle *4*, die von der Riemenscheibe *5* angetrieben wird. Zwei weitere Lager *6* und *7* sind seitlich am Gehäuse *2* angeschraubt. Der umlaufende Mahlstein *8* befindet sich innerhalb der Topfscheibe *9*, die mittels einer konischen Klemmverbindung, ähnlich wie bei Spannhülsenlagern, auf der Mühlenwelle verspannt ist. Der feste Mahlstein *10* ist am Gehäuse *2* befestigt. Das Stützlager zur Aufnahme des Mahldruckes ist ein Längskugellager innerhalb des Topfes *11*, der auch die Lagerung der Spindel *12* enthält, mit der vom Handrad *13* aus der Feinheitsgrad der Mühle, auch während des Betriebes, eingestellt werden kann. Außerdem ist in diesem Topf eine die Welle umgebende kräftige Spiralfeder enthalten, durch deren Wirkung die Mahlsteine stets auseinander gehalten werden, so daß sie im Leerlauf nicht aufeinander schlagen können. Das Material tritt bei *14* in die Mühle ein und wird durch die Schneckenkörper *15* nach der Mahlbahn gebracht. Vom Ringraum *16* gelangt das gemahlene Gut in den Raum *17* des Grundrahmens, von wo es durch die Klappe *18* entnommen oder nach unten abgeführt werden kann. Dieser Mahlgang kann sowohl mit natürlichen als auch mit künstlichen Steinen ausgerüstet werden. Bei Verwendung der letzteren ist es möglich, die Maschine verhältnismäßig lange Zeit ohne Ausbauen und Nachschleifen der Scheiben arbeiten zu lassen. Der Mahlgang mit senkrechten Scheiben hat den Vorteil einfacher Bauweise, ruhigen Laufes, staubfreien Betriebes und der Erzeugung eines Mahlproduktes sehr gleichmäßiger Feinheit, so daß man im allgemeinen keine Siebe oder Sichter dazu braucht.

Anwendungsgebiet. Die Trockenmahlgänge dienen zur Feinmahlung harter und halbharter Stoffe, die höchstens in Haselnußgröße aufgegeben werden dürfen, erforderlichenfalls also entsprechend vorzerkleinert werden müssen. Solche Stoffe können sein: Kalkstein, Kainit, Gips, Kreide, Phosphat, Farben, Talkum, Graphit, chemische Erzeugnisse usw.

In den Naßmahlgängen werden u. a. Emaille, Glasur, Farben und ähnliche Stoffe zu hoher Feinheit vermahlen.

In der Getreidemüllerei haben die Mahlgänge heute noch eine große Bedeutung.

Die Mahlgänge nach Abb. 73 werden für Mahlsteine von 800 bis 1500 mm Durchmesser und 250 bis 400 mm Stärke, die Vertikalmahlgänge nach Abb. 74 für Mahlsteine von 300 bis 600 mm Durchmesser gebaut. Leistung und Arbeitsbedarf sind je nach Art des zu mahlenden Gutes und der gewünschten Feinheit ganz außerordentlichen Schwankungen unterlegen. Der Leistungsbedarf liegt bei den Horizontalmahlgängen zwischen 4 bis 15 kW und bei den Vertikalmahlgängen zwischen 2 bis 10 kW. Die Feinmahlung kann bis auf Mahlfeinheit von etwa 20% auf 4900 Maschen/cm^2 erfolgen bei einem spezifischen Arbeitsbedarf bei beispielsweiser Vermahlung von Kalkstein von etwa 10 bis 15 kW/t. Bei gröberer Mahlung sinkt der spezifische Arbeitsbedarf entsprechend.

18. Ringmühle.

Allgemeines. Bei der Ringmühle rollen zwei Mahlwalzen unter Federdruck auf dem inneren Mantel eines senkrecht stehenden und von der dritten Mahlwalze angetriebenen Mahlringes, wobei das Aufgabegut zwischen Walzen und Ring zerkleinert wird. Da nur eine Walze angetrieben ist, kommt außer der hauptsächlich vorhandenen rollenden Bewegung noch infolge von Schlupf eine zusätzliche Reibbewegung zustande, welche die Mahlwirkung erhöht. Die Ringmühle kam zuerst unter dem Namen „Kentmühle" in den Vereinigten Staaten von Amerika zur Ausführung.

Bauart. Abb. 75 zeigt eine Ringmühle. Die obere Mahlwalze *1* ist fest in dem staubdichten Gehäuse *2* gelagert. Die Lager haben Kugelschalen und Ringschmierung. Die Mahlwalze *1* trägt den Mahlring *3*, der eine freie Beweglichkeit gegenüber dem Gehäuse hat. Die Mahlringe *4* und *5* haben ihre Lager an den Enden der Schwinghebel *6* und *7*, deren Achsen *8* und *9* am Gehäuse gelagert sind. Unter dem Einfluß der Federn *10* und *11*, deren Vorspannung verstellbar ist, werden die drei Walzen kräftig gegen den Mahlring gepreßt. Diese federnde Anpressung schützt die Mühle zugleich vor Beschädigungen beim Eindringen von sehr harten Teilen oder Eisenstücken, da die Walzen und der Ring ausweichen können. Das Material wird von beiden Seiten durch die Trichter *12* zugeführt, die am unteren Ende gebogen sind und innerhalb des Mahlringes über der Walze *5* münden. Nach oben schließt an die Trichter ein Hosenrohr an. Das Mahlgut hält sich durch die Zentrifugalwirkung auf der Mahlbahn und wird nach etwa einer Umdrehung durch die Rückwand der Einlaufschurre abgeschoben, worauf es herabfällt und die Mühle am Auslauf *13* verläßt. Die obere, gehäusefest gelagerte Walze *1* wird durch die Riemenscheibe *14* angetrieben. Der Ring und die zwei anderen Walzen werden durch den Reibungsdruck mitgenommen. Das Maschinengehäuse ist staubdicht. Die Mahlwalzen haben einen besonderen Mantel, der ähnlich wie bei den Walzenmühlen aufgespannt wird. Sowohl diese Walzenmäntel als auch der Mahlring bestehen aus Hartstahl oder aus Schalenhartguß. Die Mahlfläche der

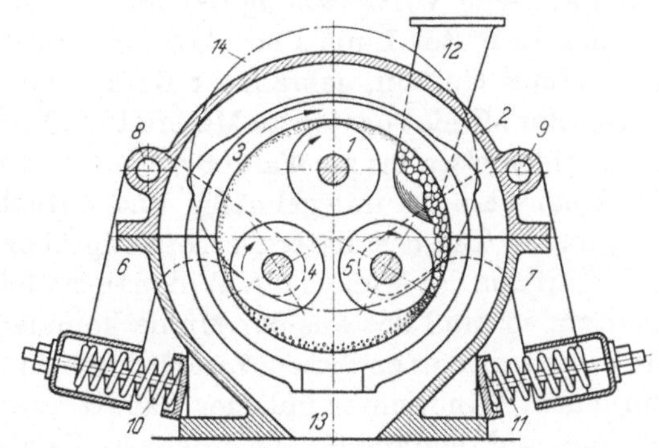

Abb. 75. Ringmühle.

Walzen ist nach außen, die des Ringes nach innen, d. h. konkav gewölbt. Infolge der Federung der Walzen arbeitet die Ringmühle verhältnismäßig weich und stoßfrei, so daß meist kein besonderes Fundament erforderlich ist. Die Abnutzung der mahlenden Teile ist gering. Die Mahlwalzen können seitlich herausgenommen werden, ohne die Schwinghebel zu entfernen, ebenso ist der Mahlring auswechselbar, ohne Hosenrohr und Speisevorrichtung abzubauen. Im allgemeinen wird unmittelbar auf die Hosenschurre eine Speisevorrichtung aufgesetzt, die von der Antriebsscheibe der Mühle über ein Zahnrad- oder Kurbelgetriebe angetrieben wird.

Anwendungsgebiet. Die Ringmühle dient zur Zerkleinerung weicher bis mittelharter, seltener auch harter Stoffe. Ein geringer Feuchtigkeitsgehalt ist zulässig, was sich in manchen Fällen vorteilhaft auswirkt, indem auf eine Vortrocknung verzichtet werden kann. Als Aufgabegut kommen in erster Linie Phosphate in Frage, ferner Kalkstein, Quarz und anderes Gestein, gebrannter Kalk, Gips, Erze, Ton, Kohle u. dgl.

Das der Mühle zugeführte Material muß kleinstückig sein, bei großen Ringmühlen etwa bis zu Walnußgröße (etwa 30 mm). Das Mahlprodukt der Ringmühle ist unregelmäßig und enthält noch grießige Bestandteile, da ein Teil des Materials vorzeitig über den Rand des Mahlringes und somit aus der Mühle fällt. Will man ein fein gemahlenes Endprodukt erhalten, so muß das aus der Mühle kommende Gut gesichtet werden. Am besten wird es zu diesem Zweck durch ein Becherwerk hochgefördert und einem Windsichter üblicher Bauart aufgegeben, der das Feine abscheidet, während die Grieße erneut in die Mühle zurückfließen.

In der Tab. 12 sind die Angaben über eine Ringmühle üblicher Bauart enthalten.

Tabelle 12. *Ringmühle.*

Durchmesser des Mahlringes	mm	1000
Breite des Mahlringes	mm	200
Umdrehungen der Antriebswalze	U/min	200
Ungefähres Gewicht der Mühle	kg	6000
Leistung der Mühle mit Windsichtung je nach Art und Feinheit des Mahlgutes	t/h	2—6
Leistungsbedarf der Mühle etwa	kW	20—25
Erforderlicher Motor	kW	30

19. Kollergänge.

Allgemeines. Die Kollergänge zählen zu den ältesten Maschinen, die zur Zerkleinerung von Gestein, Erzen und ähnlichen Stoffen verwendet wurden. Sie waren früher sehr weit verbreitet, sind im Laufe der Zeit aber zum großen Teil durch andere Zerkleinerungsmaschinen ersetzt worden. Trotzdem sind sie für besondere Fälle auch heute noch unentbehrlich. Beim Kollergang wird das Material unter schweren Walzen, den Läufern zerkleinert, die mit horizontaler Achse unter dem Druck ihres Gewichtes auf einer in horizontaler Ebene feststehenden oder sich drehenden Scheibe, der Mahlbahn, rollen.

Bauarten. Man unterscheidet grundsätzlich zwei Arten von Kollergängen, und zwar:

1. Solche, bei denen die Achsen der Läufer um die Achse einer Königswelle kreisen und die Mahlbahn stillsteht,

2. solche, bei denen die Läufer nicht kreisen, sondern sich nur um eine im wesentlichen stillstehende Achse drehen, während die Mahlbahn unter ihnen um die Königsachse rotiert.

Bei der Bauart nach 1. sind die Läuferachsen mit Schleppkurbeln an der Königswelle gelagert und können sich unabhängig voneinander heben und senken. Hierdurch wird ein Schrägstellen der Läufer gegen die Mahlbahn vermieden.

Die Bauart nach 2. ist die neuere und vorteilhaftere. Bei ihr üben die schweren Läufer keine Zentrifugalkräfte um die Königsachse aus, auch lassen sich die Läuferwellen einfach lagern, ferner kann das Mahlgut leichter zugeführt und das Mahlprodukt besser abgeführt werden.

Die Läufer führen in jedem der zwei Fälle nur in der Mitte ihrer Bahn eine rein rollende Bewegung aus, dagegen haben sie nach ihren Rändern hin eine zunehmend reibende Wirkung gegenüber der Mahlbahn. Die dadurch bedingte Reibungsarbeit ist nicht allein Verlustarbeit, sondern sie verstärkt den Schrot- und Mahlvorgang, so daß das Erzeugnis auch einen wesentlichen Anteil an Mehl erhält.

Die Abb. 76 stellt einen Kollergang der meist üblichen Bauart dar. Der Rahmen besteht aus zwei starken, hohl gegossenen Ständern *1* und *2*, die durch Querträger *3* und *4* miteinander verbunden sind. Diese tragen das obere Halslager *5* und das untere Hals- und Spurlager *6* der Königswelle *7*, die im vorliegenden Fall von oben durch Riementrieb über die Welle *8* und die Kegelräder *9* und *10* angetrieben wird. Bei anderen Bauarten findet man auch den Antrieb der Köniswelle von unten her. Der Antrieb von oben ist aber leichter zugänglich und erlaubt auch eine bequemere Bedienung des Spurlagers der Königswelle. Der Rahmen wird zuweilen vollständig aus Profileisen hergestellt. Vor und hinter den Ständern ist an diesen je eine feststehende Welle *11* und *12* angebracht. Auf diesen Wellen sind die Schwinghebel *13, 14, 15* und *16* gelagert und durch Stellringe und Büchsen gegen axiales Verschieben gesichert. Die anderen Enden der Schwinghebel tragen die Wellen *17* der gußeisernen Läufer *18* und *19*. Diese sind mit langen, gegen Eindringen von Staub geschützten Rotgußbüchsen versehen, die gute Ölung erhalten. Die Hartstahl- oder Hartgußmäntel *20* und *21* der Läufer sind gegen diese mit Hakenschrauben verspannt und können leicht ausgewechselt werden. Manchmal dienen auch Hartholzkeile zur

Befestigung der Mäntel auf den Läuferkörpern. Die Schwinghebel sind auf den Wellen *11* und *12* so montiert, daß sie entsprechend dem Drehsinn der Mahlbahn immer nur auf Zug beansprucht werden. Die Königswelle trägt die mit ihr umlaufende Drehscheibe *22*. In diese ist die Mahlbahn eingesetzt, die aus einzelnen Segmenten *23* aus Hartguß, z. B. Chromstahlguß oder Hartstahl besteht. An der Außenseite der Mahlbahn trägt die Drehscheibe einen Siebring *24*, durch dessen Lochung

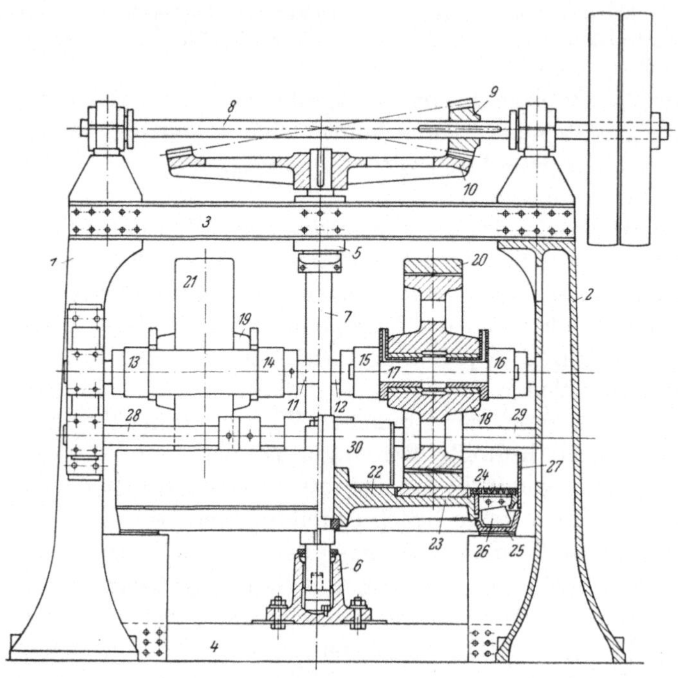

Abb. 76. Kollergang.

das genügend zerkleinerte Material austritt und in die feststehende ringförmige Rinne *25* fällt. Ein Ausstreicher *26* schiebt das Mahlprodukt nach der an einer geeigneten Stelle angebrachten Ausfallöffnung. Die Drehscheibe hat einen hohen Rand *27*, der das Herausschleudern des Materials über den Siebring hinaus verhindert. Die Stangen *28* und *29* tragen eine Scharrvorrichtung *30*, die das aufgegebene Material unter die Läufer, das gemahlene Gut auf den Siebring und den Siebrückstand wieder auf die Mahlbahn leitet. Das Material kann durch einen Trichter aufgegeben werden.

In der Bauart der Kollergänge mit sich drehender Mahlbahn, wie vorstehend beschrieben, haben sich im Laufe der Entwicklung eine ganze Reihe von Abarten herausgebildet. So sind beispielsweise auch die Läufer, entgegen der Abb. 76, auf einer gemeinsamen Welle gelagert worden, die in der Mitte um die Königswelle herumgreift und deren Enden mit gußeisernen Schuhen in vertikalen Führungen der Ständer gleiten. Diese Ausführung ist nicht so günstig, weil sich die Welle bei ungleichmäßiger Beschickung der Mahlbahn etwas schief stellt, während bei der Lagerung an Schwinghebeln die Läuferachsen immer nur parallel zu sich selbst und zur Mahlbahn ausweichen können.

Sodann gibt es Ausführungen, bei denen die Läufer um einen sehr kleinen Betrag über der Mahlbahn gehalten, also beim Leerlauf noch nicht mitgenommen werden. In diesem Fall hat das Endprodukt weniger Mehl- und mehr Grießanteil, weil eine bestimmte Spaltweite eingestellt ist. – Bei stark staubenden Stoffen wird der Kollergang mit einer Blechhaube abgedeckt.

Ferner sind Vierläuferkollergänge mit abgestufter Mahlbahn gebaut worden, wobei zwei Läufer auf der inneren Bahn die Vorzerkleinerung, die zwei anderen auf der äußeren, etwas tiefer liegenden Bahn die weitere Zerkleinerung bewirken.

Beim sogenannten Differentialkollergang kreisen sowohl die Läufer als auch die Mahlbahn, und zwar im entgegengesetzten Sinne so, daß entweder jede der beiden Einrichtungen nur die halbe der sonst üblichen Drehzahl erhalten braucht oder daß bei Anwendung der normalen Drehzahl eine doppelt so hohe Relativgeschwindigkeit zwischen Läufern und Mahlbahn erreicht wird.

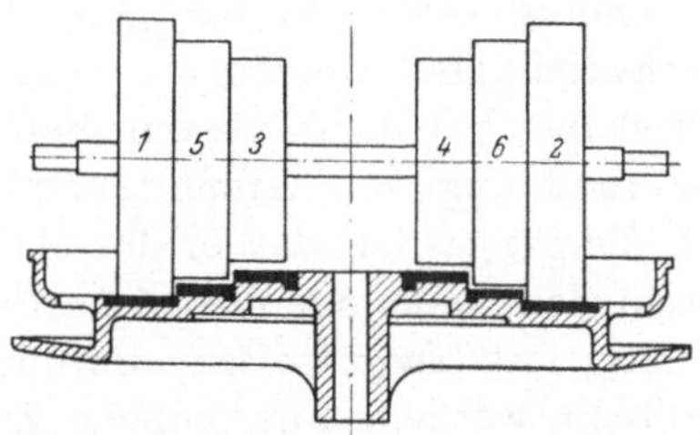

Abb. 77. Stufenkollergang.

Eine besondere Bauart ist der Stufenkollergang, dessen Arbeitsweise aus der Skizze, Abb. 77, hervorgeht. Er besitzt sechs Läufer, von denen je drei fest miteinander verbunden sind, und eine rotierende Drehscheibe mit drei gegeneinander abgestuften Mahlbahnen. Nur die äußeren Läuferstufen *1* und *2*, die den größten Durchmesser haben, laufen unmittelbar auf der Mahlbahn. Die übrigen Läufer *3*, *4*, *5* und *6* haben Abstände gegenüber der inneren bzw. mittleren Mahlbahn, deren lichtes Maß beim Läufer *3* am größten, bei *4* etwas kleiner, bei *5* noch kleiner und beim Läufer *6* am kleinsten ist. Diesem Kollergang kann insbesondere unreiner Ton, der Kalkstein, harte Knollen usw. enthält, aufgegeben werden. Solches Material wird dann zerkleinert und außerdem gleichmäßig verteilt und gemischt. Die Wirksamkeit des Zerkleinerungsvorganges ist dadurch gesteigert, daß diejenigen Läuferstufen, welche Spiel haben, auch eine Differentialgeschwindigkeit gegenüber der Mahlbahn aufweisen. Die Spaltweite kann 0 bis 30 mm betragen.

Anwendungsgebiet. Der Kollergang ist in erster Linie zum Schroten geeignet. Man zerkleinert mit ihm sehr viele Arten von Stoffen, z. B. Steine, Erden, insbesondere Kalkstein, Ziegelbrocken, Zementklinker, Quarz, Spate, Granit, Porphyr, Steinkohle, Gips, teilweise auch Erze; ferner Drogen, Chemikalien, Farben usw. Im Naßverfahren dient der Kollergang in erster Linie zur Verarbeitung von Ton oder Lehm. – Die Aufgabestückgröße hängt von der Beschaffenheit des Materials und der Größe der Mühle ab. Im Mittel ist es etwa Faustgröße.

Infolge der nicht nur drückenden, sondern auch reibenden Wirkung der Läufer erzeugt der Kollergang ein stark mehlhaltiges Schrot, so daß er dort am Platze ist, wo ein solches Produkt gewünscht wird, z. B. in Fällen, wo das Produkt anschließend auf einer anderen Mühle fein vermahlen werden soll. Eine Feinmahlung mit dem Kollergang selbst wäre nicht wirtschaftlich, da seine Leistung für diesen Zweck zu gering ist. Der Kollergang ist auch dort nicht geeignet, wo ein möglichst mehlfreies Schrot oder Grieß gefordert wird. Hierzu ist die Anwendung einer Walzenmühle mit Glattwalzen gleicher Umfangsgeschwindigkeit unbedingt vorzuziehen. Die vom Kollergang erzeugten Teilchen haben im allgemeinen eine Plättchenform, was z. B. bei der Vermahlung von Graphit erwünscht ist. Ein besonderer Vorteil des Kollerganges ist, daß er das Material auch mischt. Man kann also verschiedene oder uneinheitliche Stoffe aufgeben, z. B. fetten Ton gleichzeitig mit Magerstoffen, die dann gemeinsam verarbeitet und gut gemischt werden. Für manche Zwecke spielt das Mischen die größere, das Zerkleinern die geringere Rolle, so z. B. bei der Bereitung von Mörtel, Formsand u. dgl.

Zur Verarbeitung von Stoffen, die keine Eisenspuren enthalten dürfen, die normalerweise durch den Verschleiß entstehen, werden die Läufer und die Mahlbahn aus Stein, z. B. Granit, Quarz oder Marmor, hergestellt. Dies gilt für Vermahlung von Kaolin, Emaille, verschiedenen Drogen, Farben u. dgl.

Der Kollergang eignet sich auch für Naßvermahlung des Materials. Beim Naßkollergang ist ein Teil der Mahlplatte – meist entsprechend etwa einem Drittel des Umfanges – gelocht, wobei die Lochung rund, oval, quadratisch oder zweckmäßig auch schlitzförmig sein kann. Die Löcher sind nach unten zu konisch erweitert. Oft haben beim Naßkollergang auch die zwei Läufer verschiedene Breite und verschiedenen Abstand von der Königswelle derart, daß der innere, breitere Läufer auf einer vollen Mahlbahn vorzerkleinert, der äußere schmalere Läufer auf einer Bahn mit rostartigen Platten nachmahlt und das Material durch den Rost drückt. Bei dem oben genannten Vierläuferkollergang ist dementsprechend bei Naßverarbeitung die innere Mahlbahn voll, die äußere Mahlbahn gelocht.

In der Tab. 13 sind die hauptsächlichsten Angaben über die Trocken- und Naßkollergänge nach Abb. 76 enthalten.

Tabelle 13. *Trocken- und Naßkollergänge.*

Durchmesser der Läufer . . . . . . mm	1000	1250	1600	2000
Breite der Läufer . . . . mm	300	350	400	500
Umläufe der Mahlbahn . . . . . U/min	22	20	18	16
Ungefähres Gewicht der Maschine . kg	10000	16000	25000	40000
Ungefähre Leistung beim Schroten mittelharten Gutes . . . . kg/h	1000	1500	2500	3500
Ungefährer Leistungsbedarf . . . . . kW	6	9	15	20
Erforderlicher Motor . . . . kW	8	12	18	25

20. Fliehkraftmühlen.

Allgemeines. Als Fliehkraftmühlen werden diejenigen Mühlen bezeichnet, bei denen die Fliehkraft von Walzen oder Kugeln, die auf einer kreisförmigen Bahn umlaufen, zur Zerkleinerung ausgenutzt wird. Bei Fliehkraftmühlen mit Walzen sind die letzteren pendelnd aufgehängt, und man bezeichnet diese deshalb auch ganz allgemein mit „Pendelmühlen", während die andere Gruppe den Namen „Fliehkraft-Kugelmühlen" trägt. Die erste Pendelmühle wurde von dem Amerikaner Griffin erfunden und somit auch allgemein als Griffin-Mühle bezeichnet. Bei dieser Mühle ist eine Pendelstange mit einer am unteren Ende angebrachten Mahlwalze in einer im oberen Teil der Mühle befindlichen Riemenscheibe pendelnd und drehbar aufgehängt. Wird das frei hängende Pendel durch die Antriebsscheibe in drehende Bewegung versetzt, so wird dasselbe mit der Mahlwalze durch die entsprechende Zentrifugalkraft gegen einen Mahlring gedrückt, auf dem die Mahlwalze dann in entgegengesetzter Drehrichtung zur Drehrichtung der Antriebsscheibe abrollt und so die Zerkleinerung des zugeführten Materials bewirkt.

Die Griffin-Mühle fand gegen Ende des 19. Jahrhunderts sehr schnell Verwendung als Mahlmaschine in den verschiedensten Industriezweigen. In den Vereinigten Staaten von Amerika übernahm die Bradley-Pulverizer Co. die Herstellung, während die Anfertigung in Deutschland durch die Humboldt-Maschinenbau-A.-G. erfolgte. Hier wurde besonders die Zement-Industrie mit Griffin-Mühlen zum Mahlen von Rohmaterialien und Zementklinkern als Ersatz für die damals noch üblichen Mahlgänge beliefert.

Aus der Griffin-Mühle entstanden dann in der folgenden Zeit eine ganze Reihe von Neukonstruktionen, bei denen man die Mühlen mit zwei und mehr aufgehängten Pendelwalzen ausrüstete. Hier war es besonders die Bradley-Pulverizer Co., die diese Entwicklung vorantrieb und die Bradley-Mühle mit drei Pendelwalzen auf den Markt brachte. In den Vereinigten Staaten von Amerika entstanden im Laufe der Zeit noch eine ganze Reihe von Mühlen, denen das Prinzip der Pendelmühle mit mehreren Pendelwalzen zugrunde liegt, so beispielsweise die Huntington-Mühle, die Raymond-Mühle u. a.

Auch in Deutschland fand die Pendelmühle sehr bald eine besondere Beachtung, so daß Maschinenfabriken den Bau dieser Maschine z. T. in verbesserter Bauart aufnahmen.

Ähnlich wie bei den Pendelmühlen wird bei den Fliehkraft-Kugelmühlen die Fliehkraft auf einem horizontal gelagerten Mahlring abrollender Stahlkugeln zu Mahlzwecken ausgenutzt. Die Kugeln werden hierbei durch Mitnehmerflügel oder Mitnehmerscheiben angetrieben, die mit der vertikalen Antriebswelle verbunden sind. In den Vereinigten Staaten von Amerika war es wohl die erste Bauart der Fuller-Mühle, die nach diesem Prinzip arbeitete, während in Deutschland als die bekannteste Mühle dieser Bauart die Roulette-Mühle der damaligen Firma Amme, Giesecke & Konegen in Erscheinung trat.

Die weitere Entwicklung der Fliehkraft-Mühlen wurde dann aber abgelöst durch Bauarten, bei denen die Mahlwirkung der Mahlwalzen und Mahlkugeln nicht mehr durch die den Mahlorganen mitgeteilte Zentrifugalkraft, sondern durch Federdruck erfolgte. Zu dieser Kategorie gehören in letzter Ausführung u. a. die Fuller-Peters-Mühle und die Loesche-Mühle, die in den nächsten Abschnitten behandelt werden.

Im übrigen wurde aber die Mahltechnik in den vergangenen Jahrzehnten immer mehr durch die fortschreitende Entwicklung der Rohrmühle beeinflußt, so daß die Fliehkraftmühlen mehr oder weniger nur noch für Einzelfälle zur Anwendung kommen.

Bauarten. *1. Griffin-Mühle.* Auf Abb. 78 ist die Griffin-Mühle im Schnitt dargestellt.

Die schrägen Säulen *1* des Maschinengestells sind unten durch den Sockel *2*, in der Mitte durch das Querhaupt *3* und oben durch das Querhaupt *4* verbunden. Mit der Riemenscheibe *5* läuft ein Antriebskörper um, der im wesentlichen aus dem Unterteil *6*, dem Oberteil *7* und dem Zapfen *8* besteht. Dieser Antriebskörper ist unten in dem kugelschaligen Halslager *9*, oben in dem kugelschaligen Halslager *10* gelagert und wird axial durch das Kugeldrucklager *11* gehalten. Unter- und Oberteil bilden eine Hohlkugel, die ein kardanartiges Gelenk mit den Gleitstücken *12* und *13* und den Zapfen *14* und *15* zum Antrieb der Pendelstange *16* enthält. Am unteren Ende der Pendelstange ist die Mahlwalze *17* gelagert. Beim Anlaufen der Mühle vergrößert sich die geringe Anfangsexzentrizität des Pendels sehr schnell, da das Pendel nach allen Richtungen frei ausschwingen kann, so daß die Walze sehr bald unter dem Einfluß ihrer Zentrifugalkraft auf dem Mahlring *18* rollt. Walze und Mahlring bestehen aus Hartstahl. Der Mahlraum wird am Umfang durch Siebe *19* begrenzt, die oben an das Gehäuse *20*, unten an den

Mahlring anschließen. Die Pendelstange trägt Ventilationsflügel *21*, durch die das gemahlene Gut gegen die Siebgewebe gewirbelt wird. Außerdem schleudern die quirlartigen Nocken *22*, die sich unten an der Mahlwalze befinden, das Material aus dem Trog des Mühlensockels hoch, so daß es erneut vermahlen wird. Das Mahlgut wird dem Trichter *23* mit dem Regulierschieber *24* aufgegeben und durch die Schnecke *25* gleichmäßig weitergeleitet, die von der Mühle über Riemen- und Kegelradvorgelege angetrieben wird. Durch die Schurre *26* gelangt das Material in den Mahlraum. Das genügend Feine passiert die Siebe und danach die Kanäle *27*. Durch die Schnecke *28* wird das Endprodukt aus dem unter der Mühle befindlichen Raum *29* abgezogen.

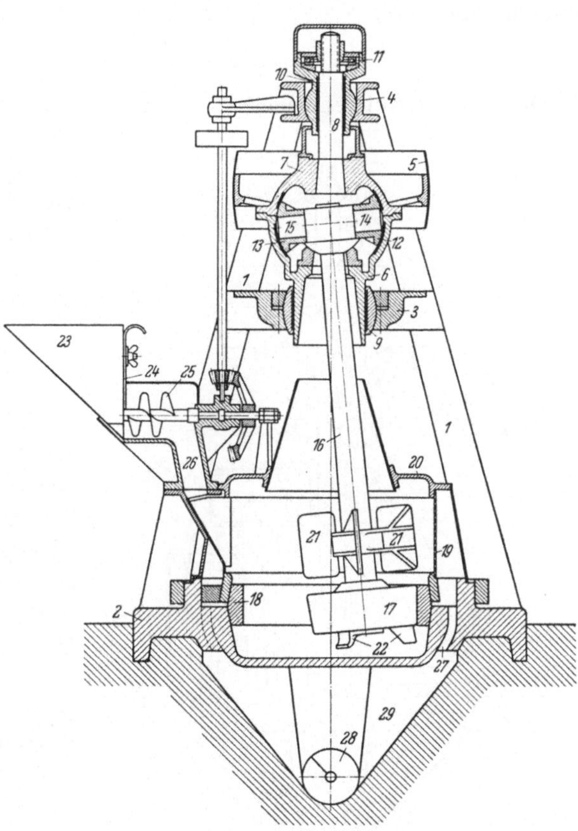

Abb. 78. Griffin-Mühle.

Wie bereits unter „Allgemeines" dargelegt, dreht sich die Mahlwalze bei ihrer Abwälzung auf dem Mahlring in entgegengesetzter Richtung zur Drehrichtung der Antriebsscheibe. Die Drehzahl der Mahlwalze im Verhältnis zur Drehzahl der Antriebsscheibe errechnet sich aus folgender Überlegung:

Wälzt man eine runde Walze auf einer horizontalen Fläche entlang, so entspricht der Weg, den der Mittelpunkt der Walze zurücklegt, der Länge des abgewickelten Walzenumfanges. Wälzt sich nun die Walze anstatt auf einer horizontalen Fläche auf dem inneren Kreis des Mahlringes ab, so entspricht im gleichen Sinne die Länge des Kreisbogens des Kreises, in welchem sich der Mittelpunkt der Walze, also auch der Pendelstange, bewegt, der Länge des abgewickelten Walzenumfanges.

Bezeichnet R den Radius des inneren Mahlringes, auf dem sich die

Walze abwälzt, r den Radius der Walze und n_w die Anzahl der Abwälzungen der Walze, also die Umdrehungszahl/min derselben, so ergibt sich die Beziehung der Umdrehungszahl der Walze (n_w) zu einer Bewegung des Mittelpunktes der Walze bzw. der Pendelstange in einem einmaligen Kreisumfang folgendermaßen:

$$n_w \cdot 2 r \pi = (R - r) \cdot 2 \pi$$

und hieraus wird

$$n_w = \frac{R - r}{r}.$$

Vollzieht die Antriebsscheibe, an welcher die Pendelstange drehbar aufgehängt ist, n Umdrehungen/min, so vollzieht auch die Pendelstange n Kreisumläufe/min und die Umdrehungszahl der Walze in der Minute wird dann

$$n_w = \frac{n (R - r)}{r}.$$

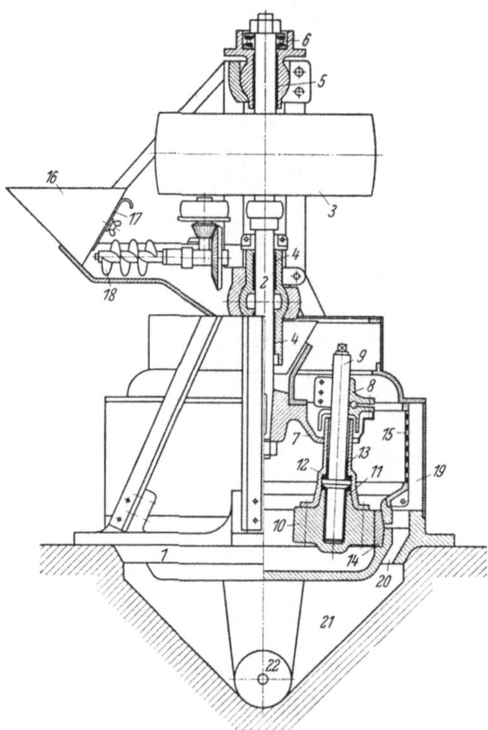

Abb. 79. Bradley-Mühle.

2. *Bradley-Mühle.* Die Abb. 79 zeigt eine Bradley-Mühle mit drei Pendeln. Das Gestell besteht im wesentlichen aus einem kräftigen Blechgehäuse, das auf dem gußeisernen Sockel *1* befestigt ist. Die senkrechte Mühlenwelle *2*, angetrieben durch die Riemenscheibe *3*, ist in langen, kugelschaligen Halslagern *4* und *5* geführt und oben durch ein Kugeldrucklager *6* als Spurlager gehalten. Am unteren Ende der Mühlenwelle ist die Mitnehmerscheibe *7* befestigt, in der die drei Schwingköpfe *8* gelagert sind. In letztere sind die Zapfen *9* der drei Mahlwalzen *10* eingespannt. Die Walzen drehen sich in der Lagerung *11* und werden axial durch die aufgeschraubten Hülsen *12* mit den Buchsen *13* gehalten, welche sich gegen die Bunde der Zapfen legen. Außerdem schützen die nach oben gehenden Verlängerungen der Hülsen *12* die Lager vor Eindringen von Schmutz. Die Mahlwalzen rollen unter dem Druck ihrer Zentrifugalkraft auf dem Mahlring *14*, der in den Sockel eingesetzt

ist. Den Mahlraum umgeben Siebe *15*, deren Rahmen oben am Blechgehäuse anliegen und unten auf den Mahlring gespannt sind. Das Material gelangt zunächst in den Aufgabetrichter *16* mit dem Regulierschieber *17* und wird sodann durch die von der Mühlenwelle über Riemen- und Kegelradvorgelege angetriebene Förderschnecke *18* dem Mahlraum und der Mahlbahn gleichmäßig zugeführt. Die Mitnehmerscheibe *7* trägt Rührer, die das gemahlene Gut gegen die Siebe werfen und Windflügel, die das Feine ansaugen und sodann durch die Siebe blasen. Das Mahlprodukt gelangt von dem Ringraum *19* durch die Kanäle *20* in den unteren Behälter *21*, von wo aus es durch die Förderschnecke *22* abgeführt wird.

Die BRADLEY-Mühle erfuhr eine beachtliche Entwicklung zu immer größeren Bauformen, deren Leistungsbedarf bis auf 200 kW heraufstieg. Diese schweren Mühlen finden besonders auch als Vorschrotmühlen mit recht erheblichen Leistungen Verwendung.

21. LOESCHE-Mühle.

Allgemeines. Mitte der zwanziger Jahre begann E. C. LOESCHE mit der Entwicklung einer Federkraft-Walzenmühle. Er nahm sich hierbei die bereits damals bekannten Federkraft-Walzenmühlen mit senkrechter Mahlbahn (vgl. Abschnitt C 18, Ringmühle) zum Vorbild, jedoch mit der Absicht, die senkrechte Mahlbahn durch eine um eine vertikale Welle kreisende horizontale Mahlbahn zu ersetzen. Im Laufe der Jahre haben sich dann eine ganze Reihe immer wieder verbesserter Bauarten ergeben, bis es schließlich zu der heutigen allgemein bekannten Bauart der LOESCHE-Mühle kam.

Bei der heutigen Bauart der LOESCHE-Mühle rollen konische Mahlwalzen unter starkem Federdruck auf einer darunter befindlichen waagerechten Mahlbahn, die von einer senkrechten Welle angetrieben wird. Die Achsen der Walzen können zwar federnd etwas ausweichen, sind im übrigen aber ortsfest. Das Zerkleinerungsverfahren ähnelt also dem der Kollergänge. Wie bei diesen treten auch hier Geschwindigkeitsunterschiede zwischen Walzen und Mahlring auf, so daß die Zerkleinerung nicht nur durch Auswalzen bzw. Druck, sondern auch durch eine hinzukommende reibende Wirkung erfolgt und dadurch die Mehlbildung verstärkt wird. Versuche zeigten, daß die Mahlleistung in gewissen Grenzen etwa proportional dem Gesamtinhalt der Mahlwalzen wächst, und daß ferner wenige große Walzen besser mahlen als viele kleine. Daher hat die LOESCHE-Mühle in der heutigen Form nur noch zwei große Walzen.

Bauart. Auf der Abb. 80 ist die LOESCHE-Mühle im Querschnitt dargestellt. Die waagerechte Mahlscheibe *1* ist auf die Drehscheibe *2* aufgespannt, die von unten her über ein Getriebe *3* angetrieben wird. Letzteres ist von dem Sockel *4* umgeben, der das Mühlengehäuse trägt. An diesem sind die zwei Schwingen *5* gelagert, welche die Tragkörper *6* der Mahlwalzen umspannen. Die Walzenachsen sind mittels zweier Konusse in die Tragkörper eingesetzt und enthalten die Bohrungen für die Lagerschmierung. Am inneren Ende tragen die Achsen starke Rollenlager, auf denen sich die Walzenkörper befinden. Die Walzenmäntel *7* sind mittels Schrauben auf die Walzenkörper gespannt. Die Schwingen *5* werden durch starke Federn *8* nach der Mühlenmitte zu gezogen, wodurch die Mahlwalzen kräftig auf die Mahlscheibe gedrückt werden. Die Mahlwalzen können also ausweichen, wenn zu hartes Material in die Mühle gelangt. Die Federn lassen sich von außen nachspannen, wodurch eine Regulierung des Mahldruckes möglich ist. Das Mühlengehäuse ist gut abgedichtet, auch dort, wo die Tragkörper der Mahlwalzen eingeführt sind. An diesen Stellen befinden sich die nachgiebigen Dichtungsringe *9*. Das Material gelangt durch die Öffnung *10* in die Mühle und auf die Mahlbahn. Der Stauring *11* umgibt die Mahlscheibe und verhindert ein zu schnelles Ausweichen des Gutes. Er kann der Höhe nach verstellt werden. Auch hierdurch bietet sich eine gewisse Veränderbarkeit der Arbeitsweise der Mühle. Das schließlich am Außenrand der Mahlscheibe austretende gemahlene Produkt wird durch den bei *12* eintretenden und bei *13* abgesaugten Luftstrom hoch gehoben. Mit der Luftmenge läßt sich die Mahlfeinheit regeln. In dem Sichter *14* werden die Grieße abgeschieden und fallen

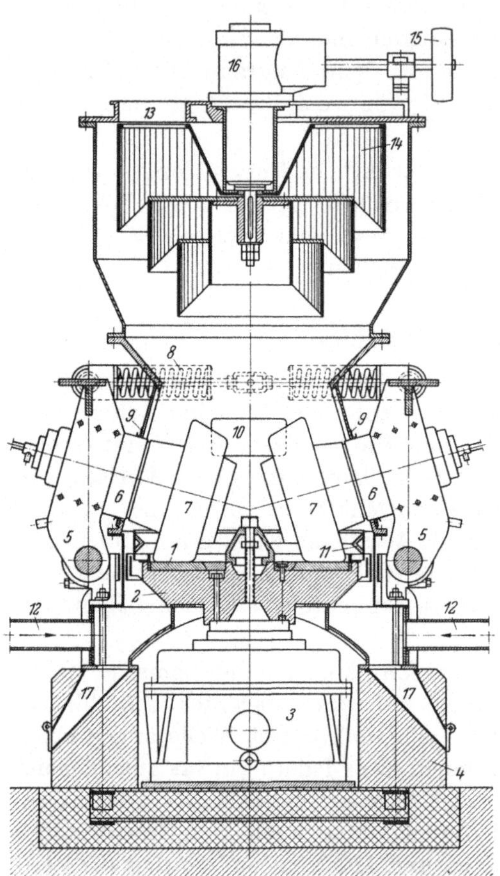

Abb. 80. LOESCHE-Mühle.

wieder herab in die Mahlzone zur weiteren Vermahlung. Der Stufensichter hat die Form von Siebkörben und wird von außen nach innen durchströmt. Er läuft um, angetrieben von der Riemenscheibe *15* über das Getriebe *16*. Das mitsamt dem Luftstrom bei *13* abziehende, feingemahlene Gut wird in einem Staubabscheider oder Filter der Luft entzogen. Bei *17* können zu grobe Körner oder Fremdkörper, die nicht vermahlen und nicht von der Luft hochgetragen wurden, die Mühle verlassen.

Die Umfangsgeschwindigkeit der Rollen (Mahlgeschwindigkeit) beträgt im allgemeinen etwa 3 m/s. Es hat sich gezeigt, daß dieser Wert relativ bessere Mahlleistungen ergab als die früher benutzte höhere Geschwindigkeit. Die Verschleißteile – Mahlscheibe und Walzenmäntel – bestehen entweder aus Hartguß oder bei höheren Ansprüchen aus Manganhartstahl.

Anwendungsgebiet. Die Loesche-Mühle vermahlt mittelharte bis harte, vorzerkleinerte, trockene Stoffe auf hohe Feinheit. Insbesondere wird Kohle zu Staub für Feuerungen und Kessel vermahlen, ferner Phosphate und andere Düngemittel, Kalk und Kalkstein, Bauxit, Kaolin, Talkum, Feldspat, Kalkstickstoff, Erdfarben, Erze, sonstige Mineralien und Chemikalien.

Die Loesche-Mühle wird in einer Reihe von Baugrößen hergestellt mit einem Leistungsbedarf von etwa 25 bis 300 kW. Der spezifische Arbeitsbedarf kWh/t bewegt sich nach Art des Mahlgutes und der verlangten Feinheit des Fertiggutes in weiten Grenzen. Bei Vermahlung von Steinkohle zu Kohlenstaub (Brennstaub) bei einer Feinheit von 10% auf dem Sieb von 4900 Maschen/cm² beträgt er beispielsweise etwa 20 kWh/t.

22. Fuller-Peters-Mühle.

Allgemeines. Die Fuller-Peters-Mühle hat wie viele Maschinen der Hartzerkleinerung eine langzeitige Entwicklung erfahren. Bereits Anfang des Jahrhunderts begann die Fuller Co., Catasauqua Pa, diesen Mühlentyp in den Vereinigten Staaten von Nordamerika zur Einführung zu bringen. Bald darauf fand diese Mühlenart auch in den europäischen Ländern Verbreitung. Hierbei blieb es nicht aus, daß die ursprüngliche Bauart der Mühle im Laufe der Zeit wesentliche konstruktive Verbesserungen erfuhr, bis sie schließlich zu der heute allgemein bekannten Bauart der Fuller-Peters-Mühle, wie sie jetzt von der Claudius Peters A.-G., Hamburg, geliefert wird, ausreifte.

Das Mahlprinzip der Fuller-Peters-Mühle besteht darin, daß große Stahlkugeln auf einem unteren, horizontalen Mahlring abrollen und von einem darüber befindlichen Ring durch Federkräfte auf die untere Bahn gedrückt werden, wobei die Zerkleinerung zwischen den Kugeln und dem angetriebenen unteren Mahlring erfolgt. Die Form der Ringe paßt sich den Kugeln an, ähnlich wie bei einem Kugeldrucklager.

Bauart. Die Abb. 81 zeigt einen Querschnitt der FULLER-PETERS-Mühle. Das Mühlengehäuse *1* enthält im unteren Teil das Getriebe *2*, ein Kegel- und Stirnradgetriebe, das leicht ausgewechselt werden kann. Die aus dem Getriebe kommende senkrechte Welle zum Antrieb der Drehscheibe *3* ist mit einem kräftig ausgebildeten Spurlager versehen. Der mittlere Teil des Gehäuses enthält den Mahlraum, in dem sich keine Schmierstellen oder Lager befinden. Auf der Drehscheibe ist der untere Mahlring *4* befestigt. Zwischen ihm und dem oberen Mahlring *5* rollen die Mahlkugeln *6*. Je nach Mühlengröße beträgt der Durchmesser dieser Kugeln 190 bis 265 mm. Der obere Mahlring rotiert nicht und wird durch die Federn *7* mittels des Ringkörpers *8* auf die Kugeln gepreßt. Durch die Spindeln *9* kann der Anpreßdruck der Federn und damit der Mahldruck auch während des Betriebes von außen nachgestellt werden. Der obere Teil des Gehäuses enthält den Windsichter *10* mit den von außen verstellbaren Regelklappen *11*. Das Mahlgut gelangt bei *12* in die Mühle und wird durch den Tellerspeiser *13* über die Schurre *14* und den Kegel *15* innerhalb des Kugelkreises der Mahlbahn zugeführt, in die es schließlich unter dem Einfluß der Zentrifugalkraft gelangt. Das gemahlene Gut fällt über den äußeren Rand des Mahlringes und wird durch den bei *16* in den Ringraum *17* eintretenden kräftigen Luftstrom nach dem Sichter hochgeführt, wo das genügend Feine bei *18* die Mühle

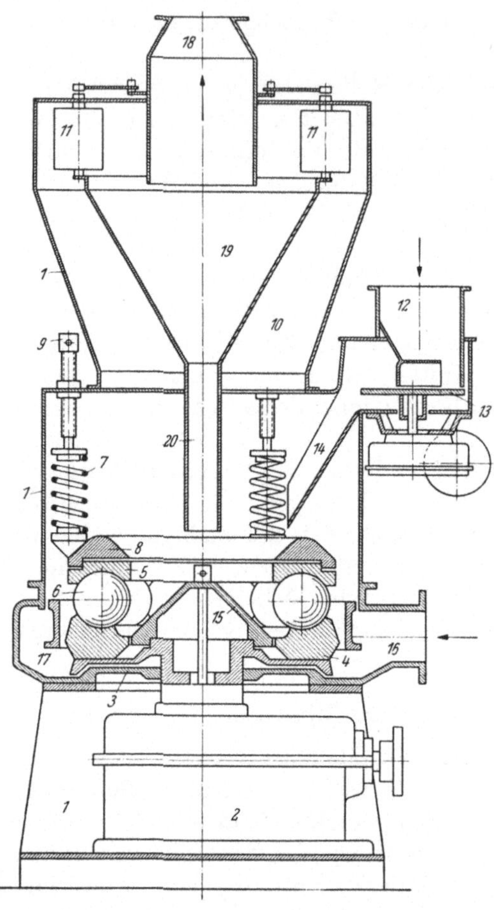

Abb. 81. FULLER-PETERS-Mühle.

verläßt, während die Grieße durch den Trichter *19* und das Rohr *20* zur weiteren Vermahlung erneut nach der Mahlbahn gelangen. Die Regelklappen *11* dienen zur Einstellung der Mahlfeinheit. Der obere Mahlring kann gegen die Federn beim Eindringen von sehr harten Körpern oder Eisenteilen ausweichen. Solche Fremdkörper werden selbsttätig aus der Mahlbahn ausgeschieden und einem besonderen Ausfallgehäuse zugeleitet.

Die Kugeln sind aus Stahl geschmiedet, die Mahlringe bestehen aus legiertem, verschleißfestem Stahlguß. Der Verschleiß ist verhältnismäßig gering, und die Kugeln bleiben trotz Abnutzung vollkommen rund. Der Mahlraum ist durch Türen mit Schnellverschluß zugänglich. Durch diese können die Verschleißteile verhältnismäßig schnell mittels einer kleinen Spezialvorrichtung ausgewechselt werden.

Anwendungsgebiet. Die Fuller-Peters-Mühle dient in erster Linie zur Vermahlung von Kohle zu Kohlenstaub zur Befeuerung von Industrieöfen oder Dampfkesseln. Hierbei wird der aus der Mühle kommende mit Kohlenstaub beladene Luftstrom über einen Staubabscheider geführt, in dem der Staub zur weiteren Verwendung abgeschieden wird, während der gereinigte Luftstrom über einen Zentrifugalventilator wieder im Kreislauf zur Mühle zurückgelangt.

Darüber hinaus hat sich die Fuller-Peters-Mühle auch bestens als Einblasemühle zur direkten Befeuerung von Industrieöfen, Dampfkesseln und besonders auch Drehrohröfen bewährt. In diesem Falle arbeitet die Mühle mit innerem Überdruck. Das Gehäuse ist gegen Austritt von Staub gut abgedichtet. Am Zuteiler erfolgt die Abdichtung gegen den inneren Überdruck durch eine Kohlensäule von etwa 1,5 m Höhe in der senkrechten Abfallschurre zwischen Vorratsbehälter und Mühlenzuteiler. Der Zentrifugalventilator steht auf der Reinluftseite, ist also keinem Verschleiß ausgesetzt und bläst die Luft bei *16* ein, während das Kohlenstaub-Luft-Gemisch bei *18* austritt und danach unmittelbar zur Feuerung gelangt. Die Leistung wird hierbei folgendermaßen geregelt: In der Gebläseluftleitung vor der Mühle befindet sich eine Regelklappe. Die bei Verstellung dieser Klappe eintretenden Druckänderungen wirken über einen Membranregler auf den Motor zum Antrieb des Mühlenzuteilers *13*, so daß stets das richtige Verhältnis zwischen Einblaseluft und Brennstoffmenge eingehalten und die Speisung der Mühle dem Brennstoffbedarf angepaßt wird.

Die Fuller-Peters-Mühle kann hierbei gleichzeitig auch als Mahltrocknungsanlage arbeiten, wobei heiße Luft bzw. heiße Gase zugeführt werden, die infolge ihrer engen Berührung mit dem Mahlgut eine rasche Trocknung bewirken. Ein Versuch an einem Zementdrehofen zeigte, daß die Klinkerleistung beim Verfahren mit Einblasemühle um etwa 15,5% höher war als bei der Zentralmahlanlage, d. h. bei getrennter Mahlung,

Trocknung und Bunkerspeicherung. Die spezifische Mahlleistung bei dem Versuch betrug etwa 52 kg/kWh und der spezifische Arbeitsbedarf dementsprechend 19,2 kWh/t.

Neuerdings wird in der FULLER-PETERS-Mühle auch Gipsstein vermahlen, wobei die Mühle gleichzeitig zum Brennen von Stuckgips verwendbar ist. Das Gas tritt dabei mit annähernd 600° C ein. Eine derartige Anlage ist im „Dritten Teil" beschrieben.

Die FULLER-PETERS-Mühle gelangt in den verschiedensten Größen zur Ausführung mit einem Leistungsbedarf von etwa 10 bis 100 kW. Der spezifische Arbeitsbedarf bei Vermahlung von Steinkohle auf eine Staubfeinheit von 10% 4900 Maschen/cm² beträgt etwa 20 kWh/t. Die Claudius Peters A.-G. ist in der Lage, den spezifischen Arbeitsbedarf für jedes Mahlgut und jede gewünschte Feinheit im voraus in ihrem Laboratorium zu ermitteln.

23. Kugel- oder Trommelmühlen für satzweise Vermahlung.

Kugelmühlen für satzweise Vermahlung kamen schon frühzeitig zum Feinmahlen von Glasuren, Chemikalien, Farben u. dgl. zur Anwendung. Es waren meist Mühlen kleiner Abmessungen. Die Mahltrommeln und die Mahlkörper bestanden aus einer keramischen Masse. Die Trommel wurde oftmals bis zur Hälfte mit Mahlkörpern und Mahlgut gefüllt, wobei das Mahlgut den freien Raum zwischen den Mahlkörpern ausfüllte. Bei der entsprechend schnellen Umdrehung der Mahltrommel kamen die Mahlkörper in eine rollende Bewegung und zerrieben so das zwischen ihnen befindliche Mahlgut. Glasuren od. dgl. wurden oft stundenlang in diesen Mühlen bis zur höchsten Feinheit gemahlen. Mühlen dieser Ausführung sind auch heute noch gebräuchlich.

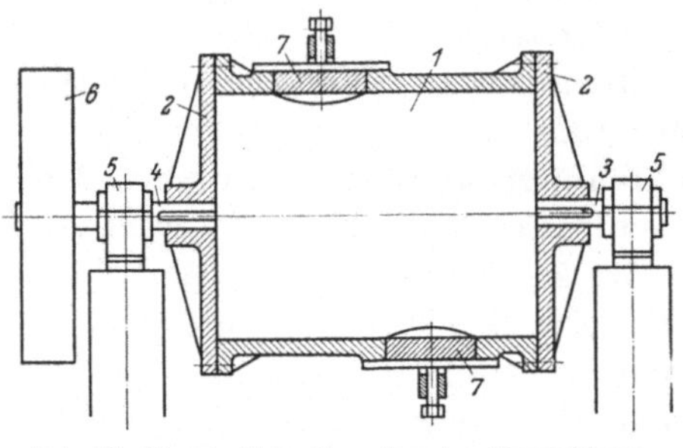

Abb. 82. Kugelmühle für satzweise Vermahlung.

Als dann aber das Bedürfnis entstand, auch andere und weniger empfindliche Stoffe aller Art; Mineralien, Erze u. dgl. naß oder trocken zu mahlen, entstanden Kugelmühlen für satzweise Vermahlung in erheblich größerer Abmessung und in Gußeisen oder Stahlkonstruktion. Die Abb. 82 zeigt eine derartige Ausführung. Die gußeiserne Trommel *1* ist an beiden Enden durch die Kopfwände *2* geschlossen. In die Kopfwände sind die Zapfen *3* und *4* eingesetzt, die in den Lagern *5* drehbar gelagert sind. Auf dem Zapfen *4* sitzt die Antriebsscheibe *6*. Die Mahltrommel ist bis zu etwa 35% ihres Inhaltes mit Stahlmahlkörpern kleinerer Abmessung gefüllt, die bei der Drehung der Mühle eine Art Wurfbewegung vollziehen und durch ihre kollektive Arbeitsweise die Feinmahlung des in die Mühle aufgegebenen Mahlgutes vollziehen. Die Beschickung der Mühle erfolgt satzweise, d. h. in die Mühle wird zunächst die entsprechende Menge an Mahlkugeln eingeführt und daran anschließend die entsprechende Menge an Mahlgut. Die Menge des Mahlgutes soll so bemessen sein, daß sie gerade die Hohlräume zwischen den Mahlkugeln ausfüllt, so daß die Mahlkugeln noch eben sichtbar sind. Nachdem die Einfüllöffnung durch den Deckel 7 wieder verschlossen ist, wird die Mühle in Gang gesetzt, und es beginnt die Mahlung. Die Umdrehungszahl der Mühle errechnet sich nach der Formel $n = 32 : \sqrt{D}$, worin D den lichten Durchmesser der Mahltrommel darstellt. In bestimmten Zeitabschnitten können dann durch Öffnen des Deckels 7 kleinere Mahlproben entnommen werden, um so den Fortgang des Mahlvorganges zu beobachten. Hat das Mahlgut die gewünschte Feinheit erreicht, so wird die Mahltrommel gänzlich entleert und das fertige Mahlgut wird über ein Sieb von den Mahlkugeln befreit. Die Mühle steht dann für die nächste Mahlung bereit.

Die Tab. 14 zeigt die gebräuchlichsten Abmessungen, die zweckmäßige Mahlkörperfüllung und die Menge des Aufgabegutes in Quadratdezimeter und einer Körnung von 0 bis 5 mm. Als Mahlkugeln kommen im allgemeinen runde Kugeln von 25 bis 30 mm Durchmesser in Betracht. Schließlich enthält die Tabelle auch noch das ungefähre Gewicht der Mühlen, die günstigste Umdrehungszahl und den Leistungsbedarf.

Tabelle 14. *Kugelmühlen für satzweise Vermahlung.*

Innendurchmesser der Trommel	mm	630	800	1000
Innenlänge der Trommel	mm	630	800	1000
Mahlkörperfüllung, Mahlkugeln	kg	300	700	1300
Aufgabegutmenge	dm^3	25	60	110
Gewicht der Mühle etwa	kg	900	1300	2000
Umdrehungszahl	U/min	42	36	32
Leistungsbedarf in	kW	2	5	9

Außer den beschriebenen Mühlen normaler Bauart sind die verschiedensten Formen derartiger Mühlen zur Ausführung gelangt. Dem Konstrukteur ist hier weitgehend freie Hand gelassen. Es kommt ja stets nur darauf an, einen geschlossenen Mahlraum zu schaffen, der mit der zulässigen Mahlkörper- und Mahlgutmenge gefüllt werden kann.

Für besondere Zwecke, für welche das Mahlgut nicht mit Eisen in Berührung kommen darf, wird die Mahltrommel auch mit einer keramischen Masse ausgefüttert, und als Mahlkörper kommen dann Porzellankugeln oder Flintsteine in Frage. Für Laboratorien, Apotheken u. dgl.

können derartige Mühlen bis zu den kleinsten Abmessungen ausgeführt werden.

Die satzweise arbeitenden Kugelmühlen finden eine vielseitige Verwendung:

a) Zur Feinmahlung von Chemikalien, Drogen, Gewürzen, Farben, Glasuren, Salzen, Schmirgel usw.;

b) für Laboratorien zur Feinmahlung verschiedenster Materialien zum Zwecke weiterer Untersuchungen dieser Stoffe,

c) für Zerkleinerungsversuchsanstalten zur Feststellung der Mahlbarkeit verschiedener Stoffe, zur Feststellung der günstigsten Mahlkörpergröße und Art u. dgl.

24. Siebkugelmühlen.

Allgemeines.

Die Erkenntnis des günstigen Mahlvorganges in den im vorangegangenen Kapitel behandelten satzweise arbeitenden Kugel- und Trommelmühlen veranlaßte die Erfinder, eine Mahlmühle zu schaffen, bei der die periodische Arbeitsweise in einen kontinuierlichen Arbeitsvorgang umgewandelt wird. Diese Bestrebungen wirkten sich nach zwei verschiedenen Richtungen aus. Die eine Gruppe der Erfinder glaubte das Ziel dadurch erreichen zu können, daß man das genügend zerkleinerte Gut aus der Mühle austreten und über ein Sieb gehen läßt, auf welchem das Durchgangsgut als Fertigerzeugnis gilt, während der Siebrückstand zwecks weiterer Vermahlung in den Mahlraum zurückgelangt. Die andere Gruppe strebte die Hintereinanderschaltung mehrerer Trommelmühlen zu einer einzigen Mühle an, um so das Mahlgut ohne Zwischenschaltung von Sieben von Trommelkammer zu Trommelkammer wandern und schließlich am Ende der letzten Kammer als Fertigerzeugnis austreten zu lassen. Die erste Gruppe der Erfindungen führte bereits im Jahre 1876 zu der grundlegenden Bauart der in diesem Abschnitt zu behandelnden Siebkugelmühle durch die Gebr. Sachsenberg, während die zweite Gruppe erst in langzeitiger Entwicklung als Vorläufer der erst in den neunziger Jahren erschienenen Einkammer-Rohrmühle, wie dies im nächsten Abschnitt behandelt werden wird, angesehen werden kann.

Die Siebkugelmühle besteht im wesentlichen aus der sich drehenden Mahltrommel, in welcher das kontinuierlich eingeführte Grobgut durch die Einwirkung der Mahlkugeln zertrümmert und schließlich laufend auf dem am Umfang der Mahltrommel mit dieser sich drehendem Siebe abgesiebt wird. Der Siebdurchgang dient als Fertiggut und wird durch ein entsprechend geformtes Blechgehäuse aufgefangen, während der Siebrückstand zur Mahltrommel zurückfließt. Die Siebkugelmühlen werden sowohl für Trocken- als auch für Naßmahlung ausgeführt.

Bauarten.

a) Siebkugelmühlen für Trockenmahlung.

Abb. 83 zeigt einen Längsschnitt und Abb. 84 einen Querschnitt einer Siebkugelmühle für Trockenmahlung.

Die eigentliche Mahltrommel setzt sich zusammen aus der Hauptachse *1*, den beiden Seitenwänden *2* und *3* und den Mahlplatten *4*, die gleichzeitig den Trommelmantel bilden. Die Seitenwände *2* und *3* sind mit der Hauptachse *1* durch entsprechend ausgebildete Naben *5* und *6* verbunden. Die Nabe *5* hat die Form eines Hohlkegels und dient gleichzeitig zur Einführung des zu mahlenden Gutes in das Innere der Mahltrommel. Die Zuführung des Gutes zu dem sich drehenden Hohlraum der Nabe *5*, der zum Zwecke des besseren Transportes mit schräg eingestellten Speichen versehen ist, erfolgt durch den stillstehenden Aufgabetrichter *7*. Etwa aus dem Spalt zwischen dem Aufgabetrichter und der Nabe *5* austretende Gutsteilchen werden durch den Trichter *8* aufgefangen. Auf der Hauptachse *1*, die von den Lagern *9* getragen wird, sitzt das Antriebszahnrad *10*, in welches ein Ritzel, das sich auf der Antriebswelle *11* befindet, eingreift. Die Antriebswelle *11* ist in zwei Lagern *12* gelagert und trägt die Antriebsscheiben in Form einer Losscheibe *13* und einer Festscheibe *14*. Die Mahlplatten *4* sind stufenförmig in der Weise angeordnet, daß zwischen dem Anfang und dem Ende je einer Platte ein kleiner Spalt *15* entsteht. Die Seitenwände der Mahltrommel, die in der Regel aus starken, schmiedeeisernen Blechen bestehen, sind auf ihrer Innenfläche mit Verschleißplatten *16* ausgekleidet. Um in die Mahltrommel gelangen zu können, ist in einer der Seitenwände ein Mannloch mit Deckel vorgesehen.

Am äußeren Umfang der Mahltrommel befindet sich die Siebeinrichtung, die aus den einzeln abnehmbaren Vorsieben *17* und Feinsieben *18* besteht. Die Feinsiebe sind hierbei gewöhnlich auf hölzernen Siebrahmen untergebracht. Der Austritt des vorgemahlenen Gutes aus der Mahltrommel erfolgt durch zahlreiche, nach außen konisch verlaufende Löcher *19* im oberen Teil jeder Mahlplatte. Das durch die Löcher austretende, vorgemahlene Gut gelangt zunächst auf die Vorsiebe *17* und wird bei der Drehung der Mahltrommel auf den sich nach oben bewegenden Vorsieben zunächst grob klassiert. Das hierbei durch die Sieblochung gehende Gut gelangt auf die Feinsiebe *18*, während der auf den Vorsieben verbleibende Rückstand durch die Leitbleche *20* und *21* durch die zwischen den Mahlplatten vorgesehenen Spalte *15* in die Mahltrommel zwecks weiterer Vermahlung zurückgelangt. Auf den Feinsieben *18* erfolgt ein ganz ähnlicher Vorgang. Das durch die Siebmaschen gehende Gut gilt als Fertigerzeugnis, während die Siebrück-

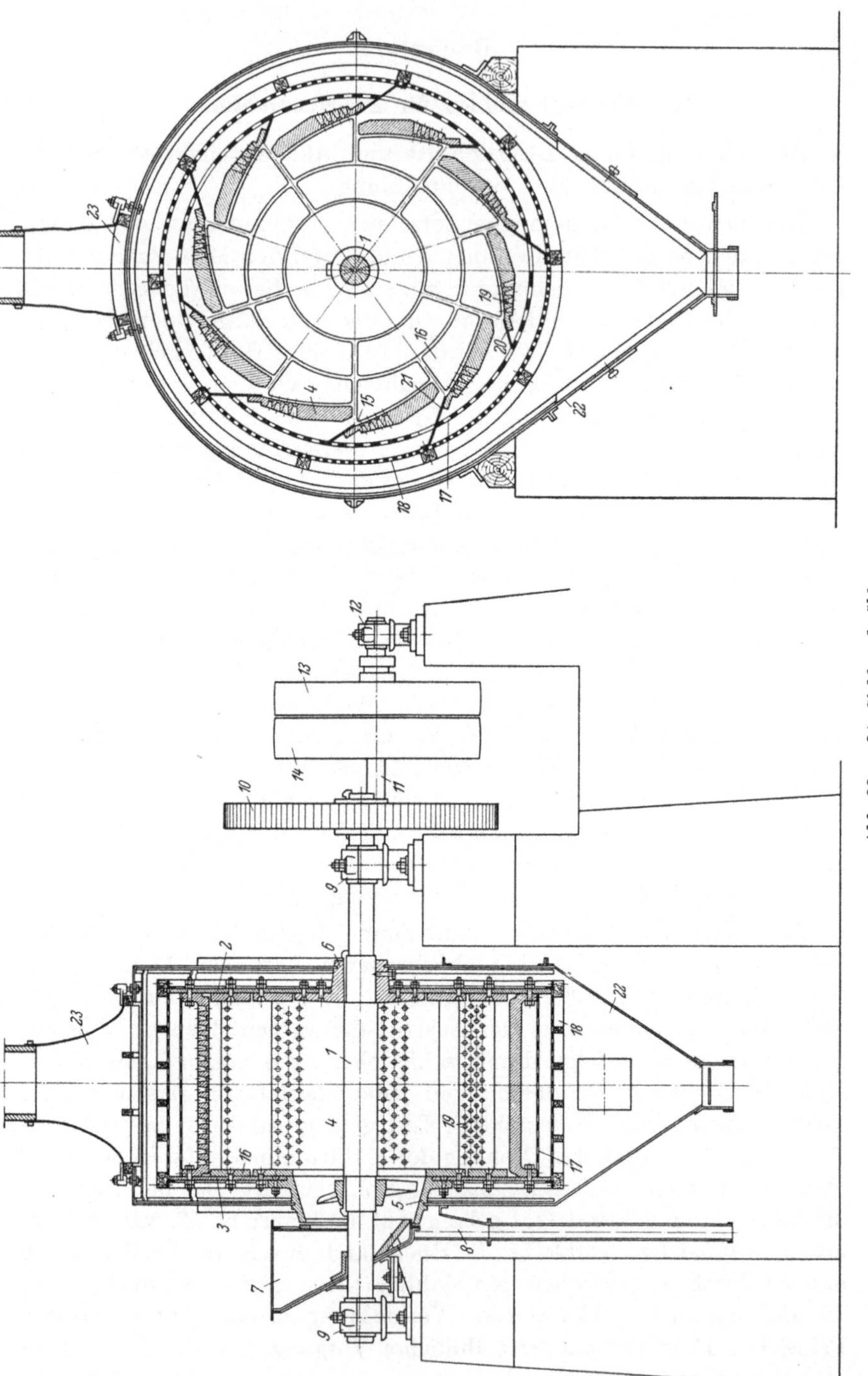

Abb. 83 u. 84. Siebkugelmühle.

stände bei der Drehung der Mahltrommel über die Leitbleche *21* ebenfalls in den Mahlraum zurückfließen.

Die Mahltrommel ist von dem feststehenden zweiteiligen Blechgehäuse *22* umgeben, das nach unten trichterförmig ausläuft. Das aus den Feinsieben austretende fertige Mahlgut wird durch das Blechgehäuse aufgefangen und kann am Auslauf des Trichters abgezogen werden. Da es bei der Feinmahlung erforderlich ist, die Mühle an eine Entstaubungsanlage oder wenigstens an einen Entstaubungsschlot anzuschließen, so ist hierfür am oberen Teil des Blechgehäuses ein entsprechender Anschluß *23* vorgesehen.

Der Zerkleinerungs- und Mahlvorgang vollzieht sich innerhalb der Mahltrommel durch die Einwirkung der Mahlkugeln. Diese werden bei der Drehung der Mühle von den stufenweise angeordneten Mahlplatten gehoben, rollen teilweise auf diesen ab oder werden nach Art einer Wurfbewegung abgeschleudert, um beim Auftreffen auf das zugeführte Grobgut dieses zu zertrümmern und zu zerreiben. Die Bewegungsvorgänge in den Siebkugelmühlen sind im Prinzip die gleichen wie bei den Rohrmühlen und werden S. 215, die Rohrmühle betreffend, noch eingehender behandelt.

Als Mahlkörper kommen ausschließlich Stahlkugeln von 80 bis 120 mm Durchmesser in Frage. Die Füllungsmenge ist so zu bemessen, daß der Mahlraum nur etwa 10 bis 15% seines Inhaltes mit Kugeln gefüllt wird. Bei eingetretenem Verschleiß werden dann entsprechende Mengen an Stahlkugeln durch den Einlauftrichter oder durch das Mannloch nachgefüllt. Die Mahlplatten sind bei der in den Abb. 84 u. 85 dargestellten Mühle aus bestem Stahlguß gefertigt und mit ihren Flanschen mit den Seitenwänden verschraubt. Die Seitenwände sind im Innern der Mühle ebenfalls mit Verschleißplatten aus Stahlguß oder Schalenhartguß ausgekleidet.

Wie aus der Abb. 83 ersichtlich, ist die Aufgabestückgröße des zu vermahlenden Gutes durch die freie Durchlaßöffnung der Nabe 5 begrenzt. Da die Siebkugelmühle andererseits aber einen außerordentlich hohen Zerkleinerungsgrad aufweist, so daß die Aufgabestückgröße bei Vermahlung spröden Gutes, besonders bei den Mühlen kleineren Durchmessers, größer als der freie Durchlaß der Nabe *5* gewählt werden könnte, so ist man auch zu einer Bauart der Mühle gekommen, bei der die durchgehende Achse *1* vermieden wird. Diese Bauart entspricht im Prinzip der im nachfolgenden Teil dieses Abschnittes behandelten Siebkugelmühle für Naßmahlung, wie diese in den Abb. 87 u. 88 dargestellt ist.

Diese Bauart hat sich wohl bewährt, aber es darf hierbei nicht vergessen werden, daß eine solche Mühle ohne durchgehende Achse nicht mehr die Stabilität aufweist wie eine Mühle mit durchgehender Achse.

Man hat deshalb diese Ausführung auch auf die kleineren und mittleren Größen der Mühle beschränkt.

Im Laufe der Entwicklung der Siebkugelmühle konnte es nicht ausbleiben, daß sich bei den verschiedenen Lieferfirmen Konstruktionsabweichungen ergaben, die aber an dem eigentlichen Mahlvorgang der Mühle nichts änderten, sondern sich im wesentlichen auf die Siebvorrichtung und die Rückführung des zu groben Mahlgutes in den Mahlraum bezogen. Weiterhin wurden auch die einteiligen Mahlplatten, wie sie in der Abb. 84 dargestellt sind, in Grundplatten aus starkem Blech und darauf geschraubten Verschleißplatten verschiedener Art zur Ausführung gebracht.

Als dann im Laufe der Zeit die Ansprüche an die Feinheit des Mahlerzeugnisses weiter stiegen, zeigte es sich, daß die feinen Siebgewebe diesen Ansprüchen nicht mehr recht gewachsen waren. Um diesen Schwierigkeiten zu begegnen, kam man zu der Anwendung des Windsichters zur Abtrennung des feinen Mahlgutes aus dem groben Mühlenprodukt und Rückführung der Grieße in die Mühle. Kurzum, es ergaben sich eine ganze Reihe verschiedenartiger Konstruktionsformen der Mühle, denen man diese oder jene Vorzüge nachsagte. Mögen diese auch in dem einen oder anderen Fall zutreffen, so sind sie im ganzen gesehen doch von geringer Bedeutung. Grundsätzlich bleibt der eigentliche Mahlvorgang in allen diesen Mühlen derselbe. Nur die Mahlkugeln erzeugen durch die ihnen bei der Drehung der Trommel mitgeteilte kinetische Energie den Mahleffekt, und hierbei ist in erster Linie die Art und Menge der Kugelfüllung sowie die richtig eingestellte Umdrehungszahl der Mühle maßgebend.

Aus den vorstehend genannten Gründen soll hier auch von der Darstellung der Siebbeaufschlagung der Kugelmühlen verschiedener Lieferfirmen Abstand genommen werden, und es soll in der Abb. 85 lediglich noch die Kombination einer Siebkugelmühle mit einem Windsichter gezeigt werden. In diesem Falle werden die Feinsiebe der Kugelmühle entbehrlich und das aus der Mahltrommel austretende Gut wird lediglich auf den Vorsieben abgesiebt. Das aus der Mühle austretende grießige Mahlgut wird dem Becherwerk *1* zugeführt und von diesem auf den Windsichter *2* gehoben. Im Windsichter, dessen Arbeitsweise im „Dritten Teil" noch näher erläutert wird, erfolgt die Abtrennung des feinen Fertiggutes von den Grießen, die dann ihrerseits zwecks weiterer Vermahlung durch das Rohr *3* zur Mühle zurückgelangen. In dieser Weise kann jede Siebkugelmühle beliebiger Bauart mit einem Windsichter zu einem Mahlsystem kombiniert werden. Die Kombination von Kugelmühle mit Windsichter ist besonders vorteilhaft zur Feinmahlung leicht mahlbarer Stoffe, wie beispielsweise Kalkhydrat, da in einem solchen Falle die auf der Mahltrommel sitzenden Feinsiebe die erhöhte Mahlleistung der Mühle nur schwer bewältigen könnten.

Siebkugelmühlen werden in den verschiedensten Abmessungen bis zu etwa 3000 mm Durchmesser der Mahltrommel gebaut. Die kleinsten Mühlen für Laboratoriumszwecke sind im Prinzip der gleichen Konstruktion und Arbeitsweise wie die großen Mühlen. Sie sind gewöhnlich auf einem gußeisernen Gestell montiert. Durchweg ist bei den Siebkugelmühlen das Verhältnis von Mahltrommeldurchmesser zur Mahltrommelbreite größer als 1 : 1. Leider gibt die übliche Angabe des Durchmessers der Mühle keinen einheitlichen Vergleichsmaßstab der Mühlengrößen verschiedener Bauarten entsprechend ihrem tatsächlichen Mahlraumdurchmesser. Die übliche Angabe des Durchmessers der Mühle bezieht sich auf den äußeren Durchmesser der Mahltrommel einschließlich der Siebbespannung, während für die Beurteilung der Leistungsfähigkeit der mittlere Mahlraum - Durchmesser maßgebend ist. Da aber die Art der Siebbespannung, wie aus den vorangegangenen Darstellungen hervorgeht, bei den verschiedenen Mühlentypen sehr unterschiedlich ist, so ist auch das Verhältnis Mahltrommelaußendurchmesser zum mittleren Mahlraumdurchmesser nicht einheitlich. Es sollte deshalb bei der Normung der Siebkugelmühlen angestrebt werden, die Mühlengrößen nach mittleren Mahlraumdurchmessern entsprechend einer Normenzahlenreihe anzupassen. In den nachfolgenden Tabellen sind

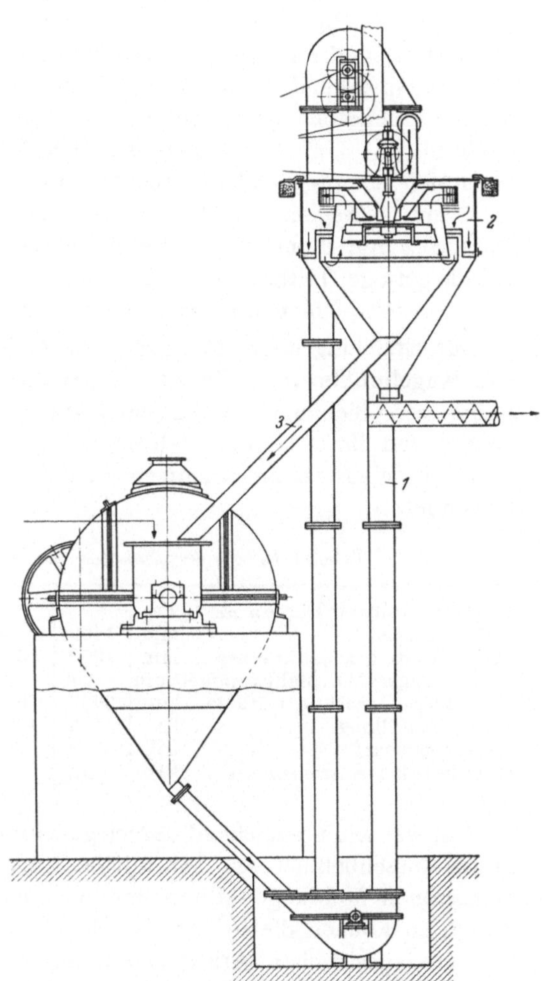

Abb. 85. Siebkugelmühle mit Windsichter.

die Mühlengrößen bereits nach dem mittleren Mahlraumdurchmesser angegeben, so daß die sich daraus ergebenden Leistungen für alle Mühlentypen entsprechend ihren mittleren Mahlraumdurchmessern gültig sind.

Das **Anwendungsgebiet** der Siebkugelmühlen ist außerordentlich umfangreich. Hier wirkt sich besonders der hohe Zerkleinerungsgrad der Mühlen und die genaue Bestimmung der Feinheit des Mahlerzeugnisses entsprechend der gewählten Siebbespannung vorteilhaft aus. Die Aufgabestückgröße beträgt entsprechend der Mühlengröße von Hühnereigröße bis zur doppelten Faustgröße. Die Feinheit des Mahlerzeugnisses kann sich entsprechend der Siebbespannung in den Grenzen von 0,2 bis 3 mm bewegen. Darüber hinaus können die Feinsiebe entfallen. Unter 0,2 mm Feinheit des Mahlgutes zu mahlen, ist mit Rücksicht auf die geringe Haltbarkeit der Feinsiebe nicht oder nur in den äußersten Fällen zu empfehlen und dann auch nicht unter 0,1 mm.

Zur Erzielung hoher Feinheiten unter 0,2 mm ist die Kombination von Kugelmühle und Windsichter geeignet. In der Tab. 15 sind eine Reihe von Siebkugelmühlen nach ihrem mittleren Mahlraumdurchmesser und ihrer lichten Mahlraumbreite aufgeführt. Der Leistungsbedarf in Kilowatt ist entsprechend der günstigsten Mahlkugelfüllung berechnet.

Tabelle 15. *Siebkugelmühlen für Trockenvermahlung.*

Mittlerer innerer Durchmesser des Mahlraumes . . . . mm	1400	1600	1800	2000	2240	2500
Lichte Breite des Mahlraumes . mm	1000	1000	1250	1250	1600	1600
Umdrehungszahl d. Mahltrommel/min	27	25	24	23	21	20
Ungefähres Gewicht der Mühle kg	5000	7000	12000	15000	20000	25000
Stahlkugelfüllung . . . . . . kg	750	1000	1600	2000	3000	4000
Leistungsbedarf . . . . kW	9	12	20	26	43	57
Erforderlicher Antriebsmotor . kW	12	15	25	32	55	70

Da, wie schon eingehend dargelegt wurde, die Leistung einer Kugelmühle ausschließlich von dem mittleren Mahlraumdurchmesser, der angemessenen Mahlkugelfüllung und der richtigen Umdrehungszahl abhängt, so können die in der Tabelle 16 angegebenen mittleren Werte für den spezifischen Arbeitsbedarf in kWh/t für die verschiedenen Stoffe bei einer bestimmten Feinheit als maßgeblich für alle Siebkugelmühlentypen angesehen werden.

Über das Verhältnis der Leistungen bei verschiedenen Feinsiebbespannungen zueinander gibt die Abb. 86 Aufschluß. Ist also die Leistung einer Mühle bei einer bestimmten Siebbespannung bekannt, so kann nach dieser graphischen Darstellung die zu erwartende Leistung bei einer anderen Siebbespannung ermittelt werden.

Tabelle 16. *Spezifischer Arbeitsbedarf kWh/t.*

Prüfsieb DIN 1171, Maschen/cm	4	8	12	16	20	24	30
Dolomit, ungebrannt		10					
Eisenoxyd	4						
Gips, gebrannt				10			
Graphit						14	
Hochofenschlacke, granuliert						16	
Kalk, gebrannt			6				
Kalkstein			9				
Koks		14					
Magnesit							20
Marmor							20
Quarzit		12					
Schamottesteine		7					
Steingutscherben		12					
Thomasschlacke (Blockschlacke) . . .					14		
Ton, gebrannt	8						
Zementklinker, Schachtofen			8				
Ziegelbrocken		6					

Die Anwendung der Tab. 15 u. 16 sowie der Abb. 86 ergibt sich aus folgendem Beispiel:

Aufgabe: Es soll ein Kalkstein von der Mahlbarkeit wie in Tab. 16 angegeben, vermahlen werden, und zwar auf eine Siebfeinheit nach Prüfsieb Nr. 30. Die Leistung der Mühle soll hierbei 3 t/h betragen. Welche Mühlengröße ist hierfür zu wählen?

Lösung: Nach Tab. 16 beträgt der spezifische Arbeitsbedarf bei der Vermahlung des Kalksteins auf eine Siebfeinheit entsprechend dem Prüfsieb Nr. 12 9 kWh/t. Da aber eine Feinheit entsprechend Prüfsieb Nr. 30 erzielt werden soll, so ist aus der graphischen Darstellung auf Abb. 86 zunächst festzustellen, auf wieviel sich der spezifische Arbeitsbedarf vergrößert. Der gesuchte Wert x ergibt sich aus der Darstellung mit

$$x = (56{,}5 : 28{,}5) \cdot 9$$
$$= 18 \text{ kWh/t}.$$

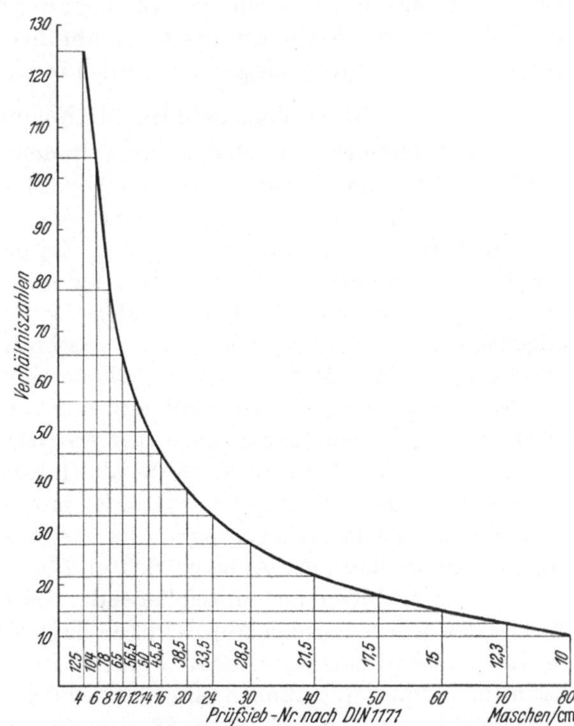

Abb. 86.
Verhältnis der Leistungen bei verschiedenen Siebbespannungen.

Da nun 3 t/h geleistet

werden sollen, so muß eine Mühle gewählt werden, die 18 · 3 = 54 kW Leistungsbedarf besitzt. Dieser Leistungsbedarf entspricht mit einer kleinen Sicherheit der Siebkugelmühle mit einem mittleren Mahlraumdurchmesser von 2500 mm und einer Breite von 1600 mm.

Es ist selbstverständlich, daß die in der Tab. 16 angegebenen Werte für den spezifischen Arbeitsbedarf nur als ungefähr zu betrachten sind. Es ist ja bekannt, daß die zu vermahlenden Stoffe, gleichgültig welcher Art sie sein mögen, eine sehr unterschiedliche Mahlbarkeit besitzen. Dies bezieht sich natürlich auch auf die Stoffe gleichartiger Benennung, wie beispielsweise Kalkstein. Nichtsdestoweniger ist der hier aufgezeigte Rechnungsweg wertvoll, wenn es sich darum handelt, die zu erwartende Leistung einer Siebkugelmühle auf Grund eines mit einer vielleicht kleineren Mühle und mit anderer Siebbespannung durchgeführten Mahlversuches zu berechnen.

Schließlich sei noch darauf hingewiesen, daß auf der Siebkugelmühle für Trockenmahlung selbstverständlich auch nur ein trockenes oder vorgetrocknetes Aufgabegut zur Vermahlung gelangen darf, und zwar dies um so mehr, je feiner die Siebbespannung der Mühle ist. Weiterhin ist es auch wichtig, die Mühle gut zu entlüften und zu entstauben. Im allgemeinen genügt der Anschluß an ein vertikal über der Mühle angebrachtes Abzugsrohr, das die Staubluft ins Freie abführt. Ein Anschluß an eine reguläre Entstaubungsanlage ist natürlich in jedem Fall vorzuziehen.

b) Siebkugelmühlen für Naßmahlung.

Siebkugelmühlen für Naßmahlung finden in der Hauptsache in der Erzaufbereitung Verwendung. Die Abb. 87 zeigt einen Längsschnitt und die Abb. 88 einen Querschnitt einer solchen Mühle.

Der Aufbau der Mühle ist im Prinzip der gleiche wie bei der Mühle für Trockenmahlung. Unterschiedlich ist lediglich die Lagerung und das Siebgehäuse. Die Siebkugelmühlen für Naßmahlung werden im allgemeinen ohne durchgehende Achse ausgeführt, wie dies auf Abb. 87 ersichtlich ist. Die Mahltrommel erhält auf der Antriebsseite einen in der Nabe *1* fest eingesetzten Zapfen *2*, der von dem Lager *3* getragen wird und an dessen freiem Ende das Antriebsstirnrad sitzt. Auf der anderen Seite der Mühle ist die Nabe als Hohlzapfen *5* ausgebildet, der entweder in einem Gleitlager *6* läuft oder mit einem Laufring versehen ist und von einer Rollenlagerung unterstützt werden kann. In den Hohlzapfen *5* greift dann der Aufgabetrichter *7* ein.

Das die Mahltrommel umschließende Gehäuse kann entweder in Blech oder, wie es auf den Abb. 87 u. 88 dargestellt ist, im unteren Teil in Holzkonstruktion ausgeführt werden. Die Holzkonstruktion wird dann im Inneren mit dünnen, am besten nicht rostenden Blechen ausgekleidet. Die in den Abb. 87 u. 88 gezeigte Darstellung bedarf keiner besonderen Erläuterung.

Da es sich nun um eine Naßmahlung handelt, so ist der Mühle auch

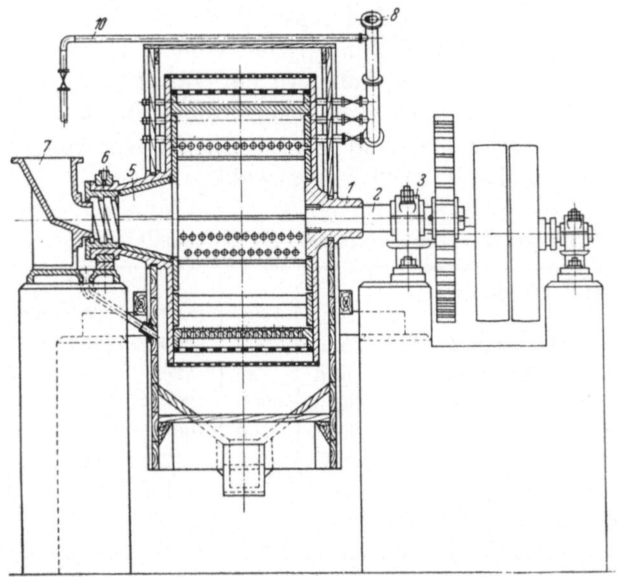

Abb. 87. Siebkugelmühle für Naßmahlung.

eine genügende Menge an Frischwasser zuzuführen. Zu diesem Zwecke ist eine Wasserzufuhr zum Aufgabetrichter und eine Brausevorrichtung zum Abbrausen der Siebe am äußeren Umfang der Mahltrommel vorgesehen. Diese Einrichtung wird bei *8* an die Wasserleitung angeschlossen. Die quer über die Mahltrommel führenden Rohre *9* sind als Brauserohre gelocht und das Rohr *10* führt das Wasser zum Aufgabetrichter. Zur genaueren Einstellung der zuzuführenden Wassermenge sind entsprechende Ventile vorgesehen. Der Wasserverbrauch bei Erzvermahlung stellt sich im allgemeinen auf 4 bis 5 m³ je Tonne Erz.

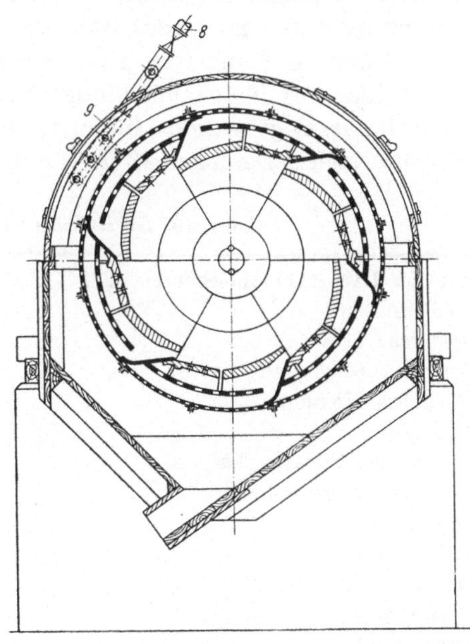

Abb. 88. Siebkugelmühle für Naßmahlung.

Der Mahlvorgang innerhalb der Mahltrommel ist der gleiche

wie bei der Mühle für Trockenmahlung. Dementsprechend ist auch die Mahlleistung abhängig vom mittleren Durchmesser des Mahlraumes, der Kugelfüllung und der Umdrehungszahl der Mahltrommel in der Minute. Einzelheiten in der Ausführung der Konstruktion spielen deshalb auch eine untergeordnete Rolle. In der Tab. 17 sind die hauptsächlichsten Angaben der Mühlen üblicher Größen enthalten. Die Abmessungen der Mahltrommel sind wieder unabhängig von den Ausführungen irgendwelcher Lieferfirmen gewählt.

Tabelle 17. *Sieb-Kugelmühle für Naßmahlung.*

Mittlerer, innerer Durchmesser des Mahlraumes . . . . mm	1400	1600	1800	2000	2240
Lichte Breite des Mahlraumes . . . mm	1000	1000	1250	1250	1600
Umdrehungszahl der Mahltrommel . U/min	30	28	26	25	23
Ungefähres Gewicht der Mühle . . . kg	5000	7000	12000	15000	20000
Stahlkugelfüllung . . . . kg	750	1000	1600	2000	3000
Leistungsbedarf . . . . kW	9	12	18	24	40
Erforderlicher Antriebsmotor . . . . kW	12	15	24	30	50

Was die zu erwartenden durchschnittlichen Leistungen der Siebkugelmühlen für Naßmahlung anbelangt, so können im gleichen Sinne wie bei den Mühlen für Trockenmahlung aus der nachfolgenden Tab. 18 Durchschnittswerte über den spezifischen Arbeitsbedarf bei der Vermahlung verschiedener Erzarten entnommen werden. Für die Nutzanwendung dieser Werte zur Berechnung bestimmter Mühlenleistungen bei bestimmten Feinheiten gilt die gleiche Regel, wie sie bereits bei den Mühlen für Trockenmahlung ausführlich erörtert und an einem Beispiel dargelegt wurde. Im übrigen gilt auch der diesem Beispiel folgende Nachsatz sinngemäß für die Siebkugelmühlen für Naßmahlung.

Tabelle 18. *Spezifischer Arbeitsbedarf kWh/t.*

Prüfsieb DIN 1171 Maschen/cm	4	6	10	12	16	30
Golderze					18	
Golderze, Serbien			9			
Golderze, Rhodesien					12	
Silbererze Mexiko, ...				9		20
Wismuterze			5			
Kupfererze, Südamerika		7				
Kupfererze, Schweden			9			
Antimonerze	4					
Bleierze, Harzer		8				
Bleizinkerze, Italien		5				
Wolframerze			8			
Manganerze					9	

25. Die Rohrmühle.

Allgemeines.

Als Vorläufer der Rohrmühle ist die satzweise arbeitende Trommelmühle anzusehen, die schon in alten Zeiten besonders in der Farben- und keramischen Industrie zum Mahlen von Farben, Glasuren u. dgl. Verwendung fand. Man hatte die Vorzüge der kollektiven Arbeitsweise der Mahlorgane, in diesem Fall der Mahlkörper, erkannt und strebte danach, die periodische Arbeitsweise der Trommelmühle in eine kontinuierliche umzuwandeln. Hieraus entstand die Siebkugelmühle. Nachteilig für die Siebkugelmühle war der Umstand, daß eine Fein- und Feinstmahlung auf der Siebkugelmühle wegen der geringen Haltbarkeit der Feinsiebe nicht möglich war. So war es naheliegend, daß die Erfinder zu dem geschlossenen Typ der Kugelmühle (Trommelmühle) zurückkehrten und nun versuchten, die diskontinuierliche Arbeitsweise der Trommelmühle in eine kontinuierliche umzuwandeln. Es ist interessant, an Hand der Patentliteratur zu verfolgen, in welcher Weise diese Entwicklung schrittweise vor sich ging. Man ging von dem Gedanken aus, eine Anzahl von Trommelmühlen hintereinander in Form einer einheitlichen Mühle anzuordnen und das Mahlgut von einer Kammer in die nächste usf. bis in die letzte Kammer zu fördern, um es aus dieser schließlich als Fertiggut abzuführen. Die Abb. 89 u. 90 zeigen, wie von ursprünglich fünf Kammern schließlich nur noch drei Kammern ausreichten. Mit der Konstruktion nach Abb. 91 entstand eine neue Form in der Entwicklung der kontinuierlich arbeitenden Rohrmühlenbauart, nämlich die Konstruktion einer konischen Mahltrommel, bei welcher das Mahlgut beim größten Trommeldurchmesser eintritt und durch die fortschreitende Konizität der Trommel in seiner Wanderung zum Austritt aus der Trommel allmählich verzögert werden sollte. Da es baulich nicht vorteilhaft war, die ganze Trommel als ein einziges konisches Rohr mit genügender Steigung der Trommelwand auszuführen, so entschied man sich zu der in der Abbildung dargestellten Dreiteilung. Andererseits

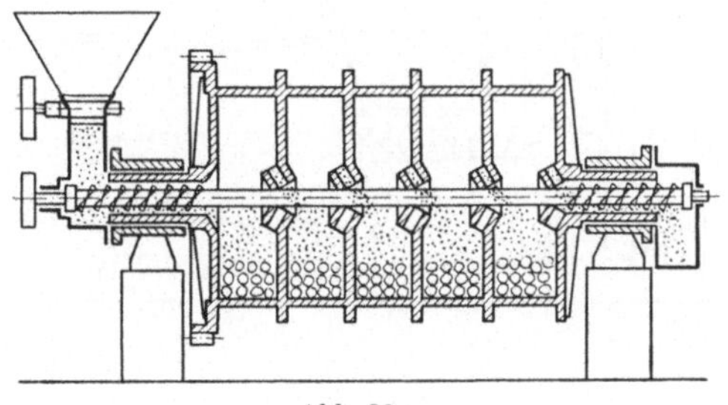

Abb. 89.

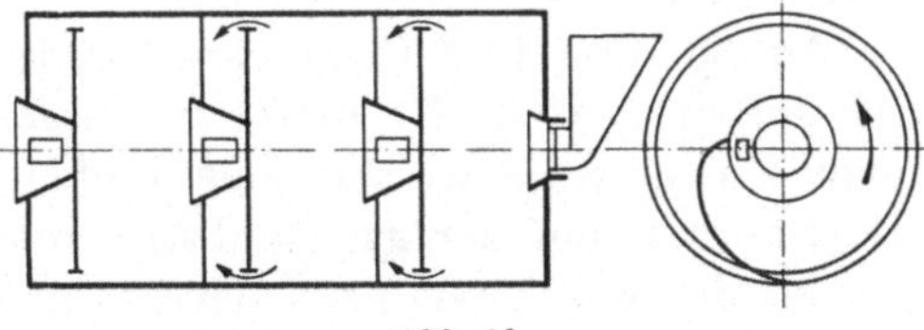

Abb. 90.

aber näherte man sich durch diesen Vorschlag dem erstrebten Ziel einer Einkammermühle. Nun hatte diese Bauart aber den Nachteil, daß der Durchgang des Mahlgutes durch die dreifach konisch ausgebildete Mahltrommel sehr gehemmt wurde, so daß ein kontinuierlicher Betrieb einer solchen Einkammer-Rohrmühle beeinträchtigt wurde. Durch diese Erkenntnis beeinflußt, trat dann in den sich folgerichtig entwickelnden Erfindungen ein Gedanke auf, der zwar sachlich falsch war, aber dennoch in der Weiterentwicklung der Rohrmühle eine Wendung von geschichtlicher Bedeutung brachte. Es war der Gedanke, die Bewegung des Mahlgutes vom Einlauf zum Auslauf durch die Anordnung eines Höhenunterschiedes zwischen Einlauf und Auslauf zu veranlassen. Wenn wir hierunter auf diese Dinge ausführlicher eingehen, als es allgemein bei derartigen Abhandlungen üblich ist, so geschieht dies deshalb, weil die

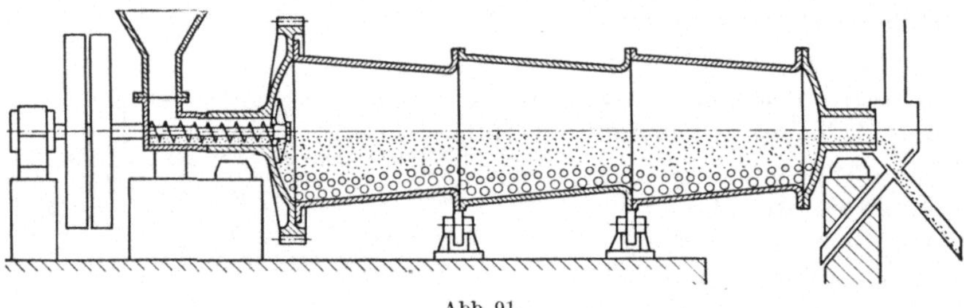

Abb. 91.

Rohrmühle die heute weitaus wichtigste Mahlmaschine in der gesamten Hartzerkleinerung geworden ist.

Am 30. Juni 1891 wurde von Konow & Davidson, Paris, ein Deutsches Reichspatent Nr. 62871 herausgenommen, das eine Rohrmühle ohne Zwischenwände, also eine Einkammer-Rohrmühle von gleichem Durchmesser auf der ganzen Länge der Mahltrommel wiedergab. Die Bauart der Mühle, wie sie in der Patentschrift dargestellt war, zeigt die Abb. 92.

Der Patentanspruch lautete:

Eine Kugelmühle, in welcher ein stetiger Arbeitsgang dadurch erreicht ist, daß unter Zuführung des Mahlgutes in der Mitte des einen Trommelendes und Abführung am Umfang des anderen Trommelendes – „also mittels eines unveränderlichen Höhenunterschiedes zwischen Ein- und Austragsstelle“ – ein langsames Vorrücken des Mahlgutes zwischen den rollenden Kugeln in der Längsrichtung der hinreichend langen rohrförmigen Trommel erfolgt.

Bis zum Jahre 1897 fand dieses Patent wenig Beachtung, dann aber entstand der erste Rechtsstreit. Der Ingenieur Franz Schwenterley, Berlin, hatte die Nichtigkeitsklage angestrengt. Im Laufe des Verfahrens vor dem Patentamt übernahm die Firma F. L. Smidth & Co., Kopenhagen, die Patentrechte von der Firma Konow & Davidson, Paris.

Trotz des Eingreifens der damals schon weltbekannten Firma Smidth & Co. wurde das Patent Nr. 62871 für nichtig erklärt. Gegen dieses Urteil legte die Firma Smidth & Co. Berufung ein, die auch erfolgreich war. Nun begann aber eine endlose Prozeßfolge, die darin ihre Ursache hatte, daß auch andere Firmen inzwischen die Bedeutung der Einkammer-Rohrmühle erkannt hatten. So hatten auch die Firmen Fried. Krupp Grusonwerk A.-G., Magdeburg, und G. Luther, Braunschweig, inzwischen den Bau derartiger Mühlen mit geringer Abänderung gegenüber dem Patentanspruch aufgenommen, während die Firma Löhnert, Bromberg, eine Lizenz zum Bau der Mühlen von der Firma F. L. Smidth & Co. übernommen hatte. Gegen Fried. Krupp Grusonwerk A.-G., und G. Luther wurde von F. L. Smidth & Co. eine Anklage wegen Patentverletzung erhoben. Im Laufe dieser Prozeßverhandlungen wurde auf

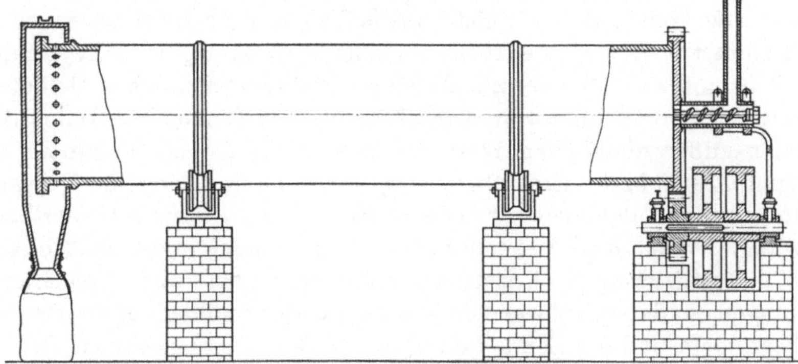

Abb. 92. Reichspatent Nr. 62871, Patentzeichnung.

Grund von Gutachten von Sachverständigen zweimal die Nichtigkeit des Patentes erklärt. Das Urteil wurde dann aber vom Reichsgericht wieder aufgehoben, da selbst das Patentamt das Patent zu Recht bestehend anerkannte. So wurden die Firmen Krupp Grusonwerk A.-G., und Löhnert erneut der Abhängigkeit von dem Patent Nr. 62871 für schuldig befunden. Krupp gab aber die Sache trotzdem nicht auf und entschloß sich nun, auf seinem Grusonwerk in Magdeburg eine Modellmühle aufzustellen und die Nichtigkeit des Patentanspruches und damit auch die Unhaltbarkeit der Urteile der Sachverständigen, des Patentamtes und der Gerichte nachzuweisen. Diese vom Grusonwerk im Jahr 1904 durchgeführten Versuche wurden von grundlegender Bedeutung. Sie brachten zum erstenmal eine wissenschaftliche Erforschung der eigentlichen Mahlvorgänge in derartigen Mühlen. (S. 215 wird die Theorie der Bewegungsvorgänge in der Rohrmühle eingehend behandelt.)

Das Grusonwerk überreichte dann auf Grund dieser Versuche dem

Gericht eine ausführliche Darstellung der Arbeitsvorgänge in Rohrmühlen und erreichte schließlich damit, daß das Urteil der Patentverletzung der Firmen Fried. Krupp Grusonwerk A.-G., und Luther als ungültig erklärt wurde. Nunmehr lag es nahe, daß diese beiden Firmen die endgültige gerichtliche Nichtigkeitserklärung des Patentes 62871 beantragen würden. Hiervon wurde aber abgesehen, da das Patent bereits wenige Monate später, und zwar am 30. 6. 1905 ablief.

So hatte sich der erbitterte Kampf der streitenden Parteien über die ganze Laufzeit des Patentes hingezogen, und erst mit Ablauf dieses Kampfes wurde jene Klarheit über die Arbeitsvorgänge in Rohrmühlen gewonnen, die den Grundpfeiler in der weiteren Entwicklung dieser Maschine bildet.

Dieser mit so ungeheurer Zähigkeit durchgeführte Patentstreit kennzeichnete aber auch die Bedeutung, die man der Rohrmühle beizumessen begann. So konnte es auch nicht ausbleiben, daß nach der Bereinigung der Patentstreitigkeiten sofort eine schnelle Entwicklung und Anwendung der Rohrmühle auf den verschiedensten verfahrenstechnischen Gebieten einsetzte. In erster Linie war es die Zement- und Bindemittel-Industrie, die den außerordentlichen Wert der Rohrmühle für die Feinmahlung erkannte. Auch in der Erzaufbereitung, der Kohlenmüllerei, der Düngerstoffherstellung, der chemischen Industrie fand die Rohrmühle sehr bald Eingang. Je nach dem Anwendungszweck entstanden in den verschiedenen Industriezweigen Konstruktionsabweichungen und Sonderausführungen, so daß es schwer sein würde, die Rohrmühle hier als Ganzes zu behandeln und die Sonderheiten nur beiläufig zu erwähnen. Es soll deshalb in den nachfolgenden Abschnitten die Entwicklung und Anwendung der Rohrmühle in verschiedenen Industriegebieten gesondert behandelt werden, und zwar die Rohrmühle in der Zement- und Bindemittel-Industrie, in der Erzaufbereitung und auf sonstigen Gebieten der Verfahrenstechnik. Hierbei wird die Behandlung der Rohrmühle in der Zement- und Bindemittel-Industrie den weitaus größten Raum einnehmen, da hierin die grundlegende Entwicklung der Konstruktion, die die übrigen Industrien maßgebend beeinflußte, ihren Anfang nahm.

a) Die Rohrmühle in der Zement- und Bindemittel-Industrie.

α) Die allgemeine Entwicklung der Rohrmühle.

Die Abb. 93 u. 94 zeigen die Bauart der ersten Mühlen in der Zement-Industrie. Die Mühle bestand aus der Mahltrommel *1*, die aus einzelnen mit Laschen vernieteten Blechschüssen hergestellt wurde und an jedem Ende mit einer gußeisernen Kopfwand *2* und *3* mit angegossenen Hohlzapfen *4* und *5* abgeschlossen wurde. Die Einlaufkopfwand *2* war mit einem gußeisernen Zahnkranz *6* versehen, der von dem Ritzel *7* angetrieben wurde. Dieses Ritzel saß auf der in den drei Lagern *8*, *9* und *10* laufenden Vorgelegewelle *11*. Der Antrieb der Mühle erfolgte durch Los- und Festscheibe *12* und *13* von einer Transmission aus.

Die ersten Mühlen hatten einen Durchmesser der Mahltrommel von 1200 mm und eine Länge von 5 bis 6 m. Als Verschleißauskleidung war eine Silexsteinausmauerung vorgesehen und als Mahlkörper kamen Flintsteine zur Verwendung. Die Mühlen dienten zur Feinmahlung vorgeschroteten Mahlgutes, das durch eine in den Einlaufhohlzapfen greifende Aufgabeschnecke *14* eingeführt wurde. Das fertige Mahlgut wurde durch den Hohlzapfen am Ende der Mühle ausgetragen. Das konische Auslaufstück *15* war durch eine Staubhaube *16* abgeschlossen, die zum Zwecke der Entstaubung der Mühle an eine Entstaubungsanlage angeschlossen werden konnte. Zum Nachfüllen verschlissener Flintsteine und zur Probeentnahme des Mahlgutes waren die beiden Mannlöcher *17* und *18* vorgesehen.

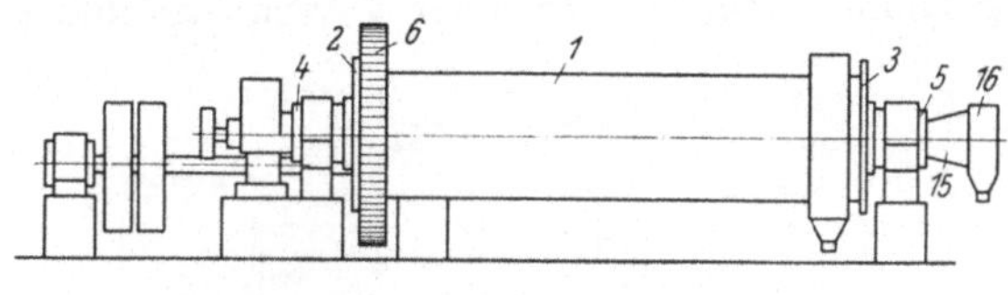

Abb. 93.

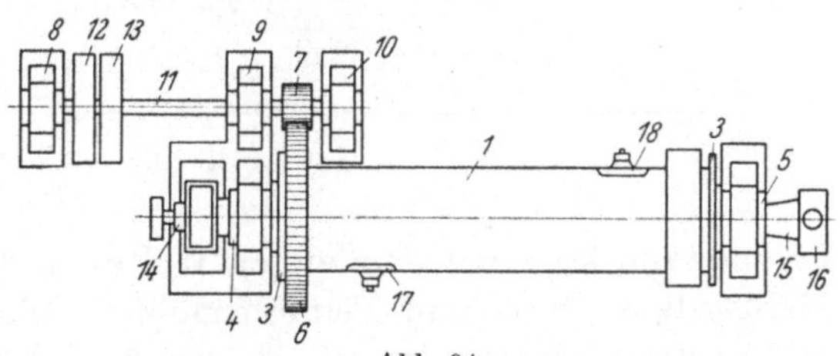

Abb. 94.

Abb. 93 u. 94. Die erste Rohrmühle.

Diese Mühlen dienten zu Anfang des Jahrhunderts sowohl als Naßmühlen zum Nachmahlen vorgeschlämmten Wiesenkalkes und von Ton (Zementrohschlamm) oder als Trockenmühlen zum Feinmahlen von Schachtofen-Zementklinker. Im letzteren Falle bildete gewöhnlich eine Siebkugelmühle als Vorschrotmaschine mit einer Rohrmühle ein Mahlsystem. Die Leistung eines solchen Mahlsystems betrug bei der Vermahlung von Schachtofen-Zementklinkern auf die damals übliche Feinheit von 15% Rückstand auf 4900 Maschen/cm² etwa 3 t/h bei einem Leistungsbedarf von etwa 60 kW.

In der weiteren Entwicklung der Rohrmühle kam man sehr bald auch zu größeren Abmessungen der Mühle und schließlich auch zur Anwendung von Stahlkugeln als Mahlkörper. Hierfür mußte die Mühle entsprechend stärker konstruiert werden. Ferner ging man dazu über, die Mahltrommel in geschweißter Ausführung herzustellen. Schließlich war es naheliegend, daß man danach strebte, Siebkugelmühle und Rohrmühle zu einer einzigen Mühle zu verschmelzen. So entstand die Ausführung der „Kugelrohrmühle“ nach Abb. 95. Der als Kugelmühle ausgebildete Teil der Mühle erhielt als Vormahlkammer einen größeren Durchmesser als die Feinmahlkammer. Zwischen diesen beiden Kammern befand sich, wie aus der Abbildung ersichtlich, eine Siebkammer, in welcher das aus der Vorschrotkammer kommende Mahlgut in der Weise klassiert wurde, daß die Grieße bis zu einer bestimmten Korngröße in die anschließende Feinmahlkammer gelangten, während das noch zu grobe Gut zur weiteren Zerkleinerung in die Vormahlkammer zurückbefördert wurde. Diese an sich sinnvolle Kombination einer Siebkugelmühle und einer Rohrmühle konnte sich aber in der Praxis nicht durchsetzen, da die technische Ausführung reichlich kompliziert war.

Aus dieser Erkenntnis heraus ließ man die Kombination von Siebkugelmühle und Rohrmühle fallen und entschied sich wieder für eine getrennte Mahlung in einer Vorschrotmühle und einer Feinmahlmühle.

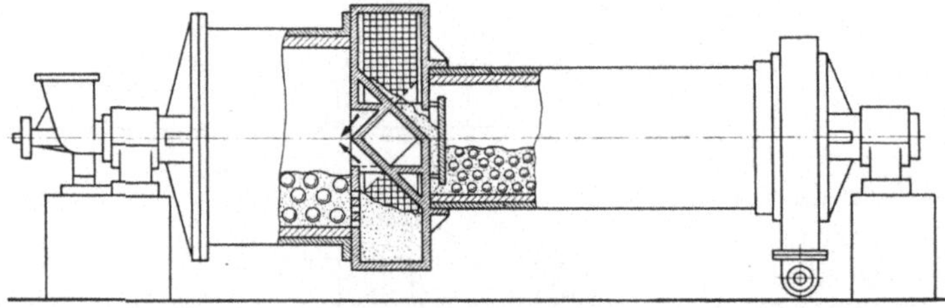

Abb. 95. Kugelrohrmühle.

So entstand kurz vor dem ersten Weltkrieg das in Abb. 96 dargestellte Mahlsystem „Vor- und Feinrohrmühle“. Die beiden Mühlen, die das Mahlsystem bildeten, waren in der Ausführung der einfachen Rohrmühlen gehalten, wobei als Vormühle eine Mühle mit größerem Durchmesser und geringerer Länge und als Feinmühle eine Mühle mit kleinerem Durchmesser und größerer Länge gewählt wurde.

Inzwischen hatte auch der Drehofen in Deutschland seinen Einzug gehalten, und es war eine unabwendbare Forderung, für die wesentlich härteren und schwerer mahlbaren Drehofenklinker eine Mahleinrichtung zu schaffen, die den Ansprüchen gerecht wurde. Diese Forderung wurde durch das Mahlsystem Vor- und Feinrohrmühle bestens erfüllt. Sehr günstig wirkte sich hierbei der Wegfall der Zwischenabsiebung mit Rücksicht auf die Betriebssicherheit der Anlage aus. Mit einem Mahlsystem Stahlkugel-Vorrohrmühle von 1800 mm Durchmesser und 5 m Länge und einer Stahlkugel-Feinrohrmühle von 1400 mm Durchmesser und 8 m Länge wurden bei Vermahlung von Drehofen-Zementklinkern auf 10% Rückstand auf 4900 Maschen/cm² Leistungen bis zu 12 t/h bei einem Leistungsbedarf an den Vorgelegewellen von 280 kW erzielt. Das gleiche Mahlsystem kam auch zur Vermahlung von Rohmaterialien zu Dickschlamm mit bestem Erfolg zur Anwendung.

Trotz der Vorzüge, die das Mahlsystem Vor- und Feinrohrmühle mit sich brachte und auch von verschiedenen Maschinenfabriken zur Ausführung kam, wurde es immer mehr durch die Weiterentwicklung der Mahltechnik zurückgedrängt. Diese Weiterentwicklung erstreckte sich in zweierlei Richtungen: Einerseits kam das Bestreben, die Vor- und Feinrohrmühle zu einer einheitlichen Maschine zu vereinigen in erhöhtem

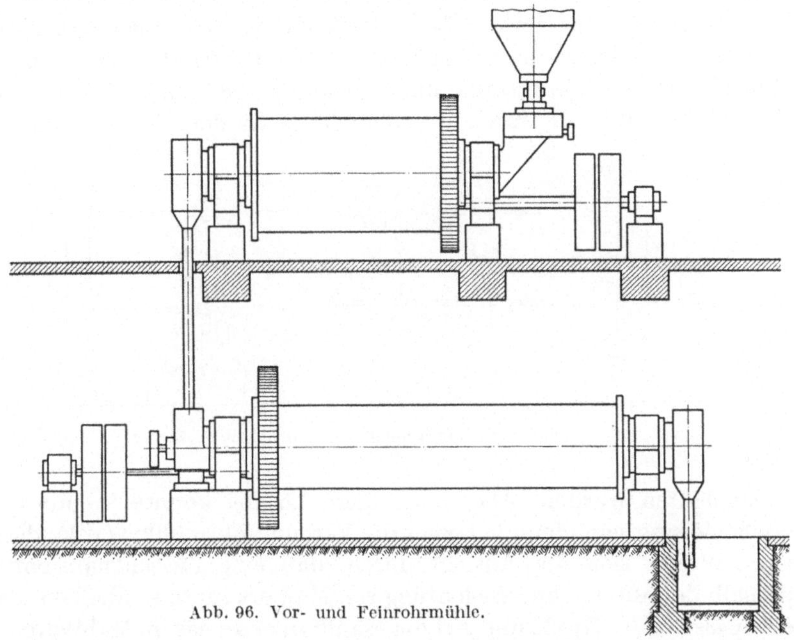

Abb. 96. Vor- und Feinrohrmühle.

Maße zur Geltung und andererseits eröffnete die Kombination einer kurzen Rohrmühle in Verbindung mit einem Windsichter neue Wege zur Feinmahlung grobstückigen Gutes. Die zuerst genannte Entwicklung führte zur Konstruktion der „Verbundrohrmühle", während die Kombination von kurzer Rohrmühle mit Windsichter ihr Endziel in den heute allgemein bekannten „Mahltrocknungsanlagen" erreichte.

Beginnen wir mit der Entwicklung der Verbundrohrmühle, so fällt auf, daß man sich anfangs immer noch nicht von einer Zwischenabsiebung zwischen Vor- und Feinmahlkammern frei machen konnte, obgleich doch das Beispiel des Mahlsystems Vor- und Feinrohrmühle gezeigt hatte, daß eine solche Zwischenabsiebung gar nicht nötig sei. So entstand zunächst die Verbundrohrmühle der Firma Fellner & Ziegler nach Abb. 97. Das in der Vormahlkammer *1* vorgeschrotete Gut trat durch die Schlitze der Austragswand *2* in den Zwischenraum *3* und gelangte von dort auf die innere Siebfläche eines die Trommel umschließenden Siebmantels *4*. Das genügend vorgeschrotete Gut, das durch die Drehung der Trommel auf der Siebfläche abgesiebt wurde, floß durch die Siebmaschen in den äußeren geschlossenen Blechmantel *5* und wurde aus diesem durch entsprechende Transportschaufeln dem Einlauf *6* zur Feinmahlkammer zugeleitet.

Die Firma Fried. Krupp Grusonwerk A.-G. brachte dann eine vereinfachte Siebwand zwischen Vor- und Feinmahlkammer der Verbundrohrmühle heraus, bei der am Ende der Vorkammer das genügend vorgeschrotete Gut durch die Maschen entsprechend geschützt angeordneter Siebbleche in die Feinmahlkammer gelangte, während die noch zu groben Materialkörner durch die Siebbleche in der Vormahlkammer

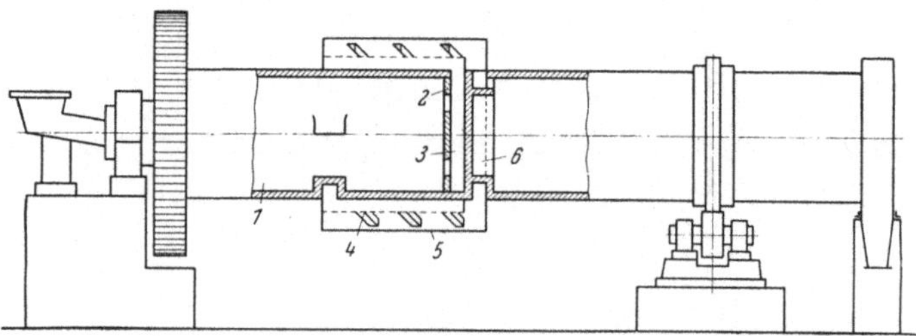

Abb. 97. Die erste Verbundrohrmühle der Firma Fellner & Ziegler.

zurückgehalten wurden. Aber auch diese Lösung konnte ja nur eine Zwischenlösung sein, denn je länger die Verbundrohrmühle wurde, desto mehr kämpfte sich die Ansicht durch, daß eine Zwischenabsiebung innerhalb der Mühle ohne Bedeutung sei. Man erkannte schließlich, daß die Anpassung der Größe und Art der Mahlkörper an das im Mahlvorgang fortlaufend weiter zerkleinerte Gut wichtiger sei als die Zurückhaltung zu grober Grieße. So entstanden schließlich die Verbundrohrmühlen, bei denen die Mahltrommel durch Zwischenschaltung einer gelochten oder mit Schlitzen versehenen Zwischenwand ausgerüstet wurde, die lediglich die Aufgabe hatte, die in den beiden Mahlkammern befindlichen Mahlkörper getrennt voneinander zu halten. Hiermit wurde erreicht, daß eine genauere Auswahl der Mahlkörper nach Größe und Form für jede der Mahlkammern entsprechend der zu leistenden Arbeit getroffen werden konnte.

Abb. 98 zeigt eine Verbundrohrmühle der damaligen Firma Amme, Gieseke & Konegen (jetzt Miag), bei der man daran festhielt, die Vormahlkammer mit größerem Durchmesser zu versehen als die Feinmahlkammer. Diese Maßnahme schien damals der allgemeinen Ansicht, daß zu einem bestimmten Mahltrommeldurchmesser auch eine ganz bestimmte Umdrehungszahl der Mahltrommel gehören müsse, zu widersprechen. Heute wissen wir, daß wir nicht so streng an die Umdrehungszahl nach der bekannten Formel $32 : \sqrt{D}$ gebunden sind, sondern daß es ganz vorteilhaft wäre, wenn die Vormahlkammer mit ihrem niederen Füllungsgrad und den großen Mahlkugeln eine etwas erhöhte Umdre-

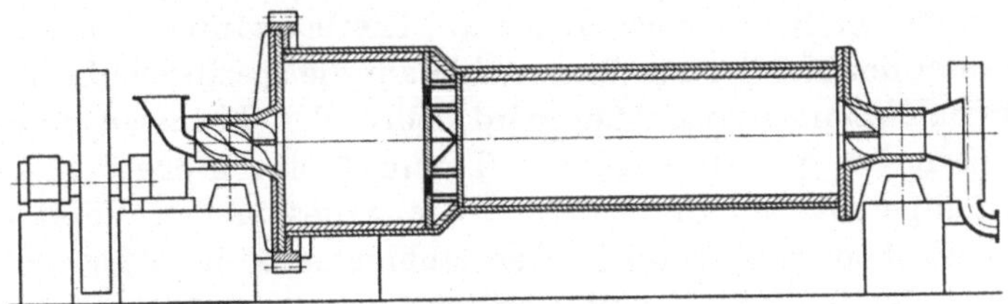

Abb. 98. Die erste Verbundrohrmühle der Firma Amme, Gieseke & Konegen.

hungszahl hätte, da die großen Mahlkugeln bei der normalen Umdrehungszahl der Mahltrommel nicht genügend beschleunigt werden. Man ist aber von dieser Bauart, wohl mehr aus konstruktiven Gründen, wieder abgekommen und versieht die Vormahlkammer bei gleichbleibendem Durchmesser der Mahltrommel mit stufenförmig angeordneten Mahlplatten, um so eine bessere Wurfbewegung der großen Mahlkörper zu erzielen.

Als die Verbundrohrmühlen dann immer größere Abmessungen annahmen und vor allem immer längere Mahltrommeln erhielten, war es

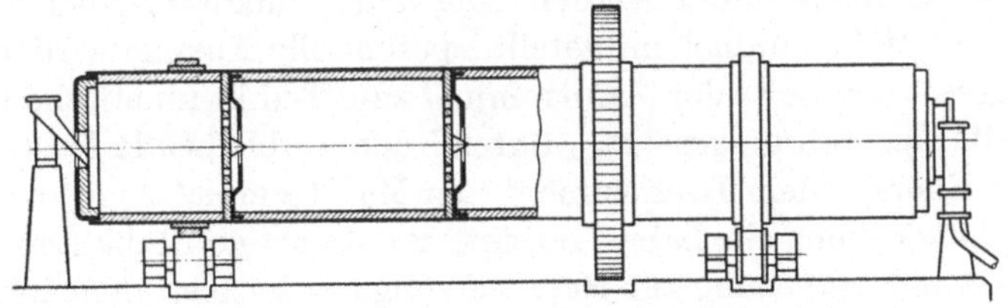

Abb. 99. Die erste Verbundrohrmühle der Firma G. Polysius.

naheliegend, die Feinmahlkammer weiter zu unterteilen, um so die Mahlkörpergrößen noch besser der eigentlichen Mahlarbeit anpassen zu können. So entstanden die „Mehrkammer-Rohrmühlen".

In der Abb. 99 ist eine Mehrkammer-Rohrmühle der Firma G. Polysius dargestellt, wie sie in den zwanziger Jahren gebaut wurde. Wie aus der Abbildung ersichtlich, besaß die Mühle für alle Kammern den gleichen Durchmesser. Zur Abtrennung der Kammern voneinander waren geschlitzte Zwischenwände eingesetzt, die die Mahlkörper der einzelnen Kammern voneinander getrennt hielten.

Diese innere Aufteilung der Mahltrommel in einzelne Kammern mit entsprechend angepaßten Mahlkörpergrößen hat sich im Prinzip bis in die Jetztzeit erhalten. Lediglich die Ausgestaltung der Zwischenwände unterliegt gewissen Abweichungen bei den einzelnen Lieferfirmen.

Im Laufe der weiteren Entwicklung nahmen die Mehrkammer-Rohrmühlen immer größere Abmessungen an. Hierbei wirkte sich der große Durchmesser der Mahltrommel nachteilig auf die spezifische Leistung in der Feinmahlkammer aus. Hier wird selbst den kleinsten zulässigen Mahlkörpern bei der Drehung der Trommel eine größere kinetische Energie mitgeteilt, als zur Zertrümmerung des in den Vorkammern bereits weitgehendst vorzerkleinerten Mahlgutes nötig ist, so daß sich die frei werdende Energie zum größten Teil in mechanisch erzeugte Wärme umsetzt. Um diesen Übelstand zu beseitigen oder zu mildern, hatte man sich schon seit langer Zeit damit beschäftigt, die Feinmahlkammer in mehrere kleinere Kammern aufzuteilen. Der Erfolg blieb aber aus, bis es der Fried. Krupp Grusonwerk A.-G., Magdeburg, gelang, eine Kammeraufteilung zu finden, die den erhofften Erfolg brachte. Diese Einrichtung, der sogenannte Conzentra-Einbau ist in Abb. 100 wiedergegeben. Die Abbildung zeigt einen Querschnitt durch die Feinmahlkammer. Hiernach ist diese in fünf Kammern aufgeteilt, die durch exzentrisch angeordnete Platten gebildet werden. Die den Mahlkörpern bei der Umdrehung der Mahltrommel mitgeteilte potentielle Energie wird auf der entgegengesetzten Seite der Mahltrommel zum Teil in kinetische Energie für den Mahlprozeß umgesetzt, während der verbleibende Rest an potentieller Energie dem Drehmoment der Mahltrommel zugute kommt.

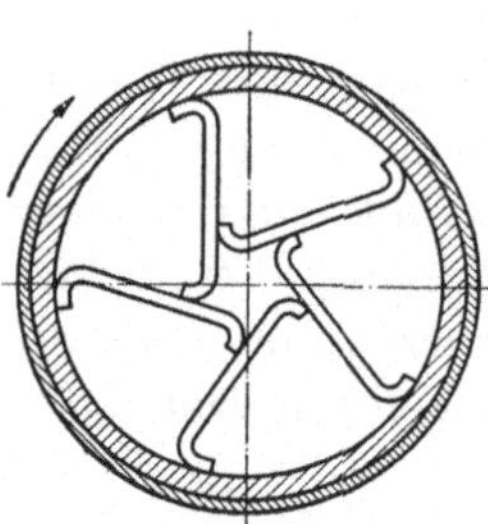
Abb. 100. Concentra-Einbau.

Eingehende Versuche haben gezeigt, daß derartige Einbauten keineswegs eine Universallösung zur Herabsetzung der Verlustarbeit bedeuten. Hier ist es wichtig, von Fall zu Fall zu entscheiden, ob der erzielte Gewinn an Leistungsbedarf den Einbau derartiger Vorrichtungen rechtfertigt.

β) Die maschinentechnische Entwicklung der Rohrmühle.

Die Verbund- und Mehrkammer-Rohrmühlen dienen in der Zement- und Bindemittel-Industrie sowohl zum Trocken- und Naßmahlen der Rohmaterialien als auch zum Fertigmahlen der Zementklinker und sonstiger Bindemittel. Die Aufgabe der Materialien geschieht im allgemeinen durch Tellerspeiser und Einführung des zugeteilten Gutes durch den Hohlzapfen der Mühle. Der Austritt des fertigen Trockenmehles oder bei Naßmühlen des fertigen Dickschlammes erfolgt entweder am Umfang oder durch den Hohlzapfen am Ende der Mahltrommel. Bei der Trockenmahlung ist am Austritt der Mühle ein Anschluß an eine Entstaubungsanlage vorgesehen.

Für die Auskleidung der Verbund- und Mehrkammer-Rohrmühlen werden im allgemeinen für die Vormahlkammer Stahlgußplatten und für die Feinmahlkammer Schalenhartgußplatten verwendet, die mit entsprechenden Kopfschrauben mit dem Mantelblech der Mahltrommel verschraubt werden.

Als Mahlkörper kommen geschmiedete Stahlkugeln von 100 bis herunter zu 40 mm Durchmesser für die Vormahl- und Vorschrotkammern in Frage, während die Feinmahlkammern Stahlkugeln von 25 bis 30 mm Durchmesser oder Rundstahlabschnitte (Cylpebs) von etwa 20 mm Durchmesser und 30 mm Länge erhalten. Die einzelnen Kammern werden nicht ausschließlich mit einer Größensorte, sondern mit einer Mischung verschiedener Größen beschickt. Der Füllungsgrad der einzelnen Mahlkammern mit Mahlkörpern bewegt sich von 0,25 bis 0,4 des Rauminhaltes der betreffenden Kammer.

Mit der Entwicklung der Rohrmühle zu immer größeren Leistungen mußte auch die maschinentechnische Ausbildung der Mühle Schritt halten. Die kleine Mühle nach Abb. 94 hatte einen Durchmesser der Mahltrommel von 1200 mm und eine Länge von 6 m, die heute gebauten Mehrkammer-Rohrmühlen besitzen dagegen bereits eine Mahltrommel von 2600 mm Durchmesser und 16 m Länge. Die erstere benötigte etwa 40 kW zum Betrieb, während bei der letzteren der Leistungsbedarf 900 kW beträgt. Diese gewaltige Entwicklung in bezug auf die Größenverhältnisse der Rohrmühle war begleitet von einer fortschreitenden Verbesserung in maschinentechnischer Hinsicht.

Wie schon bei der Beschreibung der kleinen Mühle zum Ausdruck kam, wurden die damaligen Mahltrommeln aus einzelnen gebogenen Blechen mit Laschen zusammengenietet. Später folgten dann die in ganzer Länge elektrisch geschweißten Trommeln bis zu den größten Abmessungen. Hier lag nun eine gewisse Unsicherheit in der Berechnung der Beanspruchung und damit auch in der Dimensionierung der Trommel vor. Die Beanspruchungen der Trommel sind so vielartig, daß bisher noch keine exakte Berechnungsmethode gefunden werden konnte. Man begnügte sich mit einem Erfahrungswert als zulässige Beanspruchung bei normaler Biegungsbelastung der Trommel im Ruhezustand. Diese Unsicherheit war wohl auch die Ursache in den verschiedenartigen Anordnungen der Lagerung der Mahltrommel. Anfänglich wurden die Mahltrommeln, wie schon die Abb. 94 zeigte, in zwei an den Kopfwänden vorgesehenen Halszapfen gelagert. Als die Mühlen dann länger und erheblich schwerer wurden, entschloß man sich zu einer Halszapfen- und einer Rollenlagerung, wie in Abb. 97 dargestellt. Hierdurch wurde eine erheblich günstigere Beanspruchung der Mahltrommel erreicht. Zur Vereinfachung der Rollenlagerung entschloß sich die Firma F. L. Smidth, Kopenhagen, den Laufkranz der Rollenlagerung nicht wie üblich auf Laufrollen laufen zu lassen, sondern auf einer der Laufringfläche angepaßten und mit Preßölschmierung versehenen Gleitfläche gleiten zu lassen.

Aber die Mahltrommeln wurden immer noch länger und schwerer, so daß man zu der Konstruktion mit zwei Laufringen nach Abb. 99 überging, um sich vor Beschädigungen des Trommelmantels, wie sie ja leider schon mehrfach vorgekommen waren, zu schützen. Natürlich hatten die Rollenlagerungen auch ihre Schattenseiten. Nicht nur die

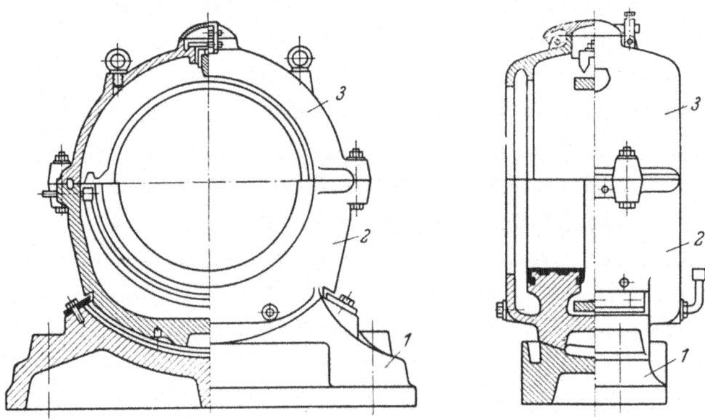

Abb. 101 und 102. Halslager.

Anzahl an Schmierstellen, sondern auch die Gewähr einer genauen Zentrierung von Ein- und Auslauf brachte allerlei Unbequemlichkeiten mit sich. Es war deshalb nicht verwunderlich, daß man doch wieder zu der ursprünglichen Bauart der Trommel mit zwei Halslagern zurückkehrte. Allerdings nahmen diese Halslager entsprechend der Belastung erhebliche Dimensionen an.

In Abb. 101 u. 102 ist ein Halslager größerer Abmessung dargestellt. Es bezeichnet *1* das Unterteil des Lagers, *2* die untere Lagerschale und *3* den Lagerdeckel. Die untere Lagerschale ist kugelförmig um den Mittelpunkt des Lagers abgedreht und sitzt mit dieser kugelförmigen Fläche in einer gleichen kugelförmigen Ausdrehung des Lagerunterteils. Sodann ist die Lauffläche der unteren Lagerschale mit bestem Weißmetall ausgegossen, während die obere Lagerschale ohne einen solchen Ausguß lediglich als Abschlußdeckel dient. Die Schmierung der Lager erfolgt im allgemeinen mit Lagerfett (Calypsol od. dgl.), das im Lagerdeckel untergebracht ist. Andererseits kann das Lager, wie in der Abbildung dargestellt, auch vorteilhaft mit einer Tropföl- oder Ölumlaufschmierung versehen werden, bei welcher das umlaufende Öl gleichzeitig gereinigt und gekühlt wird. Von den beiden Lagern hat das Lager am Einlaufende den Längsschub der Mühle aufzunehmen. Der Hohlzapfen erhält zu diesem Zweck zwei Bunde oder einen Mittelbund, während sich der bundlose Hohlzapfen am Ende der Mahltrommel in dem Lager je nach der Ausdehnung der Mahltrommel verschieben kann.

Der Antrieb der Mehrkammer-Rohrmühle blieb zunächst im Prinzip unverändert. Nur an Stelle des Riemen-Antriebes ging man sehr bald zum direkten Antrieb durch Elektromotoren über. Hierbei bediente man sich anfänglich langsam laufender Motore mit etwa 180 Umdrehungen in der Minute, die unmittelbar mit der Vorgelegewelle der Mühle gekuppelt wurden. Mit Rücksicht auf das große Anzugsmoment mußten diese langsam laufenden Motore erheblich überdimensioniert werden. Diesen Nachteil hatte man in den Vereinigten Staaten von Amerika in der Konstruktion eines besonderen Motors beseitigt, bei welchem nicht nur der Rotor, sondern auch der Stator des Motors drehbar gelagert war. Über dem äußeren Umfang des Stators war eine Bandbremse angeordnet, die beim Stillstand des Motors gelüftet war, so daß sich beim Anlassen desselben zunächst nicht der Rotor, sondern der unbelastete Stator drehte. Wurde dann die von Hand betätigte Bremse nach und nach angezogen, so kam allmählich auch der Rotor in Gang, bis er schließlich bei vollem Anzug der Bremse und voller Stillsetzung des Stators seine volle Umdrehungszahl erreichte. Durch diesen Vorgang entstand ein sanftes allmähliches Anlassen der Mühle bei geringem Anlaßmoment.

Als dann aber die Herstellung geschlossener Rädergetriebe immer mehr verfeinert wurde, ging man auch von der Antriebsart mit langsam laufendem Motor wieder ab und benutzte nunmehr normale Motore, die über ein einstufiges Rädergetriebe direkt mit der Vorgelegewelle der Mühle gekuppelt waren. Diese Antriebsart hat sich auch bestens bewährt und gilt auch heute noch als die gebräuchlichste.

Bei den Mehrkammer-Rohrmühlen immer größerer Abmessungen führten die auf der Mahltrommel sitzenden Zahnkränze zu allerlei Unzuträglichkeiten. Abgesehen von den außergewöhnlichen Abmessungen der Zahnkränze, die die Herstellung erschwerten, machte sich auch durch die ständigen starken Erschütterungen der Mahltrommel ein wachsender Verschleiß der Verzahnung bemerkbar. Alle diese Schwierigkeiten wurden durch eine Neukonstruktion des Antriebes durch die Fried. Krupp Grusonwerk A.-G, Magdeburg, beseitigt. Bei dem sogenannten „Centra-Antrieb“ entsprechend den Abb. 103 u. 104 entfällt der auf der Mahltrommel sitzende Zahnkranz vollkommen. Die Motorleistung wird hierbei über ein doppelstufiges Präzisionsrädergetriebe *1* auf eine Kuppelspindel *2* übertragen, die ihrerseits nachgiebig mit dem Hohlzapfen *3* der Mehrkammer-Rohrmühle *4* verbunden ist und diese durch Drehung

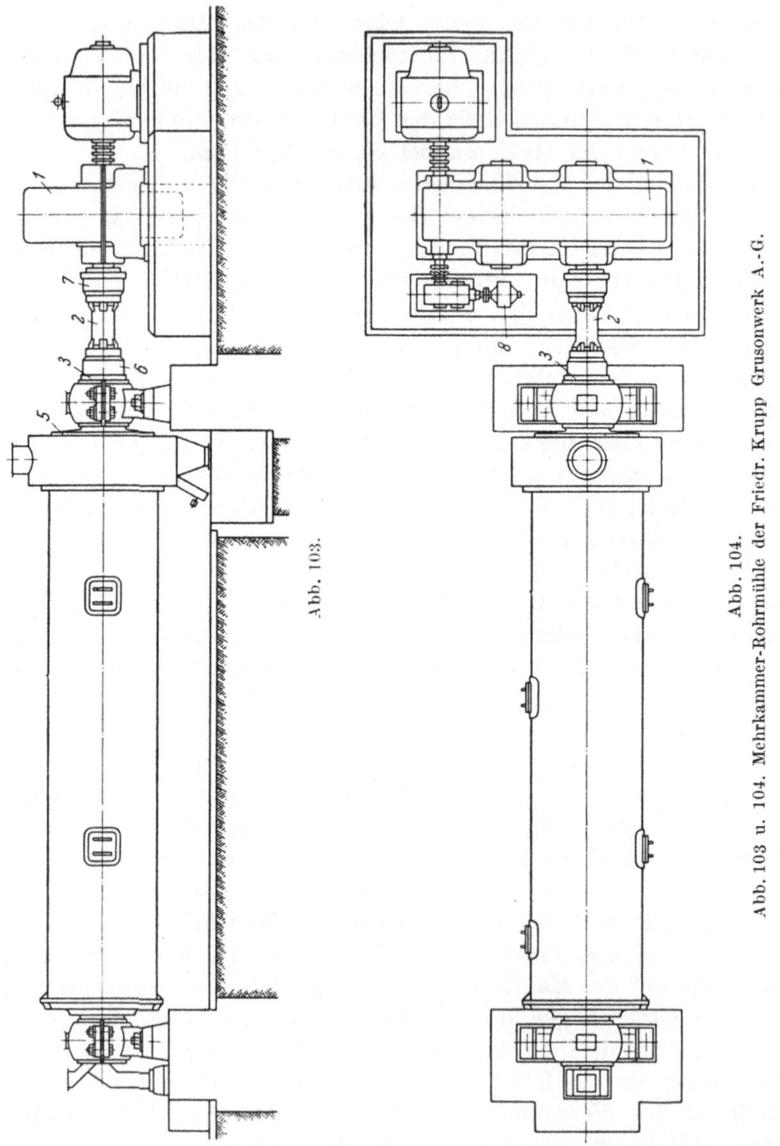

Abb. 103.

Abb. 104.

Abb. 103 u. 104. Mehrkammer-Rohrmühle der Friedr. Krupp Grusonwerk A.-G.

der Kopfwand *5* in Bewegung setzt. Das Präzisionsrädergetriebe ist vollkommen gekapselt mit in Öl laufenden Räderpaaren aus hochwertigem, verschleißfestem Material und arbeitet mit einem hohen Wirkungsgrad. Die Kuppelspindel zwischen Getriebe und Mahltrommel ist durch entsprechende Kuppelmuffen *6* und *7* nachgiebig angeordnet, so daß gewisse Änderungen in der Längsrichtung oder in der Höhenlage der Mahltrommel ohne schädlichen Einfluß auf das Präzisionsrädergetriebe bleiben. Darüber hinaus ergibt sich durch diese Anordnung noch der Vorteil, daß das Getriebe und der Antriebsmotor in einem geschlossenen staubfreien Raum untergebracht werden kann, aus welchem lediglich die Kuppelspindel durch die Trennwand zum Mühlenraum führt. Zur Erreichung eines sanfteren Anlassens, besonders bei größeren Einheiten der Mehrkammer-Rohrmühlen, kann übrigens, wie aus der Abb. 104 ersichtlich, noch ein kleiner Hilfsmotor *8* mit Übersetzungsgetriebe vorgesehen werden. Dieser kleine Motor wird zuerst eingeschaltet, und sobald die Mühle ihren Beharrungszustand erreicht hat, erfolgt die Einschaltung des großen Antriebsmotors, wobei sich der Hilfsmotor bei Erreichung der vollen Drehzahl der Mühle selbst ausschaltet.

In Verbindung mit dem Centra-Antrieb wurde dann auch die Frage der Verwendung von Kurzschlußläufern zum Antrieb der schweren Rohrmühlen geprüft. Man hielt zunächst Kurzschlußläufer wegen des großen Anzugsmomentes beim Anlassen der Mühlen für weniger geeignet. Die Erfahrung zeigte jedoch, daß die lose Kupplung des zentralen Antriebes an der Angriffsstelle der Hauptlast das Anlassen des Kurzschlußläufers günstig beeinflußt. Im übrigen hat sich die allgemeine Regel herausgebildet, beim Antrieb von Rohrmühlen die Leistung des Antriebsmotors durchweg 25% größer zu wählen, als dem normalen Leistungsbedarf der Mühle entspricht.

In der hier geschilderten Weise hat sich die Mehrkammer-Rohrmühle in den letzten Jahrzehnten zu einem von den einschlägigen Maschinenfabriken gebauten mehr oder weniger einheitlichen Typ entwickelt, der durchweg die zylindrische, in mehrere Kammern eingeteilte und mit zwei Hohlzapfen der Stirnwände in großen Halslagern laufende Mahltrommel aufweist. Der Antrieb erfolgt mittels eines direkt gekuppelten Elektromotors entweder über ein Stirnrädervorgelege mit zwischengeschaltetem einstufigen Rädergetriebe oder zentral über ein zweistufiges Rädergetriebe und Kuppelspindel zum Halszapfen der Mahltrommel. Ist ein Stirnrädervorgelege vorgesehen, so wird der Austritt des Mahlgutes zweckmäßig durch den Hohlzapfen am Austrittsende angeordnet, kommt dagegen der zentrale Antrieb in Frage, so tritt das Mahlgut am Umfang der Mahltrommel aus und wird durch ein feststehendes Sammelgehäuse abgeführt.

Auf den Abb. 105 u. 106 ist eine Mehrkammer-Rohrmühle der Klöckner-Humboldt-Deutz A.-G. dargestellt. Der Aufriß zeigt die Mühle mit zentralem Antrieb und doppelstufigem Rädergetriebe, während im Grundriß ein Stirnradantrieb mit einstufigem Rädergetriebe vorgesehen ist.

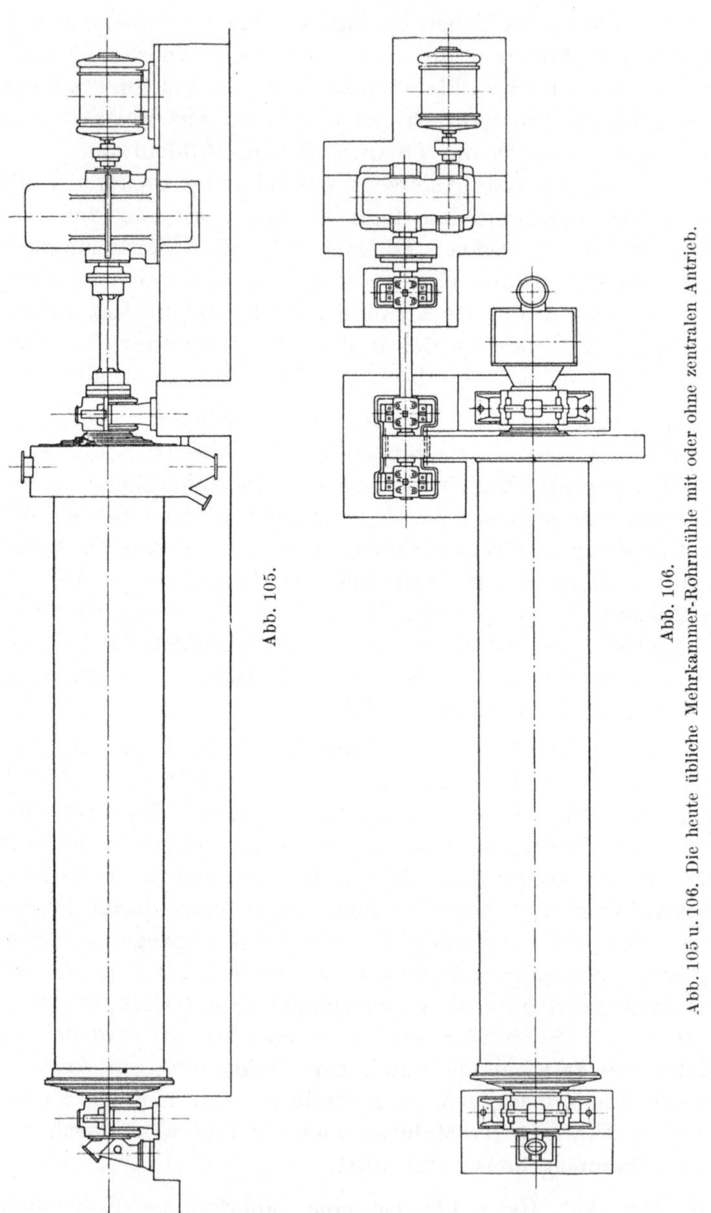

Abb. 105.

Abb. 106.

Abb. 105 u. 106. Die heute übliche Mehrkammer-Rohrmühle mit oder ohne zentralen Antrieb.

γ) Die mahltechnische Seite der Rohrmühle.

Was nun die mahltechnische Seite der Rohrmühle anbelangt, so ist der eigentliche Arbeitsvorgang in dieser Mühle seit ihrer Einführung praktisch unverändert geblieben. Wir sind jedoch durch die wissenschaftliche Forschung tiefer in die Vorgänge eingedrungen und deshalb auch in der Lage, diese Vorgänge in differenzierter Weise vorteilhafter zur Erreichung hoher spezifischer Mahlleistungen auszunützen. Aus der theoretischen Behandlung der Bewegungsvorgänge in Rohrmühlen, die S. 215 ausführlich erläutert werden, wissen wir, daß zu jedem Durchmesser der Mahltrommel eine bestimmte günstigste Umdrehungszahl gehört. Diese errechnet sich aus der Formel $n = 32 : \sqrt{D}$, worin D den lichten Durchmesser der Mahltrommel in m bedeutet. Bei Dickschlamm-Mühlen kann der sich ergebende Wert um 10% erhöht werden. Man ist an diese sich ergebenden Werte ziemlich scharf gebunden. Bei Mühlen von 2,4 m und mehr im Mahltrommeldurchmesser hat sich allerdings gezeigt, daß eine geringe Herabsetzung um etwa 5% der sich aus obiger Formel ergebenden Werte vorteilhaft sein kann.

Neben der richtigen Einstellung der Umdrehungszahl der Mühle ist die Kammereinteilung sowie die Füllhöhe und die Art und Menge der Mahlkörper von großer Bedeutung. Wie wir aus der wissenschaftlichen Forschung wissen, vollziehen die Mahlkörper bei der Drehung der Mahltrommel eine Art Wurfbewegung, bei der die ihnen mitgeteilte kinetische Energie für die Zerkleinerungsarbeit Verwendung finden soll. Leider hat sich aber ergeben, daß nur ein ganz geringer Teil dieser kinetischen Energie zerkleinerungstechnisch ausgenutzt werden kann, während der weitaus größte Teil als Verlustarbeit in mechanisch erzeugte Wärme umgewandelt wird. So ist es selbstverständlich ein striktes Gebot, diese Verlustarbeit soweit wie irgend möglich herabzusetzen. Hierzu ist es zunächst nötig, einen Einblick in die Mahlvorgänge innerhalb der Mahltrommel zu erhalten, um danach Entscheidungen über eventuelle Verbesserungen treffen zu können. In der Praxis hat sich folgende Prüfmethode als vorteilhaft erwiesen[1]. Befindet sich die Mühle im betrieblichen Beharrungszustand, so wird die Mühle stillgesetzt und es werden die Mannlöcher geöffnet. Dann wird auf je 1 m Länge eine Mahlprobe entnommen und die Mahlfeinheit jeder Probe durch Absiebung auf einem Prüfsieb, beispielsweise einem Sieb von 4900 Maschen/cm^2 bestimmt. Maßgebend für die Mahlfeinheit ist der auf dem Sieb verbleibende Rückstand. Die sich hierbei ergebenden Werte werden dann in ein rechtwinkliges Koordinatensystem eingetragen und zu einer Rück-

---

[1] MITTAG, C.: Der Arbeitsvorgang in Rohrmühlen. Vortrag, gehalten auf der Generalversammlung des Vereins Deutscher Portlandzementfabrikanten am 15. März 1928 in Berlin. Berlin-Charlottenburg 2. Zementverlag G.m.b.H.

standskennlinie verbunden. Der Verlauf dieser Kennlinie läßt dann erkennen, ob der Mahlvorgang einen geordneten Verlauf nimmt oder ob ein unregelmäßiger Verlauf vorliegt. Abb. 107 zeigt beispielsweise ein Diagramm als Ergebnis einer Prüfung einer Verbundrohrmühle von 1800 mm Durchmesser und 12 m Länge bei der Vermahlung von Hochofenzement und Portlandzement. Das Diagramm zeigt den gleichmäßigen und recht steil abfallenden Verlauf der Kennlinie bei Vermahlung von Hochofenzement, während die Kennlinie für den Portlandzement ein Krankheitsbild der Mühle wiedergibt. Offenbar ist hier zu Beginn der Feinmahlkammer die Mahlwirkung der Kugelfüllung mangelhaft, während sie sich gegen Ende der Mühle wieder bessert. Hier ist die Schlagkraft der Mahlkugeln in der Feinkammer für die Vermahlung des Portlandzementes zu gering. Es müßten also größere bzw. schwerere Kugeln vorgesehen werden. Würde dies aber auf der ganzen Länge der Feinmahlkammer geschehen, so läge die Vermutung nahe, daß dann wieder der Mahlprozeß am Ende der Mahltrommel ungünstig beeinflußt werden würde. Nach reiflicher Überlegung wurde daraufhin beschlossen, eine zweite Zwischenwand einzubauen, um dadurch eine mittlere Kammer zu schaffen, die dann mit ent-

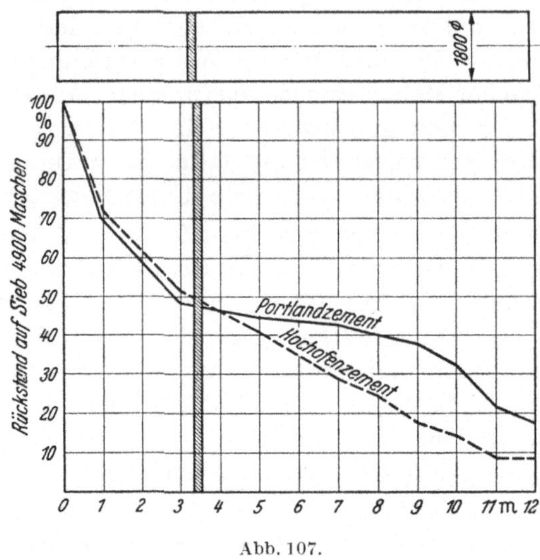

Abb. 107.

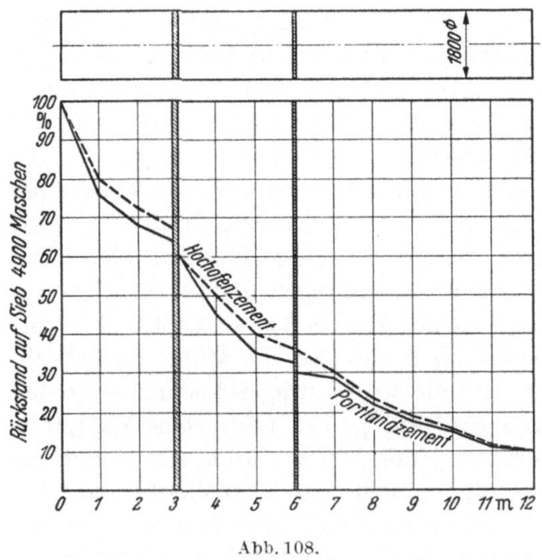

Abb. 108.

sprechend größeren bzw. schwereren Mahlkugeln beschickt werden konnte. Der mit dieser Änderung gewonnene Erfolg war offensichtlich und das Diagramm Abb. 108 zeigt das Ergebnis der Prüfung. Aus diesem Diagramm ist ohne weiteres zu ersehen, daß der Mahlvorgang nach dem Umbau der Mühle sowohl für den Hochofenzement als auch für den Portlandzement einen geordneten Verlauf nimmt. Aus den hier ermittelten Kennlinien des Rückstandes, der sich auf einem bestimmten Sieb während des Durchganges des Mahlgutes durch die Mahltrommel ergab, ist aber noch nicht zu ersehen, ob hierbei die spezifische Höchstleistung der Mühle erreicht worden ist. Es ist zwar anzunehmen, daß diese Kennlinien einer bestimmten Aufgabemenge der Höchstleistung der Mühle entsprechen, ein Beweis hierfür liegt jedoch nicht vor. Man hat sich deshalb in neuerer Zeit nicht damit begnügt, die Mahlwirkung in der Mühle lediglich nach einem gleichmäßigen Verlauf der Rückstandskennlinie zu beurteilen, sondern ist dazu übergegangen, den fortschreitenden spezifischen Arbeitsbedarf kWh/t (Mahlgut) mit der fortschreitenden, sich vergrößernden spezifischen Oberfläche cm^2/g (Mahlgut) in Beziehung zu bringen.

Aus dem Gewicht der Mahlkörperfüllung jeder Kammer und dem Durchsatz der Mühle je Stunde läßt sich der vom Einlauf der Mühle bis zu jeder Stelle der Probeentnahme entstehende spezifische Arbeitsbedarf kWh/t (Mahlgut) berechnen. Wird nun von jeder Probeentnahme, beispielsweise je m Länge der Mahltrommel, durch Sedimentationsanalyse die spezifische Oberfläche cm^2/g des Mahlgutes bestimmt und werden diese Werte in Beziehung zum jeweiligen spezifischen Arbeitsbedarf in ein rechtwinkliges Koordinatensystem eingetragen, so stellt die sich hieraus ergebende Kennlinie ein anschauliches Bild über den tatsächlichen Verlauf des Arbeitsvorganges in der Mühle dar. Zweckmäßig ist es hierbei, die Abszissenachse als Maßstab für die kWh/t zu benutzen und die erzeugten Oberflächen als Ordinaten einzutragen.

Dieses Prüfverfahren beruht auf der Anerkennung des v. RITTINGERschen Gesetzes, wonach der Arbeitsbedarf der Zerkleinerung proportional der erzeugten Oberfläche des Mahlgutes ist. Hierzu vgl. die ausführlichen Darlegungen im „Zweiten Teil“ Abschn. B 2b.

Würde sich nun die erzeugte Oberfläche in bezug auf den spezifischen Arbeitsaufwand je Tonne Mahlgut auf der ganzen Länge der Mahltrommel gleichmäßig vergrößern, so würde die sich hieraus ergebende Kennlinie eine gleichmäßig unter einem bestimmten Winkel ansteigende Gerade sein, und wir hätten es hier mit einer ideal einregulierten Mühle zu tun. Der Neigungswinkel der Geraden würde dann gleichzeitig einen Bezugswert der Mahlbarkeit oder des spezifischen Mahlwiderstandes[1] des Mahlgutes darstellen. Nach diesem Verfahren durch-

[1] MITTAG, C.: Der spezifische Mahlwiderstand. Berlin: VDI-Verlag 1925.

geführte Versuche haben jedoch gezeigt, daß bei Mehrkammer-Rohrmühlen die beschriebene Kennlinie anfänglich erst eine allmählich steigende Tendenz aufweist, um dann im Bereich der Mittel- und Feinmahlkammer zur gleichmäßig ansteigenden Geraden zu werden. Das bedeutet, daß die Vormahlkammer der Mühle einen geringeren mahltechnischen Wirkungsgrad aufweist als die Mittel- und Feinmahlkammer der Mühle. Dies hängt im wesentlichen damit zusammen, daß es gerade in der Vormahlkammer bei der sehr wechselnden Kornzusammensetzung des Mahlgutes nicht möglich ist, die Art und Größe der Mahlkugeln der zu leistenden Mahlarbeit genauer anzupassen. Für die Mittel- und Feinmahlkammer dagegen gibt der Verlauf der nach vorstehend geschildertem Verfahren gewonnenen Kennlinie ein anschauliches Bild, inwieweit die Mahlkörperart oder der Füllungsgrad der spezifischen Höchstleistung der Mühle angepaßt ist. Zeigt die ansteigende Kennlinie in diesen Teilen der Mühle eine schwankende Tendenz, so sind damit die Fingerzeige zur Verbesserung der mahltechnischen Seite der Mühle durch Änderung der Mahlkörperart, des Füllungsgrades oder gegebenenfalls der Kammerlängen gegeben.

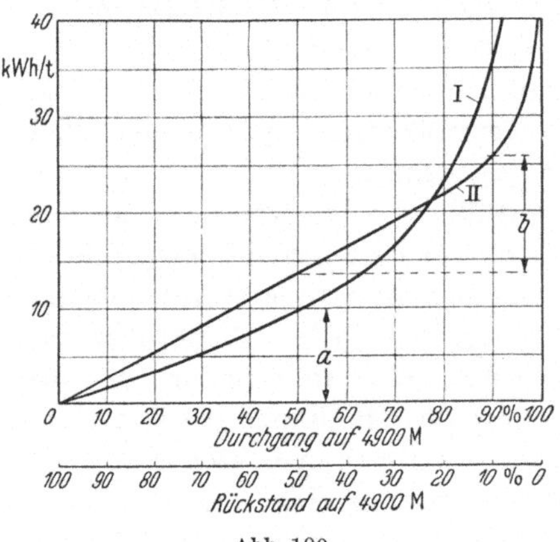

Abb. 109.

Wie sachlich richtig das vorstehend beschriebene Prüfverfahren auch aufgebaut sein mag, so wird man sich in der Praxis doch im allgemeinen mit der Beurteilung der Mahlwirkung der Mühle nach dem Verlauf der Kennlinie der fortschreitenden Verminderung des Rückstandes auf dem Sieb von 900 und 4900 Maschen/cm² begnügen, um sich die zeitraubende Durchführung der Sedimentationsanalyse und die Berechnung der spezifischen Oberfläche des Mahlgutes zu ersparen. So sind auch die nachfolgend noch beschriebenen Versuche in diesem Sinne durchgeführt worden.

Wie wichtig die Mahlkörperart und Größe zur Erreichung der höchsten spezifischen Mahlleistung ist, zeigt ein in Abb. 109 wiedergegebener Versuch auf einer satzweise arbeitenden Trommelmühle mit zwei Sorten von Mahlkörpern, aber sonst unter absolut gleichen Bedingungen. Als Mahlgut wurde seiner Gleichmäßigkeit wegen Basalt mit einer Körnung von 0,5 bis 2 mm gewählt. Wie aus der Abbildung ersichtlich (Kennlinie I der Abbildung) eignen sich die Kugeln von 50 mm Durchmesser bei diesem Feinmahlvorgang weniger gut zur Erzielung einer hohen Feinheit, obgleich sie anfänglich einen günstigeren Mahleffekt aufweisen als die Stangenabschnitte. Diese (Kennlinie II der Abbildung) zeigen einen geradlinigen Verlauf, der erst in den höheren Feinheitsgraden eine Krümmung nach oben erhält. Bei 90% Durchgang durch das Sieb von 4900 Maschen/cm² beträgt der spezifische Arbeitsbedarf bei der Benutzung von Stahlkugeln von 50 mm Durchmesser bereits 35 kWh/t, während sich bei Benutzung der Stangenabschnitte als Mahlkörper nur 27 kWh/t ergeben. Würde man diese Mahlergebnisse auf eine kontinuierlich arbeitende Rohrmühle übertragen, so würde man folgerichtig zu einer Zweikammer-Rohrmühle kommen, bei welcher die erste Kammer Stahlkugeln von 50 mm Durchmesser und die zweite Kammer Stangenabschnitte als Mahlkörper erhalten müßte. Die Länge der Vormahlkammer wäre dann so zu bemessen, daß an ihrem Ende eine Feinheit von beispielsweise 50% Rückstand erzielt würde, so daß von hier ab dann die Feinmahlkammer mit den Stangenabschnitten die Fertigmahlung übernehmen müßte. Es würde also nach der Abbildung der Mahlvor-

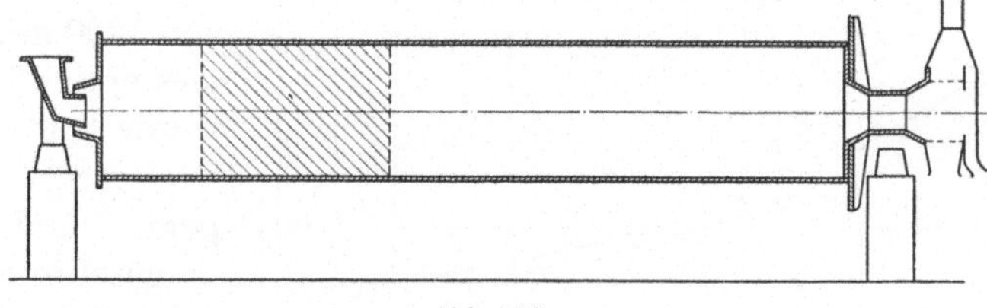

Abb. 110.

gang *b* an den Mahlvorgang *a* angereiht werden, und das würde bedeuten, daß in einer solchen Mühle eine Herabsetzung des Leistungsbedarfs für den gesamten Mahlvorgang auf 25 kWh/t erzielt werden könnte, also eine Ersparnis von 30% gegenüber der alleinigen Verwendung von Stahlkugeln von 50 mm Durchmesser.

Hier tut sich nun die Frage auf, ob die Versuchsergebnisse einer satzweise arbeitenden Trommelmühle ohne weiteres auf den Mahlvorgang in einer kontinuierlich arbeitenden Rohrmühle übertragen werden können. Dies ist tatsächlich der Fall und auch durch einen entsprechenden Versuch nachgewiesen worden. Vergleichen wir zunächst den Mahlvorgang in einer Trommelmühle mit dem Mahlvorgang in einer Rohrmühle mit kontinuierlicher Ein- und Austragung. In der Rohrmühle verteilen sich die Mahlkörper über die ganze Länge der Mahltrommel und verbleiben auch in dauernd gleicher Art und Menge in der Trommel, während das Mahlgut die Trommel von einem Ende zum anderen mit einer bestimmten Geschwindigkeit durchwandert und hierbei allmählich gemahlen wird. Denken wir uns nun einen Teil des Mahlraumes einer Rohrmühle, wie in Abb. 110 schraffiert dargestellt, sich mit der gleichen

Geschwindigkeit wie das Mahlgut von Anfang bis Ende der Trommel fortbewegen, so würde sich in diesem angenommenen Mahlraumstück auf der Wanderung durch die Trommel dauernd dasselbe Mahlgut befinden und in diesem angenommenen Mahlraum feiner und feiner gemahlen werden. Da nun in der ganzen Mahltrommel und damit auch in dem wandernd gedachten Mahlraumstück die gleiche Art und Menge an Mahlkörpern enthalten ist, so entspricht der Mahlvorgang in diesem Mahlraumstück tatsächlich auch dem Arbeitsvorgang in einer Trommelmühle. Was nun für das gedachte Mahlraumstück gilt, gilt dann natürlich auch für den Mahlvorgang in der Mahltrommel der Rohrmühle im ganzen gesehen.

Die Richtigkeit des hier auf Grund sachlicher Überlegung dargestellten Vorganges wurde dann auch durch einen Versuch im großen erhärtet. In einer Rohrmühle von 1200 mm Durchmesser und 7 m Länge wurde mit einer bestimmten Mahlkörperart und Füllung vorgeschroteter Basalt gemahlen. Nachdem sich die Mühle im Beharrungszustand befand, d. h. nachdem die Mühle fortlaufend genau die gleiche Menge Mahlgut austrug, die ihr am Einlauf zugeführt wurde, wurde die Mühle nach Feststellung der Mahlleistung stillgesetzt und aus dem Inneren der Mahltrommel von Meter zu Meter eine Mahlprobe entnommen. Das Siebergebnis dieser Mahlgutproben wurde wie üblich in Form einer Kennlinie in ein rechtwinkliges Koordinatensystem, wie in Abb. 111 dargestellt, eingetragen. Nun wurde ein Teil derselben Rohrmühle durch Einsetzen von Zwischenwänden in eine Trommelmühle von 2,2 m Länge verwandelt. Der Mahlraum dieser Trommelmühle wurde dann mit der gleichen Mahlkörperart und dem gleichen Aufgabegut in relativ gleicher Menge wie bei dem Rohrmühlenversuch gefüllt. Nach Ingangsetzen der Rohrmühle arbeitete dann der abgegrenzte Teil der Mahltrommel genau wie eine satzweise arbeitende Trommelmühle. Es wurden dann wie bei

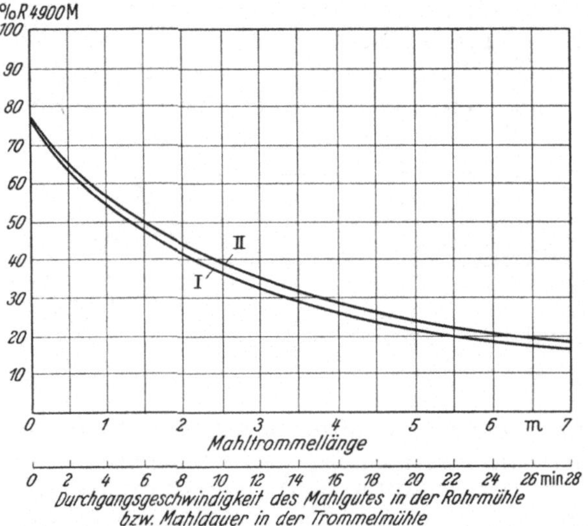

Abb. 111.

Versuchen mit Trommelmühlen in kurzen, gleichbleibenden Zeitabschnitten Mahlproben entnommen und der Rückstand der Mahlproben auf dem Prüfsieb bestimmt. Da nun bei der mit kontinuierlichem Ein- und Austrag arbeitenden Rohrmühle die mittlere Geschwindigkeit, mit welcher das Mahlgut durch die Mahltrommel wanderte, aus der Mahlleistung der Mühle und der Menge des in der Mahltrommel im Beharrungszustand der Mühle befindlichen Mahlgutes berechnet werden konnte, so war es leicht möglich, eine zur Kennlinie I der Rohrmühle analoge Kennlinie auch für den Mahlvorgang in der Trommelmühle zu entwerfen. Es war hierbei nur nötig, auf der Abszissenachse den Maßstab der Mahltrommellänge in einen Maßstab der Durchgangsgeschwindigkeit des Mahlgutes bzw. der Zeitdauer der Mahlarbeit umzuwandeln und nun die Ergebnisse der Absiebung des Mahlgutes aus der Trommelmühle auf diesem Maßstab der Zeitdauer der Mahlarbeit aufzutragen. So ergab sich dann die Kennlinie II, die sich, wie aus der Abbildung ersichtlich, in ihrem Verlauf nahezu vollkommen mit der Kennlinie I der Rohrmühle deckt. Der Mahlvorgang in der Trommelmühle war somit der gleiche wie in der Rohrmühle.

Hier könnte nun der Einwand erhoben werden, daß der eben geschilderte Parallelversuch mit Rohrmühle und Trommelmühle nur deshalb erfolgreich war, weil beide Mühlen denselben Durchmesser hatten. Dieser Einwand ist nicht stichhaltig. Es hat sich auf Grund zahlreicher Mahlversuche auf Trommelmühlen verschiedener Durchmesser immer wieder ergeben, daß die auf einer Trommelmühle erzielten Ergebnisse in bezug auf die spezifische Mahlleistung ohne weiteres als Grundlage zur Berechnung der zu erwartenden spezifischen Leistungen größerer kontinuierlich arbeitender Rohr- und Mehrkammer-Rohrmühlen dienen können. Es ist auch heute noch üblich, die Mahlbarkeit eines bestimmten Gutes durch Feststellung des spezifischen Arbeitsbedarfes auf einer kleineren satzweise arbeitenden Trommelmühle zu bestimmen und die gewonnenen Ergebnisse dann der Berechnung der Mahlleistung kontinuierlich arbeitender Mühlen zugrunde zu legen. Hierbei wäre höchstens noch ein Multiplikationsfaktor einzuschalten, der den Unterschied des maschinellen Wirkungsgrades zwischen Trommelmühle und Rohrmühle berücksichtigt.

Sodann soll hier noch auf ein weiteres Beispiel in der Anwendung der geschilderten Prüfverfahren hingewiesen werden. Auf Abb. 112 ist das Ergebnis zweier Mahlvorgänge auf ein und derselben Dreikammer-Rohrmühle dargestellt. Der zur Vermahlung gelangte Klinker stammte in beiden Fällen aus demselben Drehofen, kann also in seiner physikalischen Beschaffenheit als vollkommen gleichwertig betrachtet werden. Der einzige Unterschied, der zwischen den beiden Klinkersorten bestand, war der Feuchtigkeitsgehalt. Dieser betrug bei Klinker I 0,4% und bei

Klinker II 2,4% des Gewichtes der Klinker. Die Mahlversuche wurden an zwei aufeinanderfolgenden Tagen durchgeführt und die Mühle blieb für beide Versuche unverändert. Die beiden Kennlinien zeigen nun den außerordentlichen Einfluß, den die Feuchtigkeit des Mahlgutes auf die spezifische Mahlleistung der Mühle ausübte. Beide Kennlinien verlaufen anfänglich nahezu geradlinig in einem $\sphericalangle\ \alpha$ bzw. $\sphericalangle\ \beta$ zur Abszissenachse. Nach der Definition des spezifischen Mahlwiderstandes[1] ist dieser tg α bzw. tg β. In vorliegendem Fall ist tg α etwa 0,25 und tg $\beta = 0{,}5$, d. h. der spezifische Mahlwiderstand des Klinkers II ist etwa doppelt so groß wie derjenige des Klinkers I. Hierbei ist besonders zu beachten, daß nicht etwa nur die Feinmahlung des feuchten Mahlgutes den spezifischen Arbeitsbedarf erhöht, sondern daß der Mahlvorgang bei höherem Feuchtigkeitsgehalt des Mahlgutes auf der ganzen Dauer der Mahlarbeit nachteilig beeinflußt wird.

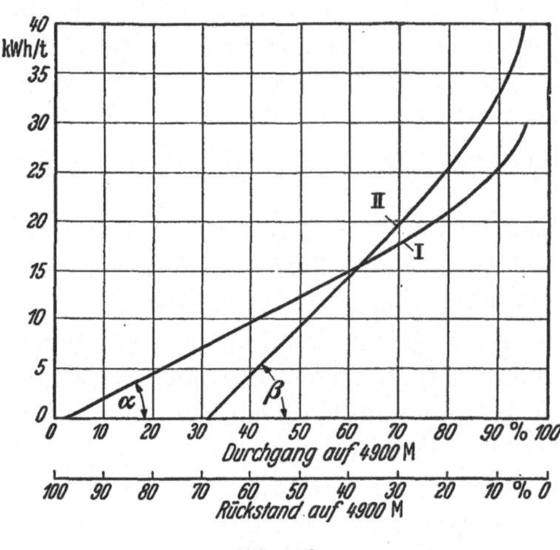

Abb. 112.

Die hier aufgeführten Beispiele sollen besonders den Betriebsleitern der Werke zeigen, wie wichtig es ist, die im Betrieb befindlichen Rohrmühlen von Zeit zu Zeit auf ihre spezifische Leistung zu untersuchen. Durch richtige Einstellung der Mühlen können hier oftmals Ersparnisse an Leistungsbedarf bis zu 25% erreicht werden. Die hier angeführten Methoden sind sehr einfach durchzuführen und stören den Betrieb überhaupt kaum. Besonders bei der Aufstellung neu beschaffter Mühlen ist eine genauere Einregulierung der Mühlen nach einer gewissen Einlaufzeit unbedingt erforderlich, da die von den Lieferfirmen gegebenen Anweisungen über Mahlkörperart und Füllung stets nur ungefähre sein können.

Schließlich sei noch darauf hingewiesen, daß sich bei der Trockenvermahlung in der Feinmahlkammer des öfteren eine starke Blättchenbildung zeigt. Diese hat ihre Ursache in einer Aufladung statischer Elektrizität durch den Mahlvorgang. Man hat diese unangenehme Erscheinung teils durch leichtes Anfeuchten des Mahlgutes beim Eintritt in die Mühle oder auch durch Beimischung einer geringen Menge Kohlenstoff zum Aufgabegut beseitigen können.

---

[1] MITTAG, C.: Der spezifische Mahlwiderstand. Berlin: VDI-Verlag 1925.

δ) *Der Leistungsbedarf und die zu erwartende Leistung.*

Der Leistungsbedarf einer Rohrmühle setzt sich zusammen aus der maschinellen Verlustarbeit durch Lagerreibung usw. und aus der kinetischen Energie, die den Mahlkörpern durch die Umdrehung der Mahltrommel mitgeteilt wird. DREYER[1] hat in seiner Dissertation aus der den Mahlkörpern mitgeteilten Wurfbewegung die nachfolgenden Formeln zur Berechnung des Leistungsbedarfs der Rohrmühlen entwickelt:

Leistungsbedarf N bei Flintsteinmühlen $N = 9{,}5 \frac{Q}{1000} \sqrt{D}$ (PS)

„ N „ Stahlkugelvormühlen $N = 8{,}5 \frac{Q}{1000} \sqrt{D}$ (PS)

„ N „ Stahlkugelfeinmühlen $N = 8{,}2 \frac{Q}{1000} \sqrt{D}$ (PS)

Hier bedeutet Q die Menge an Mahlkörpern in kg.

E. C. BLANC[2] hat dann den Festwert in diesen Formeln nach dem Füllungsgrad der Mühlen weiter differenziert und kommt damit zu folgender Formel:

$$N = c\, T \sqrt{D} \text{ (Leistungsbedarf } N \text{ in PS).}$$

In dieser Formel bedeutet T die Menge der Mahlkörper in Tonnen und c einen Faktor, der aus der Tab. 19 zu entnehmen ist. Sowohl in den Formeln von DREYER als auch in der Formel von E. C. BLANC bedeutet D den lichten „nutzbaren" Durchmesser der Mühle in m.

Tabelle 19. *Faktor c.*

Art der Mahlkörper	Füllungskoeffizient				
	0,1	0,2	0,3	0,4	0,5
Flintsteine	13,3	12,25	11,0	9,5	7,8
Große Kugeln	11,9	11,0	9,9	8,5	7,0
Kleine Kugeln oder Cylpebs	11,5	10,6	9,5	8,2	6,8

Die Formel $N = c\,T \sqrt{D}$ beruht auf einer einfachen logischen Überlegung. In der Abb. 113 bedeutet *1* die Mahltrommel einer Rohrmühle mit dem Durchmesser D. Die bewegte Mahlkörpermasse *2* hat ihren Schwerpunkt bei *3*. In diesem Schwerpunkt greift das Gewicht T der Mahlkörpermasse an. Der Abstand a der Last T von der vertikalen Mittelachse steht bei allen Mühlen mit gleichem Füllungsgrad im gleichen

[1] DREYER: Die Berechnung des Arbeitsverbrauchs der Rohrmühlen. Z. Zement 1929 S. 1434.

[2] BLANC, E. C.: Technologie der Brecher, Mühlen und Siebvorrichtungen. Deutsche Bearbeitung von HERMANN ECKARDT. Berlin: Springer 1928.

Verhältnis zum Durchmesser der Mühle, er sei deshalb mit xD bezeichnet. Da der Schwerpunkt *3* während des Betriebes der Mühle ständig an gleicher Stelle verbleibt, während die Mahlkörpermasse ständig gehoben und umgewälzt wird, so ergibt sich der Leistungsbedarf der Mühle aus der Last T mal dem Weg, den der Schwerpunkt *3* scheinbar zurücklegt. Dieser Weg ist $2 \cdot xD\pi n$. Setzt man als die günstigste Umdrehungszahl für n den Formelwert $32 : \sqrt{D}$ ein und bezeichnet man das Mahlkörpergewicht T nicht in t, wie in der BLANCschen Formel, sondern in kg, also mit $T \cdot 1000$, so erhält man den Leistungsbedarf N der Rohrmühle in PS:

$$N = \frac{T \cdot 1000 \cdot 2 \cdot xD\pi \cdot 32}{60 \cdot 75 \cdot \sqrt{D}}$$

$$= 44{,}6 \cdot xT\sqrt{D}.$$

Der sich jeweilig ergebende Wert von $44{,}6 \cdot x$ stellt den Faktor c der BLANCschen Formel $N = c\,T\sqrt{D}$ dar.

Der Wert von x richtet sich, wie schon gesagt, nach dem Füllungsgrad der Mahltrommel mit Mahlkörpern. Ist x beispielsweise 0,2, so würde der Faktor c in der BLANCschen Formel $44{,}6 \cdot 0{,}2 = 8{,}9$ betragen, der nach der Tab. 19 einem Füllungsgrad der Mahltrommel von etwa 0,4 entsprechen würde. Die Werte von x und somit auch die Faktoren c können rechnerisch nicht genau erfaßt werden. Sie ergeben sich ohne weiteres aus präzisen Leistungsbedarfsmessungen an in Betrieb befindlichen Rohrmühlen aus der BLANCschen Formel. Durch die so gefundenen Werte von c gibt die BLANCsche Formel nicht nur den zerkleinerungstechnischen Leistungsbedarf der Rohrmühle an, sondern den Gesamtleistungsbedarf einschließlich des maschinellen Verlustleistungsbedarfs.

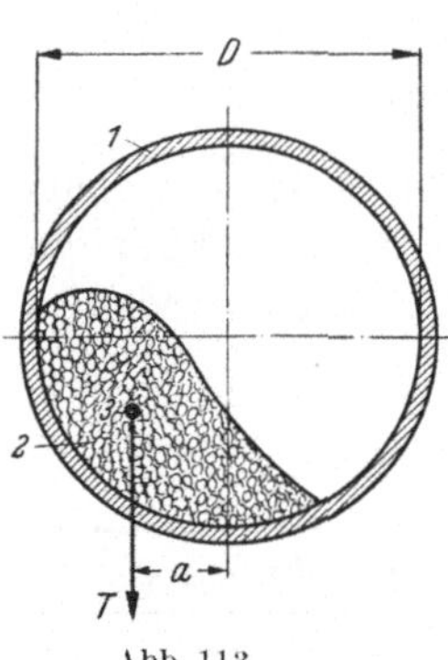

Abb. 113.

Aus der vorstehenden Darstellung ergibt sich die beachtliche Tatsache, daß die den Mahlkörpern in der Zeiteinheit mitgeteilte kinetische Energie und somit auch die Mahldauer im Verhältnis zur $\sqrt{D}$ steht, gleichwertige Ausnützung der den Mahlkörpern mitgeteilten Energie vorausgesetzt. Folgerichtig ergibt sich auch, daß das Verhältnis des Leistungsbedarfs und somit auch der Mahlleistung zweier Rohrmühlen zueinander identisch ist mit dem Verhältnis der Rauminhalte $J\sqrt{D}$ dieser Mühlen. Bezeichnet man die Mahlleistung zweier Rohrmühlen mit L_1 und L_2, so ergibt sich folgende Formel:

$$\frac{L_1}{L_2} = \frac{J_1\sqrt{D_1}}{J_2\sqrt{D_2}}. \qquad (1)$$

Sind die Trommellängen zwei zu vergleichender Mühlen gleich, so vereinfacht sich die Formel zu:

$$\frac{L_1}{L_2} = \sqrt{\frac{D_1^5}{D_2^5}}. \tag{2}$$

Durch die Formel (1) ist auch ein einfacher Weg zur Umrechnung der Ergebnisse aus Versuchsmahlungen auf periodisch arbeitenden Trommelmühlen auf die zu erwartende Leistung normaler Rohrmühlen gegeben. Es ist oftmals schon bezweifelt worden, daß derartige Laboratoriumsversuche eine genügend zuverlässige Grundlage zur Berechnung der Leistungen größerer Rohrmühlen geben. Diese Zweifel sind unberechtigt, wenn man sich vergegenwärtigt, daß, wie es schon im vorangegangenen Abschnitt dargelegt wurde, der Mahlvorgang in einer periodisch arbeitenden Versuchstrommelmühle derselbe ist wie in einer kontinuierlich arbeitenden Rohrmühle und wenn man zur Umrechnung die Formel (1) zugrunde legt, in der keine Bedingung über das Größenverhältnis der einen zur anderen Mühle gestellt ist. Bei derartigen Laboratoriumsmahlungen ist lediglich darauf zu achten, daß die Korngröße des Aufgabegutes und die Größe der Mahlkörper dem Durchmesser der Versuchsmühle angepaßt ist. Als Versuchsmühle wird eine Trommelmühle von beispielsweise 1 m Durchmesser stets zuverlässige Vergleichswerte ergeben. Bei der Benutzung der Formel (1) für die Umrechnung ergibt sich noch der Vorzug, daß die mit Rücksicht auf die maschinellen Verluste etwas unsichere Leistungsbedarfsmessung der Versuchstrommelmühle entfällt und daß der Vergleichswert $J_2 \sqrt{D_2}$ eine Konstante für alle Versuche wird. Diese Konstante beträgt beispielsweise bei einer Versuchstrommelmühle von 1,3 m Durchmesser und 0,75 m Breite = 1, so daß in diesem Fall die Formel (1) lautet:

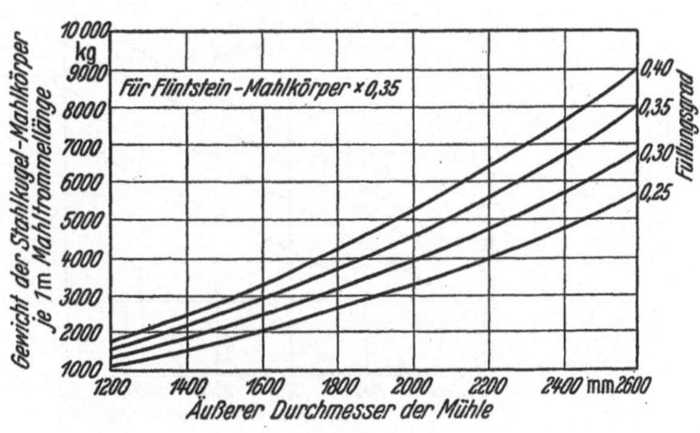

Abb. 114.

$$L_1 = L_2 J_1 \sqrt{D_1},$$

worin L_2 die Leistung der Versuchsmühle bei der gewünschten Feinheit auf die Stunde umgerechnet bedeutet.

Aus der graphischen Darstellung auf Abb. 114 können die Gewichte der Mahlkörper für 1 m Länge der Mahltrommel bei den verschiedenen Mahltrommel-Durchmessern und den verschiedenen Füllungsgraden entnommen werden. Die Multiplikation der erhaltenen Werte mit der Mahltrommellänge in Meter ergibt dann die gesamte Mahlkörperfüllung der Mühle.

Der Leistungsbedarf je Tonne Mahlkörper ergibt sich aus der graphischen Darstellung auf Abb. 115. Multipliziert man also die hieraus entnommenen Werte mit dem errechneten Gesamtgewicht der Mahlkörperfüllung der Mühle, so erhält man den tatsächlichen Leistungsbedarf der Mühle in kW. Dieser Leistungsbedarf hängt ausschließlich von der Art und Menge der Mahlkörper und dem Füllungsgrad der Mühle ab. Die Art der zu vermahlenden Stoffe sowie die Leistung der Mühle selbst

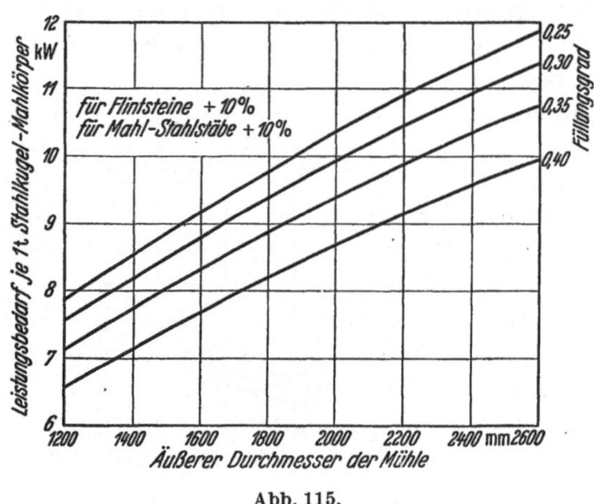

Abb. 115.

beeinflussen die errechneten Werte nicht. Bei der Festlegung der Mahlkörpergewichte in der graphischen Darstellung auf Abb. 115 ist mit einer Stärke der Eisenauskleidung der Mahltrommel von 45 mm und mit einer Stärke der Flintsteinausmauerung von 75 mm gerechnet worden. Das Schüttgewicht einer Tonne Stahlmahlkörper beträgt 4600 kg und dasjenige einer Tonne Flintsteinmahlkörper 1600 kg.

Aus der Tab. 20 sind die Abmessungen und sonstige Einzelheiten gebräuchlicher Flintstein- und Stahlkugel-Rohrmühlen zu entnehmen.

Zur Berechnung der ungefähren stündlichen Leistung der Rohrmühlen bei verschiedenen zu vermahlenden Stoffen sind aus der Tab. 21 die ungefähren Werte des spezifischen Arbeitsbedarfs in kWh/t zu entnehmen. Dividiert man dann den in Tab. 20 angegebenen Wert des Leistungsbedarfs der betreffenden Mühle durch den aus der Tab. 21 entnommenen spezifischen Leistungsbedarf, so erhält man die zu erwartende Leistung der betreffenden Mühle.

Tabelle 20.

Rohrmühlen für Riemenantrieb, Silex-Auskleidung und Flintsteinmahlkörper.

Durchmesser der Mahltrommel mm	1400	1400	1600	1600	1800	1800
Länge der Mahltrommel . . . mm	7000	8000	8000	9000	9000	10000
U/min der Mahltrommel	28	28	26	26	25	25
Gewicht der Mühle etwa kg	20000	22000	25000	28000	32000	35000
Mahlkörperfüllung (35%) . . . kg	5400	6200	8200	9100	11300	13000
L = Leistungsbedarf der Mühle kW	45	55	75	85	115	125
Erforderlicher Motor . . . . . kW	60	70	95	110	140	150

Rohrmühlen für Motorantrieb mit einstufigem Getriebe, Hartgußauskleidung und Stahlkugeln.

Durchmesser der Mahltrommel mm	1200	1200	1400	1600	1800	2000
Länge der Mahltrommel . . . mm	6000	7000	8000	9000	10000	10000
U/min der Mahltrommel	30	30	28	26	25	23
Gewicht der Mühle etwa kg	18000	20000	25000	33000	40000	52000
Mahlkörperfüllung (30%) . . . kg	8000	9500	15000	22000	32000	40000
L = Leistungsbedarf der Mühle kW	60	75	125	200	300	400
Erforderlicher Motor . . . . . kW	75	100	150	250	370	500

Mehrkammer-Rohrmühlen mit zentralem Antrieb, zweistufigem Getriebe, Stahlkugeln und Stahlmahlkörpern.

Durchmesser der Mahltrommel mm	2000	2200	2400	2400	2600	2600
Länge der Mahltrommel . . . mm	11000	12000	12000	13000	13000	14000
U/min der Mahltrommel	23	22	21	21	20	20
Gewicht der Mühle . . . etwa kg	64000	88000	112000	125000	140000	155000
Mahlkörperfüllung (25%) . . . kg	36000	48000	58000	64000	73000	80000
L = Leistungsbedarf der Mühle kW	340	450	580	630	750	830
Erforderlicher Motor . . . . . kW	420	600	700	750	900	1000

Tabelle 21.

A = Ungefährer spezifischer Arbeitsbedarf kWh/t der Rohrmühlen bei einem Rückstand R auf dem Sieb von 4900 Maschen/cm².

Mahlgut	R	A
Hochofen-Zementklinker	3	37
Eisenportland-Zementklinker	5	31
Portland-Zementklinker, Trockenverfahren	10	28
Portland-Zementklinker, Naßverfahren	10	26
Portland-Zementklinker, Automatischer Schachtofen	10	25
Rohmaterial Kalkstein und Ton, Trockenverfahren	10	20
Rohmaterial Kalkstein und Ton, Naßverfahren	10	18
Steinkohle	10	18
Rohmaterial Kreide und Ton, Naßverfahren	5	12

Stündliche Leistung L der Mühle:

$L = \frac{E}{A}$ (t/h) E = Leistungsbedarf der Mühle.

b) Die Rohrmühle in der Erzaufbereitung.

In der Erzaufbereitung, in der die Rohrmühle im wesentlichen als Naßmühle in Frage kommt, haben sich zwei Typen besonders herausgebildet, und zwar die „Trommelmühle“ mit einem Verhältnis von Trommellänge zum Trommeldurchmesser wie 1 : 1 und darunter und die „Rohrmühle“ mit einem Verhältnis von Trommellänge zum Trommeldurchmesser größer als 1 : 1. Beide Mühlentypen arbeiten mit kontinuierlichem Ein- und Austrag.

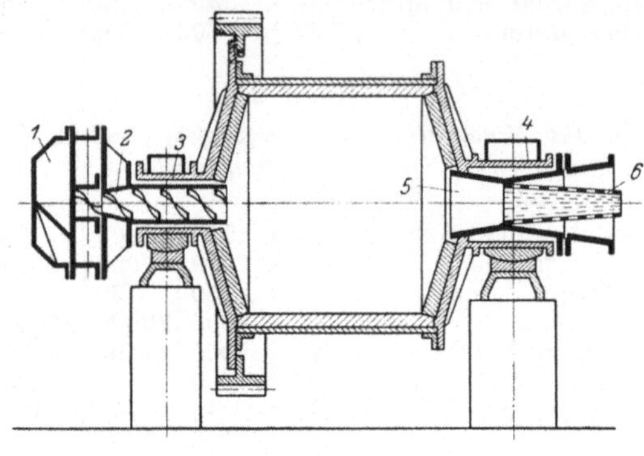

Abb. 116.

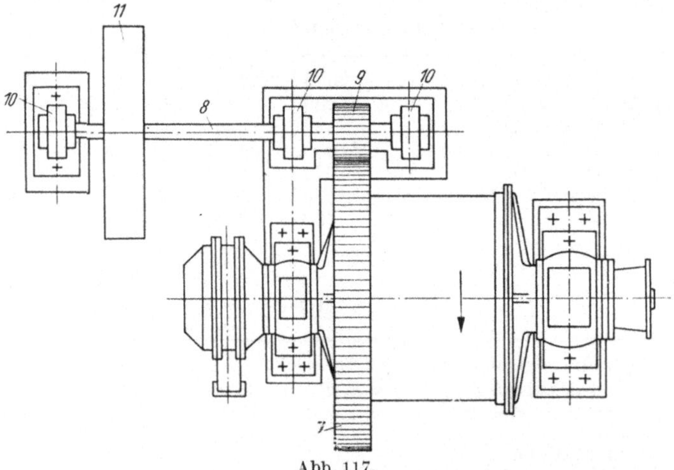

Abb. 117.

Abb. 116 u. 117. Naßtrommelmühle.

In Abb. 116 u. 117 ist eine Naßtrommelmühle im Längsschnitt und im Grundriß dargestellt. Die Aufgabe des Erzes zur Mühle kann durch alle gängigen Aufgabevorrichtungen, wie Tellerspeiser, Stoß- und Bandaufgaben erfolgen. Besondere Beachtung hat die Schöpfaufgabe *1* gefunden, wie sie in dem Längsschnitt dargestellt ist. Diese Aufgabe ist unmittelbar mit dem Aufgaberohr *2* verbunden, das im Innern Schneckengänge erhält. Die Mühle ruht auf zwei mit der Mahltrommel verbundenen Hohlzapfen *3* und *4*. Am Austritt der Mühle ist eine konische Austragsbüchse *5* vorgesehen. An diese Büchse schließt sich ein konischer Siebkorb *6* an, um allzu grobe Körner oder Fremdkörper aus dem Mahlgut nach Möglichkeit auszuscheiden. Durch die konische Büchse können auch Mahlkugeln während des Betriebes nachgefüllt werden.

Der Antrieb der Trommelmühle geschieht wie allgemein üblich durch einen an der Einlaufkopfwand vorgesehenen Zahnkranz *7*, in welchen das auf der Welle *8* sitzende Ritzel *9* eingreift. Die in den Lagern *10* gelagerte Antriebswelle wird durch die Riemenscheibe *11* durch Leder- oder Keilriemen vom Elektromotor aus angetrieben. Selbstverständlich

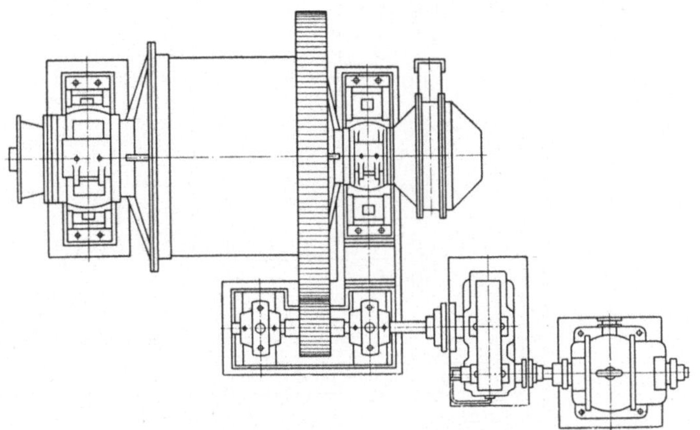

Abb. 118. Naßtrommelmühle mit direktem Antrieb durch Elektromotor.

kann dieser Antrieb auch unmittelbar vom Motor aus durch Zwischenschaltung eines einstufigen Präzisionsrädergetriebes erfolgen, wie dies aus Abb. 118 zu ersehen ist. Im übrigen ist auch eine unmittelbare Kupplung mit der Vorgelegewelle der Mühle möglich, wobei dann der auf der Trommel sitzende Zahnkranz mit dem Antriebsritzel eine hohe Übersetzung mit Pfeilverzahnung erhält. Diese Antriebsart ist aus den Abb. 119 u. 120 ersichtlich, auf welchen eine „Trommelmühle in Verbindung mit einem Klassierer" dargestellt ist. Bei dieser Anordnung erfolgt der Zerkleinerungsvorgang im Naßmahlverfahren im Kreislauf, d. h. aus dem aus der Mahltrommel *1* austretenden Gut wird in dem Klassierer *2* die gewünschte Korngröße ausgeschieden, während das zu grobe Korn zum Einlauf der Mühle zwecks Weitervermahlung zurückgelangt.

Hierdurch wird eine hohe Gleichmäßigkeit des Mahlgutes erreicht.

Die Konstruktion der „Naßrohrmühle“ ist im Prinzip die gleiche

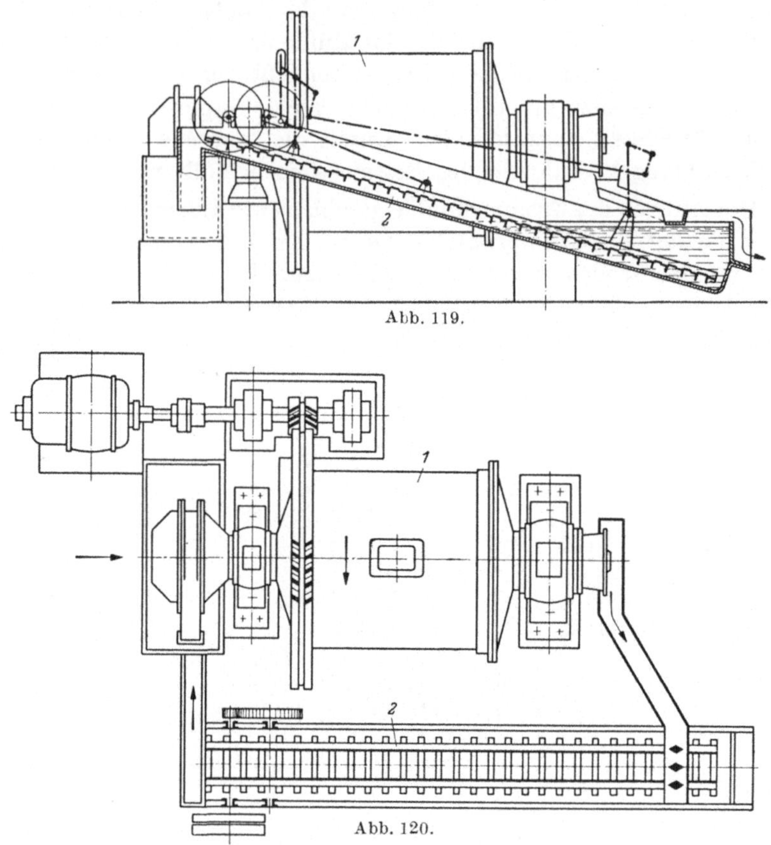

Abb. 119 u. 120. Naßtrommelmühle mit Klassierer.

Konstruktion wie bei der Trommelmühle. Die Mahltrommellänge ist jedoch stets größer als der Mahltrommeldurchmesser. Abb. 121 zeigt eine Naßrohrmühle im Längsschnitt. Das Mahlgut wird wie bei der Trommelmühle durch eine Aufgabevorrichtung *1* (Schöpfaufgabe) aufgegeben und gelangt durch die mit Schneckengewinde *2*

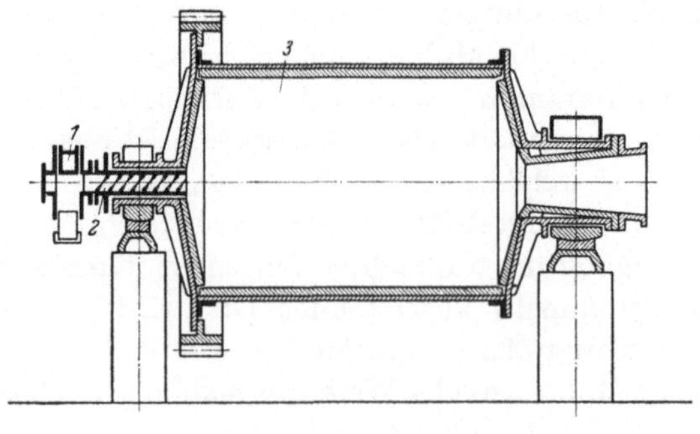

Abb. 121. Naßrohrmühle.

versehene Einsatzbüchse in die Mahltrommel *3*. Der Austritt des Mahlgutes erfolgt durch den Hohlzapfen der Mühle, der mit einem geschlitzten Auslaufdeckel versehen ist. Von der Fried. Krupp Grusonwerk A.-G., Magdeburg, ist für die Regulierung des Austritts eine besondere Austragskammer mit Regulierkegel angeordnet worden. Diese Einrichtung ist in den Abb. 122 u. 123 dargestellt. Das feinere und im Schüttgewicht leichtere Gut wird an der Oberfläche des Erzschlammes unmittelbar durch den Hohlzapfen ausgetragen, während das gröbere und schwerere Gut in den tiefen Schichten durch geschlitzte Kopfwandplatten *1* in die besondere Austragskopfwand *2* gelangt, in der es durch geeignete Flügel auf den Austragskegel *3* gehoben wird. Der Austragskegel ist durch eine Spindel *4* verstellbar. Bei der Stellung des Kegels nach Abb. 122 gelangt das von den Flügeln gehobene Gut wieder in die Mahlkammern

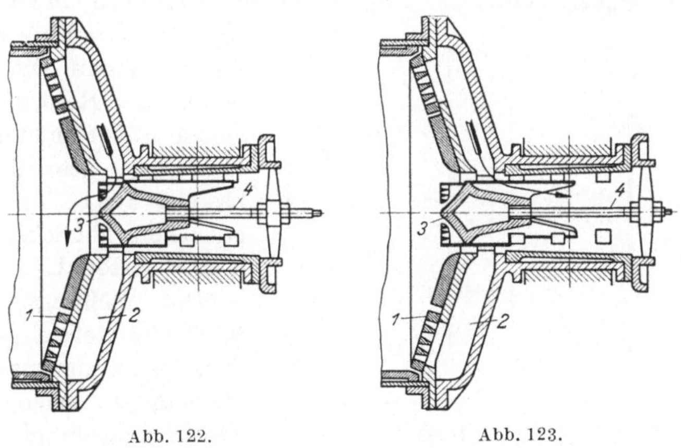

Abb. 122. Abb. 123.

zurück, während es bei der Stellung des Kegels nach Abb. 123 über den Austragskegel ausgetragen wird. In der Zwischenstellung des Kegels kann nach Bedarf mehr oder weniger Material in den Mahlraum zurück oder zum Austrag geleitet werden.

Die Trommelmühlen und die Rohrmühlen von geringerer Länge finden für die rösche Vermahlung der Erze bis auf etwa 1 mm Korn Verwendung, während für die Feinmahlung bis auf höchste Feinheiten ausschließlich Rohrmühlen mit entsprechend längerer Mahltrommel in Frage kommen. Als Mahlorgane finden für beide Mühlenarten je nach dem beabsichtigten Zweck Stahlmahlkugeln von 30 bis 100 mm Verwendung, und zwar die kleineren Sorten für die Feinmahlung und die größeren Sorten für die rösche Mahlung. Darüber hinaus können die Rohrmühlen auch als Mühlen mit Stabfüllung ausgeführt werden, bei denen als Mahlorgane zylindrische Stahlstäbe benutzt werden. Die „Stabrohrmühlen“ erzeugen ein sehr gleichförmiges Mahlgut mit wenig

Feinschlamm. Schließlich werden die Naßrohrmühlen auch als Flintsteinmühlen ausgebildet, die hauptsächlich zur Herstellung eines Mahlgutes, das keine metallischen Beimengungen enthalten soll, in Frage kommen. Als Mahlkörper dienen dann Flintsteine. Da diese nur ein Schüttgewicht von 1600 kg/m³ besitzen gegenüber einem solchen von 4600 der Stahlkugeln, so muß die Länge der Mahltrommel möglichst groß gewählt werden, um mit den Mühlen eine angemessene Feinheit zu erreichen.

Die Auspanzerung der Trommel- und Rohrmühlen kann verschiedenartig gestaltet werden. Es kommen glatte oder stufenförmige Mahlplatten in Frage sowie auch solche mit Längsrippen. Kurze Trommelmühlen erhalten gewöhnlich nebeneinander liegende Futterbalken, die über die ganze Trommellänge reichen und am Trommelmantel nicht besonders angeschraubt zu werden brauchen, sondern durch die Beplattung der Endwände gehalten werden. Die Auspanzerung der Rohrmühlen, in denen mit Flintsteinen als Mahlkörper gearbeitet wird, besteht aus Silex, Quarzit oder einem ähnlichen mineralischen Material.

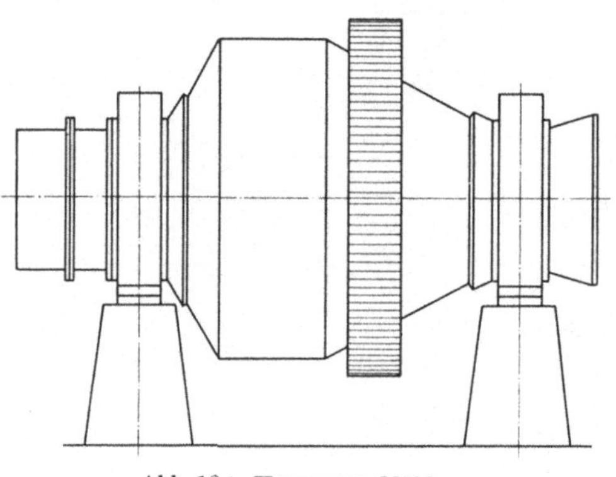

Abb. 124. HARDINGE-Mühle.

Der Füllungsgrad der Mühlen richtet sich ganz nach dem Verwendungszweck, er schwankt zwischen 0,25 und 40% des Rauminhaltes der Mühle. Grundsätzlich wird für rösche Vermahlung die untere Grenze und für Feinmahlung die obere Grenze angestrebt.

Was die Umdrehungszahl der Mahltrommel der Trommel- und Rohrmühlen anbelangt, so kann auch hier wieder die bereits bei den Rohrmühlen für die Zement- und Bindemittel angegebene Formel $n = 32 : \sqrt{D}$ zugrunde gelegt werden, mit der Maßgabe, daß die sich ergebende Drehzahl bei Stabrohrmühlen um 20% gesenkt und bei Mahlkugelrohrmühlen mit Füllungsgraden weniger als 40% um 10% erhöht werden kann. Besonders bei röscher Mahlung mit einem geringen Füllungsgrad ist eine 10 bis 15%ige Erhöhung des errechneten Wertes gegeben. Bei Rohrmühlen mit Flintsteinfüllung, die durchweg einen Füllungsgrad von 30 bis 40% besitzen, genügt eine Erhöhung des errechneten Wertes um 5%.

In den Vereinigten Staaten von Amerika ist schon vor einigen Jahrzehnten von H. W. HARDINGE ein Rohrmühlentyp auf den Markt gebracht worden, der anfänglich in den verschiedensten Industriezweigen und besonders in der Erzaufbereitung eine vielfache Verwendung fand. Diese sogenannte „HARDINGE-Mühle" besteht aus einem zylindrischen und einem konischen Teil der Mahltrommel, wie dies aus der Abb. 124 ersichtlich ist. Der Gedankengang dieser Ausführung war der, eine Mühle zu schaffen, bei der eine selbsttätige Sortierung der aus großen und kleinen Mahlkugeln bestehenden Mahlkörperfüllung entsprechend dem Fortschreiten des Mahlvorganges stattfindet. Die Sortierung sollte in der Weise vor sich gehen, daß die größeren Mahlkörper am Anfang der Mahltrommel verbleiben, während die kleineren Mahlkörper zum Aus-

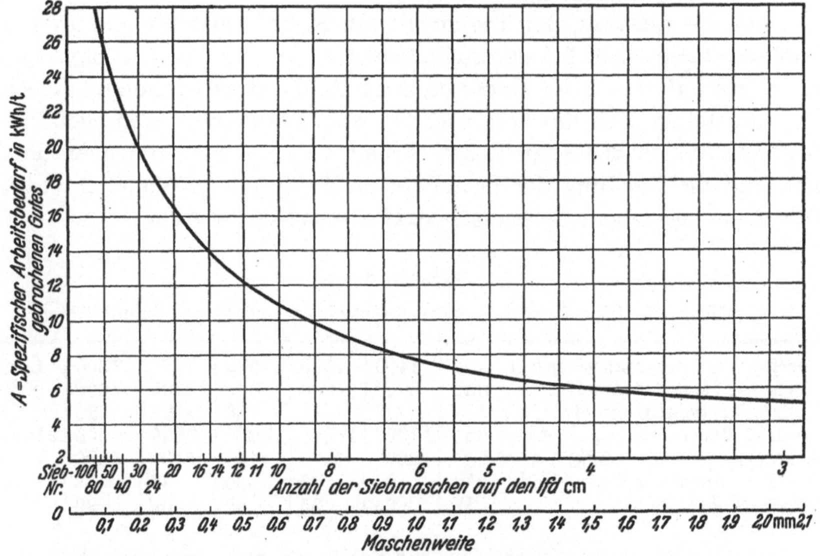

Abb. 125. Spezifischer Arbeitsbedarf.

lauf zu ihren Platz finden. Dies wird auch durch die zylindrisch-konische Form der Mühle erreicht. Hierbei ergibt sich noch der besondere Umstand, daß sich die großen Mahlkugeln in dem zylindrischen Teil der Mahltrommel von großem Durchmesser befinden und so eine entsprechend höhere kinetische Energie mitgeteilt erhalten als die Mahlkörper im konischen Teil der Mühle, wo bereits ein weitgehender Feinheitsgrad des Mahlgutes erreicht ist und die Mahlkörper eine geringere Arbeitsleistung zu entfalten haben. Der Gedankengang war also logisch aufgebaut, er hatte nur den Fehler, daß er die Abhängigkeit der spezifischen Höchstleistung einer Rohrmühle von ihrer Umdrehungszahl außer acht ließ. Ist also die Umdrehungszahl dem zylindrischen Teil der Mühle angepaßt, so läßt im konischen Teil derselben die Mahlwirkung zum Austrag zu nach. Die Mahlkörper führen dann im hinteren Teil der Mühle keine Wurfbewegung mehr aus, sondern wälzen sich nur übereinander, wodurch lediglich eine reibende Zerkleinerung erfolgt, die gerade bei röscher Mahlung gar nicht erwünscht ist. Daß trotz dieser Einwände die HARDINGE-Mühle anfänglich in den verschiedensten Industriezweigen eine so weitgehende Verbreitung gefunden hat, war wohl mehr oder weniger der Unkenntnis breiter Kreise über die wirklichen Mahlvorgänge in derartigen Mühlen zuzuschreiben. Natürlich ist nicht von der Hand zu weisen, daß die HARDINGE-Mühle für bestimmte Zwecke besondere Vorzüge besitzen mag, ganz allgemein gesehen aber läßt sich das Prinzip ihrer Arbeitsweise nach neuerer Erkenntnis der Grundlagen der technischen Zerkleinerung nicht rechtfertigen.

Über die Leistung der Trommel- und Rohrmühlen für die Erzaufbereitung lassen sich bei der außerordentlich verschiedenen physikalischen Beschaffenheit der Erze und ihrer Mahlbarkeit bestimmte Regeln nicht aufstellen. Aus der vorstehenden Abb. 125 können die ungefähren mittleren Werte des spezifischen Arbeitsbedarfs der Mühlen entnommen und die Leistung der betreffenden Mühle entsprechend ihrem in Tab. 22 angegebenen Leistungsbedarf abgeschätzt werden.

Tabelle 22.

Rohrmühlen für Riemenantrieb, Silex-Auskleidung und Flintsteinmahlkörper.

Durchmesser der Mahltrommel	mm	1400	1400	1600	1600	1800	1800
Länge der Mahltrommel . . .	mm	3000	4000	4000	5000	5000	6000
U/min der Mahltrommel		30	30	28	28	26	26
Gewicht der Mühle . . etwa	kg	10000	12000	15000	17000	20000	22000
Mahlkörperfüllung (35%) . . .	kg	2300	3100	4100	5100	6500	7800
L = Leistungsbedarf der Mühle	kW	20	26	36	46	63	75
Erforderlicher Motor	kW	25	35	45	60	80	95

Rohrmühlen für Riemenantrieb, Stahlgußauskleidung und Stahlkugelmahlkörper.

Durchmesser der Mahltrommel .	mm	1400	1600	1800	1400	1600	1800
Länge der Mahltrommel . . .	mm	1400	1600	1800	2000	3000	4000
U/min der Mahltrommel		30	28	26	30	28	26
Gewicht der Mühle . . . etwa	kg	12000	15000	18000	15000	19000	25000
Mahlkörperfüllung (30%) . . .	kg	2600	4000	5800	3700	7500	12800
L = Leistungsbedarf der Mühle	kW	20	33	52	30	63	115
Erforderlicher Motor	kW	25	40	65	40	80	140

Rohrmühle für Motorantrieb mit einstufigem Getriebe, Stahlgußauskleidung und Mahlstäben.

Durchmesser der Mahltrommel	mm	1400	1600	1800	1400	1600	1800
Länge der Mahltrommel . . .	mm	1400	1600	1800	2000	3000	4000
U/min der Mahltrommel		25	22	20	25	22	20
Gewicht der Mühle . . etwa	kg	12000	15000	18000	15000	19000	25000
Mahlstäbefüllung (30%) . . .	kg	3000	4400	6400	4100	8300	14000
L = Leistungsbedarf der Mühle	kW	26	40	62	35	76	135
Erforderlicher Motor	kW	35	50	80	45	95	170

c) Die Rohrmühle in den verschiedensten Zweigen der Verfahrenstechnik.

Der besondere Vorzug der Feinmahlung ohne Siebe hat der Rohrmühle schnell einen Eingang in die verschiedensten Zweige der Verfahrenstechnik verschafft. Überall hat sich die außerordentliche Betriebssicherheit und die große Leistungsfähigkeit besonders günstig ausgewirkt. Allerdings war es notwendig, die Bauart der Mühle jeweils den besonderen Bedingungen anzupassen.

In der Brennstoff-Industrie fand die Rohrmühle sehr bald Verwendung zur Herstellung des Kohlenstaubes für Kohlenstaubfeuerungen für Dampfkessel, Wärmeöfen, Trockenöfen usw. Die Rohrmühlen in normaler Ausführung als Ein- oder Mehrkammer-Rohrmühlen wurden dann abgelöst durch die im nächsten Abschnitt behandelten Rohrmühlen mit Luftstromsichtung und Mahltrocknung.

Eine besondere Bauart der Mehrkammer-Rohrmühle entstand in der synthetischen Treibstoffherstellung. Es mußte die auf 0 bis 1 mm vorgemahlene Stein- oder Braunkohle mit Öl zu einem Ölkohlebrei von höchster Feinheit gemahlen werden. Hier hatte sich besonders der Conzentra-Einbau als die zweckentsprechendste Ausbildung der Mühle gezeigt. Die Mühle erhält hierbei nur eine kurze Vormahlkammer und die übrigen $^4/_5$ der Mahlkammer erhalten als einzige Feinmahlkammer den Conzentra-Einbau, wie auf Abb. 100 dargestellt ist.

Weiterhin hat in der Brennstoff-Industrie auch noch die kurze Rohrmühle mit Mahlstäben als Mahlorgane, wie in der Erzaufbereitung benutzt, zur Vermahlung von Koks auf 0 bis 1 mm Körnung mit möglichst geringem Feinstaubgehalt Verwendung gefunden.

In der Düngemittel-Industrie ist die Rohrmühle zu einer unentbehrlichen Mahlmaschine geworden. Zur Vermahlung der Thomasschlacke zu Thomasmehl wurde anfänglich ausschließlich das Mahlsystem Siebkugelmühle und Einkammer-Rohrmühle benutzt. Die wellenlose Siebkugelmühle war hierbei mit weitem Einlaufhohlzapfen zur möglichst grobstückigen Aufgabe der Schlacke ausgerüstet, arbeitete nur mit gröberen Vorsieben und besaß einen verschließbaren Austragsschlot, durch welchen von Zeit zu Zeit sich in der Mühle ansammelnde Eisenstücke entfernt werden konnten. Die Rohrmühle wurde eigentümlicherweise stets mit zwei auf Rollenlagern laufenden Laufringen (vgl. Abb. 99) ausgeführt, obgleich man in anderen Industrien hiervon längst abgekommen war. In neuerer Zeit hat auch hier die Mühle mit Luftstromsichtung ihren Einzug gehalten, wie aus dem Beispiel im „Dritten Teil" hervorgeht.

In der Kalkstickstoffherstellung kommt die Mehrkammer-Rohrmühle zunächst als Karbidmühle zur Geltung. Die Ausführung entspricht hier der allgemein üblichen Bauart. Es sind nur noch besondere

Abdichtungsvorkehrungen getroffen, um zur Beseitigung einer Explosionsgefahr dauernd Stickstoffgase durch die Mühle drücken zu können. Nachdem im Laufe des weiteren Prozesses dann der in großen Blöcken anfallende Kalkstickstoff auf einem Hammerbrecher bis auf etwa 30 mm vorgebrochen ist, gelangt dieses so vorgeschrotete Material in eine Mehrkammer-Rohrmühle, um hier zu fertigem Kalkstickstoff vermahlen zu werden. Hierbei wird angestrebt, den Kalkstickstoff zwar möglichst fein zu mahlen, aber unter Vermeidung eines größeren Prozentsatzes allerfeinsten Mehles, da dieses beim Ausstreuen auf den Acker bei geringer Windbewegung nur dem Nachbaracker zugute kommen würde. Diese Bedingung wird in der Mühle dadurch erreicht, daß etwa die Hälfte der Mühle mit Stahlstäben anstatt Kugeln als Mahlorgane ausgerüstet wird. Es findet hierbei also eine Art rösche Mahlweise statt, wie sie in der Erzaufbereitung üblich ist.

In der keramischen und in der Glasindustrie hat die Rohrmühle ebenfalls eine ausgiebige Anwendung erfahren. Allerdings kommen hier nur die Rohrmühlen mit Silex-Auspanzerung od. dgl. und mit Flintsteinen als Mahlkörper in Betracht, da hier jede Verunreinigung durch Eisenverschleiß vermieden werden muß. Im übrigen hat auch hier die Rohrmühle mit Luftstromsichtung einen immer stärkeren Eingang gefunden, so daß die einfache Rohrmühle nur in besonderen Fällen zur Anwendung gelangt.

Aus den vorstehenden Ausführungen ist die außerordentliche Bedeutung zu erkennen, die der Rohrmühle als Mahl- und Feinmahlmaschine in den verschiedensten Industriezweigen zukommt. Da der Feinmahlprozeß einen sehr erheblichen Arbeitsaufwand erfordert, so ist auch hieraus zu ermessen, welch hoher Prozentsatz des für die gesamte Hartzerkleinerung benötigten Leistungsbedarfs von der Rohrmühle beansprucht wird.

26. Rohrmühlen mit Windsichter und Luftstromsichtung.

Allgemeines.

In dem Abschnitt „Siebkugelmühlen“ wurde auch das Mahlsystem Siebkugelmühle, Becherwerk und Windsichter behandelt. Der Zweck dieser Anordnung war im wesentlichen die Ausschaltung der Feinsiebe auf der Kugelmühle. Man erreichte hierdurch eine größere Betriebssicherheit, selbst bei Erzielung höchster Feinheiten des Fertiggutes, gegenüber der Siebkugelmühle. So hatte dieses Mahlsystem sehr bald Eingang in die verschiedensten Industriezweige gefunden. Als dann die Rohrmühle in Erscheinung trat, lag es nahe, auch diese Maschine mit einem Becherwerk und einem Windsichter zu einem Mahlsystem zu ergänzen. Der Vorteil gegenüber der Feinrohrmühle, in der ja der Feinmahlprozeß in einem Durchgang durch die Mühle ausgeführt werden muß, lag darin, daß die Mühle verhältnismäßig kurz gehalten werden konnte und daß durch entsprechende Einstellung des Windsichters die Erzielung jedes beliebigen Feinheitsgrades des Fertiggutes möglich war. Die Anordnung des Mahlsystems Rohrmühle, Becherwerk und Windsichter war im Prinzip die gleiche wie bei der Kugelmühle mit Becherwerk und Windsichter. Der einzige Nachteil, der diesem Mahlsystem anhaftete, war der Umstand, daß das von dem Windsichter ausgeschiedene Feinmehl einen Mangel an allerfeinsten Bestandteilen aufwies, die aber in dem Fertiggut verschiedener Industriezweige, wie beispielsweise in der Zementvermahlung, sehr erwünscht waren. Dieser Umstand trat mit der Fortentwicklung der Mehrkammer-Rohrmühle immer stärker in Erscheinung, so daß für das Mahlsystem Rohrmühle, Becherwerk und Windsichter eine Einschränkung des Anwendungsgebietes eintrat.

Doch der technische Fortschritt kennt keine Grenzen. In Erkenntnis der schwierigen Lage der Rohrmühle mit Becherwerk und Windsichter entstand sehr bald ein verbessertes Mahlsystem, die Rohrmühle mit Luftstromsichtung. Dieses Mahlsystem besteht darin, daß die aus der Rohrmühle austretenden Grieße nicht mehr mittels eines Becherwerkes auf einem mechanisch angetriebenen Windsichter gefördert werden, sondern daß diese Förderung und auch die Sichtung der Grieße durch einen durch ein besonderes Gebläse erzeugten Luftstrom bewirkt wird. Ein solches Mahlsystem besteht neben der Rohrmühle als Mahlmaschine im wesentlichen aus einem Zentrifugalventilator (als Gebläse), einer Kreislaufrohrleitung, in welche eine Sichtvorrichtung eingebaut ist, und einem Staubabscheider. Darüber hinaus wird an das Mahlsystem noch ein Staubfilter angeschlossen, um den durch Undichtigkeiten entstehenden Falschluftüberschuß vor seiner Abführung ins Freie von mitgerissenem Staub zu befreien. Der Arbeitsvorgang in diesen Mahlsystemen wird noch in den nachfolgenden Abbildungen näher erläutert werden.

Eine weitere Verbesserung erfuhr dann dieses Mahlsystem mit Luftstromsichtung durch die Verbindung mit einem Trocknungsprozeß, durch welchen neben der Mahlung des Aufgabegutes auch gleichzeitig die Trocknung desselben durchgeführt werden kann. Hierbei werden dem kreisenden Luftstrom vorgewärmte Gase zugeführt, so daß ein Heißluftstrom das Mahlsystem durchzieht und die aus dem feuchten Mahlgut frei werdenden Dampfschwaden abführt. Das Mahlsystem wird somit zu einem Mahltrocknungssystem. Dieses Mahltrocknungssystem stellt gegenüber dem sonstigen Arbeitsverfahren, bei dem zunächst die Trocknung des Aufgabegutes in einer besonderen Trocknungsanlage und daran anschließend erst die Mahlung des getrockneten Gutes in einer

Mahlanlage erfolgte, eine erhebliche Vereinfachung des Gesamtprozesses dar und es war nicht verwunderlich, daß die Mahltrocknung in vielen Industriezweigen eine lebhafte Aufnahme fand. Natürlich gilt auch hier wie überall: eines schickt sich nicht für alle. Für die Luftstromsichtung in diesem System gilt auch das bei der Erläuterung des Mahlsystems mit Windsichter Gesagte. Auch hier wird in vielen Fällen der Gehalt an Allerfeinstem in dem Fertiggut beanstandet, und was die gleichzeitige Trocknung und Mahlung anbelangt, so darf man sich darüber nicht hinwegtäuschen, daß es sich hier um ein Kompromißverfahren handelt, bei dem zwar der Trocknungsprozeß während der bei fortschreitender Vermahlung entstehenden Vergrößerung der Oberfläche des Mahlgutes günstig beeinflußt wird, bei dem aber andererseits der Mahlprozeß durch die Anwesenheit von Feuchtigkeit und Wasserschwaden entschieden leidet. Es ist deshalb gut, in jedem Falle zu prüfen, was vorteilhafter ist, Mahltrocknungsverfahren oder getrennte Trocknung und Mahlung. Es ist ja heute auch viel leichter, sich zu einer getrennten Trocknung und Mahlung zu entscheiden als früher, da man fast nur die Trockentrommel als die einzige und auch recht kostspielige Einrichtung zur Trocknung kannte. Heute gibt es eine ganze Reihe von Schwebegastrocknungseinrichtungen, die in Verbindung mit einer angepaßten Vermahlung der vorgetrockneten Stoffe einen recht guten Gesamtwirkungsgrad ergeben. Abgesehen von derartigen Sonderfällen hat sich aber die Mahltrocknung erstaunlich schnell durchgesetzt, und zwar um so mehr, als man schließlich auch eine Schwebegasvortrocknung mit der eigentlichen Mahltrocknung sinnvoll zu einer geschlossenen Anlage verbinden konnte, wie noch gezeigt werden wird.

Sodann ist bei der Vermahlung im Mahltrocknungsverfahren Vorsicht bei der Entstehung explosiver Gase geboten. Bei der Mahltrocknung beispielsweise von Kohle ist es sehr empfehlenswert, mit inerten Gasen von höchstens 12% Sauerstoffgehalt zu arbeiten. Ganz besondere Vorsicht ist am Platze, wenn das Heizgas durch eine Gasfeuerung erzeugt wird. Hierbei kann es vorkommen, daß bei Ausbleiben der Zündung unverbranntes Gas in die Mahltrocknungsanlage gelangt, so daß bei nicht genügend sauerstoffarmem Heizgas folgenschwere Explosionen eintreten können, wie dies tatsächlich bereits bei einer Kohlenmahltrocknungsanlage der Fall war.

Bauarten.

a) Rohrmühlen und Windsichter.

Die ursprünglichen Bauarten der Mahlanlagen mit Rohrmühle und Windsichter entsprachen im Prinzip den in Abb. 85 dargestellten Anlagen mit Kugelmühle, Becherwerk und Windsichter. An Stelle der

Kugelmühle trat jedoch eine kurze Rohrmühle. Das aus der Mühle austretende Mahlgut wurde mit einem Becherwerk auf einen Windsichter gehoben, in welchem die Feinabscheidung des Fertiggutes erfolgte, während die Grieße zum Einlauf der Mühle zurückgelangten, um hier erneut dem Mahlprozeß zu unterliegen. Diese allgemeine Ausführung entsprach der Bauart der verschiedenen Lieferfirmen.

Eine hiervon abweichende Bauart brachte die Doppelhartmühle der Firma Gebr. Pfeiffer, Kaiserslautern. Bei der Doppelhartmühle erhält die Mahltrommel an jedem Ende eine Einlaufkopfwand. Das zu vermahlende Gut wird somit an beiden Enden der Mühle aufgegeben. Demzufolge ist der Austritt des Mahlgutes durch Schlitze am Umfang der Mahltrommel vorzusehen. Die Austragsschlitze sind gewöhnlich in zwei Reihen über dem Umfang der Mahltrommel verteilt und jede dieser beiden Schlitzreihen befindet sich etwa in einer Entfernung von ⅓ Länge der Mahltrommel von der Kopfwand. Durch mehr oder weniger Schließen und Öffnen der Schlitze hat man es in der Hand, den Austrag des Mahlgutes nach Bedarf zu regulieren. Die Mahltrommel wird von einem entsprechend abgedichteten und nach unten trichterförmig auslaufenden feststehenden Blechgehäuse umgeben, durch welches das aus der Mahltrommel austretende Mahlgut aufgefangen und dem Becherwerk zugeleitet wird. Dieses hebt dann das grießige Mahlgut in üblicher Weise auf einen Windsichter, in dem das Fertiggut ausgeschieden wird, während die Grieße zu den beiden Einlaufenden der Mahltrommel zurückgelangen.

Der Antrieb der Mahltrommel der Doppelhartmühle erfolgt entweder in der üblichen Weise durch Zahnrad und Ritzel oder durch Reibrollenantrieb. Bei dem letzteren sind an den beiden Enden der Mahltrommel breite Bandagen vorgesehen, die auf je zwei in üblicher Weise gelagerten Laufrollen ruhen. Die auf gleicher Seite der Mahltrommel liegenden Laufrollen sind durch eine gemeinsame Antriebswelle verbunden, die diese beiden Laufrollen gleichzeitig und mit gleicher Umfangsgeschwindigkeit in Drehung versetzt. Durch die zwischen diesen angetriebenen Rollen und den Bandagen der Mahltrommel vorhandene Reibung wird dann auch die Mahltrommel mitgenommen und mit der vorgesehenen Umdrehungszahl angetrieben. Um die Mitnahme der Mahltrommel durch Reibung möglichst verlustlos zu gestalten, sind die beiden Antriebslaufrollen tiefer und näher der vertikalen Mittelebene der Mühle angeordnet als die beiden übrigen Laufrollen, so daß die Hauptlast der Mahltrommel auf den Antriebsrollen ruht.

b) Rohrmühlen mit Luftstromsichter.

Bei den Rohrmühlen mit Luftstromsichter entfällt der mechanisch angetriebene Windsichter und die Sichtung der aus der Rohrmühle kommenden Grieße erfolgt durch einen in den Luftstromkreislauf eingeschalteten Luftstromsichter. Das Prinzip des Luftstromsichters ist aus der Abb. 126 ersichtlich. Hierin bedeutet *1* das Sichtergehäuse, in welches der Sichterhohlkegel *2* hineinragt. Dieser Hohlkegel trägt am oberen Ende einen zylindrisch angeordneten Klappenring *3*, dessen Klappen durch eine außerhalb des Sichtergehäuses vorgesehene Stellvorrichtung *4* gemeinsam in ihrer Neigung zur Mittelachse des Sichters eingestellt werden können. In dem Hohlkegel *2* ist ein runder durchbrochener Teller *5* eingehängt, an den sich nach unten der Doppelkegel *6* anschließt. Letzterer greift mit seiner oberen Spitze in die untere Öffnung des Hohlkegels *2* ein. Der Teller *5* und damit auch der Doppelkegel *6* kann von außen her durch die Zugstangen *7* gehoben und gesenkt werden, wodurch der freibleibende Rundschlitz zwischen Doppelkegel *6* und Hohlkegel *2* nach Belieben vergrößert oder verkleinert werden kann.

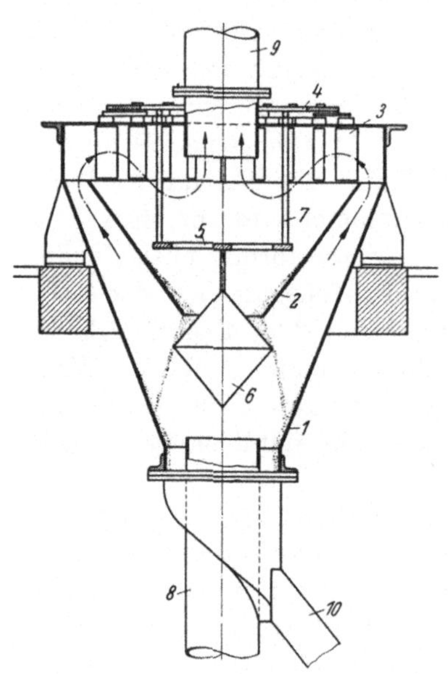

Abb. 126. Luftstromsichter.

Der durch den Zentrifugalventilator angesaugte und die Grieße der Rohrmühle mit sich führende Luftstrom tritt durch das Steigrohr *8* in den Luftstromsichter ein und verläßt diesen, nachdem innerhalb des Sichters eine Sichtung der Grieße erfolgt ist, mit dem von ihm mitgeführten Feinmehl durch das Saugrohr *9*. Der mit den Grießen beladene Luftstrom bewegt sich innerhalb des Sichters in der in der Abbildung dargestellten Pfeilrichtung. Bei dem Durchgang des Luftstromes durch den Klappenring *3* und die daran anschließende Umkehrung desselben werden die groben Körner, die Grieße ausgeschieden und der Luftstrom führt nur noch das in den Grießen enthaltene Feinmehl bei dem Verlassen des Sichters mit sich. Die ausgeschiedenen gröberen Körnungen verlassen den Hohlkegel *2* durch die untere Öffnung desselben und werden schließlich durch das Auslaufrohr *10* am unteren Ende des Sichtergehäuses abgeführt und dem Einlauf der Rohrmühle wieder zugeleitet.

Dieser Sichtvorgang wird noch günstig beeinflußt durch die beim Eintritt des mit den Grießen beladenen Luftstromes beginnende Erweiterung des Sichtergehäuses und der damit bedingten Verminderung der Luftgeschwindigkeit, durch welche bereits die gröbsten Körner ausgeschieden werden und den Sichter verlassen, bevor der Luftstrom in den Klappenring *3* eintritt. Durch die entsprechende Einstellung des letzteren erhält dann der Luftstrom noch eine gewisse zentrifugale Bewegung, durch welche wiederum ein Teil der Grieße am Umfang des Hohlkegels *2* ausgeschieden wird, bis schließlich durch die dann erfolgende Umkehrung der Strömungsrichtung der letzte Rest der Grieße aus dem Luftstrom entfernt wird und dieser nun mit dem Feinmehl beladen weitergeführt werden kann. Durch die entsprechende Einstellung des Klappenringes *3* und des Tellers *5* kann man den Feinheitsgrad des Fertiggutes in weiten Grenzen einstellen.

Zur Erzielung besonders hoher Feinheiten entstand dann noch ein Stabkorbsichter, bei dem an Stelle des feststehenden Klappenringes *3* ein Stabkorb vorgesehen ist, der durch einen kleinen Elektromotor in schnelle Umdrehung versetzt wird. Je nach der eingestellten Umfangsgeschwindigkeit des Stabkorbes erfolgt durch die Zentrifugalwirkung der Stäbe bedingt stärkere oder schwächere Ausscheidung der Grieße, so daß der durch den Stabkorb durchgesaugte Luftstrom in weitgehendem Maße von den selbst feinsten Grießen befreit wird, bevor er den Sichter verläßt.

Der mit dem Feinmehl beladene und immer noch unter Saugwirkung stehende Luftstrom tritt dann tangential in den oberen Teil eines Staubabscheiders ein und erfährt hier, da er in der Mitte des Abscheiders austritt, eine kreisende Bewegung, durch die der von ihm mitgeführte Staub infolge der zentrifugalen Wirkung abgeschieden wird und in den unteren konischen Teil des Abscheiders abgleitet, um schließlich am Auslauf desselben als fertiges Feinmehl abgeführt zu werden. Der von dem Staub befreite Luftstrom wird von dem Zentrifugalventilator angesaugt und von neuem durch das Mahlsystem gedrückt. Ist dann gleichzeitig mit der Mahlung auch eine Trocknung des Aufgabegutes verbunden, so wird der gereinigte Luftstrom durch die Zuführung von Heizgasen entsprechend angewärmt, bevor er mit dem Aufgabegut in die Rohrmühle gelangt.

Es gibt nun eine ganze Reihe von Kombinationen in der Anordnung der genannten Maschinen und Vorrichtungen zu einer Luftstromsichter-Mahlanlage oder einer Mahltrocknungsanlage. In den Abb. 127 u. 128 sind die hauptsächlichsten Anordnungen schematisch wiedergegeben.

Die Abb. 127 zeigt zunächst eine Mahlanlage, in der bereits vorgetrocknetes Gut gemahlen wird. Das Aufgabegut gelangt aus dem Aufgabebehälter *1* über einen Zuteilapparat *2* durch das Aufgaberohr *3* in den Einlauf der Rohrmühle *4*. Gleichzeitig wird mit dem Aufgabegut der aus dem Zentrifugalventilator *5* kommende Druckluftstrom in den hohlen Einlaufzapfen der Mühle eingeführt. Der in der Mühle expandierende Luftstrom reißt die feineren Grieße an sich und wird mit diesen am entgegengesetzten Ende der Mühle durch Saugwirkung des

Zentrifugalventilators abgesaugt, um nun in dem Steigrohr *6* seinen Weg zum Luftstromsichter *7* anzutreten. In diesem findet, wie schon erläutert, die Abscheidung der Grieße von dem Feinmehl statt. Während die Grieße durch das schräge Fallrohr *8* zum Einlauf der Mühle zur weiteren Vermahlung zurückgelangen, zieht der mit Feinmehl beladene Luftstrom zum Staubabscheider *9*, um hier von dem Feinmehl als Fertiggut befreit zu werden. Letzteres tritt am unteren Ende des Staubabscheiders aus und kann von hier seinem weiteren Verwendungszweck zugeführt werden. Der vom Feingut befreite Saugluftstrom gelangt dann in die Saugöffnung des Zentrifugalventilators *5* und tritt nun von hier als Druckluftstrom erneut seinen Kreislauf durch das Mahlsystem an. Da es nun nicht zu vermeiden ist, daß durch Undichtigkeiten in den Rohranschlüssen usw. Falschluft mit angesaugt wird, so ist es erforderlich, diese Falschluft auch wieder abzuführen. Dies geschieht am einfachsten durch Abführung derselben aus der Druckzone des Zentrifugalventilators, wie dies in der Abbildung durch das Rohr *11* dargestellt ist. Da die abgeführte Luft immer noch feinsten Staub enthält, so ist eine Reinigung derselben in einem Staubfilter, am besten in einem Schlauchfilter, erforderlich, bevor die Abluft ins Freie tritt. In der Abbildung würde also das Rohr *11* in ein Schlauchfilter (nicht dargestellt) münden.

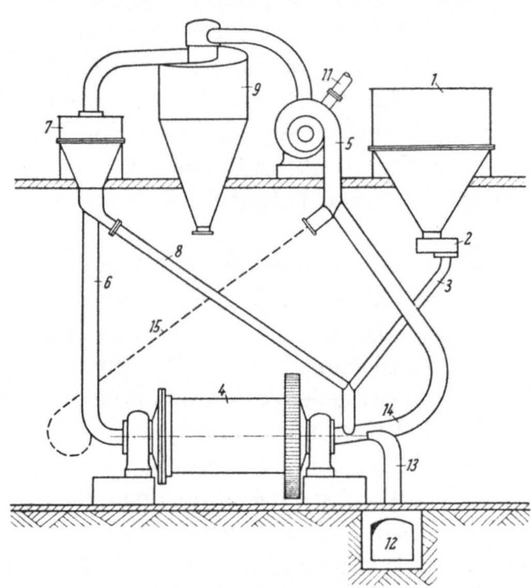

Abb. 127. Mahltrocknungsanlage.

In der Abbildung ist nun auch gleichzeitig das Prinzip einer Mahltrocknungsanlage dargestellt. Die für die Trocknung des Aufgabegutes erforderlichen Heizgase werden in einer besonderen Feuerung, beispielsweise Treppenrostfeuerung, Gasfeuerung od. dgl., erzeugt, sofern sie nicht bereits aus irgendwelchen Abgasquellen zur Verfügung stehen. In der Abbildung ist lediglich der Heizgaskanal *12* angedeutet, durch den die Heizgase zur Mahltrocknungsanlage gelangen. Die Heizgase treten dann durch das Rohr *13* in die eigentliche Preßluftleitung *14* ein, mischen sich mit der Preßluft zu einem Mischgas von gewünschter Temperatur und durchziehen als solches das Innere der Mahltrommel der Mühle, um hier das Aufgabegut zu trocknen und die Grieße, wie schon bei der ersten Anlage beschrieben, weiter zu führen. Während des Trocknungsprozesses in der Mühle sättigen sich die Gase mit der verdunstenden Feuchtigkeit und erfahren eine entsprechende Temperaturminderung. Da bei diesem Verfahren eine ganze Reihe Faktoren die Saugwirkung in dem Steigrohr *6* unkontrollierbar beeinflussen, so ist es zweckmäßig, einen Nebenanschluß von der Druckluftseite des Zentrifugalventilators vorzusehen, der es gestattet, die Gasgeschwindigkeit in dem Steigrohr *6* durch Zuführung von Druckluft im unteren Teil dieses Steigrohres nach Bedarf zu regulieren. In der Abbildung ist dieser Nebenanschluß durch die punktiert angedeutete Rohrleitung *15* dargestellt. In einer solchen Mahltrocknungsanlage können die verschiedensten Materialien mit einer Korngröße des Aufgabegutes von etwa 0 bis 25 mm und einem Feuchtigkeitsgehalt bis etwa 10% getrocknet und gleichzeitig fein gemahlen werden.

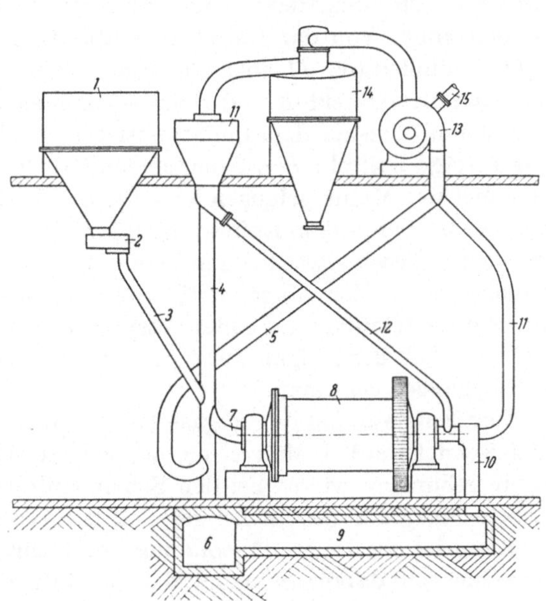

Abb. 128. Mahltrocknungsanlage.

In der Abb. 128 ist eine weitere Bauart einer Mahltrocknungsanlage dargestellt, die besonders zur Verarbeitung von Materialien mit einem höheren Feuchtigkeitsgehalt, und zwar bis etwa max. 20%, geeignet ist. Das Prinzip besteht darin, daß das Aufgabegut in einer Art Schwebegastrocknung bereits vorgetrocknet wird, bevor es in die Mühle gelangt, und daß in dieser dann erst die restliche Trocknung erfolgt. Da aber hierbei das gesamte Aufgabegut zunächst in das Steigrohr zum Luftstromsichter gelangt, so muß es auch genügend vorzerkleinert sein, um von dem Luftstrom mitgerissen zu werden. Erwünscht ist eine Stückgröße von möglichst nicht über 8 mm. Da ein so weit vorzerkleinertes Gut gewöhnlich auch bereits einen hohen Anteil an Feingut enthält, so ist es gerade vorteilhaft, ein solches Aufgabegut zunächst dem Luftstromsichter zuzuführen und von dem Feinmahlgut zu befreien, bevor es in die Mühle gelangt.

Der Arbeitsvorgang in einer solchen Mahltrocknungsanlage ergibt sich nach der Abbildung wie folgt: Das in dem Behälter *1* befindliche Aufgabegut gelangt über einen Zuteilapparat *2* und das Aufgaberohr *3* in das Steigrohr *4*. Gleichzeitig mündet in den unteren Teil dieses Steigrohres auch das vom Zentrifugalventilator kommende Druckluftrohr *5*. Ferner steht das Steigrohr *4* auch unmittelbar mit dem Heizgaskanal *6* in Verbindung, und schließlich ist an dasselbe auch das Austrittsrohr *7* am Hohlzapfen des Austrittsendes der Rohrmühle *8* angeschlossen. Von dem Heizkanal *6* führt ein Nebenkanal *9* zum Aufgabeende der Rohrmühle, so daß ein Teil der Heizgase über den Kanal *9* und das Zuführungsrohr *10* unmittelbar zum Einlaufende der Rohrmühle geleitet werden kann. Von der Hauptdruckluftleitung *5* führt eine Druckluftnebenschlußleitung *11* ebenfalls zum Einlaufende der Rohrmühle, so daß sich hier Druckluft und Heizgas zu einem Mischgas vereinigen und zugleich mit den aus dem Luftstromsichter *11* abgeschiedenen und durch das schräge Fallrohr *12* ankommenden Grießen in das Innere der Mahltrommel der Mühle gelangen können. Die Verbindung des Zentrifugalventilators *13* mit dem Luftstromsichter *11* und dem Staubabscheider *14* ist wieder dieselbe wie bei den bereits beschriebenen Anlagen. Von der Druckseite des Zentrifugalventilators führt wieder eine Rohrleitung *15* zur Filterentstaubung, die hier entsprechend der aus dem hohen Feuchtigkeitsgehalt des Aufgabegutes entstehenden großen Abgasmenge reichlich bemessen sein muß.

Zur Entstaubung der Abgase können auch Elektrofilter mit Vorteil angewendet werden. Man ist hierbei nicht so scharf an die Abgastemperatur gebunden, wie es bei den Schlauchfiltern mit Rücksicht auf die Lebensdauer der Schläuche der Fall ist. Bei Anlagen mit Luftstromsichtung ist die innere Ausbildung der Mahltrommel von Bedeutung, da es hier sehr darauf ankommt, daß das Aufgabegut nicht nur gemahlen, sondern daß auch die Grieße mit dem Luft- oder Gasstrom in innige Berührung kommen. Besonders wichtig ist dies bei der Mahltrocknung, da ja den Heizgasen eine möglichst große Oberfläche des Mahlgutes gegenüberstehen soll, um den Trocknungsprozeß zu beschleunigen. Um diese Bedingungen zu erreichen, haben sich die verschiedensten Einbauten in der Mahltrommel herausgebildet, die sämtlich den Zweck verfolgen, das Mahlgut im Mahlraum zu lockern und zu streuen. Es kommen hierfür die teilweise Aufteilung des Trommelquerschnittes in mehrere Kammern, der Einbau von Wurfschaufeln, die Schaffung eines schmalen durch geschlitzte Wände begrenzten Raumes, in welchem das durchwandernde Mahlgut gehoben und über den ganzen Trommelquerschnitt gestreut wird, und anderes mehr in Frage. Auch der Austrag der Mühle erfordert eine bestimmte Ausbildung, je nachdem das gesamte Mahlgut ausgetragen werden soll oder lediglich die Grieße mit dem Luft- oder Gasstrom abzuführen sind. Auch die Mahltrommellager erfordern, besonders bei der Mahltrocknung mit Rücksicht auf die starke Erwärmung, sorgfältigste konstruktive Durchbildung. Allgemein wird man die Hohlzapfen der Kopfwände der Mahltrommel und damit auch die Lager mit relativ großem Durchmesser und geringerer Breite als sonst üblich ausbilden, um ein leichteres Einführen und Austragen des Mahlgutes und der Heizgase zu erreichen.

Was die Abmessungen der Rohrmühle anbelangt, so werden für derartige Anlagen Mühlen von verhältnismäßig großem Durchmesser und geringer Länge vorgesehen, und zwar im allgemeinen Mühlen im Verhältnis 1 : 2 vom Durchmesser zur Länge. Verhältnismäßig längere Mühlen kommen dann in Frage, wenn es sich entweder um ein schwer mahlbares Material handelt oder wenn ein höherer Anteil von Allerfeinstem im Endprodukt erwünscht ist.

Wie aus den Abb. 127 u. 128 hervorgeht, ergibt sich die große Bauhöhe der Luftstromsichteranlagen durch das schräge Abfallrohr der Grieße vom Sichter zum Mühleneinlauf. Legt man Wert darauf, diese Bauhöhe zu beschränken, so ist es nur nötig, die Abführung der Grieße vom Sichter zum Mühleneinlauf durch eine horizontal gelagerte Transportvorrichtung zu bewirken. Andererseits ist aber auch eine möglichst hohe Lage für den Staubabscheider vielfach erwünscht, um das fertige Mehl horizontal in die Mehlsilos fördern zu können. Bei der Anlage nach Abb. 128 ist die große Bauhöhe auch durch das Steigrohr *4* der Schwebegastrocknung erforderlich. Die Disposition der Gesamtanlage ist somit stets dem verlangten Zwecke anzupassen.

Anwendungsgebiet. Rohrmühlen mit Windsichter oder Luftstromsichtung finden ein ausgedehntes Anwendungsgebiet. Sie eignen sich praktisch zur Feinmahlung fast aller in der Natur vorkommenden Stoffe. Einen besonderen Vorzug verdient dann die Mahltrocknung, bei welcher Trocknung und Mahlung in einem Arbeitsgang erfolgt. Verschiedene Beispiele von Mahltrocknungsanlagen behandelt Carl Naske[1]. Nach dieser Abhandlung sind die erzielten Ergebnisse dieser Anlagen sehr verschiedener Art. Sie sind abhängig von der Mahlbarkeit und dem Feuchtigkeitsgehalt des Aufgabegutes. Wie auch schon aus der Beschreibung der Anlagen nach Abb. 127 und 128 hervorgeht, ist die richtige Wahl der Anordnung der Gesamtanlage von ausschlaggebender Bedeutung für den wirtschaftlichen Erfolg der Anlage. Hierbei spielt wiederum die Beschaffenheit des Aufgabegutes eine entscheidende Rolle.

Weitgehende Anwendung hat die Mahltrocknung in der Zement-Industrie zum Trocknen und Mahlen der Rohmaterialien, der Schamotte-Industrie, der Gips-Industrie, der Aluminium-Industrie zum Mahl-

[1] Naske, C.: Die Mahltrocknung in Zahlen. Z. Zement Bd. 22 (1933) S. 719 bis 722.

trocknen des Bauxits und vielen anderen Industriezweigen gefunden. Als ein besonderes Gebiet der Mahltrocknung gilt auch die Herstellung von Kohlenstaub aus feuchter Braun- oder Steinkohle für Kohlenstaubfeuerungen aller Art.

Die für eine verlangte Leistung im voraus durchzuführende Berechnung der einzelnen Maschinengrößen einer Mahltrocknungsanlage mit Luftstromsichtung ist keine einfache Aufgabe.

Es sind eine ganze Reihe von Einzelvorgängen zu berücksichtigen, die sich gegenseitig beeinflussen und damit erst zum Gesamtergebnis der Rechnung führen. Dazu kommt noch, daß die Ansichten über die Einwirkung der einzelnen Faktoren durchaus nicht einheitlich sind. Hier bietet sich für den Wissenschaftler noch ein lohnendes Gebiet systematischer Forschungsarbeit. Es zeigt sich auch hier, wie auf dem Zerkleinerungsgebiet überhaupt, daß die empirische Entwicklung der Maschine der eigentlichen wissenschaftlichen Forschung vorausgeht. So beruht auch die Berechnung von Luftstromsichtermahlanlagen mit oder ohne gleichzeitiger Trocknung im wesentlichen auf Erfahrungswerten, die sich aus bereits ausgeführten Anlagen ergeben haben.

Die Berechnung der Abmessungen der Rohrmühle bietet im allgemeinen keine besondere Schwierigkeit. Handelt es sich hierbei zwar um ein Umlaufverfahren, bei dem das zu mahlende Gut nicht nur einmal durch die Mühle geht, sondern dieselbe im Kreislauf über Sichter und Grießrücklauf mehrmals durchwandert, so ist das Schlußergebnis doch immer dasselbe. Es ergibt sich zur Herstellung eines Fertiggutes von bestimmter Mahlfeinheit ein spezifischer Arbeitsbedarf (kWh/t), der eben von der Mühle aufgebracht werden muß, denn nur diese führt den Mahlprozeß durch. Dieser spezifische Arbeitsbedarf hängt ausschließlich von der Mahlbarkeit des Aufgabegutes ab. Er wird bei den Mahltrocknungsanlagen, wie allgemein bei Sichteranlagen, geringer angenommen werden können als bei Rohrmühlen mit durchlaufendem Mahlvorgang in der Mahltrommel. Das hängt lediglich damit zusammen, daß das Fertiggut einer Sichteranlage, das ja im allgemeinen nach dem Rückstand auf einem bestimmten Sieb beurteilt wird, weniger allerfeinstes Feingut enthält als das Fertiggut einer normalen Rohrmühle mit durchlaufendem Mahlvorgang. Die Bemessung der Rohrmühle für eine Stromsichtermahlanlage mit oder ohne Trocknung hängt somit von dem erforderlichen spezifischen Arbeitsbedarf ab, den das betreffende Aufgabegut zu seiner Feinmahlung erfordert, und hierfür liegen bei den Herstellerfirmen derartiger Anlagen genügend Anhaltszahlen vor. Für bisher noch unbekannte Materialien gibt es jedoch nur den einen Weg, den spezifischen Arbeitsbedarf durch einen Mahlversuch auf einer entsprechenden Versuchseinrichtung festzustellen.

Schwieriger gestaltet sich schon die Vorausberechnung des Leistungsbedarfs des Zentrifugalventilators und der Heizgasmenge. Greifen wir zunächst die letztere heraus, so wäre es wohl möglich, eine Wärmebilanz aufzustellen, aber auch hier gibt es eine ganze Reihe von Faktoren, die nicht ohne weiteres zu erfassen sind. Aus dem Feuchtigkeitsgehalt des Aufgabegutes wissen wir, wieviel Kilogramm Wasser je Stunde zu verdampfen sind. Dafür muß die Wärme aufgebracht werden. Abgesehen von dem theoretischen Wärmebedarf zur Verdampfung der Wassermenge auf einen Restwassergehalt von etwa 0,5% steht auf der Ausgabenseite der Wärmebilanz noch die Erwärmung des Mahlgutes, die Strahlungswärme der Anlage und die fühlbare Wärme der Abgase einschließlich der Falschluft. Auf der Einnahmeseite steht der Wärmeinhalt der zugeführten Heizgasmenge und die mechanisch erzeugte Wärme durch den Mahlprozeß. Den gegenseitigen Einfluß aller dieser Faktoren im voraus genau rechnerisch zu erfassen, ist praktisch unmöglich. Auch hier können uns nur die an bestehenden Anlagen ermittelten Werte eine Rechnungsunterlage zur Bestimmung der erforderlichen Heizgasmenge geben. Es hat sich ergeben, daß man in Mahltrocknungsanlagen zwischen 900 bis 1100 WE je kg verdampften Wassers aus dem Aufgabegut benötigt. Für Neuanlagen wird man gut tun, die Heizgasanlage stets für 1100 WE/kg H_2O vorzusehen, wenngleich sich auch gezeigt hat, daß der angegebene geringere Wert für ein Aufgabegut mit höherem Wassergehalt und der höhere Wert für einen geringen Wassergehalt im Aufgabegut zutrifft.

Ganz ähnlich wie bei der Heizgasberechnung sind auch die Schwierigkeiten in der Berechnung der Mischgasmenge und Geschwindigkeit. Auch hier sind es vielerlei Faktoren, die eine exakte Rechnung beeinflussen. Zunächst spielt hier die Eintrittstemperatur der Heizgase eine Rolle. Es wäre natürlich vorteilhaft, diese so hoch wie möglich zu bemessen, um dadurch die Abgasmenge mit Rücksicht auf die Entstaubungsanlage so gering als möglich zu halten. Diesem Verlangen sind aber Grenzen gesetzt, da ja das heiße Mischgas am Eintritt der Mühle durch den Hohlzapfen derselben gehen muß und bei zu hoher Temperatur die Lagerung zu sehr erhitzen würde. Man rechnet hier mit einer Mischgastemperatur am Eintritt der Mühle mit etwa 500 bis 600° C.

Sodann ist die von den Mischgasen aufzunehmende Feuchtigkeit von Bedeutung. Maßgebend hierfür kann natürlich nur der Feuchtigkeitsgehalt der Abgase sein, die ja mit Rücksicht auf die Filterentstaubung keine höhere Temperatur als max 100° C haben sollten. Der Feuchtigkeitsgehalt der Abgase sollte nicht mehr als höchstens 30% betragen, um Kondensationserscheinungen im Staubfilter zu vermeiden und um auch die Endfeuchtigkeit des fertigen Mahlgutes nicht nachteilig zu beeinflussen.

Für den Auftrieb der Grieße oder des genügend vorzerkleinerten

Aufgabegutes in dem Steigrohr zum Sichter ist die Geschwindigkeit der Mischgase von maßgebendem Einfluß. Mit zunehmender Temperatur der Mischgase ist eine höhere Geschwindigkeit derselben erforderlich, um das Gut zu tragen. Natürlich spielt hierbei auch das spezifische Gewicht des Mahlgutes eine wesentliche Rolle. Man rechnet im allgemeinen bei Durchführung eines Trocknungsprozesses im Steigrohr zum Sichter und bei einer Mischgastemperatur von 500 bis 600° C mit einer Gasgeschwindigkeit von etwa 35 bis 50 m/s je nach dem spezifischen Gewicht des Mahlgutes.

Alle diese Faktoren sind maßgebend für die Berechnung des Zentrifugalventilators, seiner Pressung und seines Leistungsbedarfs. Auch hier liegen bei den Lieferfirmen derartiger Anlagen genügende Erfahrungswerte vor, um bei Neuanlagen den verlangten Bedingungen Rechnung zu tragen.

In der Tab. 23 sind die wichtigsten Angaben für einige Mahltrocknungsanlagen enthalten. Es handelt sich hierbei natürlich nur um Durchschnittswerte, da ja jede Anlage den gegebenen Verhältnissen und den verlangten Bedingungen angepaßt werden muß.

Tabelle 23. *Mahltrocknungsanlagen mit Luftstromsichtung.*

Durchmesser der Rohrmühle . . . . mm	1400	1800	2200	2600	3000
Länge der Mahltrommel . . . . . . mm	2800	3600	4400	5200	6000
Umdrehungen der Mahltrommel . . U/min	26	24	22	20	19
Leistungsbedarf der Mühle . . . . . kW	40	90	160	330	560
Leistungsbedarf des Zentrifugalventilators . . . . kW	15	30	70	120	200
Leistungsbedarf der Gesamtanlage . . kW	55	120	230	450	760
Ungefähres Gewicht der Gesamtanlage t	25	45	75	110	170
Spezifischer Arbeitsbedarf der Gesamtanlage je nach Mahlbarkeit des Mahlgutes bei 10% Rückstand auf Sieb 4900 Maschen/cm²	etwa 20 bis 25 kWh/t Mahlgut				

26. Schwingmühle.

Allgemeines. Bei der Schwingmühle wird das Mahlgut durch schlagende und reibende Wirkung von Mahlkörpern innerhalb eines Behälters zerkleinert. Im Gegensatz zu den Kugel- und Rohrmühlen, die in eine drehende Bewegung versetzt werden, führt dieser Behälter senkrecht zu seiner Längsachse schnelle, kreisförmige Schwingungen mit geringer Amplitude aus, wodurch die Mahlkörpermasse als Ganzes in kleine Wurfbewegungen versetzt wird. Je nach Größe der Zentrifugalbeschleunigung ist die Schwingungszahl des Behälters entweder identisch mit der Wurfzahl oder ein Vielfaches davon. Außer den Wurfbewegungen führt die gesamte Mahlkörpermasse auch noch eine langsame Umlaufbewegung entgegen dem Drehsinn der Trogschwingung aus, wodurch eine laufende Umschichtung des Mahlgutes stattfindet. Ferner drehen sich auch die einzelnen Mahlkugeln, insbesondere die an der Behälterwand befindlichen, noch um ihre eigene Achse. Der zerkleinerungstechnische Wirkungsgrad ist bei dieser Zerkleinerungsart günstig.

Eingehende Untersuchungen über die Vorgänge innerhalb der Schwingmühle sind S. 222 bei der „Theorie einzelner Maschinen" durchgeführt, und es kann hier auf diese Ausführungen verwiesen werden. Ferner ist S. 242 unter „Ausblicke" dargestellt, daß sich die Schwingmühle noch im Entwicklungsstadium befindet und welche Möglichkeiten für ihre weitere Ausgestaltung bestehen.

Bauarten. In ihren bisherigen Ausführungen hat die Schwingmühle verhältnismäßig geringe Baugrößen und ist meist für satzweises, d. h. nicht kontinuierliches Arbeiten eingerichtet. Es sei hierzu auf die Bauarten der „Siebtechnik", Mülheim (Ruhr), verwiesen.

Der Behälter für die Mahlkörper ist ein Trog oder eine Trommel. Er ist allseitig federnd gelagert und wird durch eine Unbalancewelle nach dem Prinzip des sogenannten physikalischen Zwangslaufes in hubbegrenzte Schwingungen versetzt. Da die Unbalancewelle selbst mitschwingt, so muß sie einen nachgiebigen Antrieb erhalten, z. B. durch Keilriemen oder besser durch Kupplung mit der Motorwelle über eine elastische Zwischenwelle bzw. über gelenkige oder elastische Kupplungen.

Die Amplitude des Troges wird durch die Exzentrizität der Unwucht und durch das Verhältnis der Unwuchtmasse zur schwingenden Trogmasse bestimmt und errechnet sich wie folgt.

Es sei:

w = Winkelgeschwindigkeit (1/s),
m_1 = Unwuchtmasse (kg s²/m),
r_1 = Schwingungsradius der Unwuchtmasse (m),
m = Trogmasse,
r = Schwingungsradius der Trogmasse (m),
$R = r_1 + r$ = Schwerpunktsabstand der Unwuchtmasse vom Mittelpunkt der Unbalancewelle (m).

Dann folgt aus der Gleichsetzung der Zentrifugalkräfte von Unwucht- und Trogmasse:

$$r_1 m_1 w^2 = r m w^2.$$

Setzt man $r_1 = (R - r)$ ein, dann gilt:

$$(R - r) m_1 = r m.$$

Folglich wird der Schwingungsradius des Mühlentroges:

$$r = \frac{R m_1}{m + m_1} = \frac{R}{\frac{m}{m_1} + 1}.$$

Bei sehr kleiner Unwuchtmasse gegenüber der Trogmasse ist angenähert:

$$r \approx R \frac{m_1}{m}.$$

Die Größen R, m_1 und m sind bei gegebener bzw. gewählter Drehzahl n und damit gegebener Winkelgeschwindigkeit w so festzulegen oder abzustimmen, daß sich ein optimaler Betrag der Zentrifugalbeschleunigung rw^2 für das betreffende zu verarbeitende Material ergibt. Die Einhaltung eines optimalen rw^2-Wertes ist sehr wichtig, da die Schlagarbeit der Mahlkörper sich in Abhängigkeit von rw^2 sehr stark verändert, wie die Ausführungen und Diagramme im „Zweiten Teil" deutlich zeigen.

Zwischen den Massenkräften der Trog- und der Unwuchtmasse herrscht vollkommener Ausgleich, da die zwei Massen infolge der weichen Lagerung des Troges gegeneinander schwingen. Es werden also keine Massenkräfte auf das Fundament übertragen, sondern nur noch die bei der Schwingung auftretenden, unbedeutenden Kraftdifferenzen der federnden Lagerung des Troges.

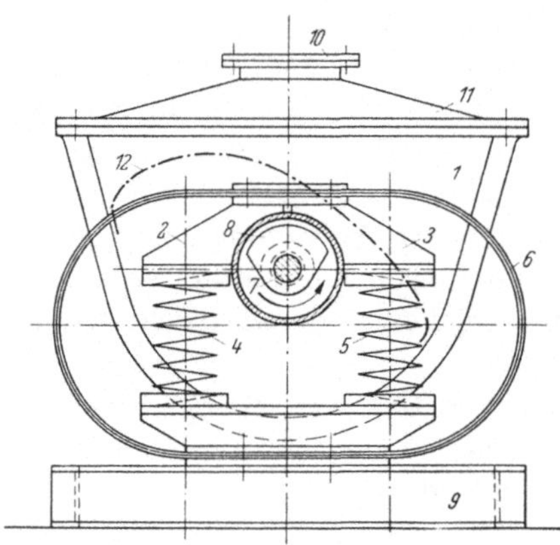

Abb. 129. Schwingmühle.

Die Lager der Unbalancewelle sind reichlich zu bemessen und einwandfrei zu schmieren, da sie die volle Zentrifugalkraft des Troges bzw. der Unwuchtmasse aufnehmen müssen.

Die Abb. 129 zeigt als Beispiel die Skizze einer Schwingmühle üblicher Bauart. Der Trog *1* ist beiderseits mittels der Konsole *2* und *3* auf den zylindrischen Schraubenfedern *4* und *5* und den Bügelfedern *6* gestützt, wobei die Schraubenfedern hauptsächlich die vertikalen, die Bügelfedern hauptsächlich die horizontalen Kräfte aufnehmen. In den Lagern der Konsole *2* und *3* läuft die Unbalancewelle *7* mit den Unbalancen *8*. Die Federelemente ruhen unten auf dem festen Grundrahmen *9*. Zum Füllen und Entleeren dient der Deckel *10*, zum Reinigen oder Nachsehen des Troges der große Deckel *11*. Zum Entleeren kann der Trog gekippt werden. Die Unbalancewelle ist ohne Zwischenübersetzung durch elastische Kupplungen mit dem Antriebsmotor verbunden, der im allgemeinen etwa 1500 U/min hat. Die strichpunktierte Linie *12* deutet die Mahlkörperfüllung an.

Für größere Mühlen werden auch vier Bügelfedern mit dazwischen befindlichen Schraubenfedern vorgesehen. Dagegen genügen für kleinere Geräte Bügelfedern allein, ohne Schraubenfedern.

Bei einer anderen Bauart der Schwingmühle sind zwei Mahltrommeln mit parallelen Achsen in einem schwingenden Rahmen eingespannt, der in der Mitte zwischen den Trommeln ein Rohr mit Lagern für die Unbalancewelle enthält.

Ferner werden Mühlen gebaut mit vier in einem schwingenden Rahmen eingespannten Trommeln und mit einer sogenannten Umlaufvorrichtung. Durch diese werden die vier schwingenden Trommeln als Ganzes von einem Schneckengetriebe aus noch in langsame Umdrehung um ihre gemeinsame Mittelachse, das ist die Achse der Unbalancewelle, versetzt. Auf diese Weise erzielt man fortlaufend eine besonders gründliche Umschichtung des Materials.

Der Behälter der Mühle ist normalerweise aus Stahl; bei Verarbeitung von Material, das nicht mit Eisen in Berührung kommen darf, dagegen aus Porzellan. Im letzteren Falle sind auch die Kugeln statt aus Stahl aus Porzellan bzw. aus Steatit oder aus Stein.

Der Füllungsgrad ist im allgemeinen etwas größer als bei Rohrmühlen, z. B. 0,5 bis 0,6. Der Kugeldurchmesser beträgt meist bis zu 12 mm. Für geringere Mahlfeinheit oder zur Vormahlung können auch Stäbe verwendet werden, die sich sehr gleichmäßig abnutzen.

Schwingmühlen für satzweisen Betrieb werden z. Z. gebaut als Laboratoriumsmühlen für einen Mahlgutinhalt von 0,6 bis 20 Liter und als Mühlen für Betriebszwecke mit einem Mahlgutinhalt von 50 bis 250 Liter.

Der Schwingungsradius ist bei Feinstmahlung gering, z. B. 1 bis 2 mm. Dagegen wendet man für weniger feine Mahlung größere Schwingungsradien bei geringerer Drehzahl an.

Anwendungsgebiet. Die Schwingmühle dient vorzugsweise der Feinstzerkleinerung bis auf unfühlbare Feinheiten. Die Anfangskorngröße beträgt dabei im allgemeinen 0,5 mm, mitunter auch darüber, die erreichbare Endfeinheit bis zu etwa $^1/_{1000}$ mm. Bei gröberer Mahlung kann auch die Anfangskorngröße entsprechend größer gewählt werden. Die Mühle kann sowohl im Trocken- als auch im Naßverfahren betrieben werden.

Verarbeitet werden beispielsweise folgende Materialien: Farben, Lacke, Glasuren, Quarzmehl, Kaolin, keramische Stoffe, Talkum, Schwefel, Gips, Graphit, Kreide, Gummi, Holzmehl, Metallpulver, Stein- und Braunkohlenstaub, Kunststoffe, Drogen usw.

Über Leistungsbedarf und Leistung der Schwingmühlen lassen sich bei der Vielzahl und der Verschiedenartigkeit der für die Mahlung geeigneten Stoffe Tabellen nicht aufstellen. Diese Werte werden am besten durch entsprechende Mahlversuche ermittelt.

D. Stahlguß- und Verschleißwerkstoffe für Zerkleinerungsmaschinen.

Allgemeines. Der Stahlguß und seine Legierungen spielen für die Maschinen der Hartzerkleinerung eine bedeutsame Rolle nicht allein wegen der Verwendung für Gehäuse, Rahmen und Maschinenteile verschiedener Art, sondern vor allem auch hinsichtlich des Verschleißmaterials. Der Konstrukteur gestaltet auf Grund der gewünschten Wirkungsweise der Maschine und der geforderten Festigkeitswerte. Er stellt dabei an den Werkstoff bestimmte, nicht zu umgehende Forderungen mechanischer, teils auch chemisch-physikalischer Art. In Frage kommen hierbei zunächst einmal die Festigkeitswerte für Zug, Druck, Biegung usw., Härte, Dehnung, Kerbzähigkeit, sodann je nach Bedarf besondere Eigenschaften, wie Dauerfestigkeit, Schwingungsfestigkeit, Verschleißwiderstand, Warmfestigkeit, Hitzebeständigkeit, Wärmeleitung, Widerstand gegen chemische Angriffe, Schweißbarkeit, elektrische und magnetische Eigenschaften usw.

Für die Maschinen der Hartzerkleinerung ist außer den allgemeinen mechanischen Werten insbesondere der Verschleißwiderstand wichtig. Ferner kommt es bei Maschinen, die Vibrationen aushalten müssen, auf die Dauer- und Schwingungsfestigkeit an. Bei Mahltrocknung muß gegebenenfalls auch die Warmfestigkeit und Hitzebeständigkeit berücksichtigt werden.

Konstrukteur und Stahlgießer stehen einander oft in einem polaren Spannungsverhältnis gegenüber, aber nur bei guter Gemeinschaftsarbeit sind auftretende Schwierigkeiten schnell und zweckentsprechend zu lösen. Es darf nicht verkannt werden, daß gerade der Konstrukteur vielfach der treibende Faktor in der Entwicklung des Stahlgusses und der Gießtechnik war, indem er immer höhere, zunächst kaum erfüllbar scheinende Forderungen an den Stahlgießer stellte. Damit aber die Forderungen des Konstrukteurs andererseits nicht zu weit von der Erfüllbarkeit abweichen, ist es unbedingt nötig, daß er in großen Zügen die Eigenschaften der verschiedenen Stahlgußsorten und ihrer Legierungselemente sowie die Vorgänge des Formens, Gießens und der Nachbehandlungen kennt[1].

Die größten Mengen an Stahlguß werden in den bekannten DIN-Qualitäten hergestellt, und der Konstrukteur sollte – schon aus preislichen Gründen – bestrebt sein, diese soweit wie irgend möglich anzuwenden. Fast immer findet nach dem Gießen ein Glühen statt zur Ver-

[1] Die nachstehenden Ausführungen halten sich zum großen Teil an das Manuskript eines demnächst erscheinenden Werkes von Dr.-Ing. H. Resow: „Konstrukteur und Stahlgießer", mit Einverständnis des Verfassers.

feinerung des Gefüges und Beseitigung der Spannungen, wobei die Kerbzähigkeit etwa auf das Vierfache gegenüber dem ungeglühten Zustand steigt, obwohl Festigkeit und Dehnung annähernd unverändert bleiben können. Durch das Vergüten, d. h. Ablöschen im Öl und darauf folgendes Anlassen, werden die Festigkeitseigenschaften in noch stärkerem Maße beeinflußt. Vor allem steigen hierdurch Streckgrenze und Kerbzähigkeit sowie die Schwingungsfestigkeit. Das Gefüge wird noch feiner als durch das Glühen. Luft ist das mildeste, Öl ein mittleres, Wasser das schärfste Abschreckmittel. – Bei Konstruktion auf Dauerfestigkeit ist zu beachten, daß nur mit 40 bis 50% der Zugfestigkeit gerechnet werden darf.

Einflüsse der Legierungselemente. Man unterscheidet niedrig- und hochlegierten, einfach und mehrfach legierten Stahlguß. Nachstehend ist eine kurze Charakterisierung der Einflüsse der einzelnen Legierungselemente auf den Stahlguß angegeben:

Silizium kann von *1,20%* aufwärts als Legierungselement angesehen werden. Kleinere Anteile dienen nur zur Desoxydation. Es verbessert die Zugfestigkeit und Härte und den Verschleißwiderstand.

Mangan gilt von etwa 1% ab als Legierungselement. Kleinere Mengen haben nur den Zweck der Desoxydation und Abbindung des Schwefels. Es härtet stärker durch als Silizium, erhöht Dehnung, Zähigkeit und Festigkeit und verbessert den Verschleißwiderstand, besonders bei gleichzeitiger Schlagbeanspruchung. Ab 10% fördert Mn auch die Kaltverfestigung. Manganhartstahl enthält 12 bis 14% Mangan. In Verbindung mit Molybdän und Vanadium kann es bei den niedriglegierten Mn-Stahlqualitäten oft das teuere Nickel ersetzen.

Chrom erhöht sehr die Härte und den Widerstand gegen reibenden Verschleiß, ohne Kaltverfestigung. Der chromlegierte Stahlguß ist bei höheren Chromgehalten hitzebeständig und verhältnismäßig unempfindlich gegen chemische Einwirkungen.

Nickel verbessert vor allem die Festigkeit, Kerbzähigkeit und Dauerfestigkeit (dynamische Eigenschaften), es wird aber heute vielfach durch Chrom oder Mangan ersetzt mit den vorerwähnten Zusätzen.

Molybdän erhöht die Durchhärtung und verbessert vor allem die Kerbzähigkeit. Es wird meist in Verbindung mit anderen Elementen, namentlich mit Chrom angewandt. Eine besondere Bedeutung des Molybdäns liegt in der Erhöhung der Warmfestigkeit bis zu etwa 500° C.

Vanadium steigert die Festigkeit, Streckgrenze und Dauerstandfestigkeit. Der Gehalt soll im allgemeinen nicht über 0,15% Va betragen, da das Material sonst zur Sprödigkeit neigt.

Wolfram wird benutzt zur Erzielung größerer Härte. Es ist in Verbindung mit Chrom zweckmäßig für Teile, die bei erhöhten Temperaturen beansprucht werden.

Niob steigert die Warmfestigkeit in noch höherem Maße als Molybdän.

Es gibt zahlreiche Kombinationen von Legierungselementen, z. B. *Mn–Si*: gegen Verschleiß, *Mn–Mo*: warmfest, dauerstandfest. Die meisten mehrfachen Legierungen beruhen auf der Chrom-Basis, wie *Cr–Mo*, *Cr–Va* usw. Die Festigkeitsstufen hängen natürlich auch von der Art der Vergütung ab. Cr–Va-Stahlguß ist gut dauerfest, Cr–Ni-Stahlguß mit über 14% Cr hoch säurebeständig.

Wichtig ist, daß sich Si- und Mn-Stahlguß leicht gießen lassen, annähernd wie Gußeisen, während andere Legierungen zähflüssiger sind. – Unter „Altern" des Stahles versteht man die Erscheinung, daß Dehnung und Kerbzähigkeit bei gelegentlichen Beanspruchungen über die Streckgrenze hinaus, also bei Kaltverformungen, nach einiger Zeit stark sinken. Durch Temperaturerhöhung auf 150 bis 250° C wird dieser Vorgang sehr beschleunigt. Als gut wirksam gegen das Altern hat sich Aluminiumzusatz, besonders als Desoxydationsmittel, bewährt bei einem niedrigen Si-Gehalt von unter 0,1%. Im übrigen ist Vergütung vorteilhaft gegen Altern.

Die wichtigsten verschleißfesten Werkstoffe. *Hartguß:* Für weniger hoch beanspruchte Verschleißteile genügt an Stelle von Stahlguß in vielen Fällen Hartguß, z. B. für Brechbacken und Seitenkeile von Backenbrechern, besonders Einschwingenbrechern, sowie für Walzenmäntel von Walzenmühlen, aber nur dann, wenn es sich um die Zerkleinerung weicheren Materials handelt. Der Hartguß wurde von GRUSON, dem Gründer des Grusonwerkes in Magdeburg, erfunden und entsteht durch Gießen entsprechend gattierten Eisens in eiserne Formen (Kokillen). Dabei wird an der Oberfläche die Graphitausscheidung unterbunden, und es entsteht hier ein sehr hartes Weißeisen, das nach dem Inneren des Gußkörpers zu in eine graue Grundschicht hineinwächst, die weicher und weniger spröde ist. Wichtig ist ein allmählicher Übergang der harten Oberschicht in die weichere Grundmasse.

Manganhartstahl. Wenn die Beanspruchung durch Schlag, Stoß und Biegung nicht allzu hoch ist, verwendet man einen Manganstahlguß mit 1 bis 1,8% Mangan. Der bekannte Manganhartstahl dagegen hat 12 bis 14% Mangangehalt. Das Verhältnis von Kohlenstoff zu Mangan ist bei diesem etwa 1 : 10. Der Kohlenstoffgehalt beträgt also 1,2 bis 1,4%. Durch Zulegierung von Cr, Mo, Wo und Va kann die Verschleißfestigkeit des Manganhartstahles noch wesentlich erhöht werden. Nach der Vergütung ist das Gefüge rein austenitisch. Die Festigkeit beträgt dann etwa 80 bis 110 kg/mm^2, die Dehnung etwa 40% bei hoher Kerbzähigkeit. Bei besonders hoch beanspruchten Verschleißteilen ist man auf 20% Mangan gegangen. Durch die Kaltverfestigung nimmt die Härte um 150% und mehr gegenüber dem ursprünglichen Wert zu. Bei der fortschreitenden Abnutzung werden die darunterliegenden Schichten durch die dauernde Druck- und Schlagbeanspruchung selbsttätig in harte Gefüge umgewandelt, so daß die arbeitende Fläche immer die größte Härte aufweist, wie dies erwünscht ist. Manganhartstahl ist leichtflüssig und daher auch für dünnwandige Teile geeignet. Nachteilig am Manganhartstahl ist die im Verhältnis zur Festigkeit niedrige Streckgrenze mit 35 bis 45 kg/mm², niedrige Dauerfestigkeit, starke Lunkerung und Schwindung. Das Material muß beim Vergüten von etwa 1000° C in Wasser abgelöscht werden. Es ist daher auf gleichmäßige Wandstärken zu achten. Die Dicke der Wandstärken soll 80 mm nicht überschreiten, weil der Werkstoff sonst nicht durchhärtet und die Zähigkeit nicht im ganzen Querschnitt vorhanden wäre. Manganhartstahl läßt sich auch schmieden und schweißen. Nach dem Schmieden muß erneut von 1000° C in Wasser abgelöscht werden, um das austenitische Gefüge wiederherzustellen. Das Material ist schwer zu bearbeiten, nur durch Hartmetall (Widia) bei langsamen Schnittgeschwindigkeiten.

Verschleißfester chromlegierter Stahlguß. Das Chrom bildet als Legierungselement sehr harte Karbide und Mischkarbide. Schwachlegierte Sorten bei niedrigem C-Gehalt (0,1 bis 0,4% C) haben hohe Zähigkeit. Mit steigendem C- und Cr-Gehalt nehmen Härte und Verschleißwiderstand stark zu, aber die Zähigkeit fällt ab. Schon bei 0,6% C und 1,5 bis 2% Cr neigt das Material zur Sprödigkeit, wenn die Härte über 250 HB beträgt. Gut bewährt für reibenden Verschleiß ohne Kaltverfestigung hat sich der Chromstahlguß G 55 Cr 6 mit 0,5 bis 0,6% C und 1,3 bis 1,6% Cr, sogar für Mahlplatten und Brechbacken. Dieses Material wird nicht vergütet und hat bei Festigkeiten von 80 bis 95 kg/mm² noch Dehnungen bis zu 10%. – Verbesserung ist möglich durch Zusätze von Ni, Mo, Va, Cu, die ein dichteres, feineres Gefüge bewirken und Härte und Zähigkeit steigern, so daß auch stärkere Biege- und Schlagbeanspruchungen zulässig werden. Diese mehrfach legierten Stähle werden öl- oder luftvergütet. – Chromstahlguß läßt sich gut schweißen und bearbeiten.

Näheres über den Verschleißwiderstand und die Anwendung der Verschleißwerkstoffe. Der Verschleiß an den Maschinen der Hartzerkleinerung erfordert jährlich ungeheuere Stahlmengen. Die Wahl gut geeigneten verschleißfesten Materials für die verschiedenen Beanspruchungsfälle und die Forschung zur Erzielung noch besserer Werkstoffe für diese Zwecke sind daher sehr wichtig. Der Verschleiß ist in erster Linie durch mechanischen Angriff an der Oberfläche des Materials bedingt. Man kann verschiedene Arten unterscheiden, z. B. Rollverschleiß,

Gleitverschleiß mit oder ohne Schmiermittel, Mineralverschleiß u. dgl. Der Verschleißwiderstand ist keine „innere Eigenschaft" in dem Sinne wie Härte, Festigkeit, Zähigkeit usw. Es war daher trotz sehr zahlreicher Forschungsarbeiten bisher nicht möglich, allgemeingültige Beziehungen und Kennzahlen für den Verschleißwiderstand aufzustellen. Z. B. kann die Härte nicht allein als ein Prüfstein für die Verschleißfestigkeit angesehen werden. Der Verschleiß geht stets an der äußeren Oberfläche vor sich, wobei harte Karbid- oder Zementkörner die weiche Grundmasse schützen, so daß bei genügend feiner Verteilung der harten Bestandteile die Oberfläche gleichmäßig abgenutzt wird. Dagegen wirkt die Härteprobe durch Kugeldruck nach innen und erzeugt eine Formänderung, wobei die harten Körner entweder ausweichen oder in die weiche Grundmasse eingedrückt werden. Am ehesten hat sich zur Prüfung des Verschleißwiderstandes noch die Probe mit einer Feile bewährt. Wichtig für den Verschleißwiderstand ist das Gefüge des Materials. Im allgemeinen gilt: Je feiner das Gefüge, desto verschleißfester der Stahl, jedoch trifft auch dies nicht immer zu. Bei gleichem Gefüge mehrerer Stoffe kann die Härte vielfach als Maßstab für den Verschleißwiderstand dienen, aber auch hier können Abweichungen vorliegen, z. B. bedingt durch verschiedene chemische Zusammensetzungen der Stoffe. Erhöhung der Zähigkeit bringt meist auch Erhöhung des Verschleißwiderstandes.

Um zur Auswahl des richtigen Verschleißmaterials zu gelangen, muß der Konstrukteur dem Stahlgießer insbesondere genau angeben:

a) die Arbeitsweise der Maschine und die mechanische Beanspruchung, unter welcher der Verschleiß vor sich geht (Druck, Biegung, Schlag, Stoß, Prall, Reibung usw.),
b) Trocken- oder Naßverschleiß,
c) die physikalischen Eigenschaften des Brech- oder Mahlgutes,
d) die Korngrößen des Brech- oder Mahlgutes.

Allgemein kann sich der Konstrukteur merken, daß bei rein reibender Beanspruchung die härtesten Werkstoffe am verschleißfestesten sind. Versuche mittels Sandstrahlgebläse bestätigen diese Tatsache. Der Manganhartstahl kann sich in diesem Falle wegen der fehlenden Schlagbeanspruchung nicht verfestigen und liegt daher ungünstiger als der harte Chromstahlguß. Der Mn-Hartstahl verhält sich bei rein reibendem Verschleiß nicht besser als Flußeisen. Treten aber zum Verschleiß zusätzlich Schlag-, Stoß- und Biegebeanspruchungen u. dgl. auf, wie z. B. an Brechbacken der Backen- und Schlagbrecher und Brechmänteln der Kegel- und SYMONS-Brecher, so bewährt sich Manganhartstahl bestens, weil er unter diesen Umständen eine starke Kaltverfestigung erhält. Auch ist dann seine wesentlich höhere Dehnung und Zähigkeit gegenüber Chromstahlguß und ähnlichen Werkstoffen sehr wertvoll und nicht durch andere Stahlqualitäten zu ersetzen. Manganhartstahl bröckelt bei der Beanspruchung nicht ab, sondern fließt, wobei er sehr verfestigt und kaltgehärtet wird.

Backengranulatoren mit mehr reibender Wirkung zeigen demgemäß einen höheren Verschleiß als Backenbrecher mit vorwiegender Druckbeanspruchung. Die Zahnteilung der Backenbrecher soll nicht unter 20 mm sein, die Zahnhöhe nicht unter 80% der Zahnteilung, weil sonst das Gießen erschwert wird und bei zu kleinen Zähnen eine Materialverschlechterung infolge Entkohlung eintritt. Wichtig ist, daß die Brechbacken symmetrisch ausgebildet werden. Man kann sie dann umwenden, wodurch der Ungleichmäßigkeit des Verschleißes besser Rechnung getragen und eine weitergehende Ausnutzung erzielt wird. Der Verschleiß der festen zu dem der losen Brechbacke steht etwa im Verhältnis 3 : 2. Die feste Backe verschleißt also stärker. Der Verschleiß erstreckt sich beim Backenbrecher vor allem auf die vorstehenden Teile, d. h. auf die Zähne. Deshalb ist bei diesem Brecher die Ausnutzung der Backen recht ungünstig und beträgt nur etwa 25 bis 30%. Aus diesem Grunde hat man versucht, eine bessere Ausnutzung durch Steilverzahnung, d. h. durch sehr hohe Zähne zu erzielen. Die Maßnahme bewährte sich aber nicht besonders, da sich das Brechgut zwischen den steilen Zähnen verklemmte und verfestigte, wodurch eine bedeutende Leistungsverminderung eintrat. Ferner arbeiteten sich die Zähne nicht blank und nicht frei, sondern es entstanden durch Zementierungswirkung allmählich mehr oder weniger flache Brechplatten, wodurch die Qualität des Brechgutes sehr nachließ und an Stelle kubischer, körperhafter Form ein mehr splittriches, scherbenartiges Produkt entstand. Man kehrte daher zu den heute allgemein üblichen Zahnformen zurück. Auch haben Versuche, die Brechbacken durch Aufschweißen der Zähne wieder gebrauchsfähig zu machen, kein günstiges Ergebnis gebracht, und der verhältnismäßig hohe Aufwand hierfür hat sich nicht gelohnt.

Die Brechkegel des SYMONS-Brechers brauchen infolge des Arbeitsprinzips dieser Maschine keine Verzahnung zu erhalten, so daß der volle Körper für den Verschleiß zur Verfügung steht. Dies ist ein beachtlicher Vorteil, und es kann hier, gegenüber dem Backenbrecher, ein höherer Anteil des Einsatzgewichtes für den Verschleiß ausgenutzt werden.

Entsprechend den obigen Ausführungen über das Verhalten des Manganhartstahles hat sich auch gezeigt, daß dieses Material besonders für den erst in letzter Zeit zur Einführung gelangten Prall-Brecher von Vorteil ist, da bei diesen Maschinen hauptsächlich Schlagbeanspruchung und weniger Reibung vorliegt.

Für die Panzerung der Kugel- und Rohrmühlen gilt sinngemäß ebenfalls das oben Gesagte. Auch hier kommt zum Verschleiß Schlag- und Biegebeanspruchung, so daß der Manganhartstahl kaltverfestigt wird. Bei Vermahlung weichen Gutes genügt Hartguß, jedoch dürfen dann die Kugeln nicht zu hart sein, z. B. nur etwa 300 HB haben. Bei zu harten Kugeln mit 450 bis 500 HB leiden Hartgußplatten stark und brechen leicht, besonders wenn wenig Mahlgut in der Mühle ist, wahrscheinlich, weil sich diese harten Kugeln weniger abplatten. Bei Vermahlung härteren Materials ist Manganhartstahl für die Platten gut geeignet. Allerdings muß es eine solche Qualität sein, die infolge der Behämmerung durch die Kugeln nur wenig Kaltstreckung zeigt, da sonst ein Verziehen oder gar Platzen der Mühle eintreten kann, zumindest ein Abreißen der Befestigungsschrauben der Platten. Es muß genügend Spiel zwischen den Platten und in den Durchgangslöchern der Schrauben gegeben werden. Bei Verwendung dieser Qualität besteht auch nicht die Gefahr, daß Schlitze oder Löcher der Siebplatten zugehämmert werden, wodurch der Austrag der Mühle verringert würde. Mit Chromstahlguß hat man für diesen Zweck ebenfalls gute Erfolge erzielt. Wichtig ist auch die Erhaltung der „Griffigkeit“ der Mühlenauskleidung, d. h. die Bewahrung einer mehr oder weniger rauhen Oberfläche. Die Oberfläche darf durch den Betrieb nicht allmählich spiegelglatt werden, da sonst die Kugeln an den Wänden abrutschen und der Durchsatz der Mühle erheblich sinkt. Der 12%ige Manganhartstahl und auch ein geeigneter Chromstahlguß bewahren eine gute Griffigkeit.

Bei Walzenmühlen müssen die Beziehungen zwischen Korngröße, Walzendurchmesser und Spaltweite entsprechend den S. 39/40 durchgeführten Berechnungen eingehalten werden. Ungünstige Einzugsverhältnisse verursachen schnellen Verschleiß. Insbesondere tritt dann Riefen- und Rillenbildung in verstärktem Maße ein.

Zweiter Teil.

Theoretische Grundzüge der physikalischen und technischen Zerkleinerung und ihre Bedeutung für die Praxis.

A. Einleitung.

Wie schon in dem geschichtlichen Überblick im „Ersten Teil" zum Ausdruck kam, hat sich die technische oder maschinelle Zerkleinerung ganz allmählich auf empirischem Wege entwickelt. Die Aufgabe bestand lediglich darin, die zur wirtschaftlichen Verwendung gelangenden grobstückigen Stoffe in eine gewünschte Korngröße zu zerlegen. In der Hartzerkleinerung handelt es sich hierbei im wesentlichen um mineralische Stoffe, Erze, Kohle und aus diesen hergestellte Sinter- und Schmelzprodukte. Als die technische Zerkleinerung einen immer größeren Umfang annahm, ergab sich sehr bald auch das Verlangen, die hierbei sich abspielenden Vorgänge wissenschaftlich zu untersuchen, um auf diesem Wege zu einer Weiterentwicklung der Maschinen zu gelangen. P. R. v. RITTINGER[1] war wohl der erste, der bereits im Jahre 1867 ein nach damaligen Begriffen logisch begründetes Gesetz fand, nach welchem die aufgewendete Zerkleinerungsarbeit im proportionalen Verhältnis zur erzeugten Oberfläche steht. In den darauffolgenden Jahren haben zwar die Bemühungen, tiefer in die Vorgänge der Hartzerkleinerung einzudringen, nicht aufgehört, aber die Ergebnisse dieser Arbeiten blieben doch recht bescheiden. Erst in neuerer Zeit entwickelte sich in den verschiedenen Ländern, in Amerika, in England und vor allem auch in Deutschland ein immer stärkeres Interesse an einer wissenschaftlichen Forschung auf diesem Gebiete. Als ein besonderes Merkmal in der Geschichte dieser Bestrebungen ist die Gründung des Arbeitsausschusses für Zerkleinerungsphysik im Jahre 1936 unter dem Vorsitz von Prof. SMEKAL anzusprechen. In diesem Ausschuß wurde vor allem der Kontakt zwischen Wissenschaftler und Praktiker angestrebt, der bis dahin leider fehlte. Der Praktiker zeigte im allgemeinen wenig Neigung, sich in die Gedankengänge wissenschaftlicher Forschung

[1] v. RITTINGER, P. R.: Aufbereitungskunde 1867.

einzufühlen, während seitens des Wissenschaftlers durchaus unzureichende Beziehungen zum Maschinenbau dieses Sondergebietes bestanden. Hierauf ist es wohl auch zurückzuführen, daß das Gebiet der Hartzerkleinerung bisher so wenig Beachtung in den Lehrplänen der technischen Lehranstalten gefunden hat.

Trotz dieser offensichtlichen Mängel hat sich die rein maschinentechnische Entwicklung in der Hartzerkleinerung in hervorragender Weise vollzogen. Denken wir nur an die Großbackenbrecher, die 600 bis 800 t Eisenerz in einer Stunde zerkleinern, oder an die Verbundrohrmühlen, die einen Leistungsbedarf bis zu 850 kW aufweisen.

Hier ergibt sich nun die Frage: Was hat uns die wissenschaftliche Forschung auf dem Gebiete der Hartzerkleinerung bisher gebracht und welche Bedeutung können wir ihr künftig beimessen? Wie schon dargelegt, war der unmittelbare Einfluß der wissenschaftlichen Forschung auf die konstruktive Entwicklung der Zerkleinerungsmaschinen bisher nur gering. Die Ursache hierfür liegt vielleicht darin, daß sich die wissenschaftliche Forschung im wesentlichen auf dem Gebiete der rein physikalischen Zerkleinerung bewegte, für welche der Konstrukteur bedauerlicherweise zu wenig Interesse zeigt. Dies bedeutet natürlich eine völlige Verkennung der Zusammenhänge zwischen Theorie und Praxis. Der Praktiker muß stets bestrebt bleiben, die Arbeitsweise der Maschine ökonomisch und zweckentsprechend zu gestalten und muß dabei wissen, wo ihn sozusagen der Schuh drückt. Hier ist es gerade die wissenschaftliche Forschung, die helfend eingreifen kann; hat sie doch gezeigt, welch erschreckend geringen Wirkungsgrad die maschinelle Zerkleinerung gegenüber der rein theoretischen Trennungsarbeit aufweist. Hier sollten sich Wissenschaftler und Praktiker die Hand reichen, um zu erforschen, wo und wie die unerhört hohe Verlustarbeit zustande kommt, um so den Weg zu einer wirtschaftlicheren Arbeitsweise der Maschinen zu finden.

Die bisherigen allgemeinen wissenschaftlichen Untersuchungen erstreckten sich nach zwei Richtungen und behandelten in der Hauptsache:

1. die Erforschung der Kornform und der Kornverteilung im Brech- und Mahlgut,
2. die Erforschung der physikalisch-technischen Grundlagen der Zerkleinerung.

Hier galt es vor allem, eine Gesetzmäßigkeit der natürlichen Vorgänge zu finden und eine Grundlage für ihre Nutzanwendung zu schaffen. All diese Forschungsarbeiten werden behindert durch die Tatsache, daß es sich bei der maschinellen Zerkleinerung durchweg um Zerkleinerung inhomogener Körper handelt, und daß die Zerkleinerung in unvorteilhafter Weise durch Druck, Stoß, Reibung und Abscheren erfolgt. Diese Nachteile wirken sich mehr bei der Grobzerkleinerung als bei der Feinzerkleinerung aus. Es ist deshalb auch naheliegend, daß die erhoffte

Gesetzmäßigkeit der Vorgänge im wesentlichen nur auf dem Gebiet der Feinzerkleinerung eine Bestätigung gefunden hat, während bei der Grobzerkleinerung die störenden Einflüsse so groß sind, daß sie den Ablauf gesetzmäßiger Vorgänge stark behindern. Diese Tatsache ist aber von geringerer Bedeutung, da die Grobzerkleinerung höchstens ein Viertel aller in der Welt für die Zerkleinerung aufgewendeten Arbeitsleistung in Anspruch nimmt.

Eine wichtige Grundlage für die systematische Weiterentwicklung der Zerkleinerungsmaschinen ist weiterhin die Kenntnis der Arbeitsvorgänge innerhalb der einzelnen Maschinen. Während bei den einfacheren Maschinen, wie Backenbrechern, Walzwerken u. dgl., diese Vorgänge einfach und klar ersichtlich sind und bereits bei der Beschreibung der betreffenden Geräte behandelt wurden, sind es besonders die Arbeitsvorgänge in den Rohrmühlen, diesen wichtigsten Maschinen der Hartmüllerei, die eine umfassendere Behandlung erforderlich machen. Ganz ähnlich verhält es sich mit der Schwingmühle, und hier gerade auch deshalb, weil diese Maschine noch am Anfang ihrer Entwicklung steht. Auch die Vorgänge bei der Prallzerkleinerung, deren Bedeutung heute immer mehr zunimmt, bedürfen einer näheren Untersuchung (hierzu vgl. S. 249).

Um den Praktiker in erhöhtem Maße mit der wissenschaftlichen Forschung vertraut zu machen, soll in den folgenden Abschnitten die Behandlung der theoretischen Grundlagen bevorzugt in unmittelbarem Hinblick auf ihre Nutzanwendung in der technischen Zerkleinerung ausgerichtet werden. Hiermit nähern wir uns am ehesten dem erstrebten Ziele einer erfolgreichen Zusammenarbeit von Theorie und Praxis.

B. Allgemeine Theorie der Hartzerkleinerung.

1. Die Kornbeschaffenheit und die Kornverteilung im Mahlgut.

Bei der maschinellen Zerkleinerung entsteht ein Haufwerk von Stücken und Körnern verschiedener Größe, Form und Häufigkeit. Die Kenntnis der Korngröße, der Kornform und die prozentuale Zusammensetzung des Brech- und Mahlgutes ist die Grundlage für die Erforschung der Zerkleinerungsvorgänge in den uns zur Verfügung stehenden Maschinen. Darüber hinaus ist sie aber auch von großer Bedeutung für die verarbeitende Industrie, deren Entwicklung sie oftmals entscheidend beeinflußt hat.

a) Die Korngröße.

Der Begriff Korngröße kann nicht einheitlich definiert werden, da es sich bei der maschinellen Zerkleinerung um kugelige, kubische, eckige, splitterförmige, blättrige, kurz um Kornformen aller Art handelt. Haben die Körner eine annähernd kubische Form, so kann die Kantenlänge als Maßstab der Größe bezeichnet werden. Bei unregelmäßiger Körnung wäre es besser, die Korngröße durch die Kantenlänge des Würfels auszudrücken, der den Inhalt des betreffenden Kornes besitzt. In der Praxis gilt im allgemeinen für den Bereich der gröberen Körnungen die Maschenweite eines Siebes, durch welches das Korn gerade hindurchgeht, als Maßstab der Korngröße. Diese Bezugnahme ist mit einer gewissen Unsicherheit verbunden, da die Herstellung und die Benennung der Siebe leider immer noch nicht nach einheitlichen Grundsätzen erfolgt. Es liegen zwar Normen für Prüfsiebe DIN 1171, wie auf der Tab. 3, S. 3, angegeben vor, aber die Herstellung der Siebe in bezug auf Gleichmäßigkeit der Maschenweite, Drahtstärke, Maschenzahl usw. weist noch allerlei Mängel auf, die nach und nach beseitigt werden müssen. Bedauerlicherweise sind auch die Siebnormen nicht einheitlich zwischen den wichtigsten Industrieländern festgelegt, ganz abgesehen davon, daß sich die Bezeichnung der Maschenweiten in Zoll oder Millimeter sehr nachteilig auswirkt. Andererseits aber hat die Benutzung von Prüfsieben zur Kennzeichnung der Korngröße eine weitverbreitete Aufnahme gefunden, so daß die Beseitigung der hier aufgezeigten Mängel von allergrößter Bedeutung ist.

Andreasen[1] weist in diesem Zusammenhange darauf hin, daß die erwähnten Nachteile herabgesetzt werden können, wenn man sich bei der Festlegung der Kornbezeichnung des charakteristischen Nachweises der Kornscheide bedient. Nach seinen Ausführungen erfolgt die Feststellung der Kornscheide auf einem bestimmten Sieb in der Weise, daß bei einer Probesiebung bei Erreichung der praktisch üblichen Absiebung das Durchgangsgut zunächst beiseite gelegt und die Siebung mit dem auf dem Sieb befindlichen Gut fortgeführt wird. Das nunmehr noch entstehende geringe weitere Durchgangsgut wird zunächst aufbewahrt. Daraufhin wird mit dem beiseite gelegten Durchgangsgut die Absiebung wiederholt und das hierbei auf dem Sieb verbleibende Rückstandsgut ebenfalls aufbewahrt. Aus den beiden kleinen Mengen, Durchgangs- und Rückstandsgut, wird die Korngröße durch Zählen und Wägen bestimmt und der Mittelwert der beiden Ergebnisse gilt dann als die Kornscheide für die betreffende Siebfraktion. Bei der Feststellung der Korngröße durch Zählen und Wägen wird das Kornvolumen als Maß für die Korngröße benutzt unter Berücksichtigung des spezifischen Gewichtes des Gutes.

Andreasen entwickelte ein Zähl- und Wägeverfahren, das sich besonders für den Kornbereich von 500 bis 5 μ eignet. Hierbei wird eine abgewogene Menge einer Kornfraktion mit Glyzerin in einer Schüttel-

[1] Andreasen, A. H. M., Kopenhagen: Die Feinheit feinster Stoffe und ihre technologische Bedeutung. VDI-Forsch.-Heft 399, 1939.

pipette gemischt, und diese Mischung wird dann in eine Glaszählkammer überführt. Sobald sich die Körner abgesetzt haben, wird die Zählkammer unter ein Mikroskop gebracht, um die Körner der Aufschlämmung abzuzählen und das Gewicht festzustellen. Unter Berücksichtigung des spezifischen Gewichtes kann dann das Volumen der Körner und somit die Korngröße bestimmt werden.

Die Feststellung der Korngröße unter 60 μ erfolgt im allgemeinen durch Windsichtung oder durch Sedimentation. Bei der Windsichtung handelt es sich nach GONELL[1] um die Bestimmung der Kornzusammensetzung nach Fallgeschwindigkeit entsprechend dem Verhalten des Staubes in Luft oder anderen Gasen. Hierbei kann die Fallgeschwindigkeitskennlinie unmittelbar aufgestellt werden, da die Untersuchung der Stäube im trockenen Zustand erfolgt.

Bei der Sedimentation wird die Kornzusammensetzung durch die Pipettenmethode ermittelt. Diese besteht nach ANDREASEN darin, daß man durch Probeentnahme mit einer Pipette untersucht, wie die Stoffkonzentration sich in einer gewissen Tiefe in einer ursprünglich homogenen Aufschlämmung mit der Zeit ändert. ANDREASEN hat hierfür ein besonderes Pipettengerät entwickelt, bei welchem die Pipette fest auf dem Sedimentationszylinder sitzt und das Kapillarrohr der Pipette bis wenige Zentimeter über dem Boden in den Zylinder hineinreicht. Bei Ausführung der Sedimentation wird eine Aufschlämmung von 10 bis 20 g Stoff im Liter in den Zylinder eingeführt oder in diesem gemischt. Sofort nach Aufstellung dieses Gerätes wird, wenn die Sedimentation begonnen hat, eine Probe entnommen, um die anfängliche Konzentration zu bestimmen. In passenden Zeiträumen erfolgt dann die weitere Probeentnahme. Da sich die Fallgeschwindigkeit von Körnern in einem Medium entsprechend dem STOCKschen Gesetz mit der Korngröße ändert, so ist es möglich, aus der Probeentnahme in bestimmten Zeiträumen die jeweilige Korngröße und ihren Anteil an der Probemenge zu bestimmen.

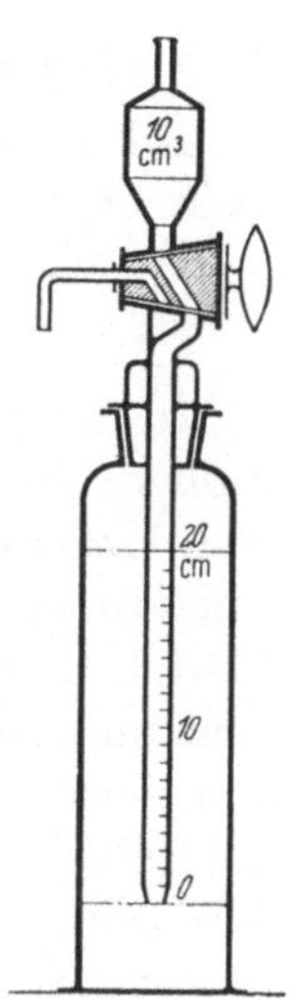

Abb. 130. Feinheitsmesser ANDREASEN.

Das in der Praxis eingeführte Gerät dieser Art – der „Feinheitsmesser nach A. H. M. ANDREASEN“ – ist in Abb. 130 schematisch dargestellt. An dem Glaszylinder ist eine Fallhöhe von 20 cm markiert. Als Aufschlämmflüssigkeit dient meist Methylalkohol, auch Butylenglykol oder destilliertes Wasser. Von der in bestimmten Zeitabständen abgesaugten Probe von je 10 cm³ wird die Aufschlämmflüssigkeit im

[1] GONELL, Berlin-Dahlem: Bestimmung der Zusammensetzung von Stauben nach Korngröße und Fallgeschwindigkeit. Z. VDI 1936 S. 646.

Trockenschrank abdestilliert und die verbliebene Trockensubstanz durch Wägen bestimmt. Die erste Wägung gilt als Bezugsmenge und wird gleich 100% gesetzt. Die zu jedem Prozentsatz der weiteren Messungen gehörige Korngröße kann direkt in μ nach der STOCKschen Formel ermittelt werden, welche lautet:

$$x = 141 \sqrt{\frac{\eta}{\gamma_1 - \gamma_2}} \sqrt{\frac{h}{t}} \,(\mu).$$

Hierbei ist:

γ_1 = spez. Gewicht des Stoffes (g/cm^3),
γ_2 = spez. Gewicht der Flüssigkeit (g/cm^3),
η = Viskosität,
t = Fallzeit (min),
h = Fallhöhe (cm).

Die zunehmende Verminderung der Fallhöhe infolge der Probeentnahmen ist zu berücksichtigen.

b) Die Kornform.

In der verarbeitenden Industrie gewinnt die Kornform eine immer größere Beachtung. Im Straßenbau, im Talsperrenbau sowie in der Bau-Industrie ganz allgemein ist nicht nur die Kornzusammensetzung, sondern auch die Kornform von Bedeutung. Bei der Herstellung von Mörtelmasse soll die Kornzusammensetzung der festen Stoffe die geringstmöglichen Hohlräume ergeben. Hierbei ist natürlich auch die Kornform von wesentlichem Einfluß und es ist einleuchtend, daß die kubische Kornform die gestellte Bedingung am besten erfüllen würde. Alle diese Fragen sind auch seitens der Wissenschaft eingehend behandelt worden. Über die auf diesem Gebiete geleisteten Forschungsarbeiten gibt uns DEMETRIUS RÖSSLEIN[1] einen Überblick. Hiernach bestimmte eine ganze Reihe von Forschern die Kennzeichnung der Kornform durch Ausmessen der drei bzw. zwei zueinander senkrecht stehenden Kornachsen, wobei das Verhältnis der Achsen zueinander als Gütemaßstab angesehen wurde. Eine indirekte Beurteilung der Kornform regte ROTFUCHS[2] an. Er beurteilte die Güte der Körnung nach der Anzahl der Körner gleicher Fraktion, die ein bestimmtes Raummaß ausfüllen. Diese unterschiedlichen Anregungen zur Kornkennzeichnung veranlaßte WALZ[3] zur Durchführung eingehender Versuche und Prüfung der verschiedenen Methoden zur Kennzeichnung der Körnung. WALZ kam

[1] RÖSSLEIN, D.: Steinbrecheruntersuchungen unter besonderer Berücksichtigung der Kornform. Forsch.-Arb. Straßenwesen Bd. 32.

[2] ROTFUCHS, G.: Bewertung der verschiedenartigen Kornform von Steinschlag und Splitt. Z. Zement Bd. 20 (1931) S. 660.

[3] WALZ, K.: Die Kennzeichnung der Kornform von grobkörnigen Schüttgütern. Straßenbau Bd. 30 (1939) S. 1.

schließlich zu dem Ergebnis, daß die Bewertung der Kornform durch Ausmessen von drei Achsen den an das Meßverfahren gestellten Anforderungen entspricht. Das von Walz ausgearbeitete Verfahren wurde als Normblattentwurf bekanntgegeben.

Ebenso wie bei der Grobzerkleinerung hat auch die Kornform bei der Fein- und Feinstzerkleinerung ein erhöhtes Interesse der wissenschaftlichen Forschung gefunden. Für eine tiefer schürfende Forschung auf diesem Gebiete haben sich Meldau[1] und Kohlschütter[2] eingesetzt. Wenngleich auch die Beeinflussung der Kornform in der Fein- und Feinstzerkleinerung bisher in der allgemeinen Hartzerkleinerung weniger Beachtung gefunden hat, so ist doch mit Sicherheit zu erwarten, daß die wissenschaftliche Forschung auch hier neue Wege aufzeigen wird.

Die sich bei der Zerkleinerung ergebende Kornform ist sowohl von der Art des zu zerkleinernden Materials wie auch von der Zerkleinerungsmaschine selbst abhängig. Der Zerfall des zu zerkleinernden Materials in schieferige, splitterförmige oder kugelige Form ist naturgebunden. Die richtige Auswahl der Zerkleinerungsmaschine kann hier leicht eine unerwünschte Erscheinung verhindern. Bei der Grobzerkleinerung ist die Kornform augenscheinlich erkennbar, bei der Feinzerkleinerung muß man das Mikroskop zu Hilfe nehmen. Hierüber hat Robert Meldau sehr ausführlich berichtet. Im allgemeinen kann gesagt werden, daß Maschinen mit Schlagwirkung, wie Symons-Brecher, Prallbrecher usw., dem Brechgut eine mehr oder weniger scharfkantige Form geben, während Maschinen mit quetschender oder reibender Wirkung, wie Walzwerke, Mahlgänge usw., eine mehr ausgeglichenere Form des Mahlgutes bewirken. Die Formgebung des Brechgutes durch die maschinelle Zerkleinerung ist aber so mannigfach, daß allgemeingültige Richtlinien hierüber nicht gegeben werden können.

c) Die Kornverteilung im Brech- und Mahlgut und deren wissenschaftliche Behandlung.

Zur Beurteilung der Brauchbarkeit eines Brech- oder Mahlgutes für bestimmte Zwecke ist die Kenntnis der Kornverteilung in demselben erforderlich.

Auf S. 178 wurde bereits bei der Korngröße erläutert, in welcher Weise ein Kornanteil im Brech- oder Mahlgut bestimmt wird. Erfolgt die Bestimmung der gewichtsmäßigen Kornanteile über die vollständige Brech- oder Mahlgutprobe, so ergibt sich hieraus die Körnungsanalyse,

---

[1] Meldau, R.: Die Form technischer Pulver abhängig von der mechanischen Aufbereitung. Beiheft VDI-Verfahrenstechnik Nr. 2 (1936).

[2] Kohlschütter: Die Bedeutung kompaktdisperser Stoffe für Untersuchungen über Zerkleinerungsvorgänge, Z. VDI, Beiheft VDI-Verfahrenstechnik Nr. 1 (1937).

die bei der gröberen Kornzusammensetzung durch die Siebanalyse und bei den feineren Körnern unter 60 μ durch die Sedimentationsanalyse gewonnen wird. Die Ergebnisse der Sieb- oder Sedimentationsanalyse lassen sich sehr anschaulich graphisch darstellen. Sie erscheinen, in ein rechtwinkliges Koordinatensystem eingetragen, als Siebkurven, Sieblinien oder Kennlinien. Nehmen wir als Beispiel einer Absiebung auf verschiedenen Sieben die nachfolgenden Werte an

Körnung mm	0	10	20	30	40	50
Gewichtsanteil %	100	85	45	20	7	0

und tragen wir in ein rechtwinkliges Koordinatensystem die Körnungen als Abszissen und die prozentualen Gewichtsanteile der auf dem Sieb verbleibenden Körnungsmenge als Ordinaten ein und verbinden wir diese Punkte zu einer Kurve, so erhalten wir die Rückstandskennlinie, wie in Abb. 131 dargestellt. Spiegelbildlich hierzu aufgetragen ergibt sich dann auch die Durchgangskennlinie, d. h. die prozentualen Anteile der durch das betreffende Sieb gehenden Körnungsmenge.

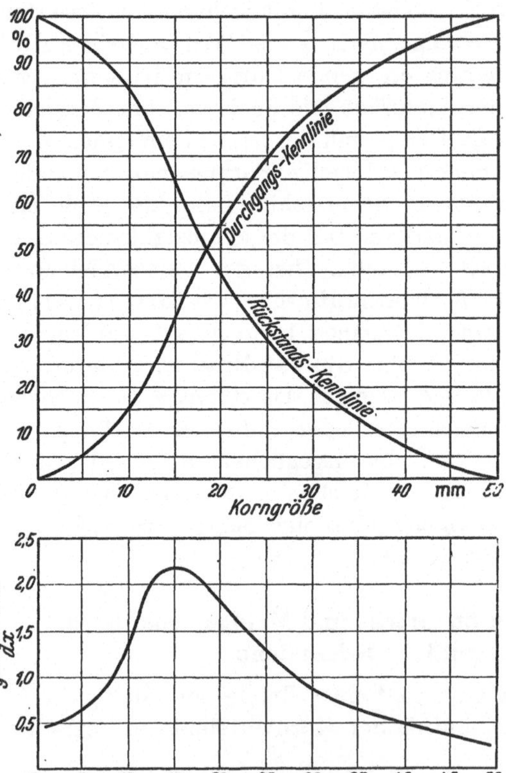

Abb. 131. Siebkurven-Kennlinien.

Diese Kurven zeigen im vorliegenden Beispiel einen stetigen Verlauf. Sie beginnen mit 100 bzw. 0% und enden mit 0 bzw. 100%. Der tatsächliche Verlauf dieser Kurven hängt sowohl von der Brech- und Spaltbarkeit des Aufgabegutes als auch von der Art der Zerkleinerungsmaschine ab. Im allgemeinen stellt sich bei allen diesen Kennlinien ein Wendepunkt ein, der bereits aus dem Verlauf der Linien erkennbar ist. Da jede Ordinate des Schaubildes jeweils den Prozentsatz des Gutes darstellt, der auf dem betreffenden Sieb verbleibt bzw. durch das Sieb geht, so ist der höchste Prozentsatz an Rückstand oder an Durchsatz an der Stelle erreicht, an der die Differenz zweier in gleichem

Abstand voneinander gedachten Ordinaten am größten ist. Dies bedeutet gleichzeitig auch, daß an dieser Stelle der Verlauf der Kennlinien am steilsten ist und daß sich an dieser Stelle ein Wendepunkt befindet. Obgleich aus der Rückstands- und Durchgangskennlinie die Kornverteilung des Brechgutes leicht zu entnehmen ist, ist es vorteilhaft, auch die Kornverteilung bildlich darzustellen, wie dies im unteren Teil der Abbildung geschehen ist. In der graphischen Darstellung wird dann die Rückstands- oder Durchgangskennlinie zur Integralkurve, und die Kornverteilungskurve zur Differenzialkurve, so daß jeweils $y = \frac{dR}{dx} = \frac{dD}{dx}$ als Ordinaten in der Kornverteilungskurve erscheinen.

Zur Erleichterung der graphischen Darstellung ist es vorteilhaft, die Abszissen grundsätzlich in 100 gleiche Teile einzuteilen und den Maßstab der Korngrößen so zu wählen, daß sich gerade der ganze Bereich der Korngrößen über die 100 Teile der Abszissenachse erstreckt. Der Ordinatenmaßstab ist zweckmäßig so zu bemessen, daß der prozentuale Gewichtsanteil jeweils $^1/_{100}$ der Abszissenlänge beträgt. In der Abbildung nimmt beispielsweise der Korngrößenbereich von 0 bis 50 die in 100 Teile eingeteilte Abszissenachse in Anspruch. Die Kornverteilungskurve als Differenzialkurve kann dann graphisch in einfachster Weise dargestellt werden. Man geht hier am besten so vor, daß man die Durchgangskennlinie in einem größeren Maßstab mit gleicher Einteilung aufträgt und nun in gleichbleibenden Abständen die Neigung der Kennlinie ermittelt. Die so gewonnenen Werte von $y = \frac{dD}{dx}$ werden dann als Mittelwerte der betreffenden Teilstücke im unteren Teil des Formblattes als Ordinaten eingetragen und die erhaltenen Punkte zur Kornverteilungskurve miteinander verbunden. Will man also beispielsweise aus der Kornverteilungskurve der Abbildung ablesen, wie hoch der prozentuale Gewichtsanteil der Körnung 15 bis 20 mm ist, so schätzt man den Mittelwert zwischen den Ordinaten 15 und 20 ab, der in diesem Falle etwa 2,0 beträgt, und multipliziert diesen Wert mit 10 (10 Teile Abszissenlänge). Man erhält dann den Betrag 20, d. h. von der Körnung 15 bis 20 mm sind in dem Brechgut 20% Gewichtsanteile enthalten. Die Prozentlinie 1 würde auf die gesamte Abszissenlänge bezogen 100% ergeben, d. h. sämtliche Körnungen von 0 bis 50 mm ergeben 100%, also die gesamte Brechgutmenge. Demgemäß entspricht auch der Inhalt des Rechteckes von 1 mal der Abszissenlänge dem gesamten Inhalt der aus der Abszisse und der Kornverteilungskurve gebildeten Fläche.

Auf den verschiedenen Gebieten der Verfahrenstechnik ist die Kenntnis der Kornverteilung im Brech- und Mahlgut zu immer größerer Bedeutung gelangt. Im Straßenbau und in der Bau-Industrie ist der Verlauf der Kennlinien der Zuschlagsstoffe maßgebend für die Güte der

Fertigerzeugnisse. Hier hat bereits eine Normung der Kornzusammensetzung eingesetzt, die auch ihren Einfluß auf die Weiterentwicklung der Zerkleinerungsmaschine ausübte. In anderen Industriezweigen wieder ergab sich eine schärfere Beachtung in der Anordnung der Gesamtanlage, bei der durch Nachzerkleinerung, Zwischensiebung u. dgl. der Verlauf der Kennlinien weitgehend beeinflußt werden konnte.

Alle diese Fragen bezogen sich bisher im wesentlichen auf die Grobzerkleinerung. Aber auch in der Feinzerkleinerung machen sich immer weitergehende Ansprüche in der Kornzusammensetzung des Feingutes geltend. So hat man in der Zement- und Bindemittel-Industrie längst erkannt, daß die Sieb- und Sedimentationsanalyse in bezug auf die Kornzusammensetzung von erheblichem Einfluß auf die Güte des Fertigerzeugnisses ist. Ganz ähnlich verhält es sich auch auf chemisch-technischem Gebiet.

Durch alle diese Umstände veranlaßt, begann etwa in den zwanziger Jahren auch von wissenschaftlicher Seite ein tieferes Eindringen in die Zerkleinerungsvorgänge und die Kornverteilung im Brech- und Mahlgut. Das Bestreben der Forscher ging im wesentlichen darauf hinaus, eine Gesetzmäßigkeit zu finden, nach welcher sich die Aufteilung des Brechgutes in die verschiedenen Kornklassen beim Brechvorgang vollzieht. So hat wohl als erster der Engländer MARTIN eine analytische Gesetzmäßigkeit in der Kornzusammensetzung nachzuweisen versucht und eine entsprechende Gleichung aufgestellt. In Dänemark war es Prof. ANDREASEN, der sich eingehend mit diesen Problemen beschäftigte, und in Amerika stellte der Amerikaner WEINIG ebenfalls eine Gleichung über die Kornverteilung auf. In Deutschland sind die Namen ROSIN, RAMMLER und SPERLING engstens mit der Forschung auf diesem Gebiet verbunden.

ROSIN u. RAMMLER[1] befassen sich in ihrem Bericht C 52 des Reichskohlenrates eingehend mit der analytischen Behandlung der Kennlinien und Kornverteilungskurven. Aus der Tatsache, daß die Summe aller Differenzialquotienten nach Abb. 131 = 100 und der Differentialquotient am Anfang und Ende der Kornverteilungskurve = 0 ist, schlossen ROSIN und RAMMLER, daß die Kornverteilungskurve den Charakter einer Wahrscheinlichkeitskurve haben müsse, und SPERLING vermutete, daß die Wahrscheinlichkeitsfunktion durch die Gleichung

$$f(x) = a\,x^m\,e^{-b\,x^n}$$

zum Ausdruck käme. In dieser Gleichung bedeuten a und b Parameter.

---

[1] Bericht C 52 ROSIN, RAMMLER u. K. SPERLING: Korngrößenprobleme des Kohlenstaubes und ihre Bedeutung für die Vermahlung. Berlin: VDI-Verlag, Juni 1933. — RAMMLER, E.: Gesetzmäßigkeit in der Kornverteilung zerkleinerter Stoffe. Beiheft VDI-Verfahrenstechnik Nr. 5 (1937).

Bezüglich der beiden Exponenten setzte er $m = n - 1$ und $n = 1$. Durch Integration ergibt sich dann für die Durchgangskennlinie

$$D = F(x) = \frac{a}{n\,b}\,(1 - e^{-b\,x^n}).$$

Für $x_{\max} = s$ wird $D = 100$, und man erhält

$$a = \frac{100\,n\,b}{1 - e^{-b\,s^n}}.$$

Hierin kann $e^{-b\,s^n} = 0$ gesetzt werden, so daß $a = 100\,n\,b$ wird. Dann ergibt sich

für die Durchgangskennlinie $D = F(x) = 100\,(1 - e^{-b\,x^n})$,

für die Rückstandskennlinie $R = 100 - F(x) = 100\,e^{-b\,x^n}$;

für die Kornverteilungskurve $f(x) = 100\,n\,b\,x^{n-1}\,e^{-b\,x^n}$.

Unabhängig von SPERLING gelangten ROSIN und RAMMLER durch Auswertung von Mahlversuchen auf einer Rohrmühle zum gleichen Ziel. Bei Mahlversuchen mit westfälischer Steinkohle stellten sie fest, daß sich der Durchsatz der Mühle L (t/h) in Abhängigkeit vom Rückstand R auf einem Bezugssieb nach einer allgemeinen Parabel nach der Gleichung

$$L = c\,R^p$$

verändert, wobei p größer als 0 ist. Trägt man den Logarithmus des Rückstandes als Abszissen und des Durchsatzes als Ordinaten auf, so erhält man für jedes Bezugssieb eine Gerade, deren Steigung den Exponenten p angibt, so daß dann c aus einem zusammengehörigen Wertepaar von L und R berechnet werden kann.

In der weiteren analytischen Behandlung wird der Nachweis erbracht, daß sich die Gleichung $L = c\,R^p$ unter gewissen Annahmen der aus der SPERLINGschen Gleichung abgeleiteten Gleichung

$$R = 100 - F(x) = 100\,e^{-b\,x^n}$$

anpaßt, so daß das von ROSIN und RAMMLER auf Grund von Mahlversuchen gewonnene Exponentialgesetz der Kornzusammensetzung als identisch mit dem von SPERLING rein anschauungsmäßig entwickelten Exponentialgesetz angesehen werden kann.

Eine zweimalige Logarithmierung des Exponentialgesetzes

$$R = 100\,e^{-b\,x^n}$$

ergibt folgendes:

1. Logarithmierung:

$$\lg \frac{R}{100} = -b\,x^n \lg e,$$

2. Logarithmierung:

$$\lg\left(-\lg\frac{R}{100}\right) = n\lg x + \lg b + \lg(\lg e)$$

oder:

$$\lg\left(\lg\frac{100}{R}\right) = C + n\lg x.$$

Es besteht somit eine lineare Beziehung zwischen $\lg\left(\lg\frac{100}{R}\right)$ und dem $\lg x$.

Trägt man in ein rechtwinkliges Koordinatensystem die Werte $\lg\left(\lg\frac{100}{R}\right)$, also den Rückstand, als Ordinaten auf und $\lg x$, also die Korngröße, im gleichen Maßstab als Abszissen, so ergeben die Rückstandskennlinien gerade Linien, die in ihrer Neigung durch den Festwert n beeinflußt werden.

In England hat sich BENNETT[1] eingehend mit dem Exponentialgesetz von ROSIN, RAMMLER und SPERLING befaßt und der Rückstandsformel eine andere Form gegeben. Nach BENNETT ist

$$R = 100 \cdot e^{(x/\bar{x})^n}.$$

Ersetzt man in der Formel

$$R = 100 \cdot e^{-b\,x^n}$$

b durch den Wert $\frac{1}{\bar{x}^n}$, so ergibt sich

$$R = 100 \cdot e^{-\frac{x^n}{\bar{x}^n}} = 100 : e^{\frac{x^n}{\bar{x}^n}}.$$

Wird hierbei der veränderliche Wert von x gleich dem Festwert $\bar{x}$, so ist der Rückstand

$$R = \frac{100}{e} = 36{,}8\,\%,$$

d. h. die Konstante $\bar{x}$ stellt jeweils die Korngröße dar, bei welcher der Rückstand 36,8% beträgt. Sie gibt somit gewissermaßen einen Bezugswert für das Körnungsbild verschiedener zerkleinerter Güter zueinander ab. Da die Konstante n nur die Neigung der Kennlinie beeinflußt, so schneiden sich alle Kennlinien mit dem gleichen $\bar{x}$ auf der Linie von 36,8%, sie sind lediglich in der Kornverteilung verschieden. Demgegenüber verlaufen Kennlinien mit verschiedenen $\bar{x}$, aber gleichem n parallel zueinander. Es ist somit auch möglich, eine Bezugsformel zu finden, die die Kornzusammensetzung verschiedener Brechgüter zueinander charakterisiert. Da der Exponent n nach ROSIN und RAMMLER nur wenig von 1 abweicht, so ist die Neigung der logarithmisch aufgetragenen

[1] BENNETT, I. G.: Broken coal. J. Inst. Fuel Bd. 15 (1936).

Rückstandskennlinien nur wenig voneinander abweichend. Wird $n = 1$, so verläuft die Rückstandskennlinie unter 45°.

Bennett hat dann die graphische Auswertung des Exponentialgesetzes auf einem Formblatt durchgeführt, auf welchem die $\lg\left(\lg \frac{100}{R}\right)$-Werte als Ordinaten und die $\lg x$-Werte als Abszissen maßstäblich eingetragen, jedoch mit absoluten Wertzahlen versehen sind. Abb. 132 zeigt ein solches Formblatt, das aus praktischen Gründen die Ordinatenteilung nur bis 90% enthält. Gleichzeitig ist auch der Rückstand $R = 36{,}8\%$ durch eine waagerechte Linie gekennzeichnet. Da diese Linie, wie schon angedeutet, einen Bezugswert darstellt, so ist es leicht, den Verlauf einer Kennlinie und somit auch die gesamte Körnungsanalyse eines Mahlgutes mit einem Zahlenwert zu kennzeichnen. Tragen wir beispielsweise in ein Formblatt größeren Formates als in Abb. 137 wiedergegeben eine Kennlinie ein, welche die Linie 38,6 bei 20 μ schneidet, so würde diese Kennlinie zunächst die Bezeichnung 20 erhalten. Um nun auch die Neigung dieser Kennlinie zu bestimmen, ist es nur nötig auf einer tiefer gelegenen horizontalen Linie, beispielsweise auf der Horizontalen von 80% Rückstand, den Abstand von der senkrechten 20 μ-Linie bis zum Schnittpunkt der Kennlinie auf der 80%-Linie zu messen. Dieser Wert kann dann als die Neigungs-Kennziffer gelten. Würde dieses Maß beispielsweise 30 mm betragen haben, so würde die angenommene Kennlinie durch die Bezeichnung 20/30 gekennzeichnet sein. Durch einen solchen doppelten Zahlenwert ließe sich demnach jede beliebige Kennlinie kennzeichnen. Aus einer entsprechend hergerichteten Tabelle könnte man dann für jede Kennlinie, entsprechend der auf dem Formblatt ermittelten Kennziffer, sofort die gesamte Körnungsanalyse entnehmen.

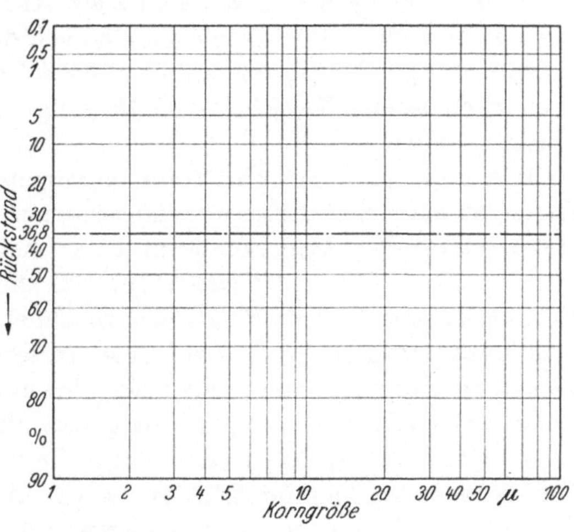

Abb. 132. Formblatt zum Exponentialgesetz.

Ein im Handel erschienenes Formblatt nach dem Bennettschen Prinzip wurde von Puffe[1] herausgegeben. Dieses Formblatt, Körnungsnetz genannt, gibt gleichzeitig die Möglichkeit, die Neigung der Kör-

[1] Puffe: Körnungsgesetz. Stuttgart: Riederer.

nungslinie durch einen Richtungsfaktor abzulesen. Dieser Richtungsfaktor ist der Tangens des Winkels, den die schräg verlaufende Körnungslinie mit der Horizontalen bildet. Hierdurch ergeben sich wiederum zwei Werte zur Kennzeichnung der Körnungslinie, nämlich die auf dem Schnittpunkt der Körnungslinie mit der 36,8%-Ordinate bezogene Korngröße und der Richtungsfaktor.

Kiesskalt u. Matz[1] haben dann nach einer neueren Auswertung der Rosin- und Rammlerschen Formel eine Oberflächentafel entworfen, nach der man, entsprechend den beiden aus dem Puffeschen Körnungsnetz abzulesenden Werten des Richtungsfaktors und der Korngröße auf der 36,8%-Ordinate, sofort die Gesamtoberfläche der in der Körnungslinie enthaltenen prozentualen Körnungsanteile ablesen kann.

In ähnlicher Weise befaßt sich auch Anselm[2] mit diesem Problem. Auch er bezeichnet die Körnungslinie nach dem Tangens des Neigungswinkels und der Korngröße auf der 36,8%-Ordinate. Statt des Tangens kann nach seinem Vorschlag der Neigungswinkel auch in Grad ausgedrückt werden.

Wie nun aus dem Schrifttum hervorgeht, ist das von Rosin und Rammler entwickelte Exponentialgesetz auf Grund von Mahlversuchen mit westfälischer Magerkohle in einer sichterlosen Rohrmühle entstanden. Es bezieht sich somit auf ein feinkörniges Mahlgut, dessen Kornklassen nach μ-Werten gekennzeichnet sind. Ebenso ist auch in dem Bennettschen Formblatt die Abszissenachse nach μ-Werten aufgeteilt. Hier ergibt sich nun die Frage, inwieweit das von den genannten Forschern entwickelte Exponentialgesetz auch für die Grobzerkleinerung zutreffend ist, und es entstehen allerdings berechtigte Bedenken. Hier ist es besonders die Arbeitsweise der üblichen Grobzerkleinerungsmaschinen, die einem gesetzmäßigen Körnungsanfall entgegensteht. Vergegenwärtigen wir uns einmal den Arbeitsvorgang in einem Backenbrecher. Hier werden die Aufgabestücke planlos und oft entgegengesetzt ihrer zahlreichen Kerbstellen zerdrückt. Ähnlich ist der Vorgang in einem Walzenbrecher, bei welchem das Grobgut in jeweils einem Durchgang durch die Walzen regellos zerdrückt wird. Es müßte ja bei jedem Durchgang des Gutes stets die annähernd gleiche Körnungsanalyse anfallen. Dies ist aber bei dem stetigen Wechsel der Stückgrößen-Zusammensetzung und der stetig wechselnden Aufgabemenge des Aufgabegutes nicht zu erwarten.

Diese Überlegungen finden ihre Bestätigung in den in letzter Zeit gemachten Beobachtungen bei der Prallzerkleinerung. Es hat sich hier bei zahlreichen Versuchen gezeigt, daß die Körnungsanalyse des ent-

[1] Kiesskalt, S., u. G. Matz: Prüfsiebung und Darstellung der Siebanalyse. Mühlheim/Ruhr: Siebtechnik G.m.b.H.

[2] Anselm: Zerkleinerungstechnik und Staub.

sprechend seinen natürlichen Spaltflächen zerlegten Gutes dem Rosin-Rammlerschen-Exponentialgesetz folgt und auf dem Bennettschen Formblatt einen annähernd gradlinigen Verlauf zeigt, so daß auch die Oberflächenberechnung für diese Brechgüter nach den geschilderten Methoden möglich ist.

In der Industrie gewinnt nun die Oberflächenberechnung des Brechgutes, und zwar auch bei der Grobzerkleinerung (Baustoffindustrie) eine immer größere Bedeutung, so daß auch für die sich mit dem Exponentialgesetz nicht deckenden Körnungslinien eine einfache Methode zur Oberflächenberechnung gefunden werden muß.

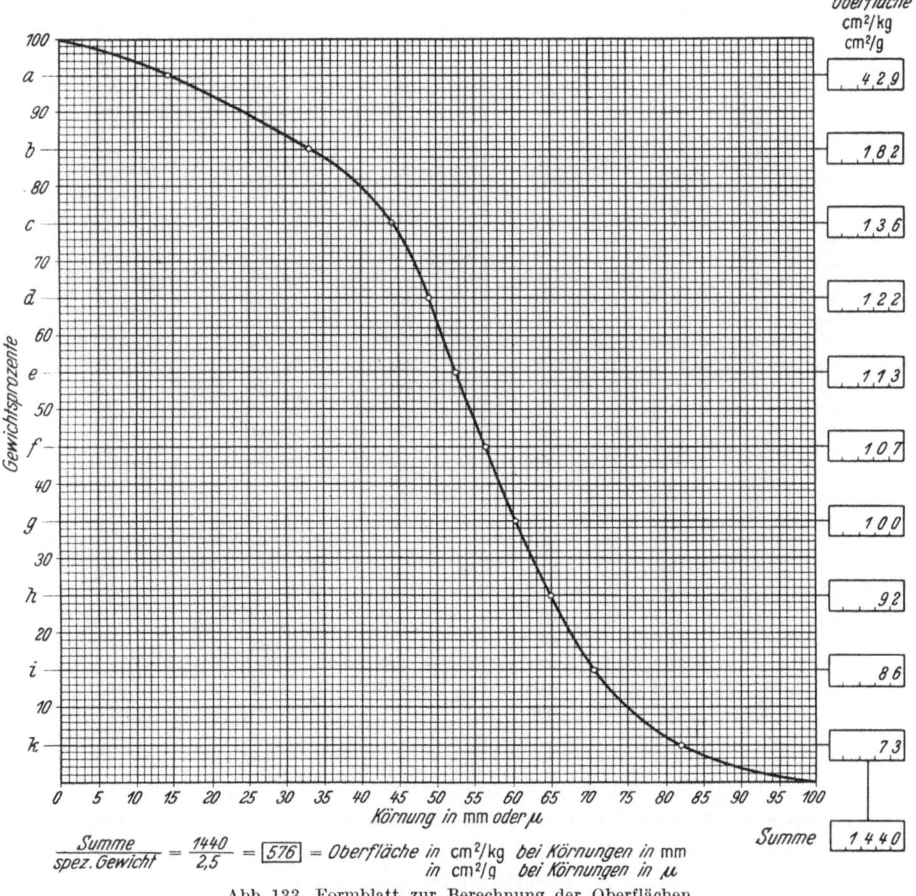

Abb. 133. Formblatt zur Berechnung der Oberflächen.

Ein vom Verfasser für diesen Zweck eingeführtes Formblatt zur Berechnung der Oberflächen von Brech- und Mahlgütern zeigen Abbildung 133 und Tabelle 24.

Tabelle 24.
Oberflächen für je 0,1 cm³ bei μ-Körnung oder je 0,1 dm³ bei mm-Körnung.

Körnung μ oder mm	Oberfläche $cm^2/0,1\ cm^3$ $cm^2/0,1\ dm^3$	Körnung μ oder mm	Oberfläche $cm^2/0,1\ cm^3$ $cm^2/0,1\ dm^3$	Körnung μ oder mm	Oberfläche $cm^2/0,1\ cm^3$ $cm^2/0,1\ dm^3$
1	6000	4	1500	7	857
1,5	4000	4,5	1333	7,5	800
2	3000	5	1200	8	750
2,5	2400	5,5	1091	8,5	706
3	2000	6	1000	9	667
3,5	1714	6,5	923	9,5	632
10	600	40	150	70	86
11	545	41	146	71	85
12	500	42	143	72	83
13	461	43	139	73	82
14	429	44	136	74	81
15	400	45	133	75	80
16	375	46	130	76	79
17	353	47	128	77	78
18	333	48	125	78	77
19	316	49	122	79	76
20	300	50	120	80	75
21	286	51	118	81	74
22	273	52	115	82	73
23	261	53	113	83	72
24	250	54	111	84	71
25	240	55	109	85	70
26	231	56	107	86	70
27	222	57	105	87	69
28	214	58	104	88	68
29	207	59	102	89	67
30	200	60	100	90	67
31	194	61	99	91	66
32	188	62	97	92	65
33	182	63	95	93	65
34	177	64	94	94	64
35	171	65	92	95	63
36	167	66	91	96	62
37	162	67	89	97	62
38	158	68	88	98	61
39	154	69	87	99	61
				100	60

Dieses Formblatt kann sowohl zur Berechnung der Oberflächen für Grobkorn von 1 bis 100 mm wie auch für Feinkorn von 1 bis 100 μ Verwendung finden. Das Verfahren ist folgendes:

Man trägt zunächst die durch die Sieb- oder Sedimentationsanalyse gefundenen prozentualen Kornanteile in das Formblatt als Siebrückstandswerte ein und verbindet diese Punkte in üblicher Weise zu einer möglichst gleichmäßig verlaufenden Durchgangskennlinie. Dann stellt man der Reihe nach die dem Schnittpunkt der Linien a bis k und der Kennlinie entsprechende Korngröße fest und entnimmt aus der Tabelle die zu den betreffenden Korngrößen gehörenden Oberflächenwerte, die man dann in die Spalte rechts im Formblatt der Reihe nach einträgt. Ist dies geschehen, so addiert man die eingetragenen Oberflächenwerte. Die Gesamtsumme durch das spezifische Gewicht des Materials dividiert ergibt dann die Oberfläche, und zwar für Körnungen von 1 bis 100 mm in cm^2/kg und für Körnungen von 1 bis 100 μ in cm^2/g. Die Werte in der Tab. 24 sind für beide Arten der Oberflächenbestimmung die gleichen.

In dem Formblatt ist als Beispiel die Kennlinie eines auf einem Steinbrecher erzeugten Grobkornes eingetragen. Die Körnungsanalyse ist den Steinbrecheruntersuchungen von RÖSSLEIN[1] entnommen worden und gibt einen Brechversuch mit Granit auf einem Kniehebelbackenbrecher als Nachbrecher wieder. Die Körnungslinie zeigt im BENNETTschen Formblatt keinen geradlinigen Verlauf.

In der Tabelle sind die Oberflächen würfelförmiger Körper berechnet. Es sei hierzu noch bemerkt, daß die Annahme würfelförmigen Kornes nicht als zu willkürlich angesehen werden braucht, da sich bei der Annahme der Aufteilung in andere geometrische Körper teils keine, teils nicht allzu große Abweichungen des Oberflächenwertes ergeben, wie folgende Berechnung zeigt:

Beim Würfel mit einer Kantenlänge x ist das Verhältnis von Oberfläche zu Inhalt:

$$O : I = 6x^2 : x^3 = 6 : x.$$

Bei der Kugel mit $d = x$ wird:

$$O : I = \pi x^2 : \frac{\pi x^3}{6} = 6 : x.$$

Beim Zylinder mit $d = x$ und $h = x$ wird:

$$O : I = \frac{3\pi x^2}{2} : \frac{\pi x^3}{4} = 6 : x.$$

Das Verhältnis $O : I$ ist also bei den drei vorgenannten Körperarten das gleiche. Auch für den Kegel ergibt sich nur wenig Abweichung mit $O : I = 6{,}7 : x$.

Anders verhält es sich allerdings mit dem Einfluß der Rauhigkeit und einspringender Ecken. (Vgl. die Ausführungen HÖNIGS[2] über Mikro- und Makrorauhigkeit.) Hierdurch kann die Oberfläche wesentlich (u. U. auf das Mehrfache) vergrößert werden, so daß man mit einem Rauhig-

[1] RÖSSLEIN, DEMETRIUS: Steinbrecheruntersuchungen unter besonderer Berücksichtigung der Kornform. Forsch.-Arb. Straßenbau Bd. 32 S. 65.

[2] HÖNIG, FRITZ: Grundgesetze der Zerkleinerung. VDI-Forsch.-Heft 378, Mai/Juni 1936.

keitsfaktor rechnen muß, wenn man den Absolutwert der Oberfläche ermitteln will. Praktisch ist diese Maßnahme aber nicht immer erforderlich, da es im allgemeinen weniger auf den Absolutwert als auf einen zuverlässigen Vergleichswert ankommt als Beurteilungsgrundlage für die durch verschiedene Brech- und Mahlvorgänge erzeugte Oberfläche eines bestimmten Brech- oder Mahlgutes.

Von verschiedenen Seiten sind die Rauhigkeitsfaktoren – auch Formfaktoren genannt –, mit denen die errechnete Oberfläche zur Erreichung der Absolutwerte zu multiplizieren ist, für eine Reihe der üblichen Stoffe angegeben worden. Es kann sich hierbei aber immer nur um ungefähre Werte handeln, da die erzeugte Oberfläche eines Stoffes nicht nur von der Art des Stoffes selbst, sondern auch von der Art der Zerkleinerungs- oder Mahlmaschinen beeinflußt wird. Die in der Literatur bekanntgegebenen Formfaktorwerte schwanken etwa zwischen 1,2 bis 1,7, wobei der untere Wert etwa für harte Stoffe mit kugelförmiger Körnung und der obere Wert für plattige Stoffe, wie Schiefer, Glimmer u. dgl., in Frage kommt.

2. Die physikalisch-technischen Grundlagen der Hartzerkleinerung.

a) Der spezifische Arbeitsbedarf der maschinellen Zerkleinerung.

In allen Abhandlungen über die Theorie der Zerkleinerung wird an erster Stelle immer wieder Bezug genommen auf das von P. R. v. Rittinger[1] aufgestellte Zerkleinerungsgesetz, nach welchem die geleistete Zerkleinerungsarbeit im unmittelbaren Verhältnis zu der durch die Zerkleinerung neu geschaffenen Oberfläche des zerkleinerten Gutes steht.

Naske[2] erläutert das Gesetz an der Aufteilung eines Würfels von 1 cm Kantenlänge. Wird dieser Würfel durch Schnittflächen parallel zueinander in kleine Würfel von der Kantenlänge x aufgeteilt, so erhält man $3\left(\frac{1}{x} - 1\right)$ Schnittflächen. Naske bezieht nun die geleistete Arbeit A auf die Summe der erzeugten Schnittflächen, während im Sinne des v. Rittingerschen Gesetzes nicht die erzeugten Schnittflächen, sondern die erzeugten Oberflächen den Bezugswert für die geleistete Arbeit darstellen sollen.

Nehmen wir an, ein Würfel von der Kantenlänge x würde in kleinere Würfel von der Kantenlänge y zerkleinert, so wäre $\frac{x}{y}$ das Verhältnis der Kantenlänge des Würfels x zur Kantenlänge des Würfels y. Die

[1] v. Rittinger, P. R: Aufbereitungskunde 1867.

[2] Naske, Carl: Zerkleinerungsvorrichtungen und Mahlanlagen. Leipzig: Otto Spamer 1926.

Anzahl der kleinen Würfel y beträgt dann $\left(\frac{x}{y}\right)^3$. Die Fläche des Würfels x ist $6x^2$ und die Gesamtfläche der kleinen Würfel y ergibt sich mit

$$\left(\frac{x}{y}\right)^3 \cdot 6y^2 = \frac{6x^3}{y}.$$

Die bei der Zerkleinerung entstandene neue Oberfläche ist dann $\frac{6x^3}{y} - 6x^2 = \frac{6x^2(x-y)}{y}$. Nach dem v. RITTINGERschen Gesetz ist diese neu erzeugte Oberfläche proportional der aufgewendeten Arbeit A.

Ein Beispiel: ein Würfel von der Kantenlänge 10 cm wird einmal in kleine Würfel von der Kantenlänge $y_1 = 1$ cm und das andere Mal in kleinste Würfel von der Kantenlänge $y_2 = 0{,}1$ cm zerkleinert. Die erzeugte Oberfläche der Würfel y_1 beträgt dann $\frac{6 \cdot 10^2(10-1)}{1} = 5400\,\text{cm}^2$, während sich die erzeugte Oberfläche der Würfel y_2 zu $\frac{6 \cdot 10^2(10-0{,}1)}{0{,}1}$ $= 59400\,\text{cm}^2$ ergibt.

Da die aufgewendete Arbeit beider Zerkleinerungsvorgänge im gleichen Verhältnis wie die erzeugten Oberflächen steht, so wird $A_1 : A_2 = 5400 : 59400$, d. h., daß zur Zerkleinerung des Würfels von 10 cm Kantenlänge in Würfel von 1 cm Kantenlänge nur der elfte Teil an Arbeit erforderlich war gegenüber der Zerkleinerung des Würfels in Würfel von 0,1 cm Kantenlänge.

Aus diesem Beispiel geht eindeutig hervor, welch außerordentlicher Arbeitsbedarf für die Feinzerkleinerung gegenüber der Grobzerkleinerung benötigt wird. Das Ergebnis des vorliegenden Beispiels deckt sich auch mit dem in der Praxis benötigten spezifischen Arbeitsbedarf. Die Zerkleinerung von Quarz in einer Stückgröße von 10 cm auf ein Korn von 1 cm erfordert im SYMONS-Granulator etwa 2 kWh/t, während die Weitervermahlung dieses vorzerkleinerten Gutes auf einer Rohrmühle auf 1 mm Korn etwa 18 kWh/t benötigen würde.

In der Formel $\frac{6x^2(x-y)}{y}$ über die durch die Zerkleinerung erzeugte Oberfläche ist die Oberfläche des Würfels x von der Gesamtoberfläche des Brechgutes abgezogen worden, da diese vorhanden war und nicht erzeugt zu werden brauchte. Bei einer Zerkleinerung, besonders auf höhere Feinheiten, wird dieser Oberflächenwert des Würfels x im Vergleich zu der erzeugten Oberfläche so gering, daß er vernachlässigt werden kann. Es lassen sich dann die erzeugten Oberflächen der zerkleinerten Würfel y_1 und y_2 unmittelbar miteinander vergleichen und das Verhältnis des Arbeitsbedarfs A_1 zum Arbeitsbedarf A_2 wird dann:

$$A_1 : A_2 = \frac{6x^3}{y_1} : \frac{6x^3}{y_2} \quad \text{oder} \quad \frac{A_1}{A_2} = \frac{y_2}{y_1},$$

d. h. der Arbeitsbedarf zur Zerkleinerung eines bestimmten Materials auf verschiedene Korngrößen steht etwa im umgekehrten Verhältnis der Kantenlängen des zerkleinerten Gutes zueinander.

Das Gesetz von RITTINGER ist in der folgenden Zeit vielfach umstritten worden, und vielleicht auch nicht mit Unrecht. Ist das Gesetz auch auf einer durchaus logischen Vorstellung über die Schaffung von Trennflächen aufgebaut, so ist hierbei die Art, in welcher diese Trennflächen erzeugt werden, vollkommen unberücksichtigt geblieben. Während dem Gesetz von RITTINGER die Erzeugung von Schnittflächen zugrunde liegt, deren Herstellung sich mehr dem Zerreißvorgang nähert, treten bei der maschinellen Zerkleinerung im wesentlichen Beanspruchungen durch Druck, Schlag oder Reibung auf, die sich auf die Trennflächenherstellung gänzlich anders und vor allem ungünstiger auswirken als die dem RITTINGERschen Gesetz zugrunde liegenden Schnitt- oder Zerreißvorgänge. Dazu kommt noch, daß sich das RITTINGERsche Gesetz auf die Zerkleinerung vollkommen homogener Körper stützt, die es aber im Bereich der technischen Zerkleinerung überhaupt nicht gibt.

So kann dem RITTINGERschen Gesetz der Zerkleinerung im Grunde genommen nur ein theoretischer Wert beigemessen werden. Trotzdem aber ist es erstaunlich, daß immer wieder, und das gerade in der letzten Zeit theoretischer Betrachtungen, auf das RITTINGERsche Gesetz Bezug genommen wird. Der Grund hierfür liegt offenbar in dem Bedürfnis, einen Bezugs- oder Vergleichswert zu schaffen, der in der technischen Zerkleinerung die Beziehung von aufgewendetem Arbeitsbedarf zur erzielten Zerkleinerungsleistung ermöglicht. Bisher war es ja fast ausschließlich üblich, die Zerkleinerungsleistung durch den Kornanfall oder die Siebfeinheit des gebrochenen oder gemahlenen Gutes zu kennzeichnen. In letzter Zeit ist man immer mehr dazu übergegangen, auch die erzeugte Oberfläche zur Beurteilung der Arbeitsleistung der Maschine heranzuziehen, und dies besonders in der Feinmüllerei. Darüber hinaus hat die Bezugnahme auf die erzeugte Oberfläche auch noch eine Bedeutung in der Beurteilung der Güte des erzeugten Mahlgutes gefunden. Hiergegen sind, wie zu erwarten war, auch wieder Einsprüche geltend gemacht worden mit dem Hinweis, daß auf verschiedenen Gebieten der Verfahrenstechnik nicht die Oberfläche allein für die Gütebestimmung des Erzeugnisses maßgebend sein kann, sondern vor allem auch seine Kornzusammensetzung. Aber auch dieser Einwand läßt sich widerlegen. Es ist bekannt, daß auf den verschiedenen Gebieten der Verfahrenstechnik die Feinzerkleinerung auf bestimmten Mühlenarten durchgeführt wird. So erfolgt beispielsweise in der Zement-Industrie die Vermahlung der Zementklinker zu Zementmehl so gut wie ausschließlich auf Rohrmühlen. Es steht nun die Kornzusammensetzung des in Rohrmühlen erzeugten Gutes in relativer Beziehung zur erzeugten Oberfläche, d. h. zwei Mahlgüter verschiedener Oberflächengröße sind sich, sofern sie auf ein und derselben Mühlenart hergestellt sind, in ihrer prozentualen Kornverteilung ähnlich. Unter diesem Gesichtswinkel ist in der amerikanischen Zement-Industrie und neuerdings auch in der deutschen die durch die Mahlung erzeugte Oberfläche als ein Wertfaktor für die Güte des Zementes herangezogen worden. Hierbei war es natürlich, daß gleichzeitig auch die Oberflächenerzeugung in Beziehung zum Arbeitsaufwand der Mahlmaschine gebracht wurde, so daß damit das RITTINGERsche Zerkleinerungsgesetz wieder zur Geltung gelangte. Der scheinbare Widerspruch klärt sich aber dadurch auf, daß man in solchen Fällen nicht nach der Proportionalität der erzeugten Oberflächen zum aufgewendeten Arbeitsbedarf ganz allgemein fragt, sondern diesen Vergleichswert lediglich auf eine bestimmte Maschinenart, in diesem Falle die Rohrmühle, bezieht, um damit zu einer Beurteilung des zerkleinerungstechnischen Wirkungsgrades dieser Maschine zu gelangen. Schließlich ist es ja auch ganz gleichgültig, wie ein solcher Bezugswert formuliert wird, sofern eine Anwendung immer auf gleicher Grundlage erfolgt.

Neben dem v. RITTINGERschen Zerkleinerungsgesetz hat auch das von F. KICK[1] 1885 bekanntgewordene Gesetz der proportionalen Widerstände in der Literatur Beachtung gefunden. Dieses Gesetz besagt, daß sich die Arbeit, die zur Formveränderung geometrisch ähnlicher und gleichartiger Körper wie die Volumina oder Gewichte dieser Körper verhalten. KICK hat dieses Gesetz aus einer Reihe von Schlagversuchen abgeleitet, also Vorgängen zugrunde gelegt, wie sie in der technischen Zerkleinerung kaum in Frage kommen. Es kann deshalb auch dem KICKschen Zerkleinerungsgesetz nur ein theoretischer Wert beigemessen werden.

A. SMEKAL[2] hat die Gesetze von v. RITTINGER und KICK in seiner Abhandlung über physikalisches und technisches Arbeitsgesetz einer Kritik unterzogen, wobei er sich gleichzeitig auf die Arbeit von HÖNIG[3] über Grundgesetze der Zerkleinerung bezieht. Seine Ausführungen seien hier mit seinem Einverständnis wörtlich wiedergegeben:

„Wenn v. RITTINGER und KICK dennoch das Bestehen solcher Gesetzmäßigkeiten vertreten haben und zu begründen versuchten, so konnte dies nur durch stillschweigende Benutzung von einschränkenden Annahmen geschehen, deren Geltung beim damaligen Stand des Wissens unbedenklich schien. Jener Teil dieser besonderen Annahme, der die Körperbeschaffenheit anbetrifft, ist von HÖNIG herausgefunden worden. Aber auch hinsichtlich des Einflusses der Beanspruchsart und der Bedingungen des Brucheintrittes werden mindestens bei v. RITTINGER

[1] KICK, F.: Das Gesetz der proportionalen Widerstände und seine Anwendung. Leipzig: Arthur Felix 1885.

[2] SMEKAL, A.: Physikalisches und technisches Arbeitsgesetz der Zerkleinerung. Z. VDI, Beiheft Verfahrenstechnik Nr. 5 (1937).

[3] HÖNIG, F.: Grundgesetze der Zerkleinerung. VDI-Forsch.-Heft 378, 1936.

unzutreffende Vorstellungen zugrunde gelegt. Wir verzichten darauf, diesen mehr geschichtlich als praktisch wichtigen Fragen hier im einzelnen nachzugehen. Man kann zeigen, daß die KICKsche Behauptung einer allgemeinen Verhältnisgleichheit zwischen physikalischer Zerkleinerungsarbeit und Körpervolumen hinfällig ist, weil es weder ideal homogene Körper gibt noch Körper mit Inhomogenitätsstellen, deren räumliche Dichte dem Körpervolumen verhältnisgleich wäre.

Die RITTINGERsche Behauptung einer allgemeinen Verhältnisgleichheit zwischen physikalischer Zerkleinerungsarbeit und Oberflächenzunahme kann nur für den Sonderfall gerechtfertigt werden, daß die Zerkleinerung durch Spaltung ausführbar ist; bei idealem Spaltvorgang wäre die RITTINGERsche Aussage mit dem Bestehen einer (richtungsunabhängigen) spezifischen Oberflächenenergie des (isotropen) Festkörpers gleichbedeutend. – Für alle übrigen Beanspruchungsarten könnte die RITTINGERsche Aussage nur zutreffen, wenn die Körper beim Bruchvorgang unabhängig von ihrem jeweiligen Volumen stets in sehr zahlreiche Körner von annähernd gleich geringer Absolutgröße zerlegt würden.

Für alle einfachen Beanspruchungsarten befindet sich diese Annahme mit den allgemeinen Bruchgesetzen im Widerspruch; sie kann nur durch die verwickelten Zerkleinerungsvorgänge bei oberflächlichem Abschleifen verwirklicht werden.“

b) Oberflächenerzeugung und Arbeitsbedarf.

Ganz unabhängig nun aber davon, wie das v. RITTINGERsche Gesetz der Zerkleinerung von wissenschaftlicher Seite beurteilt werden mag, so bleibt doch die Tatsache bestehen, daß in der technischen Zerkleinerung die Beziehung Oberflächenerzeugung zur verbrauchten Arbeitsleistung immer mehr an Bedeutung gewinnt. Die allgemein geübte Beurteilung einer Zerkleinerungsmaschine nach der Kornzusammensetzung des zerkleinerten Gutes ist für die Auswahl der Zerkleinerungsmaschinenart von Bedeutung, sie gibt uns jedoch keinen Wertmesser für den Wirkungsgrad der Maschine in zerkleinerungstechnischer Hinsicht. Hier ist es aber gerade die Bezugnahme auf die erzeugte Oberfläche zur geleisteten Arbeit, die eine Beurteilung der spezifischen Leistungsfähigkeit der Maschine zuläßt und dem Konstrukteur Fingerzeige zur Verbesserung derselben geben kann. Die Beurteilung der spezifischen Leistung einer Maschine spielt eine geringere Rolle in der Grobzerkleinerung, da der spezifische Arbeitsbedarf hierbei gering ist. In der Feinzerkleinerung dagegen ist der spezifische Arbeitsaufwand von erheblicher Bedeutung und hier kann die Beurteilung der Leistungsfähigkeit der Maschine lediglich nach der Siebanalyse nicht als ausreichend angesehen werden. Wenn bei einer Rohrmühle der spezifische Arbeitsbedarf in kWh/t Mahlgut bei einer Mahlfeinheit von beispielsweise 2% Rückstand auf dem Sieb von 4900 Maschen/cm^2 angegeben wird und über die Beschaffenheit der 98% des Mahlgutes, die durch das Maschensieb hindurchgehen, nichts bekannt ist, so muß auch die Angabe des spezifischen Arbeitsbedarfes unzulänglich sein und zu einer falschen Schlußfolgerung Anlaß geben. Tatsächlich hat sich ja auch in der Praxis gezeigt, daß eine Rohrmühle mit Windsichtung bei Vermahlung des gleichen Mahlgutes bei gleicher Siebfeinheit wie oben angegeben, einen um etwa 10% günstigeren spezifischen Arbeitsbedarf gegenüber der Rohrmühle ohne Windsichtung aufweist. Die sich hieraus ergebende Schlußfolgerung, daß die Rohrmühle mit Windsichtung einen entsprechend höheren zerkleinerungstechnischen Wirkungsgrad gegenüber der Rohrmühle ohne Windsichtung aufweise, wäre aber abwegig. Wie allgemein bekannt ist, hat das Windsichtergut in den 98%, die durch das Prüfsieb gehen, eine gröbere Kornzusammensetzung als das Mahlgut der Rohrmühle. Eine gröbere Kornzusammensetzung bedeutet aber auch eine geringere erzeugte Oberfläche des Mahlgutes und dementsprechend auch einen geringeren spezifischen Arbeitsaufwand, so daß die Beurteilung des zerkleinerungstechnischen Wirkungsgrades zwischen Rohrmühle mit und ohne Windsichtung, wenn lediglich auf den Siebrückstand bezogen, ein falsches Bild ergibt.

An diesem Beispiel zeigt sich ganz offensichtlich, wie wertvoll es ist, die Oberflächenerzeugung bei der Zerkleinerung als einen Wertmesser für die zerkleinerungstechnisch geleistete Arbeit anzusehen. Wie schon erwähnt, trifft dies in der Hauptsache für die Feinzerkleinerung zu, bei der die Oberflächenzunahme und somit auch die aufgewendete Zerkleinerungsarbeit erhebliche Wertgrößen erreicht. Selbstverständlich sollte aber auch die Grobzerkleinerung, besonders was die Forschung auf diesem Gebiete anbelangt, nicht vernachlässigt werden. Ein tieferes Eindringen in die Zerkleinerungsvorgänge bei der Grobzerkleinerung auf Grund der Oberflächenerzeugung würde wahrscheinlich auch hier zu mancher Überraschung bisher geltender Ansichten führen. So wird ja beispielsweise allgemein angenommen, daß die Grobzerkleinerung einen spezifisch geringeren Arbeitsaufwand erfordert als die Feinzerkleinerung. Würde man aber den bei systematisch durchgeführten Brechversuchen ermittelten Arbeitsaufwand zu der erzeugten Oberfläche in Beziehung bringen, so würde sich in vielen Fällen das Gegenteil erweisen. Bekannt ist ja bereits, daß in einer kontinuierlich arbeitenden Verbundrohrmühle die Grobmahlung in der ersten Kammer einen spezifisch höheren Arbeitsaufwand je cm^2 erzeugter Oberfläche erfordert als die Feinmahlung in den nächsten Kammern.

Leider sind ja in dieser Richtung bisher nur wenige systematische Zerkleinerungsversuche durchgeführt worden. Als erster hat sich v. Reytt[1] mit dem Nachweis der Zerkleinerungsarbeit in bezug auf die erzeugte Oberfläche beschäftigt. Er führte eine Reihe von Brechversuchen auf verschiedenen Zerkleinerungsmaschinen durch und brachte damals bereits die geleistete Arbeit in Beziehung zur erzeugten

[1] v. Reytt: Öst. Z. Berg- u. Hüttenwesen, Wien 1888.

Oberfläche. Nach REYTT haben sich auch andere Forscher, wie G. MARTIN, A. M. GAUDIN, I. GROSS und S. R. ZIMMERLEY[1], bemüht, Wertziffern für die Zerkleinerungsarbeit zur erzeugten Oberfläche zu schaffen. Als Ergebnis dieser Arbeiten sei hier nur die Tab. 25 wiedergegeben, wie sie in der Arbeit von A. SMEKAL[2] über physikalisches und technisches Arbeitsgesetz dargestellt ist:

Tabelle 25. *Zerkleinerungsarbeiten für die Feinzerkleinerung von Quarz.*

Zerkleinerungsvorrichtung	Arbeit/cm² Oberflächenzunahme in g. cm/cm²	Forscher
Kugelmühle	910	G. MARTIN 1926
Walzenmühle	130	A. M. GAUDIN 1926
Kugelfallwerk	57	I. GROSS und S. R. ZIMMERLEY 1930

Nach dieser Tabelle hat das Kugelfallwerk den geringsten Arbeitsaufwand erfordert. Dies ist ganz natürlich, handelt es sich doch hierbei nur um die Zertrümmerung einzelnen Stücke. Demgegenüber findet in der Kugelmühle ein kollektiver Mahlvorgang statt, bei welchem die den Mahlkugeln mitgeteilte kinetische Energie für den Mahlprozeß mangelhaft ausgenutzt wird. Auffallend ist der geringe Arbeitsbedarf bei der Walzenmühle, der sich wahrscheinlich dadurch erklären läßt, daß auch hier immer nur einzelne Stücke gebrochen wurden.

Vor einigen Jahren ist ein Brechversuch auf einem SYMONS-Brecher ausgewertet worden, um den spezifischen Arbeitsaufwand für diese Maschine festzustellen. Auf diesem Brecher wurde Quarzit in einer Aufgabestückgröße von 5 bis 50 mm gebrochen. Während 30 Minuten Betriebszeit wurden 3000 kg Quarzit auf eine Korngröße von 0 bis 5 mm (wenige Körnungen bis 8 mm) zerkleinert. Der Leistungsbedarf des Brechers war 18 kW. Da die Stundenleistung 6000 kg betragen haben würde, so ergab sich ein spezifischer Arbeitsbedarf von 3 kWh/t Brechgut. Von einer Durchschnittsprobe des erhaltenen Brechgutes wurde eine Sieb- und Sedimentationsanalyse durchgeführt und die Trennflächen nach der Formel $3\left(\frac{1}{x} - 1\right)$ cm² berechnet, wie in nachfolgender Tab. 26 dargestellt.

Zur Berechnung der durch die Zerkleinerung erzeugten Oberfläche ist eine Gutsmenge von 1000 kg Aufgabegut, der einfachen Rechnung wegen mit 1 cm Kantenlänge angenommen. Da das spezifische Gewicht von Quarzit 2,5 beträgt, so wiegt ein Würfel von 1 cm³ = 2,5 g. Im

[1] Vgl. Schrifttumnachweis.

[2] SMEKAL, A.: Physikalisches und technisches Arbeitsgesetz der Zerkleinerung, Beiheft VDI-Verfahrenstechnik Nr. 5 (1937).

Tabelle 26. *Berechnung der Trennflächen in cm², die bei der Zerkleinerung von 100 Würfeln von je 1 cm³ entstehen.*

Kornfraktionen in mm	Mittlere Kanten-länge in cm (x)	$\frac{1}{x}$	Trennfläche pro Würfel $F = 3\left(\frac{1}{x} - 1\right) cm^2$	% Korn-anteil	Trenn-fläche cm^2
5—8	0,65	2	3	13,00	39
4—5	0,45	2	3	8,35	25
3—4	0,35	3	6	19,50	117
2—3	0,25	4	9	10,68	96
1—2	0,15	7	18	22,98	414
0,5—1	0,075	13	36	11,00	396
0,4—0,5	0,045	22	63	1,65	104
0,3—0,4	0,035	28	81	2,23	181
0,2—0,3	0,025	40	117	2,00	234
0,12—0,2	0,016	63	186	1,97	366
0,09—0,12	0,010	100	297	0,84	250
0,06—0,09	0,007	143	426	0,93	396
0,04—0,06	0,005	200	597	0,61	364
0—0,04	0,002	500	1497	4,26	6377
				100,00	9359

Aufgabegut von 1000 kg sind dann 400000 Würfel mit je 6 cm² Oberfläche enthalten, so daß die gesamte Oberfläche des Aufgabegutes mit $400000 \cdot 6 = 2400000$ cm² angenommen werden kann. Die bei der Zerkleinerung entstehenden Trennflächen für 100 Würfel ergeben sich aus der Tabelle mit $\sim$ 10000 cm², und da jede Trennfläche 2 Oberflächen gleicher Größe erzeugt, so beträgt die nach der Zerkleinerung der 1000 kg entstandene Oberfläche $2.\ 10000 \cdot 4000 = 80000000$ cm² und die durch die Zerkleinerung von 1000 kg erzeugte Oberfläche $80000000 - 2400000 = 77600000$ cm². 1000 kg Quarzit erforderten 3 kWh zum Zerkleinern. Da 1 kWh 367000 mkg entspricht, so sind insgesamt 1101000 mkg bzw. 110100000000 g · cm geleistet worden. Auf die erzeugte Oberfläche bezogen ergibt sich dann ein Arbeitsaufwand von 1420 g · cm/cm².

Bei der Berechnung der Oberfläche des Brechgutes ist hierbei die würfelige Form der einzelnen Körnungen angenommen worden, was ja der Wirklichkeit nicht entspricht. Hier müßte also noch ein Formfaktor eingeschaltet werden, der die wie oben errechnete Oberfläche in die tatsächlich entstandene Oberfläche umwandelt. Nehmen wir den Formfaktor in diesem Falle mit 1,5 an, so würde die erzeugte Oberfläche gegenüber der errechneten um 50 % größer sein, so daß dementsprechend auch der Arbeitsbedarf je cm² erzeugter Oberfläche sinken und

$$\text{etwa } 950 \text{ g} \cdot \text{cm/cm}^2$$

betragen würde.

Wie für den Symons-Brecher läßt sich auch für alle anderen Maschinen der spezifische Arbeitsbedarf, bezogen auf die erzeugte Oberfläche, ermitteln. Bei einer Mehrkammer-Rohrmühle zur Vermahlung von Portlandzement ist auf Grund vielfach durchgeführter Sedimentationsanalysen festgestellt worden, daß das feingemahlene Zementmehl eine spezifische Oberfläche von 2000 bis 3000 cm^2/g besitzt. Der durchschnittliche Arbeitsaufwand zur Herstellung von 1000 kg Zementmehl beträgt in einer solchen Mühle etwa 25 kWh bzw. $367000 \cdot 25 = 9175000$ mkg oder auf 1 g Mehl bezogen $= 9{,}175$ mkg $= 917500$ g · cm. Da 1 g Mehl eine Oberfläche von 2500 cm^2 besitzt, so beträgt der Arbeitsaufwand $917500 : 2500 = 367$ oder

$$\text{etwa } 400 \text{ g} \cdot \text{cm/cm}^2.$$

Der Vergleich dieser beiden Rechnungen zeigt, daß, wie schon weiter oben angedeutet, die Grobzerkleinerung, in diesem Falle auf dem SYMONS-Brecher, einen höheren spezifischen Arbeitsaufwand erfordert als die Feinmahlung auf der Verbundrohrmühle. Vergleicht man die für den SYMONS-Brecher und die Verbundrohrmühle erhaltenen Werte mit den Werten der Tab. 25, so zeigt sich, daß die Kugelmühle als Grobmahlmaschine reichlich den doppelten Aufwand an spezifischem Arbeitsbedarf gegenüber der Rohrmühle erfordert, was ja auch die allgemein gemachte Annahme über den spezifischen Arbeitsbedarf bestätigt. Daß der SYMONS-Brecher etwa den gleichen spezifischen Arbeitsbedarf aufweist, ist durchaus denkbar, denn die Kugelmühle besitzt sowohl in rein zerkleinerungstechnischer wie auch in maschinentechnischer Hinsicht einen besonders schlechten Wirkungsgrad. Im übrigen hängt der spezifische Arbeitsbedarf einer Zerkleinerungsmaschine natürlich auch von der Härte bzw. Bruchfestigkeit des zu zerkleinernden Materials ab. Bei den hier zum Vergleich herangezogenen Zerkleinerungs- und Mahlversuchen waren die verarbeiteten Materialien verschiedener Art, so daß die hier durchgeführten Vergleiche nur als Anschauungsbeispiele zu bewerten sind.

c) Wirkungsgrad und Verlustarbeit bei der maschinellen Zerkleinerung.

Die in dem vorangegangenen Abschnitt gegebenen Erläuterungen über den spezifischen Arbeitsbedarf einer Zerkleinerungsmaschine eröffnen den Weg zur Beurteilung des zerkleinerungstechnischen Wirkungsgrades derselben. Allerdings beziehen sich die für die verschiedenen Zerkleinerungsmaschinen angegebenen Werte für den spezifischen Arbeitsbedarf je Flächeneinheit nicht auf die geleistete Arbeit der technischen Zerkleinerung, sondern sie schließen neben dieser auch die rein mechanische Verlustarbeit der Maschine mit ein.

Wollen wir nun eine Vorstellung über den zerkleinerungstechnischen

Wirkungsgrad der Maschine erhalten, so müssen wir die für die technische Zerkleinerung aufgewendete Arbeit in bezug bringen zur ideellen theoretischen Zerkleinerungsarbeit. Die Differenz zwischen der technischen und der theoretischen Zerkleinerungsarbeit ist dann der Verlustwert der technischen Zerkleinerung. Die aufgewendete Arbeitsleistung einer Zerkleinerungsmaschine setzt sich demnach zusammen aus:

a) mechanische Verlustarbeit A_m,
b) zerkleinerungstechnische Verlustarbeit A_z,
c) ideelle, theoretische Zerkleinerungsarbeit A_i.

Diese scharfe Unterteilung ist notwendig, wenn wir eine Vorstellung darüber gewinnen wollen, in welcher Weise die von der Maschine beanspruchte Antriebsleistung im einzelnen verbraucht wird.

Unter ideeller Zerkleinerungsarbeit A_i ist die theoretisch geringste Arbeitsleistung zu verstehen, die aufgewendet werden muß, um einen Einzelkörper durch mechanische Beanspruchung in kleinere Körper durch Erzeugung von Bruchflächen lediglich durch Überwindung der Kohäsionskräfte zu zerlegen. Da es in einer Zerkleinerungsmaschine nicht möglich ist, die Zerkleinerungswerkzeuge an jedem zu zerkleinernden Körper einzeln angreifen zu lassen, so geht der größte Teil der den Brech- und Mahlorganen mitgeteilten Arbeitsleistung in Verlustarbeit über. Diese vergeudete Arbeitsleistung setzt sich zum weitaus größten Teil in mechanisch erzeugte Wärme um.

Was nun die mechanische Verlustarbeit anbelangt, so ist es ganz natürlich, daß in einer Zerkleinerungsmaschine neben der eigentlichen technischen Zerkleinerung auch Verluste rein maschineller Art entstehen, sei es durch Lagerreibung, Zahnradverschleiß, Verformung von Maschinenteilen od. dgl. Es ist aber auch wichtig, diese Verluste festzustellen, um daraus den mechanischen Wirkungsgrad der Maschine kennenzulernen. Der Unterschied in dem mechanischen Wirkungsgrad einzelnen Zerkleinerungsmaschinen ist recht erheblich. Während derselbe beim Backenbrecher etwa 50% beträgt, kann er für den Symons-Brecher wie auch für die Rohrmühle mit 85% angenommen werden.

Smekal[1] hat nun in zahlreichen Vorträgen und Abhandlungen einen klaren Überblick über die theoretischen Grundlagen der Zerkleinerungsphysik gegeben. Nach seinen Ausführungen ist ein physikalischer Zerkleinerungsvorgang gekennzeichnet durch die Erzeugung von Bruchflächen an einem Einzelkörper irgendwelcher Form und Beschaffenheit

[1] Smekal, A.: Theoretische Grundlagen der Hartzerkleinerung. Beiheft VDI-Verfahrenstechnik Nr. 1 (1937). — Physikalisches und technisches Arbeitsgesetz der Zerkleinerung. Beiheft VDI-Verfahrenstechnik Nr. 5 (1937). — Bruchtheorie spröder Körper. Z. Phys. Bd. 103 (1936) S. 495. — Die Festigkeitseigenschaften spröder Körper. Ergebn. exakt. Naturw. Bd. 15 (1936) S. 106.

unter dem Einfluß einer beliebigen äußeren mechanischen Beanspruchung. Die hierzu aufgewendete mechanische Arbeit ist die physikalische Zerkleinerungsarbeit. Auf Grund der Bruchtheorie spröder Körper ist es möglich, die physikalischen Zerkleinerungsarbeiten von homogenen Körpern und solchen mit Einzelkerbstellen (Hohlräume, Risse, Einschlüsse) für einfache Beanspruchungsarten bei Annahme einfacher Körper- und Kerbstellenformen auszurechnen. Hierbei ist die gesamte, wie die auf die Einheit der neugeschaffenen Oberflächen bezogene physikalische Brucharbeit abhängig von der Beanspruchungsart, vom zeitlichen Verlauf der Beanspruchung und ihrem Höchstwert, von der Temperatur sowie von der äußeren und inneren Körperbeschaffenheit. Es gibt somit, nach SMEKAL, kein allgemeingültiges, einfaches physikalisches Arbeitsgesetz der Zerkleinerung.

Schließlich sei noch darauf hingewiesen, daß ein wesentlicher Anteil der zerkleinerungstechnischen Verlustarbeit A_z bedingt ist durch den beim Zerkleinerungsvorgang innerhalb des Materialstückes selbst eintretenden Verlust. Die Wirtschaftlichkeit des Zerkleinerungsvorganges ist nämlich zum großen Teil in der Beanspruchungsart begründet und in der Art, wie das Material von der Maschine gepackt wird. Dies gilt vor allem für die Grobzerkleinerung. Ein zu zerkleinerndes Stück muß in den praktisch benutzten Maschinen immer wieder von neuem bis zur Bruchgrenze elastisch angespannt (teilweise auch plastisch verformt), also gezogen, gedrückt, gebogen werden, bis in ihm die molekulare Zerreißspannung erreicht wird. Diese „Vorarbeit" oder „Spannungsarbeit", wie man sie nennen kann, ist kaum wiedergewinnbar, sondern geht bei der nach dem Bruch schlagartig eintretenden Entspannung nahezu restlos in Wärme über. SMEKAL und HÖNIG[1] haben sich mit diesem Problem näher befaßt und auch entsprechende Berechnungen durchgeführt. Das Ergebnis dieser Untersuchungen ist folgendes: Die Spannungsarbeit ist um so größer, je größer das „beanspruchte Volumen" des zu zerkleinernden Körpers ist, je ungünstiger er also in dieser Hinsicht von der Maschine gepackt wird. Einen ganz bedeutenden Einfluß auf die Spannungsarbeit haben ferner Haarrisse oder Kerben, die gewissermaßen eine Konzentration der anpackenden Kräfte in der unmittelbaren Nähe der Trennungsflächen bewirken, wodurch die Spannungsarbeit wesentlich vermindert wird. Die vorgenannten Erkenntnisse sind wichtig und aufschlußreich nicht nur für die Beurteilung vorhandener, sondern auch für die Entwicklung neuer Maschinen und die dabei anzuwendenden Zerkleinerungsprinzipien.

Man erkennt, daß hiernach diejenigen Maschinen in bezug auf den zerkleinerungstechnischen Wirkungsgrad ungünstig sind, bei denen die

[1] HÖNIG, F.: Grundgesetze der Zerkleinerung. VDI-Forsch.-Heft 378, 1936.

Stücke immer wieder in ihrem ganzen Volumen gespannt werden müssen, wie dies z. B. beim normalen Backenbrecher der Fall ist.

Günstig und erstrebenswert erscheint von diesen Gesichtspunkten aus z. B. eine Zerkleinerung durch Spalten, weil hier Risse erzeugt und dadurch die angreifenden Kräfte dicht an die Trennungsflächen gebracht werden. Ferner ist noch verhältnismäßig vorteilhaft die Zerkleinerung durch plötzlichen Schlag insofern, als auch hierbei Kerbwirkungen ausgenutzt und Haarrisse erzeugt werden. Der Schleifvorgang ist theoretisch, vom Standpunkt der Spannungsarbeit aus gesehen, ebenfalls günstig, weil bei ihm das beanspruchte Volumen sehr gering ist. Gegen das Schleifen spricht aber praktisch der hohe Verschleiß der Zerkleinerungswerkzeuge. Auch bei der Prallzerkleinerung ist das beanspruchte Volumen meist nicht groß, und es findet eine Aufspaltung nach natürlichen Haarrissen usw. statt. Insbesondere sei in diesem Zusammenhang auf die Ausführungen des Abschn. D verwiesen über: Explosionszerreißverfahren, Lurgi-Mahltrockner, Vibrationszerkleinerung, Prallzerkleinerung usw. Die dort geschilderten Verfahren erscheinen, von der Spannungsarbeit aus betrachtet, ebenfalls vorteilhaft.

Bei zunehmender Feinzerkleinerung wird die Spannungsarbeit am Einzelteilchen immer kleiner und bei feinster Vermahlung sogar verschwindend gering. Daß trotzdem auch bei der Feinmahlung der Wirkungsgrad schlecht ist, liegt daran, daß in Kugel-, Rohr- und ähnlichen Mühlen andere zerkleinerungstechnische Verlustarbeiten eine wesentliche Rolle spielen, die auf unzweckmäßige oder unnütze Anwendung der Zerkleinerungswerkzeuge zurückzuführen sind und die als Wärme verlorengehen. Bei einer Kugelmühle beispielsweise trifft nicht jede einzelne Kugel immer auf ein Teilchen des Brechgutes zum Zwecke der Zerkleinerung, sondern die Mahlkugeln werden wahllos durch den Mühlenraum geschleudert, so daß die Ausnutzung der ihnen durch die Drehung der Mahltrommel mitgeteilten kinetischen Energie allen möglichen Zufälligkeiten unterliegt und für den Zweck des Mahlens nur unvollkommen ist.

Nach diesen Ausführungen erscheint das erstrebte Ziel, nämlich die Errechnung des zerkleinerungstechnischen Wirkungsgrades unter Bezugnahme auf die theoretische Zerkleinerungsarbeit, zunächst recht fragwürdig. Nun wissen wir aber, daß die für die Zerkleinerung aufgewendete Arbeitsleistung nahezu nur Verlustarbeit darstellt, so daß wir für alle in der allgemeinen Hartzerkleinerung zu zerkleinernden Stoffe einen gleichbleibenden Bezugswert der ideellen Zerkleinerung festlegen können, ohne einen besonderen Fehler in der relativen Beurteilung der technischen Zerkleinerungsverlustarbeit zu begehen.

Nach SMEKAL[1] sind zur Erzeugung der Bruchflächen zwei Bedingungen zu erfüllen: Die Oberflächenenergie der Bruchflächen muß von der elastischen Energie des bis zur Bruchgrenze beanspruchten Festkörpers geliefert werden. Ferner muß die Weite der Bruchflächenspalte das Doppelte der mokularen Wirkungsreichweite des Stoffes betragen, damit eine Wiedervereinigung der Bruchflächen ausgeschlossen ist. Die Bruchtheorie beliebiger spröder Körper enthält folgende drei Stoffkonstanten:

Elastizitätsmodul: $E = 10^5$ bis 10^6 kg/cm^2,
molekulare Zerreißspannung: $M = 10^4$ bis 10^5 kg/cm^2,
molekulare Wirkungsreichweite: $0 = 5 \cdot 10^{-8}$ bis 10^{-7} cm.

SMEKAL sagt dann weiter:

„Der Bruch beginnt bei jener Höhe der äußeren Beanspruchung des Körpers, bei der zuerst an irgendeiner Körperstelle eine Zugspannung von der Größenordnung der molekularen Zerreißspannung M auftritt."

Die bei dem Eintritt des Bruchbeginnes erforderliche mechanische Arbeitsleistung hängt von der Beanspruchungsart und von der Körperbeschaffenheit ab und folgt im allgemeinen keiner einfachen Gesetzmäßigkeit. Die für die Zerkleinerung spröder Körper aufzuwendende reine Nutzarbeit ist gleichbedeutend mit der Schaffung der Oberflächenenergie neuer Bruchflächen.

Man kann für die ideelle, rein theoretische Zerkleinerungsarbeit zur Überwindung der Kohäsionskräfte die Beziehung aufstellen:

$$A_i = \int P\,dx \quad \text{(mkg)},$$

dabei ist:

P die molekulare Anziehungskraft (kg),
x die Entfernung der Bruchflächen (m).

In dieser Beziehung sind dann die von SMEKAL oben angegebenen Werte für die molekulare Zerreißspannung M und die molekulare Wirkungsreichweite 0 sinngemäß einzusetzen, um die ideelle Zerkleinerungsarbeit zu erhalten. Der sich ergebende Arbeitswert erscheint dann als Energiewert der beiden neu erzeugten Oberflächen.

SMEKAL gibt für die spezifische Oberflächenenergie Werte von 10^{-4} bis 10^{-3} cmkg/cm^2, also 0,1 bis 1 g · cm/cm^2 an. Der Höchstwert 10^{-3} bezieht sich auf Quarz und ist auf g · cm/cm^2 umgerechnet = 1. Dieser Wert „1" würde einen sehr erwünschten Bezugswert darstellen. Die Größe der spezifischen Oberflächenenergie läge dann im Bereich von 0,1 bis 1 g · cm/cm^2. Vergegenwärtigen wir uns nun das bereits angeführte Beispiel der Vermahlung von Zementklinkern auf einer Verbundrohrmühle mit dem Ergebnis des spezifischen Arbeitsbedarfes von

[1] SMEKAL, A.: Theoretische Grundlagen der Hartzerkleinerung. Beiheft VDI-Verfahrenstechnik Nr. 1 (1937).

400 g · cm/cm² und berechnen wir den Wirkungsgrad der maschinellen Zerkleinerung bezogen auf die beiden äußersten Werte von 0,1 und 1 g · cm/cm², so würde der Gesamtwirkungsgrad sich in dem Bereich von 0,025 bis 0,25% bewegen. Das bedeutet, daß der Wirkungsgrad der maschinellen Zerkleinerung bezogen auf die physikalische Zerkleinerungsarbeit stets unter 1% beträgt und daß praktisch die gesamte maschinelle Arbeitsleistung Verlustarbeit darstellt. Unter diesen Verhältnissen erscheint es geradezu belanglos, ob wir den Bezugswert auf die theoretische Zerkleinerungsarbeit mit 0,1 oder 1 g · cm/cm² annehmen. Es soll deshalb auch in den weiteren Ausführungen der spezifische Arbeitsaufwand der theoretisch-ideellen Zerkleinerung stets mit 1 g · cm/cm² eingesetzt werden ohne Rücksicht auf die Art des zu zerkleinernden Stoffes und die diesem Stoff entsprechende spezifische Oberflächenenergie.

Nach den vorstehenden Betrachtungen setzt sich die Verlustarbeit bei der maschinellen Zerkleinerung zusammen aus:

dem maschinentechnischen Arbeitsverlust A_m und

dem zerkleinerungstechnischen Arbeitsverlust A_z.

$A_m + A_z$ bildet dann den gesamten Arbeitsverlust der maschinellen Zerkleinerung und stellt auch – wenn wir den theoretischen Arbeitsbedarf der ideellen Zerkleinerungsarbeit A_i wegen seiner unterhalb von 1% liegenden Geringfügigkeit vernachlässigen – gleichzeitig den gesamten Arbeitsbedarf A_{ges} der Maschine dar. Es ist demnach $A_{ges} = A_m + A_z$.

Hiernach errechnet sich der mechanische Wirkungsgrad der Maschine mit:

$$\eta_m = \frac{A_{ges} - A_m}{A_{ges}} \cdot 100 = \frac{A_z}{A_{ges}} \cdot 100 \ (\%),$$

Es mag hier sonderbar erscheinen, daß der mechanische Wirkungsgrad der Maschine unter Zugrundelegung des noch unbekannten zerkleinerungstechnischen Arbeitsverlustes berechnet werden soll. Die Begründung hierfür liegt aber darin, daß der mechanische Wirkungsgrad einer Zerkleinerungsmaschine zwar annähernd aus den Reibungsverlusten berechnet, jedoch nicht unmittelbar an der Maschine während des Betriebes gemessen werden kann. Demgegenüber ist es aber möglich, die zerkleinerungstechnischen Verluste aus den Betriebsergebnissen zu errechnen. Hierfür kann uns die Rohrmühle ein treffendes Beispiel geben. Es hätte ja keinen Sinn, den Leistungsbedarf einer Rohrmühle ohne Mahlkörper festzustellen und diesen Leistungsbedarf als mechanische Verlustarbeit zu bezeichnen, denn die Belastung der Antriebsteile entspräche ja nicht den Belastungsverhältnissen, wie sie sich im regelrechten Vollbetrieb ergeben. Andererseits würde eine Messung im Vollbetrieb auch die gesamte Zerkleinerungsarbeit mit einschließen und bei der Rohrmühle sogar ganz gleichgültig, ob sich in der Mühle Mahlgut befindet oder nicht, ob also überhaupt zerkleinert wird oder nicht. Es besteht somit keine Möglichkeit zur unmittelbaren Messung der mechanischen Verlustarbeit, wie sie sich bei der im Betriebe befindlichen Rohrmühle ergibt. Demgegenüber ist es aber möglich, den zerkleinerungstechnischen Arbeitsverlust der Mühle während des Betriebes derselben maßtechnisch zu ermitteln[1]. Um zunächst zu einem Überblick über den zerkleinerungstechnischen Arbeitsverlust zu gelangen, ist die Aufstellung einer Energiebilanz der Maschine erforderlich. Diese Energiebilanz setzt sich bei allen Zerkleinerungsmaschinen wie folgt zusammen:

a) mechanische Verluste in den Antriebsteilen, Lagern usw.,

b) Wärmeerzeugung im zerkleinerten Gut infolge der unrationellen Arbeitsweise,

c) Erwärmung des Maschinenkörpers durch innere Verformung der Maschinenteile und Überleitung von Wärme aus dem Zerkleinerungsprozeß,

d) Erwärmung der Entstaubungsluft durch den Zerkleinerungsprozeß,

e) Schallerzeugung,

f) positive Zerkleinerungsarbeit entsprechend den theoretischen Ausführungen.

Wird der Posten f) vernachlässigt, da sein Wert nur ein Bruchteil eines Prozentes beträgt, so stellen die Posten b) bis e) die gesamten zerkleinerungstechnischen Arbeitsverluste dar. Zu den einzelnen Posten ist folgendes zu sagen:

Zu b) Der Leistungsverlust errechnet sich hier aus der zu messenden Temperatur des Aufgabegutes und des Fertigerzeugnisses sowie der stündlichen Durchsatzmenge des zerkleinerten Gutes.

Zu c) Der Leistungsverlust erscheint hier in Strahlungsenergie, die sich aus der Strahlungsfläche und der zu messenden Temperatur des Maschinenkörpers errechnen läßt.

Zu d) Der Leistungsverlust ergibt sich aus der Differenz der zu messenden Temperaturen der einströmenden und abgeführten Entstaubungsluft und der stündlich angesaugten Luftmenge.

Zu e) Der durch Schallerzeugung entstehende Leistungsverlust ist im Vergleich zu dem gesamten Leistungsbedarf der Maschine so gering, daß er vernachlässigt werden kann.

Die durch positive Messung ermittelten Werte der Posten b) bis d) ergeben somit den gesamten zerkleinerungstechnischen Leistungsverlust, und zwar in kcal/h. Da nun 860 kcal einer kWh entsprechen, so läßt

---

[1] MITTAG, C.: Wo bleibt die Verlustarbeit bei der maschinellen Zerkleinerung? Beiheft VDI-Verfahrenstechnik Nr. 1 (1944). — MITTAG, C.: Leistungsbedarfsmessung an Hartzerkleinerungsmaschinen. ATM Arch. techn. Messen 1948.

sich dieser Leistungsverlust auch in kWh ausdrücken. Durch Einsetzen des errechneten Wertes A_z in die Formel

$$\eta_m = \frac{A_z}{A_{ges}} \cdot 100\ (\%)$$

ergibt sich dann auch der mechanische Wirkungsgrad der Maschine in Prozenten.

Hiermit ist der Weg zur Ermittlung des mechanischen Wirkungsgrades der Zerkleinerungsmaschine während des Betriebes derselben gegeben. Als Beispiel einer solchen Berechnung wollen wir wieder die Mehrkammer-Rohrmühle heranziehen. In der nachfolgenden Tab. 27 sind die Annahmen, die einer solchen Berechnung zugrunde liegen, aufgeführt. Als Beispiel wurde eine Mühle von 2,2 m Durchmesser und 12 m Länge gewählt. Die eingesetzten Werte sind Durchschnittswerte, wie sie sich im Betrieb ergeben haben.

Tabelle 27.

a) Abmessung der Mahltrommel	2,2 m Durchmesser, 12 m lang
b) Außenfläche der Mahltrommel	86 m^2
c) Leistungsbedarf der Mühle an der Motorwelle gemessen	450 kW
d) Durchsatzleistung der Mühle	18000 kg/h
e) Eintrittstemperatur der Klinker	15° C
f) Austrittstemperatur des Zementmehles	95° C
g) mittlere spezifische Wärme des Zementmehles zwischen 15 und 95° C	0,185 kcal/kg/° C*
h) Durchschnittstemperatur der Mahltrommelwandung	40° C
i) Ausstrahlung der Mahltrommel etwa	200 kcal/m^2/h**
k) Temperatur der Außenluft	15° C
l) Luftbedarf bei der Entstaubung je 1 kg Zement	0,35 m^3
m) Temperatur der Entstaubungsluft beim Austritt aus der Mühle	45° C
n) mittlere spezifische Wärme der Luft bei 15 bis 40° C	0,312 kcal/m^3/° C
o) 1 kWh	860 kcal
p) 1 kW	102 mkg/s

Zur Errechnung des zerkleinerungstechnischen Wirkungsgrades ist zunächst eine Zusammenstellung der Verlustarbeit der technischen Zerkleinerung, also ohne die maschinentechnischen Verluste erforderlich. Diese Verlustarbeit setzt sich auf Grund der angenommenen Werte und bei der Herstellung von 18000 kg Zementmehl in der Stunde zusammen aus:

* ANSELM: Die Zementherstellung S. 66, Tafel 38.

** BUSEMEYER: Wärme und Wärmewirtschaft in Einzeldarstellungen Bd. 1.

1. Leistungsverlust durch Wärmeerzeugung bei der Vermahlung (im Mahlgut)

$$\frac{18000 \cdot 0{,}185 \cdot (95 - 15)}{860} = 310 \text{ kWh},$$

2. Strahlungsverlust der Mahltrommel

$$\frac{86 \cdot 200}{860} = 20 \text{ kWh},$$

3. Leistungsverlust durch Wärmeerzeugung bei der Vermahlung (in der Entstaubungsluft)

$$\frac{18000 \cdot 0{,}35 \cdot 0{,}312 \cdot (40 - 15)}{860} = 57 \text{ kWh},$$

4. nicht erfaßbare Verluste durch Schallerzeugung usw. (geringfügig und nur zur Abrundung aufgeführt) $= 3$ kWh

Zusammen 390 kWh.

Nach dieser Bilanz erfordert 1 kg Zement eine Arbeitsmenge von $\frac{390 \cdot 102 \cdot 3600}{18000} = 7956$ mkg und 1 g Zement 7,956 mkg bzw. $7{,}950 \cdot 100 \cdot 1000 = 795000$ g · cm. Nehmen wir nun wieder an, daß die Oberfläche von 1 g Zement im Mittel 2500 cm² wäre, so würde sich als Arbeitsaufwand für die technische Zerkleinerung für je 1 cm² erzeugter Oberfläche mit $\frac{795000}{2500} = 318$ g · cm/cm² ergeben. Setzen wir nun für die ideelle Zerkleinerung den Wert 1 g · cm/cm² ein, so errechnet sich der Wirkungsgrad der technischen Zerkleinerung mit

$$\eta_z = \frac{1}{318} \cdot 100 = 0{,}314 \ (\%)$$

und der maschinelle Wirkungsgrad mit

$$\eta_m = \frac{390}{450} \cdot 100 = 87 \quad (\%) .$$

Die vorstehend durchgeführte Berechnung der Wirkungsgrade einer Verbundrohrmühle stützt sich nicht auf positive für den besonderen Fall durchgeführte Messungen, sondern auf bekannte Durchschnittswerte. Sie soll deshalb auch nur als Anschauungsbeispiel dienen, um zu zeigen, in welcher Weise derartige Berechnungen durchzuführen sind.

Anselm[1] bringt aber – entsprechend dem vom Verfasser schon früher veröffentlichten Schema – die Leistungsbilanz einer Dreikammer-Rohrmühle auf Grund neuerer, spezieller Messungen und kommt hierbei zu ganz ähnlichen Ergebnissen wie der Verfasser. Bei dem von Anselm ausgewerteten Versuch wurde Naßdrehofenklinker auf eine Feinheit von 7,5% Rückstand 0,09 DIN 1171 vermahlen.

---

[1] Anselm: Zerkleinerungstechnik und Staub. Düsseldorf: Dtsch. Ingenieur-Verlag.

Weiterhin sind zum gleichen Zwecke positive Messungen an dem schon im vorigen Abschnitt erwähnten SYMONS-Brecher und einem Backenbrecher vorgenommen worden.

Bei dem Versuch mit dem SYMONS-Brecher wurden, wie bereits ausführlich dargelegt, während 30 Minuten Betriebszeit 3000 kg Quarzit gebrochen, bei einem am Antriebsmotor gemessenen Leistungsbedarf von 18 kW bzw. einem spezifischen Arbeitsbedarf von 3 kWh/t. Die Bezugnahme des Leistungsbedarfs auf die erzeugte Oberfläche ergab einen spezifischen Arbeitsaufwand von

$$950 \text{ g} \cdot \text{cm/cm}^2.$$

Bei diesem Versuch wurde nun auch die Temperaturzunahme des Brechgutes beim Brechvorgang gemessen, und zwar in der Weise, daß der zu brechende Quarzit wie auch ein Kübel mit Wasser zunächst einige Tage in der Versuchsanstalt neben dem SYMONS-Brecher aufgestellt wurde, um einen Temperaturausgleich zu sichern. Unmittelbar vor Beginn des Versuches wurde eine kleine Menge Quarzit in die gleiche Gewichtsmenge des bereitgestellten Wassers gegeben und durch Messung der Temperatur vor und nach der Mischung festgestellt, daß das Wasser eine Temperatur von 15° C besaß, während die Temperatur des Quarzits 14,6° C betrug. Sodann wurde mit dem Brechversuch begonnen. Es wurde $^1/_2$ Stunde ununterbrochen gearbeitet, und es ergab sich die schon genannte Leistung des Brechers mit 3 t Quarzit bei einem gleichbleibenden Leistungsbedarf von 18 kW. Hiermit war auch der Beharrungszustand der Maschine hergestellt. Unmittelbar vor Beendigung des Versuches wurde ein Teil des aus dem Brecher austretenden Brechgutes in den Wasserkübel, dessen Wassermenge vorher gewogen worden war, geleitet und dann durch Nachwiegen des Kübels auch die Gewichtsmenge des Brechgutes festgestellt. Das Gewicht des Wassers betrug 60 kg und dasjenige des Brechgutes 84 kg. Die Temperatur des Wassers vor Einfüllen des Brechgutes war 15° C und sie stieg nach Einfüllen des Brechgutes allmählich auf 17,2° C, wobei dann Temperaturgleichheit zwischen Wasser und Quarzit vorhanden war. Unter Benutzung der in dieser Weise festgestellten Werte und unter Einsetzung der spezifischen Wärme des Gesteins von 0,2 ergibt sich die Temperaturerhöhung des Gesteins durch die Zerkleinerung mit

$$\frac{60 \cdot (17{,}2 - 15) \cdot 1 + 84 \cdot (17{,}2 - 14{,}6) \cdot 0{,}2}{84 \cdot 0{,}2} = 10{,}5^\circ \text{ C}.$$

Die von dem Brechgut aufgenommene stündliche Wärmemenge hatte demnach

$$6000 \cdot 10{,}5 \cdot 0{,}2 = 12600 \text{ kcal}$$

betragen, entsprechend einem Arbeitsaufwand von

$$\frac{12600}{860} = 15 \text{ kWh}.$$

Zur Vervollständigung der Verlustbilanz gehören noch die Verluste durch Strahlung und Schallerzeugen. Die sich hieraus ergebenden Werte sind so gering, daß sie unbedenklich vernachlässigt werden können. Ebenso waren auch Verluste durch Wärmeabfuhr in der Entstaubungsluft nicht zu verzeichnen, so daß die vorstehend errechneten 15 kWh praktisch die gesamte Verlustarbeit der technischen Zerkleinerung darstellen. Es ergibt sich somit für den SYMONS-Brecher ein maschinentechnischer Wirkungsgrad von

$$\eta_m = \frac{15}{18} \cdot 100 = 83{,}3\ (\%).$$

Zur Berechnung des zerkleinerungstechnischen Wirkungsgrades greifen wir zurück auf den bereits festgelegten spezifischen Gesamtarbeitsbedarf von 950 g · cm/cm². Unter Berücksichtigung des maschinentechnischen Verlustes beträgt der für die Zerkleinerung aufgewandte Anteil $\frac{950 \cdot 83{,}3}{100} = 791$ g · cm/cm², und hieraus ergibt sich der zerkleinerungstechnische Wirkungsgrad mit $\eta_z = \frac{1}{791} \cdot 100 = 0{,}126\ (\%)$.

Zu gleicher Zeit wurde auch ein Brechversuch mit Quarzit auf einem kleinen Backenbrecher in der gleichen Weise, wie oben beschrieben, durchgeführt. Es wurde also ebenfalls die für die Zerkleinerung aufgewendete Arbeit durch Feststellung der im Brechgut eingetretenen Temperaturerhöhung ermittelt und es ergab sich ein maschinentechnischer Wirkungsgrad von nur 50%. Dieser schlechte Wirkungsgrad ist unter Berücksichtigung der intermittierenden Arbeitsweise des Brechers nicht überraschend und deckt sich im übrigen auch mit den Ergebnissen aus Versuchen, die A. BONWETSCH[1] auf gänzlich anderer Grundlage an Backenbrechern durchführte. Leider wurde bei dem Backenbrecherversuch nicht auch die Oberfläche des gebrochenen Quarzites festgestellt, so daß der zerkleinerungstechnische Wirkungsgrad des Backenbrechers nicht berechnet werden konnte. Wahrscheinlich würde auch dieser ungünstiger als beim SYMONS-Brecher ausgefallen sein.

Schließlich wurde auch in gleicher Weise wie mit dem SYMONS-Brecher und dem Backenbrecher ein Versuch mit einer Schwingmühle durchgeführt, der das Ergebnis brachte, daß der maschinentechnische Wirkungsgrad auch bei dieser Maschine nur 50% betrug. Diese Feststellung war insofern interessant, als ein Parallelversuch auf einer Labo-

[1] BONWETSCH, A.: Antriebsverhältnisse und Kräftespiel an Backensteinbrechern usw. Mitt. Forsch.-Inst. für Maschinen beim Baubetrieb T. H. Berlin A 5, Berlin 1933.

ratoriumsrohrmühle im Vergleich zu dem erzielten Mahlprodukt den gleichen Arbeitsaufwand ergab wie bei der Schwingmühle. Dies widersprach der üblichen Auffassung, daß die Schwingmühle ein erheblich günstiger arbeitender Mahlapparat sei als eine Rohrmühle. Dieser scheinbare Widerspruch findet aber sofort eine Erklärung, wenn man die maschinentechnischen Wirkungsgrade dieser beiden Maschinenarten heranzieht. Wie schon gezeigt, errechnete sich der maschinentechnische Wirkungsgrad der Rohrmühle zu 87%. Nehmen wir einen solchen für die Laboratoriumsmühle nur mit 80% an, so würde sich der zerkleinerungstechnische Wirkungsgrad zwischen der Schwingmühle und der Rohrmühle bei gleichem Mahlguterzeugnis verhalten wie

$$\frac{1}{50} : \frac{1}{80} = 1 : 0{,}625,$$

d. h. also, daß die Schwingmühle, zerkleinerungstechnisch gesehen, erheblich günstiger arbeitete als die Rohrmühle, daß aber dieser Vorzug durch den ungünstigeren maschinentechnischen Wirkungsgrad der Schwingmühle wieder aufgehoben wurde.

Die hier aufgeführten Beispiele sollen lediglich den Weg zeigen, der in Zukunft eingeschlagen werden muß, um zu einer engeren Zusammenarbeit von Theorie und Praxis zu gelangen. Die Kenntnis des maschinentechnischen und des zerkleinerungstechnischen Wirkungsgrades einer Zerkleinerungsmaschine ist sowohl für den Konstrukteur wie auch für den Betriebsingenieur von Bedeutung. Der Konstrukteur erhält eine klare Vorstellung über die Aufteilung des aufgewandten Arbeitsbedarfes innerhalb der Maschine. Er kann hiernach beurteilen, in welcher Hinsicht und an welcher Stelle sich eine Verbesserung besonders lohnt, und er wird dadurch vor mancher Enttäuschung bewahrt bleiben. Hat doch schon die Vergangenheit gezeigt, daß eine irrtümliche Beurteilung der Arbeitsvorgänge in der Maschine leicht zu Fehlschlüssen führen kann. So entstand vor Jahren einmal die Idee, die Wirkungsweise der Rohrmühle durch Einbau von Wälzlagern zu verbessern. Man hatte sich hiervon eine erhebliche Ersparnis an Energieverbrauch versprochen und war nach Ausführung einiger Mühlen mit diesen Lagern von dem Erfolg sehr enttäuscht. Durch den Einbau der Wälzlager war nicht nur die Betriebssicherheit dieser einfachen Maschine herabgesetzt, sondern es erwies sich auch die erwartete Ersparnis an Energieaufwand als kaum bemerkbar. Wäre man damals über die Verteilung des Energieaufwandes in der Rohrmühle besser unterrichtet gewesen, so hätte man sicherlich von einer solchen Maßnahme Abstand genommen, denn eine Ersparnis an Arbeitsaufwand ist bei der Rohrmühle durch Einbau von Wälzlagern nur in der Heraufsetzung des maschinentechnischen Wirkungsgrades zu erwarten. Da dieser aber bereits etwa 85% beträgt und durch den

Wälzlagereinbau nur eine Verbesserung der 15% Verlustarbeit erwartet werden kann, so würde sich rechnerisch eine Ersparnis des Arbeitsbedarfs der gesamten Maschine von höchstens 5% ergeben, mit der aber die Verminderung der Betriebssicherheit der Maschine nicht gerechtfertigt werden kann.

Ganz anders verhält sich die Sache beim Backenbrecher. Hier muß der Einbau von Wälzlagern einen sehr guten Erfolg bringen, da der maschinentechnische Wirkungsgrad ja nur etwa 50% beträgt, also durch Einbau der Wälzlager auf etwa 67%, und somit wesentlich höher als bei der Rohrmühle gebracht werden kann. Im Gegenteil, man erreicht damit noch eine erhebliche Schmiermittelersparnis und eine einfachere Bedienung. Diese Erkenntnis hat sich auch bereits durchgesetzt und der Einbau von Wälzlagern in Backenbrechern nimmt einen immer größeren Umfang an. Aber diese Erkenntnis ist nicht aus den hier behandelten theoretischen Überlegungen erfolgt, sondern, genau wie damals bei der Rohrmühle, aus der gefühlsmäßigen Initiative des Konstrukteurs.

In gleicher Weise, in der die wissenschaftliche Forschung ihren Einfluß auf die maschinentechnische Ausführung der Maschine geltend machen kann, sollte sie auch auf betriebstechnischer Seite eine stärkere Beachtung finden. Auch hier hat sich in den letzten Jahrzehnten oftmals der Mangel an theoretischen Erkenntnissen gezeigt. So hätte die Entwicklung der Mehrkammer-Rohrmühle durch engere Fühlungnahme mit der wissenschaftlichen Forschung sicherlich beschleunigt werden können und die Wirtschaft wäre vor mancher Enttäuschung verschont geblieben. Es gab eine Zeit, in der seitens des Bestellers einer Rohrmühle eine verbindliche Gewährleistung der Leistung der Maschine und des benötigten Leistungsbedarfs derselben bei einer bestimmten Feinheit des Mahlgutes verlangt und vom Lieferanten auch gegeben wurde, ohne daß nähere Kenntnisse über die Mahlbarkeit des zu vermahlenden Gutes vorlagen. Es war der ständig wachsende Wettbewerb, der zu diesen ungesunden Verhältnissen geführt hatte. Eine Lieferfirma suchte die andere zu überbieten, sei es durch höhere Gewährleistung, sei es durch Geltendmachung neuartiger Arbeitsmethoden. So entstand u. a. die Auffassung, daß man bei einer Rohrmühle mit geringerem Füllungsgrad an Mahlkörpern eine bessere spezifische Mahlleistung erzielt als bei höheren Füllungsgrad, bezogen auf gleiche Mahlfeinheit des Mahlgutes. Die Folge davon war, daß die Gewährleistungen der Lieferfirmen weiter in die Höhe geschraubt wurden und der Wettbewerb immer schärfere Formen annahm. Hätten damals bereits die theoretischen Erkenntnisse der Zerkleinerungsphysik vorgelegen, so hätte sich eine solche Entwicklung nicht durchsetzen können, denn heute wissen wir, daß bei der Feinmahlung in einer Rohrmühle der spezifische Arbeitsaufwand je cm^2

erzeugter Oberfläche bei geringerer Füllung der Mahltrommel mit Mahlkörpern größer ist als bei höherer Füllung derselben. So zeigt auch dieses Beispiel die ständig wachsende Notwendigkeit einer engeren Zusammenarbeit von Wissenschaft und Praxis auf dem gesamten Gebiet der Hartzerkleinerung.

3. Nutzanwendung der Ergebnisse der wissenschaftlichen Forschung für die Praxis.

Legen wir uns zusammenfassend die Frage vor, welche Nutzanwendung wir aus der in den vorangegangenen Abschnitten behandelten wissenschaftlichen Forschung für die Praxis ziehen können, so schälen sich ganz klar zwei positive Ergebnisse heraus, und zwar

a) die Bezugnahme der durch die Zerkleinerung erzeugten Oberfläche zur aufgewandten Arbeitsleistung und

b) die Anerkennung des Exponentialgesetzes von ROSIN, RAMMLER u. SPERLING und BENNETT für die Feinzerkleinerung.

Für die Bezugnahme der erzeugten Oberfläche zur aufgewandten Arbeitsleistung wurde unter entsprechender Begründung der Bezugswert 1 g · cm/cm² der ideellen Zerkleinerung vorgeschlagen. Unter Anwendung dieses Bezugswertes ergeben sich für die Praxis folgende Möglichkeiten:

1. Feststellung der Verlustarbeit der verschiedenen Zerkleinerungsmaschinen.

2. Errechnung des mechanischen Wirkungsgrades.

3. Feststellung des zerkleinerungstechnischen Wirkungsgrades verschiedener Maschinen zum Vergleich untereinander. Da der ermittelte Wert des zerkleinerungstechnischen Wirkungsgrades stets unter 1 liegt und diese Ausdrucksform begriffsmäßig unbequem ist, so wäre es vorteilhaft, den erhaltenen Wert stets mit 1000 zu multiplizieren und diesen Wert dann als Zerkleinerungsfaktor od. dgl. zu bezeichnen. In dem angeführten Beispiel für die Rohrmühle ergab sich der zerkleinerungstechnische Wirkungsgrad mit 0,314%. Hier würde dann der Zerkleinerungsfaktor der Rohrmühle beispielsweise 314 betragen. Der Zerkleinerungsfaktor stellt also somit einen Wertfaktor dar, der dann einen unmittelbaren Vergleich mit dem Wertfaktor einer anderen Maschine zuläßt.

4. Planmäßige Ermittlung der zerkleinerungstechnischen Wirkungsweise in den Verbundrohrmühlen zur Einstellung auf höchste spezifische Leistung.

5. Planmäßige Erforschung der Arbeitsvorgänge in geschlossenen Kugelmühlen als Grundlage für die weitere Verbesserung der Kugel- und Rohrmühlen in zerkleinerungstechnischer Beziehung.

6. Feststellung der Mahlbarkeit verschiedener Materialien auf einer bestimmten Maschine. Hierbei würde der Zerkleinerungsfaktor gleichzeitig auch als Vergleichsmaßstab für die Mahlbarkeit der untersuchten Stoffe dienen können.

Was die Anerkennung des Exponentialgesetzes anbelangt, so wurde schon darauf hingewiesen, daß dieses Gesetz nur für die Fein- und Feinstzerkleinerung als gültig anerkannt werden kann. Hierbei gewinnt es aber an besonderer Bedeutung bei der Durchführung von Versuchen und Prüfungen zur Ermittlung der erzeugten Oberfläche zur geleisteten Arbeit. Da die Rückstandskennlinien, im logarithmischen Maßstab aufgetragen, annähernd gerade Linien ergeben, die, wie bereits ausgeführt, durch zwei Zahlenwerte bestimmt sind, so lassen sich für die Kennlinienserie auch ein für allemal die spezifischen Oberflächen berechnen und tabellarisch festhalten, so daß bei der Durchführung von Mahlversuchen das an sich umständliche Verfahren zur Bestimmung der Körnungsanalyse und der spezifischen Oberfläche sehr vereinfacht werden kann und der weitgehendsten Nutzanwendung der wissenschaftlichen Forschung für die Praxis keine nennenswerten Hindernisse im Wege stehen.

Bisher war es ja üblich, bei Mahlversuchen Feinheit und Leistung der Versuchsmaschine auf den auf einem bestimmten Sieb verbleibenden Rückstand zu beziehen. Dies ist nach unserer heutigen Kenntnis der wissenschaftlichen Forschung unzureichend. Gewiß mag diese Art der Gütebestimmung eines Mahlerzeugnisses für vergleichende Mahlungen auf ein und derselben Mahlmaschinenart ausreichend sein, für die sinngemäße Ausnutzung wissenschaftlicher Forschung zur Fortentwicklung der Zerkleinerungstechnik müssen alle diese Dinge jedoch von einer höheren Warte aus betrachtet werden. Der Zweck der Feinmahlung ist letzten Endes die Erzeugung einer bestimmten Oberfläche bei einer bestimmten maximalen Korngröße, sei es wie in der Zement-Industrie die Erzeugung einer möglichst großen Oberfläche, sei es wie in der Erzaufbereitung bei röscher Mahlung die Vermeidung einer allzu großen Oberfläche. Die Zerkleinerung bezieht sich also eindeutig nicht auf eine bestimmte Korngröße, sondern auf die erzeugte Oberfläche, und da diese nur mit einer Arbeitsleistung erreicht werden kann, so interessiert ganz außerordentlich der spezifische Arbeitsaufwand je Flächeneinheit des Mahlgutes, denn der sich hierbei ergebende Wert ist ausschlaggebend für die Beurteilung der Wirtschaftlichkeit der Maschine. Hierbei ist es völlig gleichgültig, ob sich die ergebende Beziehung von Arbeitsaufwand zur erzeugten Oberfläche mit dem v. RITTINGERschen Gesetz deckt oder nicht.

Mit dieser Frage hat sich auch GRÜNDER[1] befaßt, und er kommt zu dem Schluß, daß die Zerkleinerungsarbeit durch die Oberflächenentwicklung zu kennzeichnen und auch die Oberflächenkennzahl in Abhängigkeit mit anderen Faktoren bei der Gütebeurteilung von Verbrauchsgütern zu bringen ist. GRÜNDER bezieht sich dann auf die Diplomarbeit von SCHOLZE, der er die nachstehende Abb. 134 entnimmt. Dieses Diagramm zeigt die Vermahlung von Schwerspat zu allerhöchster Feinheit in einer Laboratoriumstrommelmühle. Bei einer Mahldauer von

[1] GRÜNDER, W., Breslau: Fragen des Zerkleinerns von Verbrauchsgütern. Beiheft VDI-Verfahrenstechnik Nr. 1 (1936).

60 Stunden wurde die außerordentliche Feinheit von 7000 cm^2/g erzielt. Da die Trommelmühle bekanntlich einen dauernd gleichbleibenden Arbeitsbedarf aufweist, so zeigt die Geradlinigkeit der Mahlkurve, daß der Arbeitsaufwand je erzeugter Flächeneinheit während der langen Mahldauer konstant blieb. Daß zu Anfang der Mahlarbeit der spezifische Arbeitsbedarf etwas günstiger ausfiel als in der Hauptmahldauer, erklärt sich aus verschiedenen Gründen, auf die hier nicht näher eingegangen werden soll. Es geht aber aus diesem Diagramm hervor, daß für diese Mahlung sowohl die Mahlkörperart und Form wie auch die Umdrehungszahl der Trommel zweckentsprechend gewählt waren.

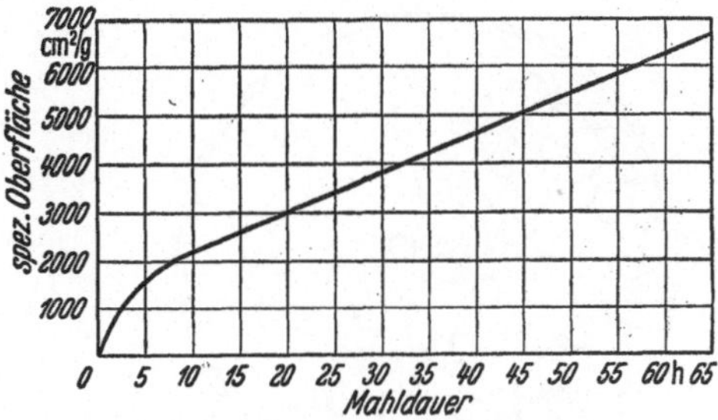

Abb. 134. Schwerspatvermahlung.

Zur allgemeinen Einführung des Begriffswertes „erzeugte Oberfläche zum Arbeitsaufwand“ wird es nötig werden, auch gewisse Normen über die Durchführung der Körnungsanalysen und die Berechnung der spezifischen Oberflächen zu schaffen. Es wird in der Praxis leider noch immer zu wenig erkannt, daß die Entwicklung in der Fein- und Feinstzerkleinerung positiv in der hier gekennzeichneten Richtung verläuft.

C. Theorie einzelner Maschinen.

1. Die Bewegungsvorgänge in Rohrmühlen.

In der Entwicklung der Rohrmühlen zur Erreichung höchstmöglicher Leistungen ist die Erforschung der Bewegungsvorgänge in diesen Mühlen von grundlegender Bedeutung geworden. Die anfänglich völlige Unkenntnis der Vorgänge führte (wie bereits im „Ersten Teil“ erläutert) zu den viele Jahre dauernden Patentstreitigkeiten der Firma F. L. Smidth, Kopenhagen, gegen deutsche Firmen, bis erstmalig FISCHER[1] im Jahre 1904 über die im Grusonwerk, Magdeburg, an einer Modellmühle durchgeführten Untersuchungen berichten und eine Theorie der Bewegungsvorgänge in Rohrmühlen aufstellen konnte. Auf den Untersuchungen von FISCHER fußend haben dann GOW und CAMPBELL[2] ähnliche Versuche an Modellmühlen durchgeführt, und in neuerer Zeit berichtete auch ANSELM[3] über derartige Versuchsergebnisse.

[1] FISCHER: Arbeitsvorgänge in Rohrmühlen. Z. VDI 1904.
[2] QUITTKAT, G.: Erkenntnisse bei der Feinmahlung. Erzmetall Bd. II, 1949,
[3] ANSELM: Die Zementherstellung. Zementverlag 1941.

Zur Durchführung der Versuche im Grusonwerk war eine kleine auf Rollen laufende Trommelmühle von 1 m Durchmesser und 1 m Länge hergerichtet worden. Als Mahlkörper dienten Flintsteine und als Mahlgut vorgeschrotete Schachtofen-Zementklinker. Man ermittelte zunächst die günstigste Drehzahl der Mahltrommel zur Erreichung der besten spezifischen Mahlwirkung, und man fand, daß bei $n = 32$/min

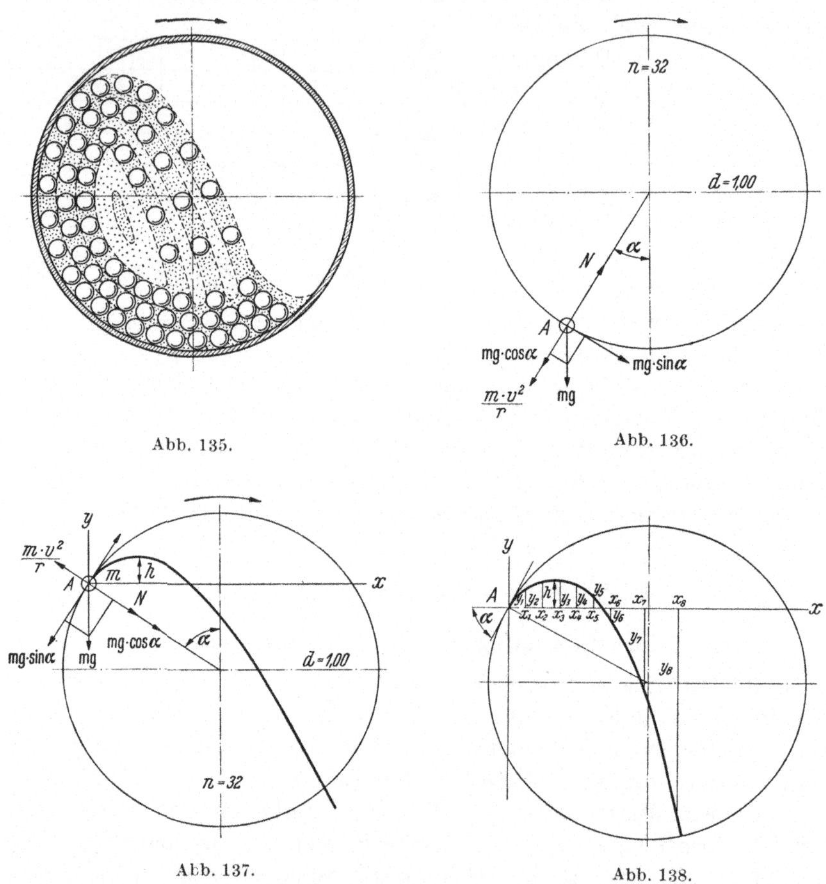

Abb. 135. Abb. 136.

Abb. 137. Abb. 138.

der beste Mahleffekt erzielt wurde. Dann wurde die eine Stirnwand durch ein Drahtgitter ersetzt, so daß die Bewegung der Mahlkörper (ohne Mahlgut) bei $n = 32$/min der Mahltrommel beobachtet werden konnte. Diese Untersuchungen von Fischer erbrachten das folgende in den Gerichtsakten des Patentprozesses niedergelegte Ergebnis:

Auf der Abb. 135 ist der Bewegungsvorgang der Mahlkörper bei $n = 32$/min der Mahltrommel dargestellt. Hieraus ist zu erkennen, daß die Flintsteine bei der Drehung der Trommel an der Trommelwand mitgenommen werden, bis sie sich an einer höhergelegenen Stelle infolge der Überwindung der Zentrifugalkraft durch ihre eigene Schwere von der Trommelwandung lösen und nun in einer Wurfbewegung zu ihrem Ausgangspunkt zurückgelangen. Denken wir uns nun Abb. 136 als einen Querschnitt durch den sich drehenden Mahlraum von 1 m Durchmesser und einer Umdrehungszahl von $n = 32$ in der Minute, so ergibt sich die Umfangsgeschwindigkeit am Trommelmantel mit

$$v = \frac{D \pi n}{60} = \frac{1 \pi \cdot 32}{60} = 1{,}67 \text{ m/s}.$$

Betrachten wir nun den Körper A mit der Masse m. Auf diesem Körper wirken die Schwerkraft $m g$ und die Zentrifugalkraft $\frac{m v^2}{r}$. Zerlegt man die Schwerkraft in eine radial und tangential gerichtete Komponente, so kann die letztere nicht zur Wirkung kommen, da der Körper in der Mahlkörpermasse eingebettet ist und sich nicht bewegen kann. Dagegen üben die Zentrifugalkraft und die radiale Komponente der Schwerkraft einen nach außen gerichteten Druck auf die Trommelwand aus. Der diesem Druck gleichgerichtete Gegendruck sei mit N bezeichnet. Dann ist:

$$N = \frac{m v^2}{r} + m g \cos \alpha .$$

Für $\alpha = 0°$, also $\cos \alpha = 1$ wird:

$$N_{\max} = \frac{m v^2}{r} + m g ,$$

und für $\alpha = 90°$, also $\cos \alpha = 0$ wird:

$$N = \frac{m v^2}{r} .$$

Wie man sieht, bleibt in dem Quadranten zwischen 0° und 90° N stets größer als Null. Der Körper hat also keine Veranlassung, sich von der Trommelwand zu entfernen.

Anders ist es mit dem über der horizontalen Mittellinie gelegenen Quadranten, wie aus Abb. 137 hervorgeht. Hier ist die Zentrifugalkraft nach wie vor nach außen gerichtet, während die radiale Komponente der Schwerkraft jetzt nach innen zeigt. Es ergibt sich somit die Gleichung:

$$N = \frac{m v^2}{r} - m g \cos \alpha .$$

Hiernach ist also der Druck, mit dem der Körper zunächst noch an die Trommelwand gepreßt wird, gleich der Differenz zwischen der Zentrifugalkraft und der radialen Schwerkraftskomponente. Soll $N = 0$ werden, so muß sein:

$$\frac{m\,v^2}{r} = m\,g\cos\alpha\,,$$

also
$$\cos\alpha = \frac{v^2}{r\,g} = \frac{1{,}67^2}{0{,}5\cdot 9{,}81} = 0{,}5675\,,$$

und demnach $\alpha = 55°\,30'$.

In dieser Stellung ist also Gleichgewicht zwischen der Zentrifugalkraft und der radialen Schwerkraftskomponente vorhanden. Im nächsten Augenblick löst sich der Körper von der Trommel los und durchläuft eine Wurfbahn, bedingt durch die gegebene Anfangsrichtung und Geschwindigkeit einerseits und durch die Schwerkraft andererseits.

Der Körper muß sich zunächst nach dem Wurfgesetz noch über die durch Punkt A gelegte Horizontale $A\,X$ erheben, und zwar um das Maß

$$h = \frac{v^2\sin^2\alpha}{2\cdot g} = \frac{1{,}67^2\cdot 0{,}824^2}{2\cdot 9{,}81} = 0{,}096\,\text{m}.$$

Sieht man von dem geringen Luftwiderstand ab, so ergibt sich die Bahn des Körpers nach dem Verlassen der Trommelwand als eine Parabel von der Gleichung:

$$y = x\,\operatorname{tg}\alpha - x^2\frac{g}{2\cdot v^2\cos^2\alpha}.$$

Trägt man diese Werte, wie in Abb. 138 dargestellt, in ein rechtwinkliges Koordinatensystem ein, so ergibt sich unter Vernachlässigung des Luftwiderstandes die eingezeichnete Parabel als ballistische Kurve für einen Mahlkörper, der sich als einziger in der Trommel befindet. Diese Kurven sind steiler als diejenigen, welche sich im praktischen Betrieb bei der mit Mahlkörpern gefüllten Mühle ergeben. Dies erklärt sich dadurch, daß die Masse der aufeinander geschichteten Mahlkörper den einzelnen nicht sofort freigibt und seine Wurfbewegung beeinträchtigt.

Der Trommelinhalt wird daher von der Mahltrommel höher hinaufgenommen und weiter fortgeworfen, als die Rechnung dies ergibt. Bei den mehr nach der Mitte zu gelegenen Körpern ist die Zentrifugalkraft weniger wirksam, und sie werden innerhalb der Mahlkörpermasse bis zu den der Böschung entsprechenden Stellen emporgehoben, um dann aus der Böschung heraus mit einer ihrem Abstand von der Trommelmitte entsprechenden Geschwindigkeit in parabolischen Bahnen zunächst schräg aufwärts weiterzufliegen und schließlich herabzufallen. Jeder Mahlkörper und jedes Mahlgutteilchen beschreibt nach dem Auftauchen aus der Böschung die ihm zukommende Wurfbahn, und so erklärt sich die Auflockerung der oberen Schichten der Mahlkörpermasse.

Die hier wiedergegebene Beweisführung über die Bewegungsvorgänge der Mahlkörper in den Rohrmühlen hatte damals einen besonderen Zweck. Sie sollte den Anspruch des viel umstrittenen Patentes der Firma F. L. Smidth, Kopenhagen, zu Fall bringen. Dieser Patentanspruch war ja dadurch gekennzeichnet, daß das Wandern des Mahlgutes vom Einlauf der Mühle bis zum Auslauf der Mahltrommel dadurch zustande käme, daß ein Höhenunterschied zwischen der Ein- und Auslaufstelle der Mahltrommel vorgesehen wird. Man nahm also an, daß das zu mahlende Gut wie durch ein Gefälle trotz der rollenden Kugeln von einem Ende zum anderen fließt. Durch den Nachweis der Wurfbewegung der Mahlkörpermasse konnte diese Vorstellung ohne weiteres widerlegt werden; denn es ist ja selbstverständlich, daß beim Betrieb der Mühle nicht nur die Mahlkörpermasse eine Wurfbewegung ausführt, sondern auch das zwischen den Mahlkörpern befindliche Material. Ist dies aber der Fall, so kann ein gleichmäßiges Durchfließen des Materials vom Ein- zum Auslauf der Mühle infolge eines natürlichen Gefälles nicht eintreten. Das Wandern des Mahlgutes in der Trommel läßt sich vielmehr so erklären, daß das zwischen den Mahlkörpern befindliche und von der Mahlkörpermasse mitgenommene Material beim Auflockern der zur Wurfbewegung übergehenden Masse in dem freien Raum nach allen Richtungen verspritzt wird, und daß hierbei die einzelnen Partikel sich naturgemäß dorthin am weitesten bewegen, wo sie den geringsten Widerstand finden. Dies ist zum Auslaufende hin der Fall; denn das in dieser Richtung stets feiner werdende Gut setzt den verspritzten Partikeln weniger Widerstand entgegen als das noch gröbere vom Einlauf her kommende Gut. Zudem erfolgt am Ende der Mahltrommel der Gutsaustritt ins Freie ohne Widerstand, so daß hierdurch schon eine Auflockerung des Mahlgutes eintritt, während am Einlauf der Mühle gerade das Gegenteil vorhanden ist. Dort liegt eine Anhäufung des ankommenden Materials vor, die den verspritzten Partikeln einen entsprechend größeren Widerstand entgegenstellt, als es in der Richtung zum Auslauf der Fall ist. Die längste bisher gebaute Rohrmühle hatte eine Länge von 18 m und zeigte keinerlei Schwierigkeiten in der Längsbewegung des Mahlgutes vom Ein- zum Auslauf.

Aus der Formel $\cos\alpha = \frac{v^2}{r\,g}$ läßt sich unter Einsetzen von $\alpha = 55°30'$ die Formel für die günstigste Umdrehungszahl n in Abhängigkeit vom lichten Durchmesser D der Mahltrommel ableiten. Es ist:

$$0{,}5675 \cdot 0{,}5 \cdot D\,g = \left(\frac{D\,\pi\,n}{60}\right)^2,$$

und hieraus ergibt sich:

$$n = \frac{32}{\sqrt{D}}\ \text{(U/min)},$$

also die Formel, wie sie heute noch immer zur Anwendung gelangt.

Im gleichen Sinne kann man auch die Formel für die sogenannte kritische Umdrehungszahl, d. i. diejenige Drehzahl, von der ein Ablösen des Körpers von der inneren Trommelfläche nicht mehr eintritt, ableiten. Dieser Fall liegt vor, wenn $\cos\alpha = 1$ wird, d. h., wenn die Zentrifugalkraft der Schwerkraft des Körpers entspricht. Es ist dann:

$$\frac{m v^2}{r} = m g$$

oder

$$\left(\frac{D \pi n}{60}\right)^2 = \frac{g D}{2},$$

und hieraus ergibt sich die kritische Drehzahl

$$n = \frac{42,3}{\sqrt{D}} \text{ (U/min)}.$$

Die hier abgeleiteten Formeln beziehen sich auf die Bewegung eines Einzelkörpers, während die gesamte Mahlkörpermasse sich in verschiedene voneinander abweichende Wurfbahnen auflöst. Es entstanden daher sehr bald Zweifel, ob die jeweils aus der Formel $n = 32/\sqrt{D}$ errechnete Drehzahl der Trommel auch tatsächlich die günstigste spezifische Mahlleistung der Rohrmühle verbürgt. Es ist naheliegend, daß beim Betrieb einer Rohrmühle eine ganze Reihe von Umständen den Mahlvorgang beeinflussen. Zunächst ist der Füllungsgrad der Mahlkörpermasse in der Mahltrommel von erheblichem Einfluß auf den Verlauf der Wurfbewegung der Mahlkörperschichten. Sodann spielt die Art und die Form der Mahlkörper eine wesentliche Rolle in bezug auf die zweckmäßigste Umdrehungszahl der Mahltrommel, und schließlich werden die Bewegungsvorgänge in der Mühle auch von der Art und Formgebung der Auspanzerung beeinflußt. Auf alle diese Vorgänge kam G. QUITTKAT[1] ausführlich zu sprechen in seinem Vortrag über grundlegende und neuere Erkenntnisse bei der Feinmahlung von mineralischen Rohstoffen in Naßtrommelmühlen auf der Hauptversammlung der Gesellschaft Deutscher Metallhütten- und Bergleute am 2. Sept. 1943. QUITTKAT kam hierbei zu dem Ergebnis, daß die Umdrehungszahl einer Rohrmühle unter Berücksichtigung der oben angeführten Einflüsse sich etwa in den Grenzen von

$$n = 28 \text{ bis } 40/\sqrt{D}$$

bewegen könne. QUITTKAT führte dann in seinem Vortrag auch die Arbeiten von GOW und CAMPBELL an, die sich ebenfalls eingehend mit den Bewegungsvorgängen in Rohrmühlen beschäftigt haben. Ihre Untersuchungen richteten sich hauptsächlich auf den Einfluß des Füllungs-

[1] QUITTKAT, G.: Vortrag auf der Hauptversammlung der Gesellschaft Deutscher Metallhütten- und Bergleute am 2. Sept. 1943 in Aachen. Erzmetall Bd. II, 1949.

grades der Mahlkörper auf die Bewegungsvorgänge in der Mühle. Wir entnehmen dem QUITTKATschen Vortrag die Abb. 139, welche die Abhängigkeit der Mahlkörperbewegung vom Füllungsgrad entsprechend den von GOW und CAMPBELL auf einer Versuchsmühle durchgeführten Versuchen wiedergibt.

Die Darstellung ist sehr instruktiv und zeigt ganz allgemein gesehen, daß bei geringerem Füllungsgrad der Mühle mit Mahlkörpern erst bei 60 bis 70% der kritischen Drehzahl eine erhebliche Wurfbewegung und damit auch eine stärkere zertrümmernde Wirkung der Mahlkörper erzielt wird, während bei höheren Füllungsgraden der Mühle mit einer

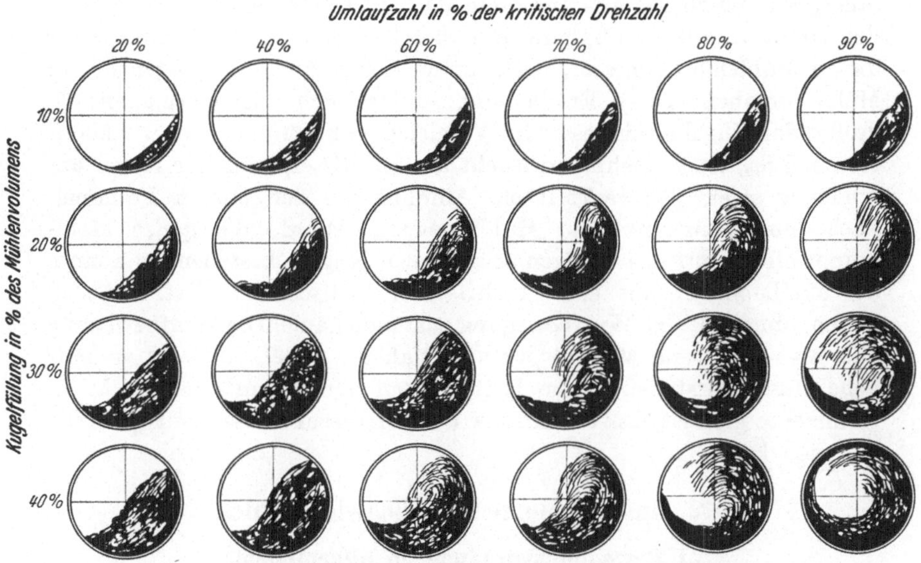

Abb. 139. Mahlkörperbewegung in Trommelmühlen bei verschiedener Drehzahl und verschiedenem Füllungsgrad.

ausgeprägten reibenden Arbeit der Mahlorgane zu rechnen ist. Hieraus ergibt sich, daß geringere Füllungsgrade der Mühle mit Mahlkörpern besonders für eine rösche Mahlung, wie in der Erzaufbereitung, und die höheren Füllungsgrade für die Feinmahlung in Frage kommen. Natürlich ist dem beabsichtigten Zweck auch die Kugel- und Mahlkörpergröße anzupassen, d. h. für gröbere und rösche Mahlung größere und für die Feinmahlung kleinere Mahlorgane. Mahlstäbe sind vor allem für rösche Mahlung und zur Erzielung einer möglichst gleichartigen Kornfeinheit geeignet.

Die auf der Abbildung wiedergegebenen Versuche wurden nur mit Mahlkörpern ohne Mahlgut durchgeführt. In den im Betrieb befindlichen Mühlen beeinflußt die Mahlgutmasse die Umdrehungszahl bei der Vermahlung im Trockenverfahren in der Weise, daß sich mit einer etwa 5% geringeren Drehzahl das gleiche Bild wie auf der Abbildung ergibt, während beim Naßverfahren im gleichen Sinne eine Erhöhung der Drehzahl um etwa 5% erforderlich ist.

Sodann sei noch auf die Arbeit von ANSELM: Die Zementherstellung, Zementverlag 1941, hingewiesen. In dem Abschnitt „Mahltechnik" führt ANSELM Versuche an, die auf einer Rohrmühle von 1,5 m Durchmesser und der sich aus der Formel $32/\sqrt{D}$ ergebenden Umdrehungszahl von $n = 26$/min durchgeführt wurden. Hierbei stellte er fest, daß Kugeln von 60 bis 80 mm Durchmesser als Mahlkörper bei einem Füllungsgrad von 25 bis 30% und ohne Mahlgut selbst bei einer Steigerung der Drehzahl auf $n = 34$/min, d. i. bereits die kritische Drehzahl für diesen Mühlendurchmesser, noch immer keine Wurfbewegungen in der Mühle ergaben. Diese Erscheinung erklärt sich folgendermaßen: Je größer der Kugeldurchmesser im Vergleich zum Durchmesser der Mahltrommel ist, desto mehr verursacht die im Mittelpunkt der Kugel angreifende eigene Schwerkraft ein Abrollen auf der inneren Trommelfläche entgegengesetzt der Hubbewegung. Würde die ganze Mahlkörperfüllung nur aus wenigen sehr großen Kugeln bestehen, so könnte die Mahltrommel mit einer mehrfachen kritischen Umdrehungszahl laufen, ohne daß eine Wurfbewegung zustande käme. Die Wurfbewegung tritt erst ein, wenn Mahlkörper und Mahlgut annähernd eine einheitliche Masse darstellen, deren Reibung auf der Innenfläche der Mahltrommel so groß ist, daß ein Zurückrutschen dieser Masse nicht zustande kommen kann.

2. Untersuchungen zur Schwingmühle.

a) Bewegungsvorgänge im allgemeinen.

Als Grundlage für die Konstruktion von Schwingmühlen und zur Ermittlung der günstigsten Betriebsbedingungen ist eine Untersuchung der physikalischen Vorgänge im Inneren der Mühle erforderlich. Der Trog der Mühle führt kreisförmige Schwingungen aus mit einer Amplitude r (Schwingungsradius) und einer Kreisfrequenz w (Winkelgeschwindigkeit bzw. Umfangsgeschwindigkeit am Radius 1). Die Mahlkörper werden vom Trog in die Höhe geschleudert und geben beim Wiederaufprall eine Schlagenergie ab, deren Größe (außer von der Masse) von den Geschwindigkeitsverhältnissen abhängt. Da die Schlagenergie in erster Linie für die Zerkleinerung maßgebend ist, müssen die Betriebsverhältnisse derart abgestimmt werden, daß eine für das betreffende Material ausreichende Schlagarbeit erzielt wird. Außerdem ist Anpassung an Korngröße und Mahlfeinheit erforderlich. Bestimmend für die Wurfhöhe und die Schlagarbeit sind die Bewegungen in der Vertikalen, und zwar ist die Vertikalgeschwindigkeit:

$$v_v = rw \cdot \cos\beta \text{ (m/s)}$$

und die Vertikalbeschleunigung:

$$b_v = rw^2 \sin\beta \text{ (m/s}^2\text{)}$$

(vgl. Abb. 140).
Dabei ist rw die Umfangsgeschwindigkeit und rw^2 die Zentrifugalbeschleunigung. Der Drehsinn wird entgegen dem Uhrzeigersinn angenommen und der Winkel 0 bei horizontal nach rechts stehendem Schwingungsradius. Die Vertikalgeschwindigkeit erreicht also bei $\beta = 0$ und $\beta = \pi$ ihren Maximalwert, während sie bei $\beta = 0{,}5\,\pi$ und $\beta = 1{,}5\,\pi$ gleich Null wird. Dagegen hat die Vertikalbeschleunigung ihre Maxima bei $\beta = 0{,}5\,\pi$ und $\beta = 1{,}5\,\pi$ und wird bei $\beta = 0$ und $\beta = \pi$ zu Null.

Die Mahlkörpermasse liegt lose im Trog und verhält sich bei genügender Schichthöhe wie ein vollkommen unelastischer Körper. Die Geschwindigkeiten und Beschleunigungen des Troges werden so lange auf die Mahlkörper übertragen, als die Vertikalbeschleunigung des Troges der Erdbeschleunigung entgegengesetzt oder kleiner als diese ist. Wird sie dagegen größer, so heben sich die Mahlkörper von der Unterlage ab und fliegen nach den Gesetzen des Wurfes durch die Luft, bis sie wieder auf den Trog auftreffen.

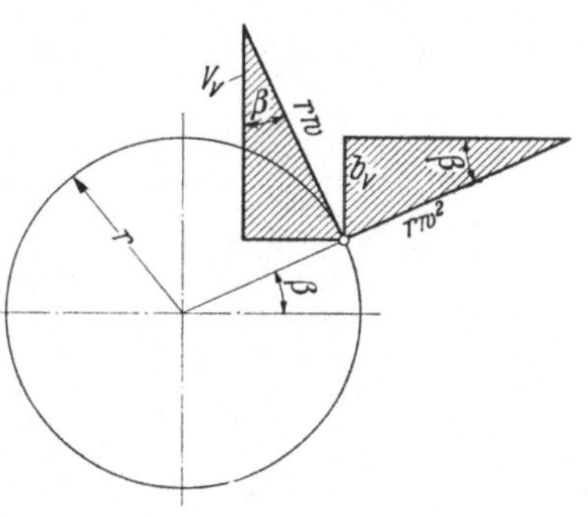
Abb. 140.

Der Winkel, bei dem das Abwerfen eintritt, sei als „Abwurfwinkel“ β_0 bezeichnet, der Winkel beim Wiederauftreffen als „Aufprallwinkel“ β_1 und der Differenzwinkel zwischen β_1 und β_0 als „Flugzeitwinkel“ α. Es gilt demnach:

$$\alpha = \beta_1 - \beta_0 .$$

Während also die Mahlkörper durch die Luft fliegen, legt der Trog den Winkel α zurück (vgl. Abb. 141).

Im Augenblick des Ablösens ist die Vertikalbeschleunigung gleich der Erdbeschleunigung, d. h.:

$$rw^2 \sin\beta_0 = g,$$

so daß für den Abwurfwinkel gilt:

$$\sin\beta_0 = \frac{g}{rw^2}$$

(Verhältnis von Erd- zu Zentrifugalbeschleunigung).

Da die Erdbeschleunigung konstant ist, wird der Abwurfwinkel also durch die Zentrifugalbeschleunigung rw^2 bestimmt. Ist diese gleich der Erdbeschleunigung, so wird β_0 gleich 90° und es tritt gerade noch kein Ablösen ein. Mit weiter zunehmender Zentrifugalbeschleunigung wird der Abwurfwinkel β_0 immer kleiner (kann jedoch nicht Null werden), d. h. das Abwerfen tritt immer früher ein. Der Aufprallwinkel β_1 und der Flugzeitwinkel α werden dagegen immer größer. Ein Abwerfen ist nur im I. Quadranten möglich – im II. Quadranten lediglich ein nochmaliges vorübergehendes Lösen –, weil nur im I. und II. Quadranten rw^2 größer als die Erdbeschleunigung werden kann. Dagegen ist im III. und IV. Quadranten rw^2 der Erdbeschleunigung entgegengesetzt, wobei die Mahlkörper gegen die Unterlage gedrückt werden.

In den meisten Fällen führen die Wurfmassen einen Bewegungsvorgang durch, den man in folgende drei Abschnitte unterteilen kann:

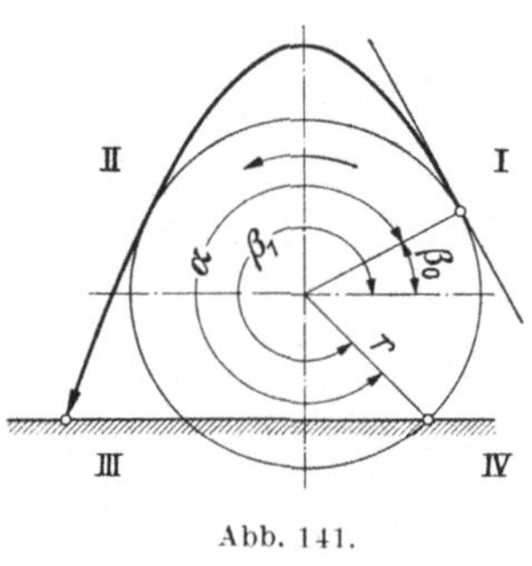

Abb. 141.

1. Gemeinsame Bewegung von Trog- und Mahlkörpern vom Augenblick des Auftreffens der Mahlkörper auf den Trog bis zum Abwurfpunkt.
2. Aufstieg der Mahlkörper im freien Wurf bis zum Umkehrpunkt (Steighöhe H).
3. Fall der Mahlkörper bis zum Auftreffen auf den Trog beim Aufprallwinkel β_1 (Fallhöhe H_1).

Man bezeichnet diesen Bewegungsvorgang der Wurfmassen als „Einfachwurf". β_1 liegt hierbei im III. oder IV. Quadranten oder im I. Quadranten unterhalb der Richtung von β_0.

Ein Sonderfall bzw. Grenzfall des Einfachwurfes ist die sogenannte „Mahlresonanz" (nicht zu verwechseln mit Antriebsresonanz). Bei Mahlresonanz hat der Trog beim Aufprall die gleiche Winkelstellung wie beim Abwurf, d. h. die Richtungen von β_1 und β_0 decken sich, und die Mahlkörper werden sofort nach dem Auftreffen wieder emporgeschleudert. Der Flugzeitwinkel ist dann 360° oder ein Vielfaches davon, also:

$$\alpha = (1, 2, 3, 4 \cdots n) \cdot 360^\circ$$

und man bezeichnet:

den Fall $\alpha = 360^\circ$ als Mahlresonanz I,
den Fall $\alpha = 2 \cdot 360^\circ$ als Mahlresonanz II usw.

Ein gemeinsamer Weg von Trog und Mahlkörpern ist bei Mahlresonanz theoretisch nicht vorhanden. Praktisch kommt natürlich trotzdem eine kleine gemeinsame Bewegung zustande, weil die Energie vom Trog auf die Mahlkörper übertragen werden muß.

Steigert man nun rw^2 etwas über den Wert des Resonanzfalles hinaus, so daß der Aufprallwinkel im I. Quadranten oberhalb von β_0 zu liegen kommt, so entsteht ein sogenannter „Doppelwurf“: Die Mahlkörper werden bei β_0 hochgeschleudert (großer Wurf), kommen bei β_1 im I. Quadranten oberhalb von β_0 zum Aufprall, werden hier sofort wieder abgeworfen (kleiner Wurf), kommen bei einem Winkel β_2 zum zweiten Male zum Auftreffen und bewegen sich dann gemeinsam mit dem Trog bis zum ursprünglichen Abwurfwinkel β_0. Hier beginnt das gleiche Spiel von neuem. Diese Doppelwürfe haben sich praktisch nicht bewährt und sollen daher hier nicht näher untersucht werden.

Bei weiterer Erhöhung von rw^2 wandert β_1 wieder in den III. oder IV. Quadranten, danach in den I. Quadranten unterhalb von β_0, wobei wieder Einfachwürfe entstehen. Schließlich wird Resonanz II mit $\alpha = 2 \cdot 360°$ erreicht usw.

Es sei nun noch darauf hingewiesen, daß neben den Vertikalbewegungen, die für Wurfhöhe und Schlagarbeit maßgebend sind, auch die Horizontalbewegungen eine wichtige Bedeutung haben, weil hierdurch zusätzliche Schub- und Druckkräfte erzeugt werden, die sich günstig auf die Vermahlung auswirken. Die Untersuchungen von BACHMANN[1] haben ergeben, daß durch die Kreisschwingungen außer den Wurfbewegungen noch eine langsame Umlaufbewegung der gesamten Mahlkörpermasse und des Mahlgutes zustande kommt, und zwar entgegen dem Drehsinn der Trogschwingung. Der Drehpunkt dieser Umlaufbewegung liegt etwa im Schwerpunkt der Mahlkörpermasse. Außerdem drehen sich die einzelnen Mahlkörper, die mit der Mantelfläche des Troges in Berührung kommen, um ihre eigene Achse (ebenfalls entgegen dem Drehsinn der Trogschwingung). Durch Erhöhung des Reibungskoeffizienten zwischen Mahlkörpern und Wand – z. B. mittels Bunaplatten im Trog – kann diese Eigenbewegung der Mahlkörper gesteigert werden. – Es ist also sehr wichtig, daß die Schwingmühle nicht einfach vertikal, sondern kreisförmig schwingt. – BACHMANN wies nach, daß die Umlaufbewegung der Mahlkörpermasse bei $rw^2 = \sim 32$ und $62\ \mathrm{m/s^2}$ Höchstwerte erreicht (Mahlresonanzfälle), während sie bei $45\ \mathrm{m/s^2}$ ganz aufhört. (Schlagarbeit hierbei gleich Null, vgl. die weiter hinten entwickelten Diagramme.)

b) Wurfhöhe.

Die Wurfhöhe (Steighöhe) H der Mahlkörper nach dem Abwurf ergibt sich aus der Gleichsetzung der kinetischen und der potentiellen Energie:

$$\frac{m\,v_v^2}{2} = H\,G = H\,m\,g,$$

m = Masse, G = Gewicht der Mahlkörper.

[1] BACHMANN, D.: Z. VDI, Beiheft Verfahrenstechnik Nr. 2 (1940).

Folglich wird:

$$H = \frac{v_v^2}{2g} = \frac{(r w \cos \beta_0)^2}{2g} \quad (\mathrm{m}).$$

Setzt man noch $\cos^2 \beta_0 = 1 - \sin^2 \beta_0$ und für $\sin \beta_0$ den gefundenen Wert $\frac{g}{r w^2}$, so erhält man:

$$H = \frac{r}{2}\left(\frac{r w^2}{g} - \frac{g}{r w^2}\right) \quad (\mathrm{m}).$$

Die Wurfhöhe ist also nicht allein von der Zentrifugalbeschleunigung, sondern auch von der Größe der Amplitude r abhängig. Das erste Glied innerhalb der Klammer zeigt das Verhältnis von Zentrifugal- zu Erdbeschleunigung, während das zweite, negative Glied den reziproken Wert dieses Verhältnisses darstellt. Die Zeit für den Aufstieg wird:

$$t = \sqrt{\frac{2H}{g}} = \sqrt{\frac{r}{g}\left(\frac{r w^2}{g} - \frac{g}{r w^2}\right)} \quad (\mathrm{s}).$$

Die Fallhöhe H_1 weicht im allgemeinen von der Steighöhe ab infolge der anderen Winkelstellung des Troges beim Aufprall gegenüber der Abwurfstellung.

c) Zentrifugalbeschleunigung, Amplitude, Drehzahl und Frequenz.

Wichtig ist nun die Kenntnis der Beziehungen für die Zentrifugalbeschleunigung. Zunächst sei der Fall der Mahlresonanz betrachtet. Bei diesem sind die Wege für Auf- und Abstieg einander gleich, so daß die gesamte Flugzeit doppelt so groß wird wie der oben für den Aufstieg gefundene Betrag, also

$$t_{ges} = 2\sqrt{\frac{r}{g}\left(\frac{r w^2}{g} - \frac{g}{r w^2}\right)}.$$

Nun legt bei Mahlresonanz der Trog in dieser Zeit t_{ges} eine oder mehrere volle Kreisschwingungen zurück. Ist T die Schwingungszeit des Troges, so gilt also:

$$\frac{t_{ges}}{T} = 1, 2, 3 \cdots n.$$

Mit

$$T = \frac{2\pi}{w}$$

folgt:

$$\frac{t_{ges}}{T} = \frac{1}{\pi}\sqrt{\frac{r w^2}{g}\left(\frac{r w^2}{g} - \frac{g}{r w^2}\right)} = 1, 2, 3 \cdots n$$

oder:

$$\frac{1}{\pi^2}\left(\frac{(r w^2)^2}{g^2} - 1\right) = n^2$$

und somit die Zentrifugalbeschleunigung:

$$r\,w^2 = g\,\sqrt{1 + (\pi\,n)^2}.$$

Bei höheren Werten von n kann der Summand *1* unter der Wurzel vernachlässigt werden. Dann ist: $rw^2 \approx \pi\,g\,n$.

Bei der Berechnung von rw^2 für den allgemeinen Fall wird zweckmäßig von den Wurfgesetzen ausgegangen. Setzt man hierbei das Verhältnis von Wurfzeit zu Schwingungszeit bzw. Wurfzeitwinkel α zur vollen Umdrehung:

$$\frac{\alpha}{360} = K \text{ (sogenanntes Zeitverhältnis)},$$

wobei $\alpha = \beta_1 - \beta_0$ und $\sin\beta_0 = \frac{g}{r\,w^2}$, so ergibt sich nach den Gesetzen der Wurfparabel für den Einfachwurf:

$$r\,w^2 = g\,\sqrt{1 + \left(\frac{1 - 2\,\pi^2\,K^2 - \cos K\cdot 360}{\sin K\cdot 360 - 2\,\pi\,K}\right)^2} \quad (\text{m/s}^2)\,.$$

Die nähere Entwicklung dieser Formel wurde von Bachmann durchgeführt und soll deshalb hier nicht wiederholt werden. Im Mahlresonanzfall ist K eine ganze Zahl, also $= 1, 2, 3 \cdots n$, wobei sich die Formel vereinfacht zu:

$$r\,w^2 = g\,\sqrt{1 + (\pi\,n)^2}.$$

Somit ergibt die Bachmannsche Formel die gleiche Beziehung wie die vorher durchgeführte Ableitung für den Resonanzfall.

Aus dem ermittelten Wert $rw^2 = a$ kann man nun weitere wichtige Daten für die Mühle errechnen. So findet man bei gegebener Antriebsdrehzahl n den Schwingungsradius zu:

$$r = \frac{a}{w^2},$$

wobei

$$w = \frac{\pi\,n}{30},$$

also:

$$r = a\left(\frac{30}{\pi\,n}\right)^2 \quad (\text{m})\,.$$

Umgekehrt folgt bei einer bestimmten, gewünschten Amplitude r die erforderliche Drehzahl aus:

$$w = \sqrt{\frac{a}{r}} \quad \text{zu:} \quad n = \frac{30}{\pi}\sqrt{\frac{a}{r}} \quad (\text{U/min})\,.$$

Die Frequenz = sekündliche Schwingungszahl beträgt:

$$f = \frac{1}{T} = \frac{w}{2\,\pi} \quad (\text{Hz})\,.$$

d) Schlagarbeit und Leistungsaufnahme.

Nach den Gesetzen des unelastischen Stoßes und unter der vereinfachenden Annahme, daß die Trogmasse groß gegenüber der Mahlkörpermasse ist, gilt für die Schlagarbeit je Periode:

$$E = \frac{m}{2}(v_T - v_K)^2 = \frac{m}{2}(v_r)^2 \quad \text{(mkg)}.$$

m = Masse der Mahlkörper in $\frac{kg\, s^2}{m}$,
v_T = Vertikalgeschwindigkeit der Trommel in m/s,
v_K = „ der Mahlkörper in m/s,
$v_r = (v_T - v_K)$ = Relativgeschwindigkeit im Moment des Aufpralles (also bei dem Winkel β_1).

Es ist:

$$v_T = r w \cos \beta_1,$$

$$v_K = \sqrt{2 g H_1}$$

(H_1 = Fallhöhe der Mahlkörper).

Bachmann entwickelt eine Formel für E in Abhängigkeit von $r w^2$ den Winkeln β_0 und β_1 und dem Zeitverhältnis K und erhält für den Einfachwurf:

$$E = \frac{r w^2}{2 g}(\cos \beta_1 - \cos \beta_0 + 2 \pi K \sin \beta_0)^2 \quad \text{(mkg)}.$$

Wichtig ist ferner die Leistungsaufnahme L, d. h. die Schlagarbeit in der Zeiteinheit. Erfolgen in der Sekunde F Würfe, so gilt:

$$L = E F \quad \text{(mkg/s)}.$$

Die Zahl der Einfachwürfe in der Sekunde ist:

bis zu Resonanz I: $F = \frac{n}{60}$,

zwischen Resonanz I und II: $F = \frac{n}{2 \cdot 60} = \frac{n}{120}$

usw.

e) Auswertung der Formeln.

Um die Verhältnisse klar überblicken zu können, sollen die interessierenden Größen zahlenmäßig berechnet und graphisch dargestellt werden. Man geht dabei am besten so vor, daß man verschiedene Beträge für den Flugzeitwinkel α (und damit zugleich für das Zeitverhältnis K) annimmt und hierzu die folgenden Werte errechnet:

1. Die Zentrifugalbeschleunigung $r w^2$ nach der Formel von Bachmann.
2. Den Abwurfwinkel β_0 aus: $\sin \beta_0 = \frac{g}{r w^2}$.

3. Den Aufprallwinkel: $\beta_1 = \alpha + \beta_0$.

4. Die relative Wurfhöhe als dimensionslose Größe im Verhältnis zur Amplitude r:

$$\frac{H}{r} = \frac{1}{2}\left(\frac{r w^2}{g} - \frac{g}{r w^2}\right) \quad \text{(m/m)}.$$

5. Die relative Schlagarbeit: Um die Schlagarbeit auch als dimensionslose, allgemein verwendbare Größe zu erhalten, dividiert man durch rG und erhält:

$$\frac{E}{rG} = \frac{r w^2}{2g} (\cos\beta_1 - \cos\beta_0 + 2\pi K \sin\beta_0) \quad \text{(mkg/mkg)}.$$

Bei Mahlresonanz ist $\cos\beta_1 - \cos\beta_0 = 0$. Für diesen Fall wird also:

$$\frac{E}{rG} = \frac{\pi}{g} r w^2 K \sin\beta_0 .$$

Zunächst zeigt Tab. 28 die Werte von rw^2, β_0, β_1, H/r und E/rG für die Mahlresonanzfälle I bis VIII:

Tabelle 28.

Res.	α Grad	$r w^2$ m/s²	β_0 Grad	β_1 Grad	H/r m/m	E/rG mkg/mkg
I	360	32,4	17,7	360 + 17,7	1,50	6,02
II	2 · 360	62,3	9,0	2 · 360 + 9,0	3,10	12,4
III	3 · 360	93,2	6,0	3 · 360 + 6,0	4,70	18,6
IV	4 · 360	124	4,5	4 · 360 + 4,5	5,93	24,7
V	5 · 360	155	3,6	5 · 360 + 3,6	7,87	30,9
VI	6 · 360	185,5	3,0	6 · 360 + 3,0	9,45	36,9
VII	7 · 360	216	2,6	7 · 360 + 2,6	10,98	43,0
VIII	8 · 360	247	2,3	8 · 360 + 2,3	12,58	49,2

Die Mahlresonanzfälle treten also in Abständen von etwa 30 bis 31 m/s² auf.

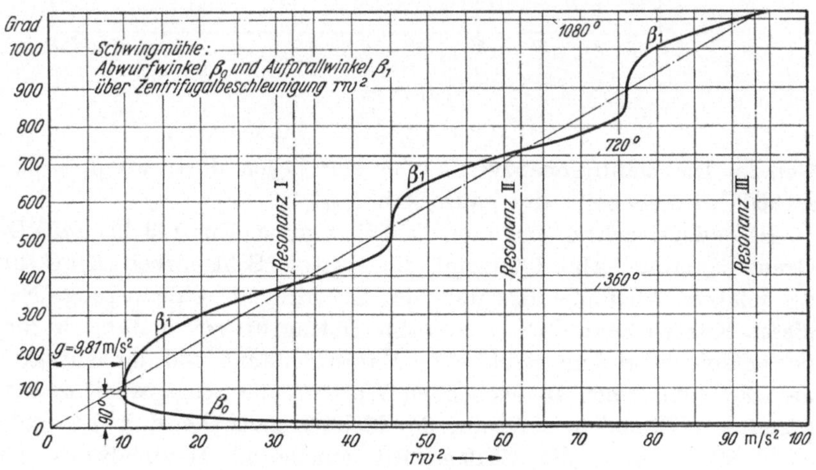

Abb. 142.

Die Diagramme bestätigen sowohl die vorangegangenen Untersuchungen als auch die bisher ermittelten praktischen Messungen. In Abb. 142 sind Abwurf- und Aufprallwinkel über der Zentrifugalbeschleunigung aufgetragen. Man erkennt, daß bei $rw^2 = g = 9{,}81$ m/s² ein Loslösen der Mahlkörper von der Unterlage beginnt und daß mit weiter steigendem rw^2 der Abwurfwinkel β_0 von 90° an fällt und sich asymptotisch der Nullinie nähert, während der Aufprallwinkel β_1 von 90° an nach einer Kurve höherer Ordnung beständig steigt. Diese Kurve schlängelt sich fortlaufend um eine durch den Koordinatenanfang führende

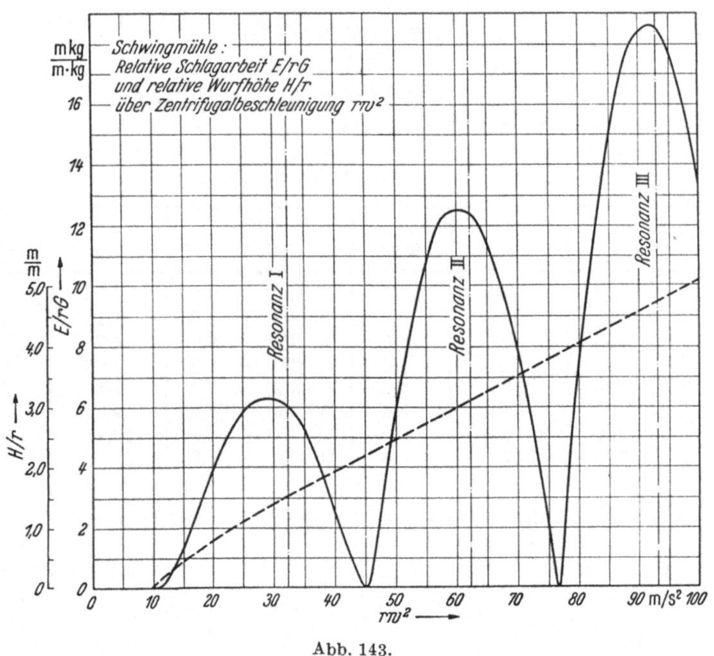

Abb. 143.

Gerade. Die Mahlresonanzwerte von rw^2 liegen dort, wo $\beta_1 - \beta_0 = n \cdot 360°$ wird, wobei n eine ganze Zahl ist.

Besonders wichtig sind nun die Diagramme Abb. 143 bis 145. Das Grunddiagramm Abb. 143 zeigt die relative Schlagarbeit $E/r\,G$ und die relative Wurfhöhe H/r über der Zentrifugalbeschleunigung. Nach diesen Kurven kann der erforderliche Betrag für rw^2 gewählt werden, der entsprechend dem spezifischen Mahlwiderstand und der Korngröße des Mahlgutes einen ausreichenden Wert für die Schlagarbeit gewährleistet. – Während in der Nähe der Mahlresonanzfälle, d. h. bei $rw^2 = \sim 32, 62, 93$ usw. die Schlagarbeit annähernd Maximalwerte aufweist, kommt sie dazwischen jedesmal bis auf Null herunter, so z. B.

zwischen Mahlresonanz I und II bei etwa 45 m/s². Dies entspricht auch durchgeführten Mahlversuchen, die bei etwa 43 bis 47 m/s² den geringsten Arbeitsbedarf ergaben. Natürlich hat dieser geringe Arbeitsbedarf (und damit kleine Antriebsleistung der Mühle) nur dann einen Zweck und Vorteil, wenn es sich um ein leicht mahlbares Material handelt, d. h. um ein Material mit geringem spezifischem Mahlwiderstand. Ist dieser dagegen hoch, so muß man auf größere Schlagarbeit bzw. Leistungsaufnahme gehen, also in die Nähe der Resonanz oder überhaupt auf Resonanz. Reicht Resonanz I nicht aus, so ist rw^2 für eine höhere Resonanz zu wählen. – Das Diagramm zeigt ferner, daß die relative Wurfhöhe H/r fast linear über rw^2 ansteigt.

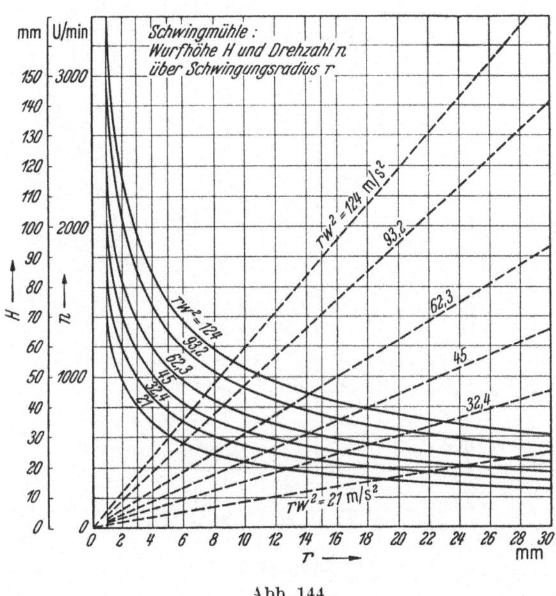

Abb. 144.

Zu dem erforderlichen, gefundenen rw^2-Wert gibt es nun theoretisch unendlich viele Kombinationen von r und w. Nach den Formeln von Abschn. c) kann r bei gegebener Drehzahl oder umgekehrt die Drehzahl für eine gewünschte Amplitude errechnet werden. Diagramm Abb. 144 zeigt für verschiedene Werte rw^2 = konst. die wirkliche Wurfhöhe und die Drehzahl in Abhängigkeit von der Amplitude r. Während die Wurfhöhe für rw^2 = konst. fast linear über der Amplitude ansteigt, fällt die Drehzahl anfangs sehr steil, später immer weniger. Bei gröberer Mahlung wird man eine größere, bei Feinmahlung eine kleinere Wurfhöhe wählen. Das gleiche gilt für den Schwingungsradius. Auf Grund von Versuchen wird empfohlen, für Feinmahlung einen Schwingungsradius von 3 bis 5 mm und für Grobmahlung von etwa 5 bis 15 mm zu wählen. (Man benutzte bei Grobmahlung mit Erfolg Mahlstäbe an Stelle von Kugeln.)

In Diagramm Abb. 145 sind für verschiedene Werte $rw^2 =$ konst. die wirkliche Schlagarbeit E/G und die wirkliche Leistungsaufnahme EF/G je kg Mahlkörper über dem Schwingungsradius aufgetragen (vgl. S. 229). Sowohl Schlagarbeit als auch Leistungsaufnahme steigen mit der Amplitude. Die Schlagarbeit nimmt hierbei fast linear zu, die Leistungsaufnahme wird dagegen allmählich immer weniger.

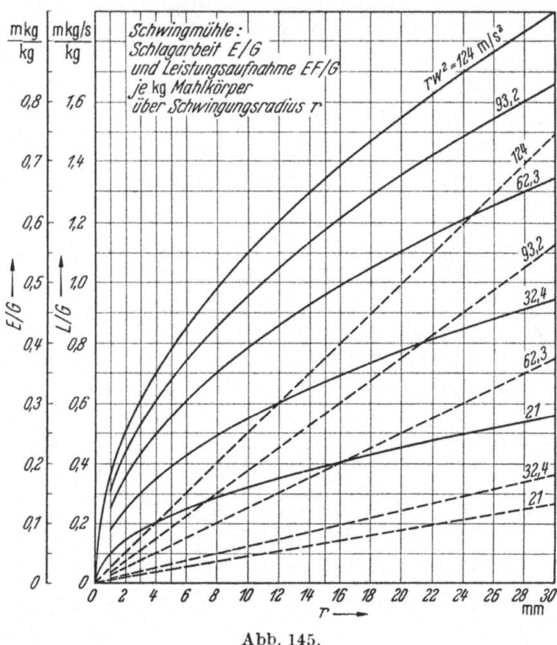

Abb. 145.

D. Ausblicke für die Weiterentwicklung der maschinellen Hartzerkleinerung und neue Entwicklungswege.

1. Allgemeines.

Nach den theoretischen Überlegungen S. 200 u. f. wäre die günstigste Zerkleinerung z. B. durch Zerreißen oder Spalten diejenige, die der bloßen Überwindung der Kohäsionskräfte der Moleküle möglichst nahekommt, wobei die angreifenden Kräfte dicht an den Trennflächen wirken müßten. Praktisch wird jedoch die Zerkleinerung fast durchweg durch Schlag, Druck oder Abscheren bewirkt, also durch Vorgänge, die erst indirekt wieder ein Zerreißen der Stoffteilchen bewirken. In den vorangegangenen Ausführungen ist nachgewiesen worden, mit welchen ungeheueren Verlustarbeiten bei dieser Art der maschinellen Zerkleinerung gerechnet werden muß. Man kann hier wohl sagen, daß die Zerkleinerungsmaschinen durchweg mit einem Geburtsfehler behaftet sind, den sie bei ihren Lebzeiten mit sich herumschleppen. Oder sollte es dem Menschen, als dem praktischen Arzt, vielleicht doch möglich sein, diese Geburtsfehler zu beseitigen? Hierin liegt die große Frage der Zukunft: Wie beseitigen wir die unerhört unwirtschaftliche Arbeitsweise unserer Maschinen? Wenn wir uns etwas umschauen, so finden wir auch hier und da einige Fingerzeige, wie wir eine sinnvolle Zerkleinerung durchführen könnten, die sich den theoretischen Forderungen nähert. Aber damit ist noch immer nicht die Übertragung dieser Vorgänge in den maschinellen Arbeitsvorgang gegeben. Es besteht aber wohl auch kein Zweifel, daß der menschliche erfinderische Geist auch hier geeignete Wege und Methoden finden wird, die uns dem erstrebten Ziel näherbringen werden. Halten wir also zunächst einmal Umschau, ob wir nicht hier oder dort Vorgänge entdeckt haben, die uns vielleicht ein Wegweiser in dieser Richtung sein könnten und überlegen wir weiterschauend, in welcher Weise wir auch bei bereits bekannten Zerkleinerungsmaschinen eine sinnvolle Verbesserung der Wirtschaftlichkeit anstreben müssen.

2. Explosionstechnik.

Der Verfasser dieser Arbeit erinnert sich eines Bombenangriffs während des Krieges, der ihm vom zerkleinerungstechnischen Standpunkt aus gesehen noch heute schwer erklärlich erscheint. In einem Wohnviertel in einer Stadt fiel in ein zweistöckiges Wohnhaus an der Ecke einer Querstraße eine Bombe. Das Haus, das keinen sehr großen Umfang hatte, war etwa zur Hälfte in sich zusammengefallen. An den Nachbarhäusern und an den Straßen waren keine Beschädigungen wahrzunehmen. Das Haus war in Ziegelmauerwerk und Holzdecken wie üblich hergestellt. Das Merkwürdige war nun aber, daß die Hauptstraße auf einer Länge von etwa 40 m und einer Breite von 10 m gleichmäßig mit einem wundervollen kirschroten Teppich bedeckt war, der sich bei näherer Betrachtung als feinstzerkleinerter Ziegelsplitt (kein Mörtelstoff) herausstellte. Auf der ganzen Fläche war kein einziger großer Stein wahrzunehmen. Wie kam diese Zerkleinerung zustande? – Nach allen Überlegungen kann die Zerkleinerung wohl nur durch eine innere Zerreißspannung in den Ziegeln bewirkt worden sein. Hierauf weist die relativ gleichmäßige Feinzerkleinerung und vor allem auch die überraschend gleichmäßige Verteilung über die große Fläche hin. Wie entstand nun aber die außerordentliche Zerreißung in den Ziegeln? Dies ist wohl nur so zu erklären, daß die Ziegel zunächst durch die Explosionswirkung ganzseitig unter ungeheuren Druck gesetzt wurden, wobei sich dieser Druck spontan bis in das Innere fortpflanzte und daß dieser innere Druck sich bei der dann folgenden plötzlichen äußeren Entspannung als innere Zerreißspannung in Erscheinung trat. Diese vollbrachte dann, zerkleinerungstechnisch gesehen, eine Zerkleinerungsarbeit, die praktisch der ideellen Zerkleinerungsarbeit gleichkam und somit die 99% Verlustarbeit entbehrte, die die maschinelle Zerkleinerung mit sich gebracht hätte. Interessant ist hierbei noch folgende Überlegung: Nehmen wir an, daß die angegebene Fläche durchweg mit einer Schicht von nur 2 mm Ziegelsplitt bedeckt gewesen wäre, so entspräche dies etwa 1000 kg Ziegelsplitt. Die Herstellung von 1000 kg Ziegelplitt in der hohen Feinheit erfordert etwa 3 kWh. Nun muß die Zerkleinerung, also die Auslösung der Zerreißspannung, in einem Bruchteil einer Sekunde erfolgt sein, denn wäre die eingezwängte Luft aus den Spalten nur langsam entwichen, so hätte sie niemals diese Zerkleinerungswirkung zustande gebracht. Nehmen wir also 0,25 s als Zeitaufwand an, so würde der Arbeitsaufwand der maschinellen Zerkleinerung während dieses Zeitraumes $3 \cdot 3600 \cdot 4 = 43200$ kW, also rd. 60000 PS gewesen sein. Nehmen wir aber weiter an, es hätte hier eine rein physikalische Zerkleinerung stattgefunden und setzen wir den maschinellen Wirkungsgrad der Zerkleinerung nach SMEKAL[1] mit $^1/_{1000}$ bis $^1/_{10000}$ ein, so wäre der tatsächliche Arbeitsaufwand nur etwa 60 bis 6 PS entsprechend gewesen.

Dieses Beispiel gibt uns also eine Zielrichtung, in welcher Weise wir eine Zerkleinerung vorteilhaft durchführen können. Wieweit uns dies nun, maschinell gesehen, tatsächlich gelingen wird, muß die Zukunft zeigen.

Es sind nun auch bereits einige Ansätze, das eben geschilderte Explosions-Zerreißverfahren nutzbringend für die Hartzerkleinerung anzuwenden, zu verzeichnen. Zur Zerkleinerung von Holzstücken zu Holzspänen hat man eine Apparatur geschaffen, die aus einem oben und unten durch einen aufklappbaren Deckel verschließbaren, vertikal aufgehängten Zylinder besteht. Dieser Zylinder wird durch die obere Öffnung mit Holzstücken gefüllt und der obere Deckel wird dann wieder geschlossen und verriegelt. Der untere Deckel, der ebenfalls fest verriegelt ist, kann durch einen Handgriff sofort freigegeben werden, wobei er nach unten aufklappt und die Öffnung des Zylinders freigibt. Ist nun der Zylinder mit Holzstücken gefüllt und sind beide Deckel fest verschlossen, so wird durch ein seitlich in den Zylinder mündendes Dampfrohr hochgespannter Dampf eingeführt und der ganze Zylinder

[1] SMEKAL, A.: Zur Physik der Zerkleinerungsvorgänge. Chem. Apparatur Bd. 24 (1937) Heft 1.

mit Inhalt unter Dampfdruck gesetzt. Kurz darauf öffnet man mit dem Handgriff den unteren Deckel, wodurch eine momentane Expansion des Dampfes entsteht. Die gleiche plötzliche Expansion des Dampfes tritt auch innerhalb der Holzstücke auf, die ja die Dampfspannung ebenfalls in sich aufgenommen haben, und der Erfolg ist eine völlige Zerkleinerung der Holzstücke zu Holzspänen. Statt des Dampfes kann man natürlich auch komprimierte Luft verwenden. Das gleiche Verfahren ist auch bereits dazu verwendet worden, die Schalen von Erdnüssen u. dgl. von innen heraus zu sprengen und von der Frucht zu lösen. Schließlich sollen auch Einrichtungen geschaffen worden sein, um nach dem gleichen Arbeitsvorgang verwachsene Erze von ihren minderwertigen Beimengungen zu befreien.

Bei den hier geschilderten Vorgängen ist das zerkleinerungstechnische Prinzip, die Überwindung der Zerreißspannung, vorzüglich gelöst. Demgegenüber erhebt sich nun aber die Frage nach dem Arbeitsaufwand zur Erreichung der Zerreißspannung, und hierüber liegen verbindliche Zahlen, soweit bekannt ist, nicht vor. Jedenfalls ist hiermit Erfindern ein Weg gezeigt, auf dem künftig sicherlich Vorteile gegenüber den bekannten Verfahren gewonnen werden können.

3. Verbundtechnik.

Der Weg zur Nutzbarmachung der im vorstehenden Kapitel geschilderten Explosionstechnik führt wahrscheinlich über die Verbundtechnik, wie diese in der Verfahrenstechnik schon vielfache Anwendung gefunden hat. So beispielsweise in der Braunkohlen-Industrie, in der die Strangpressen als Gegendruckpressen ausgebildet sind und der nach vollbrachter Brikettierarbeit auf 2 bis 3 atü entspannte Dampf an die Trockenapparate zum Trocknen der Kohle abgegeben wird, so daß in vorbildlicher Weise zum Brikettieren zunächst die Spannung des Dampfes und zum Trocknen der Kohle dann die latente Wärme des entspannten Dampfes ausgenützt wird.

Es ist nun interessant, festzustellen, daß auch die Zerkleinerungstechnik bereits den Weg zur Verbundtechnik gefunden hat. Im Lurgi-Mahltrockner wird in ein und derselben Apparatur für mitteldeutsche Braunkohle sowohl der Trocknungsprozeß als auch der Zerkleinerungs- bzw. Mahlprozeß durchgeführt. Der Mahltrockner besteht hierbei aus einem vertikalen Trockenschacht von etwa 1 m lichtem Durchmesser und etwa 6 m Höhe. Die untere Öffnung des Schachtes ist zu einem Trichter zusammengezogen, dessen Öffnung mit dem Saugstutzen eines Ventilators verbunden ist. Der Trockenschacht wird durch inerte Gase von etwa 800° C, die oben in den Schacht einströmen und am unteren Ende durch den Ventilator abgesaugt werden, beheizt. Die auf 0 bis 6 mm vorgebrochene Rohbraunkohle mit durchschnittlich 45 bis 50% Feuchtigkeit wird durch eine Aufgabevorrichtung oben in den Schacht eingestreut und kommt sofort mit den inerten Gasen in Berührung. Während des Durchganges der Gase und der Kohle durch den Trockenschacht und den Mahlventilator findet gleichzeitig die Trocknung und die Zerkleinerung bzw. Pulverisierung der Kohle statt. Die Feinheit des getrockneten Staubes beträgt hierbei etwa 40% Durchgang durch 10000 Maschen/cm². Der Feuchtigkeitsgehalt der Kohle sinkt gleichzeitig auf etwa 8% und die Temperatur der Gase am Austritt des Ventilators auf etwa 150° C herab. Das aus dem Trockenschacht abgesaugte Gaskohlenstaubgemisch wird durch den Ventilator in einen Staubabscheider gedrückt, in welchem die Trennung des Kohlenstaubes von den Heizgasen, die schließlich noch zur letzten Reinigung von Staub in eine elektrische Entstaubungseinrichtung geleitet werden, erfolgt.

Die Pulverisierung der in den Trockenschacht eingeführten Kohle geschieht nun dadurch, daß die mit den heißen Gasen in Berührung kommenden Kohlekörnchen eine sofortige Trocknung und Schrumpfung der Oberfläche erfahren, während die unter dieser Oberflächenschicht aus dem natürlichen Wassergehalt der Kohle entstehende Dampfspannung eine Zugbeanspruchung zwischen dem Kern und der getrockneten Oberfläche erzeugt, die schließlich das schuppenförmige Abplatzen der Kohleteilchen bewirkt. Dieser Vorgang geht so schnell vor sich, daß trotz der kurzen Durchlaufzeit der Gase durch den Trockner bereits ein großer Teil der eingeführten Kohle beim Austritt aus dem Trockenschacht getrocknet und pulverisiert ist. Bei dem Durchgang durch den Ventilator werden dann die noch verbleibenden zu groben Körner durch das Flügelrad des Ventilators an die Innenwand des Ventilatorgehäuses geschleudert und erfahren hierdurch eine weitere Zerkleinerung.

In dem Trockenschacht findet somit eine Zerkleinerung der Kohle durch unmittelbare Auslösung bzw. Überwindung der Zerreißspannungen statt. Der hierfür benötigte Arbeitsbedarf entspricht demnach der enstandenen Oberflächenenergie der pulverisierten Kohle, die, wie auf S. 204 angeführt, 10^{-4} bis 10^{-3} cmkg/cm² beträgt. Diese Zerkleinerungsarbeit findet nun praktisch ohne Verlustarbeit statt. Der Trocknerschacht stellt hierbei gewissermaßen ein Weltall en miniature dar, in dem die Energie, wie sie auch immer umgesetzt werden mag, konstant bleibt, d. h. die gesamte Energie, die in den oberen Teil des Trocknerschachtes eingeführt wird, muß auch insgesamt betrachtet den Trocknerschacht am unteren Ende wieder verlassen, vorausgesetzt, daß kein Verlust durch Strahlung nach außen entsteht, was hier angenommen werden soll. Die Energiebilanz des Trocknerschachtes würde sich demnach wie folgt stellen:

Am Eintritt des Trocknerschachtes:

a) Fühlbare Wärme der Kohle (Trockensubstanz) bei der Temperatur t,
b) fühlbare Wärme des in der Kohle enthaltenen Wassers bei der Temperatur t,
c) fühlbare Wärme der eintretenden Feuergase bei der Temperatur t_1.
d) die in der Kohle enthaltene Heizwert-Energie,
e) die Oberflächenenergie der eingeführten Kohle.

Am Austritt des Trocknerschachtes:

f) Fühlbare Wärme der Kohle (Trockensubstanz) bei der Temperatur t_2
g) fühlbare Wärme des in der Kohle noch enthaltenen Restwassers bei der Temperatur t_2,
h) fühlbare Wärme der austretenden Feuergase bei der Temperatur t_3,
i) fühlbare Wärme des Wasserdampfes bei der Temperatur t_3,
k) latente Wärme des Wasserdampfes,
l) die in der Kohle enthaltene Heizwertenergie,
m) die Oberflächenenergie der getrockneten und zerkleinerten Kohle.

Irgendwelche sonstigen evtl. noch auftretenden Energieumsetzungen innerhalb der Kohle sollen hier unberücksichtigt bleiben, da sie zur Beurteilung des Gesamtbildes belanglos sind.

In dieser Bilanz erscheint die für die Zerkleinerung der Kohle aufgewendete Energie ausschließlich als Differenz der Posten m und e, d. h. also, daß die aufgewendete Arbeit der neugeschaffenen Oberflächenenergie der Kohle entspricht, also ohne Verluste geleistet wurde. Dieser Arbeitsbedarf wird aus der Energie der eingeführten Feuergase entnommen. Da die eingeführten Feuergase für die Durchführung des gesamten Prozesses der Trocknung und der Zerkleinerung bestimmt sind, so entfallen auf das Konto Trocknung der Kohle die Energie der Feuergase abzüglich der neu geschaffenen Oberflächenenergie der zerkleinerten Kohle und auf das Konto Zerkleinerung der Kohle lediglich die Energie der neu geschaffenen Oberfläche der zerkleinerten Kohle. Der Posten zur Trocknung der Kohle ist in jedem Falle aufzubringen, gleichgültig ob die Kohle zerkleinert wird oder nicht, während der Posten zur Zerkleinerung der Kohle nur aufzubringen ist, wenn tatsächlich eine Zerkleinerung stattfindet.

Durch die Verbundtechnik ist hier erreicht worden, daß die zur Einleitung des rein ideellen Zerkleinerungsprozesses benötigte Energie gewissermaßen dem Trocknungsprozeß zunächst entnommen und diesem dann lediglich abzüglich der tatsächlich für die Zerkleinerung aufgewendeten Arbeit wieder zurückgegeben wird.

Der Vorgang in dem Mahlventilator unter dem Trockenschacht gestaltet sich ganz ähnlich. Die nicht genügend zerkleinerten Kohlenteilchen werden mit den Gasen beschleunigt, wobei sie teils durch Reibung auf den Ventilatorflügeln, teils durch Aufprall gegen das Ventilatorgehäuse zertrümmert werden. Die hierbei benötigte Beschleunigungsenergie setzt sich teilweise in Oberflächenenergie der neu geschaffenen

Oberfläche des Mahlgutes um, während die hierfür nicht benötigte Energie dem Beschleunigungsvorgang der Gase und des Kohlenstaubes dient, also dem Gesamtprozeß nutzbringend erhalten bleibt.

Ganz im Sinne dieser Darlegungen ist der tatsächliche Erfolg der Arbeitsweise des Lurgi-Mahltrockners überraschend gut. Wie in der Praxis durch langzeitige Messungen festgestellt worden ist, wird in dem Mahltrockner die Verdampfung von 1 kg H_2O und gleichzeitiger Pulverisierung der Kohle mit einem Energieaufwand von etwa 780 WE durchgeführt, also mit einem Wirkungsgrad, der selbst bei Trocknern, die ausschließlich dem Trocknungsprozeß dienen, nur höchst selten zu finden ist. Hier könnte der Einwand gebracht werden, daß der Arbeitsaufwand zur Zerkleinerung der Kohle ja nur einen geringen Teil des Energieaufwandes zum Trocknen der Kohle beträgt. Dies ist zwar an sich richtig. Der wirtschaftliche Effekt dieser Verbundtechnik ist aber trotzdem erheblich. Würde die Zerkleinerung bzw. Pulverisierung nicht gleichzeitig mit der Trocknung im Mahltrockner erfolgen, so müßte hierfür eine besondere Mahlanlage aufgestellt werden, deren Anschaffungs- und Betriebskosten zu Lasten des Zerkleinerungsprozesses gehen würden, während an dem Mahltrockner nicht das geringste erspart werden könnte. Im übrigen würde dann bei der Mahlanlage mit einem Verlustarbeitsaufwand von 99% zu rechnen sein.

Das Prinzip der Zerkleinerung durch Überwindung der inneren Zerreißspannung, wie es im Lurgi-Trockner verwirklicht ist, läßt sich natürlich nur bei sehr feuchter Kohle und hoher Heizgastemperatur durchführen. Er findet daher in erster Linie zum Trocknen und gleichzeitigen Feinzerkleinern mitteldeutscher Braunkohle Verwendung.

Die Verbundtechnik hat unter dem Begriff Mahltrocknung in den letzten Jahrzehnten in der Hartzerkleinerung eine sehr weitgehende Verbreitung gefunden. Es sind eine ganze Reihe von Feinmahlmaschinen mit Einrichtungen zum gleichzeitigen Trocknen des Aufgabegutes während des Mahlprozesses versehen worden. Bei diesen Mahlmaschinen oder Mahlsystemen ist die Mahlarbeit im Gegensatz zum Lurgi-Trockner, der primäre Vorgang, der im Aufgabegut eine fortlaufende Vergrößerung der Oberfläche erzeugt, die ihrerseits zur Beschleunigung der Trockenwirkung durch die Heizgase beiträgt. Während bei der Lurgi-Trockner-Anlage durch die Verbundtechnik die Aufstellung der Mahlmaschine erspart werden konnte, entfällt bei den eben erwähnten Mahltrocknungsanlagen die Aufstellung der besonderen Trockentrommel. In beiden Fällen wird aber gleichzeitig feinzerkleinert und getrocknet und in beiden Fällen werden die Gesamtkosten zur Erzeugung des fertigen trockenen Mahlgutes durch die Verbundtechnik erheblich gesenkt.

So ist es sehr wahrscheinlich, daß sich die Verbundtechnik auf dem Gebiet der Hartzerkleinerung auch weiterhin entwickeln und zu entsprechenden Erfolgen führen wird. Denn gerade die Verbundtechnik scheint dazu bestimmt zu sein, den zur Überwindung der Zerreißspannung im Mahlgut erforderlichen Arbeitsaufwand wieder nutzbringend zu verwerten, um so den eigentlichen Zerkleinerungsvorgang der ideellen Zerkleinerung näherzubringen.

4. Vibrationstechnik.

Ein gänzlich anderer, aber viel versprechender Weg zur Verbesserung und wirtschaftlicheren Gestaltung der technischen Zerkleinerung eröffnet sich in der Anwendung hochfrequenter Schwingungen. Die auf dem Gebiete der Hartzerkleinerung zu zerkleinernden Stoffe sind durchweg durchsetzt mit Haar- und Spaltrissen, Lockerstellen usw. Wird ein solcher Körper in heftige Schwingungen versetzt, so treten an den Lockerstellen Zerreißspannungen auf, die bei fortschreitender Erschütterung schließlich zum Bruch des Körpers führen. Die Zerkleinerung des Körpers geschieht hierbei also auch gewissermaßen von innen heraus unter Überwindung der Zerreißspannung. Der Vorgang würde sich also wieder der ideellen Zerkleinerung nähern, so daß mit einer erheblichen Herabsetzung der Verlustbarkeit gerechnet werden könnte. Noch ist ja nicht zu übersehen, ob dieses Ziel und in welchem Umfang es jemals erreicht werden kann. Daß aber die Zielsetzung durchaus berechtigt und auch erfolgversprechend ist, zeigen wieder Beobachtungen aus der Praxis.

In einer Kalkbrennanlage in Frankreich wurde eine Großbrechanlage zum Brechen des Kalksteins für den Schachtofenbetrieb aufgestellt. Die Anlage bestand aus einem Großbackenbrecher, einem Sortierrost und einem Walzenbrecher als Nachbrecher. Die Leistung der Anlage betrug 300 t zu brechenden Kalksteins in der Stunde, von denen etwa 150 t zu großer Stücke auf dem Walzenbrecher nachzubrechen waren. Die Aufgabestücke für den Walzenbrecher hatten eine Abmessung von etwa 500 × 400 × 300 mm und sollten auf etwa 150 mm Kantenlänge gebrochen werden. Der Walzenbrecher bestand aus zwei gezahnten Walzen von 1600 mm Durchmesser und 1200 mm Breite, doppeltem Rädervorgelege und schwerem Schwungrad.

Auf Grund vorliegender Erfahrungen wurde für den Brecher zum Brechen von 150 t Kalkstein stündlich mit einem Leistungsbedarf von 75 kW gerechnet und zum Antrieb ein Elektromotor von 110 kW vorgesehen. Da bei derartigen Maschinen starke Stöße und zusätzliche Beanspruchungen auftreten, so wurden alle maschinellen Teile des Brechers für eine Leistungsaufnahme von 400 kW bei normaler Beanspruchung berechnet.

Als die Anlage in Betrieb kam, waren die Ergebnisse anfänglich auch zufriedenstellend. Es wurde die verlangte Leistung erreicht und der

Leistungsbedarf entsprach auch den Erwartungen. Nach wenigen Monaten zeigte sich jedoch, daß der Walzenbrecher auf die Dauer den Beanspruchungen nicht gewachsen war. Es traten an allen Verbindungsstellen Lockerungen auf, die einen unruhigen Gang der Maschine verursachten und die allmählich einen normalen Dauerbetrieb unmöglich machten.

Um Klarheit über die Ursachen der Übelstände zu schaffen, wurde eine systematische Untersuchung der Zerkleinerungsvorgänge in dem Brecher durchgeführt. Es wurde der Arbeitsbedarf beim Brechen eines Steines in seinem ganzen Verlauf indiziert. Zu diesem Zwecke wurde ein Zugseil um das Schwungrad gelegt und mit einer von Hand betriebenen Winde verbunden. In dem Zugseil war ein Dynamometer eingeschaltet, so daß ein Wegkräftediagramm während des Brechvorganges aufgezeichnet werden konnte. Es wurde nun u. a. ein einzelner Stein von $540 \times 380 \times 380$ mm auf die Brechwalzen gelegt. Dann wurde die Winde in Gang gesetzt und das Diagramm aufgenommen. Die Weglänge auf der Walzenoberfläche von Beginn bis zum Ende des Brechvorganges betrug 1 m. Das Diagramm ergab durch Planimetrieren einen Arbeitsaufwand von 18000 mkg. Das Gewicht des Steines betrug 145 kg. Im normalen Betrieb hatten die Walzen eine Umdrehungszahl von 12 in der Minute. Hieraus ergab sich eine Umfangsgeschwindigkeit von $\frac{1{,}6 \cdot 3{,}14 \cdot 12}{60} = 1$ m/s. Da die Weglänge zum Brechen eines Steines ebenfalls 1 m betrug, so würden die 18000 mkg im normalen Betrieb in einer Sekunde verbraucht worden sein, d. h. die Leistungsaufnahme würde während des Brechvorganges 18000 mkg/s $= \sim$ 180 kW betragen haben. Das Diagramm zeigte aber, daß die Spitzen innerhalb des Brechvorganges auf das Doppelte anstiegen, so daß die Leistungsaufnahme zeitweise bis 360 kW betragen hatte. Dies alles bezog sich aber nur auf einen einzelnen Stein, während zeitweilig von den Walzen auf ihrer ganzen Walzenbreite gleichzeitig mehrere Steine gebrochen werden müssen, so daß aus dem Versuchsergebnis zu schließen war, daß die Walzen zeitweise sogar mit einer viel höheren, vielleicht mit der doppelten Leistungsaufnahme als eben errechnet, belastet waren. Hieraus erklärten sich all die nachteiligen Erscheinungen im Dauerbetrieb. Es war übrigens noch interessant, daß das Versuchsergebnis mit einem Stein relativ denselben Arbeitsaufwand erforderte wie das Brechen von 150 t/h, denn da der Stein von 150 kg 18000 mkg erforderte, so würden 150 t = 18000000 mkg, verteilt über den Zeitraum von 1 Stunde, beanspruchen, also eine Leistungsaufnahme von $\sim$ 50 kW. Da ein solcher Brecher einen maschinellen Wirkungsgrad von etwa 70% aufweist, so entsprechen die 50 kW einer Leistungsabgabe an der Motorwelle von $\sim$ 70 kW, wie sie sich auch tatsächlich im Dauerbetrieb ergab.

Es wurde nun überlegt, wie man am besten die heftigen, stoßweisen Beanspruchungen der Antriebsteile umgehen könnte, und so kam man zu dem Entschluß, die Ungleichmäßigkeit in der Leistungsaufnahme unmittelbar durch die Schwungmassen der Walzen selbst auszugleichen. Die Rechnung ergab, daß bei annähernd massiven Walzen und einer Umdrehungszahl von etwa 100 in der Minute die durch den Versuch festgestellten Arbeitsstöße bis auf etwa 5% Schwankungen in der Umdrehungszahl der Walzen ausgeglichen werden könnten.

Es wurde daraufhin beschlossen, das Walzwerk entsprechend umzubauen. Das gesamte Rädervorgelege mit der Schwungradriemenscheibe wurde beseitigt und die Walzen wurden gewichtsmäßig verstärkt. Jede der beiden Walzen wurde durch einen Riementrieb unmittelbar von einem Elektromotor angetrieben. Nachdem der Umbau vollendet war, wurde eine Versuchsreihe durchgeführt, und zwar mit Umdrehungen der Walzen von 80 bis 150 in der Minute. Das Ergebnis war überraschend. Es zeigte sich, daß der Walzenbrecher bei etwa 80 Umdrehungen der Walzen die Zerkleinerung der 150 t/h Kalkstein spielend bewältigte und dabei auffallend ruhig lief. Der durchschnittliche Leistungsbedarf betrug hierbei nur etwa 40 kW, also etwa die Hälfte gegenüber der ursprünglichen Arbeitsweise.

Die Beobachtungen des Brechvorganges führten nun zu völlig neuen Erkenntnissen. Während sich die Zähne der Walzen bei dem mit geringer Umdrehungszahl laufenden Walzenbrecher langsam in das Gestein eindrückten und dieses unabhängig von den natürlichen Spaltflächen zersprengten, kamen bei dem schnellaufenden Brecher die Zähne überhaupt nicht mehr zum Eingriff. Die großen Steinbrocken blieben fast ruhig auf den schnellaufenden Walzen liegen, brachen dann plötzlich auseinander und die gebrochenen Stücke verschwanden zwischen den Walzen. Die Vielzahl der Walzenzähne, die mit einer Geschwindigkeit von nunmehr etwa 7 m in der Sekunde den großen Gesteinbrocken auf seiner unteren Fläche berührten, erzeugten in dem Gestein eine derartige Erschütterung, daß der Stein sich an seinen Haarrissen und Lockerstellen selbst auflöste und in kleinere Stücke zerfiel. Der ganze Vorgang erfolgte mit einer außerordentlichen Geschwindigkeit.

Man könnte hierbei der Ansicht sein, daß dieser Vorgang der Arbeitsweise eines Hammerbrechers entspräche. Dies ist aber durchaus nicht der Fall. Die Zähne der Brechwalzen waren absichtlich relativ niedrig und völlig abgerundet ohne scharfe Kanten vorgesehen worden, um harte Eingriffe zu vermeiden, sie übten also im Gegensatz zum Hammerbrecher keine unmittelbare Schlagwirkung aus, sondern verursachten nur eine intensive Erschütterung des Gesteinbrockens, die dann zum Zerfall desselben führte. Entsprechend der Zähnezahl und der Umlaufgeschwindigkeit war anzunehmen, daß die Gesteinbrocken in

Schwingungen versetzt wurden, die etwa einer Periodenzahl von 50 Hz entsprachen.

Das vorstehend angeführte Beispiel einer besonderen Zerkleinerungsart wurde absichtlich ausführlicher behandelt, als sonst allgemein üblich, um sowohl Wissenschaft wie Technik etwas stärker an den Gedanken der „Vibrationszerkleinerung“ zu fesseln. Hier eröffnet sich ein Weg, der zu neuartigen Methoden der Hartzerkleinerung führen kann, deren Tragweite noch nicht zu übersehen ist. Was hier, mit makroskopischen Auge gesehen, als ein positiver Erfolg zu bewerten ist, sollte mit aller Energie in dem ganzen Bereich der Zerkleinerung bis zur Feinstzerkleinerung erforscht werden. Es ist selbstverständlich, daß mit weiterem Vordringen in Richtung Feinzerkleinerung mit erheblichen Anwachsen der Periodizität der Vibration bzw. Schwingungszahl zu rechnen ist. Aber in der sinnvollen Anwendung der hoch- und höchstfrequenten Schwingungen zum Zwecke einer naturbedingten Zerkleinerung liegt ja gerade das Reizvolle für Wissenschaft und Technik.

5. Die Technik der Schwingmühle.

Man wird nun leicht geneigt sein, anzunehmen, daß die Vorgänge der Vibrationstechnik bereits in der Schwingmühle verwirklicht sind. Das wäre ein Irrtum. In der Schwingmühle werden lediglich die Mahlorgane in Schwingungen versetzt, um schließlich die ihnen mitgeteilte kinetische Energie zum Zwecke der Zerkleinerung wieder an das Mahlgut abzugeben. Das Mahlgut, das an sich auch mitschwingt, löst sich aber durch die Einwirkung der Schwingungen nicht wie bei der Vibrationstechnik in kleine Teilchen auf. Dazu genügt bei dem bereits sehr feinen Korn des Mahlgutes die bisher geübte Periodenzahl der Schwingungen bei weitem nicht. Wenn schon bei der Grobzerkleinerung mit einer Periodenzahl von 50 Hz gerechnet wurde, so ist leicht einzusehen, mit welchen außerordentlichen Schwingungszahlen bei der Feinzerkleinerung zu rechnen wäre, um eine zerkleinernde Wirkung lediglich durch die Vibration hervorzubringen.

Unabhängig aber von dem Hinweis auf die „Vibrationszerkleinerung“ steht auch der Entwicklung der Schwingmühle eine große Zukunft bevor. Die bisherige Schwingungszahl der Schwingmühle beträgt bis zu 50 Hz. Entwickelt wurde bereits eine Schwingmühle mit einer Periodenzahl bis zu 150 Hz. Das Ergebnis der praktischen Auswirkung ist noch nicht bekannt. Es ist möglich, daß bei einer solchen Mühle nicht lediglich eine Feinzerkleinerung erfolgt, sondern daß bei der zu erwartenden außerordentlichen Feinheit des Mahlgutes bereits molekulare Umformungen des Mahlgutes eintreten.

KIESSKALT[1] geht in seinem Aufsatz „Zur Verfahrenstechnik der Schwingmahlung“ auf die Besonderheiten dieser Mühlenart ein. Er vertritt hierbei den Standpunkt, daß in der Schwingmühle bei entsprechend eingestellten Betriebsbedingungen vermutlich Ultraschallfrequenzen wirksam werden können. Er kommt dabei schließlich zu dem sogenannten mechano-chemischen Effekt, der Zerrüttungen im Gitteraufbau der Moleküle durch mechanische Einwirkungen hervorruft. Es können also hierdurch chemische Wirkungen auf mechanischem Wege erzeugt werden. Dieser Effekt tritt hauptsächlich bei hochpolymeren Verbindungen ein, wie Zellulosen, Kunststoffen, Zucker usw. KIESSKALT erwähnt ferner, daß auf vielen Gebieten, z. B. in der Kunststoff-Industrie und Keramik, einige Prozente eines Zuschlages von besonders hoher Mahlfeinheit eigenartige, oft noch wenig geklärte Wirkungen auslösen.

Wie die vorstehenden Ausführungen zeigen, hat die Schwingmühle in erster Linie eine Bedeutung für die Fein- und Feinstmahlung gefunden. Es unterliegt aber keinem Zweifel, daß die Entwicklung der Schwingmühle sich auch auf dem Wege zur Grobmahlung befindet. In diesem Zusammenhang sei nochmals auf die Ausführungen Abschn. C 2e hingewiesen. Man führte Versuche mit einer Korngröße des Aufgabegutes von 0 bis 20 mm durch. Hierbei wurde eine entsprechend große Wurfhöhe und ein großer Schwingungsradius von 5 bis 15 mm gewählt. Die Mühle bestand aus einem Vormahl- und einem Feinmahltrog für kontinuierlichen Betrieb.

Für die Vermahlung bewährten sich am besten Mahlstäbe von etwa 15 mm Durchmesser, die sich sehr gleichmäßig abnützten.

In der fortschreitenden Entwicklung der Schwingmühle, besonders für die gröbere Vermahlung, ist es erforderlich, zu weit größeren Mühlenkonstruktionen zu kommen, als es bisher der Fall war. Diese Mühlen müssen einen kontinuierlichen Arbeitsgang mit möglichst langzeitiger Mahldauer aufweisen. Sodann müssen diese Mühlen grundsätzlich nach dem Resonanzprinzip arbeiten, um die Lagerbelastung nach Möglichkeit herabzudrücken und einen besseren mechanischen Wirkungsgrad zu erzielen.

Schließlich wäre es auch erwünscht, eine Vorrichtung zur Veränderung und Regelung der Zentrifugalbeschleunigung während des Betriebes zu schaffen, um stets die günstigsten Mahlbedingungen zu erreichen. Die Untersuchungen bez. der Theorie einzelner Maschinen S. 215, zeigten ja bereits und besonders das Diagramm gemäß Abb. 143,

[1] KIESSKALT, S.: Zur Verfahrenstechnik der Schwingmahlung. Z. VDI vom 1. 7. 1949.

daß die Schlagarbeit der Mahlkörper außerordentlich wechselnde Größen in Abhängigkeit von der Zentrifugalbeschleunigung aufweist, wobei zwischen den Maximalwerten immer wieder der Wert Null von der Kurve der Schlagarbeit durchlaufen wird. Der in den einzelnen Fällen in der Praxis erforderliche Wert für die Zentrifugalbeschleunigung braucht durchaus nicht immer einem Maximum der Schlagarbeit zu entsprechen, sondern ist je nach der Mahlbarkeit des Materials zu wählen. Die für ein Mahlgut ermittelte optimale Zentrifugalbeschleunigung muß aber während des Betriebes konstant gehalten werden, um einen möglichst guten mahltechnischen Wirkungsgrad einzuhalten.

Bei konstanter Drehzahl ist die Zentrifugalbeschleunigung proportional der Amplitude, d. h. wir können durch Einstellung der Amplitude auch die Zentrifugalbeschleunigung einstellen. Es ist daher eine Veränderbarkeit der Amplitude während des Betriebes sehr wertvoll. Diese Maßnahme ist besonders wichtig bei Resonanzantrieb der Mühle, weil die Tendenz zu Schwankungen der Amplitude im Resonanzgebiet und dessen unmittelbarer Nähe sehr groß ist. Eine geringe Veränderung in der Dämpfung – z. B. Änderung der Reibungsverhältnisse oder der Betriebsbedingungen – bewirkt sofort empfindliche Verschiebungen des Ausschlages.

So stehen wir auch in der Technik der Schwingmühle am Anfang einer Entwicklung, die für die Hartzerkleinerung von großer Bedeutung werden kann.

6. Die Technik der Rohrmühle.

Seitdem die Rohrmühle um die Jahrhundertwende ihren Eingang in die verschiedensten Industriezweige gefunden hat, ist der eigentliche mahltechnische Arbeitsvorgang im Prinzip unverändert geblieben. Immer noch wird die Mahlleistung der Mühle durch die den Mahlorganen während der Drehung der Trommel mitgeteilte kinetische Energie bewirkt. Aber man erkannte doch schon sehr bald, daß die mehr individuelle Anpassung der Mahlorgane nach Größe und Form an den erstrebten Mahleffekt von großer Bedeutung war. Diese Erkenntnis führte im ersten Weltkrieg zu der Bauart der Verbund- und Mehrkammer-Rohrmühle, in der ja die Mahlkörper ihrer Größe und Form nach in aufeinanderfolgenden Mahlkammern dem Fortschreiten der Verfeinerung des Mahlgutes angepaßt werden. Als dann die Mühlen immer größere Abmessungen erreichten, zeigte sich, daß die den Mahlkörpern, und zwar besonders in der Feinmahlkammer mitgeteilte kinetische Energie ein höheres Maß erreicht, als für den eigentlichen Mahlprozeß erforderlich ist, so daß sich hieraus ein weiterer überflüssiger Energieverlust in Form mechanisch erzeugter Wärme ergibt. Der natürlichste Weg zur Beseitigung dieses Nachteiles wäre eine Herabsetzung der Umdrehungszahl der Mühle gewesen. Dieser Weg konnte aber nicht beschritten werden, da ja, wie im Abschn. C 1 eingehend erläutert wurde, zu jedem Durchmesser der Mühle eine nur in geringen Grenzen veränderbare Umdrehungszahl der Mahltrommel gehört, um überhaupt eine genügende Wurf- und Abwälzbewegung der Mahlkörper zu erreichen.

Nach diesen Erkenntnissen war es das Bestreben der Erfinder, die den Mahlkörpern mitgeteilte kinetische Energie für den Mahlprozeß nur so weit als unbedingt erforderlich auszunützen und den verbleibenden Rest in Form von potentieller Energie zur Herabsetzung des Drehmomentes der Mahltrommel wieder zu gewinnen. Die Verwirklichung dieser Aufgabe konnte nur in der Weise erfolgen, daß die Mahlkörper nach Abgabe ihrer für den Mahlprozeß benötigten Energie durch irgendwelche Ablenkungen auf die dem eigentlichen Mahlraum entgegengesetzten Seite der Mahltrommel gedrängt werden, um hier ihre noch verbleibende potentielle Energie dem Drehmoment der Maschine nutzbringend zuzuführen. Aus diesen Erwägungen heraus sind im Laufe der Jahre eine ganze Reihe von Vorschlägen entstanden, die alle darauf hinauslaufen, dem erstrebten Ziel durch zweckentsprechende Einbauten, besonders in der Feinmahlkammer der Mahltrommel, näherzukommen. Aus der Patentliteratur sind zahlreiche derartige Vorschläge zu entnehmen, die aber im allgemeinen keine praktische Verwertung gefunden haben. Eine Ausnahme hiervon bildet der vom Grusonwerk, Magdeburg, entwickelte Conzentra-Einbau, der in der Zement-Industrie und in der synthetischen Treibstoffherstellung mit Erfolg zur Anwendung gelangt ist.

Alle derartigen Einbauten bezwecken die Herabsetzung der Verlustarbeit der technischen Zerkleinerung, um damit eine höhere spezifische Leistung der Mühle zu erreichen. Es ist selbstverständlich, daß irgendein Einbau dieses Ziel nicht in jedem Falle erreichen kann. Wohl kann mit jedem derartigen Einbau, der die den Mahlkörpern mitgeteilte kinetische Energie nur teilweise für den Mahlprozeß beansprucht, um dann durch den Rest derselben das Drehmoment der Mühle günstig zu beeinflussen, eine Herabsetzung des Leistungsbedarfs der Mühle erzielt werden. Die Herabsetzung des spezifischen Arbeitsbedarfs in kWh/t ist damit aber durchaus nicht immer gegeben. Hier spielt der spezifische Mahlwiderstand des zu mahlenden Gutes eine wesentliche Rolle. Es hat sich ja selbst bei dem Conzentra-Einbau des Grusonwerkes gezeigt, daß die erzielten Gewinne an spezifischem Arbeitsbedarf je nach der Mahlbarkeit des Mahlgutes sehr schwankend waren. Hier tut sich nun auch die Frage auf, welcher Gewinn mindestens erzielt werden muß, um einen Einbau, der ja die Mühle verteuert und diese im Inneren unzugänglicher macht, zu rechtfertigen. Diese Frage kann natürlich nicht generell entschieden werden, sondern unterliegt mehr oder weniger der subjektiven Einstellung des Fabrikleiters. Ganz allgemein kann aber wohl gesagt werden, daß irgendein Einbau in die Mahltrommel einer Rohrmühle unter Berücksichtigung der hiermit verbundenen Unzuträglichkeit bezüglich Ein- und Ausbau, Verschleiß und Reparaturen keinen Anreiz bietet, sofern der spezifische Arbeitsbedarf in kWh/t nicht mindestens auf 15 bis 20% herabgedrückt werden kann.

Natürlich ist es sehr reizvoll, bereits bestehende Rohrmühlen mit derartigen Einbauten zu versehen. Hier ist aber besondere Vorsicht am Platze. Allgemein kann gesagt werden, daß in einem solchen Falle wohl stets mit einem Rückgang des Leistungsbedarfes der Mühle gerechnet werden kann, daß sich aber auch sehr häufig die Mahldauer verlängern wird, um ein Enderzeugnis der gleichen Feinheit wie vor dem Einbau der Einrichtung zu erreichen, so daß an der Herabsetzung des spezifischen Arbeitsbedarfs der Mühle in kWh/t nur sehr wenig oder gar nichts gewonnen wird. Darüber hinaus tritt sogar u. U. noch ein Rückgang der Mahlleistung der Mühle ein. Dieser Fall ist besonders bedenklich, wenn die mit dem Einbau zu versehende Mühle bereits vor dem Umbau auf ihre höchste Leistungsfähigkeit eingestellt war.

Mit der Klärung all dieser Fragen hat sich die Klöckner-Humboldt-Deutz A.-G., Werk Humboldt, in letzter Zeit eingehend beschäftigt. In einer hierfür besonders hergerichteten Versuchs-Trommelmühle wurden zunächst die Bewegungsvorgänge der Mahlkörper bei verschiedensten Einbauten und verschiedenen Umdrehungszahlen der Trommel in der Minute studiert und durch kinematographische Zeitlupenaufnahmen festgehalten. Sodann wurde das Drehmoment für die Mahlkörperbewegung bei den verschiedenen Einbauten und bei verschiedenen Füllungsgraden der Mahltrommel mit Mahlkörpern durch eine besondere Vorrichtung in mkg gemessen und schließlich wurden mit der Mühle ohne Einbauten wie auch mit den verschiedenen Einbauten systematische Mahlversuche mit den verschiedensten Mahlgütern, wie beispielsweise Zementklinkern, Spateisenstein, Perlkies usw., durchgeführt. Natürlich war hierbei die Körnung des Aufgabegutes sowie die Art der Mahlkörper den einzelnen Versuchen bestens angepaßt. Diese Versuche ergaben einen ausgezeichneten Überblick über die Bewegung der Mahlkörper in der Mühle bei den verschiedensten Einbauten und ließen auch einen einwandfreien Vergleich über den spezifischen Arbeitsbedarf bei den verschiedenen Mahlversuchen zu. Von einigen Mahlergebnissen wurden auch Sedimentationsanalysen durchgeführt und die erzeugten Oberflächen der Mahlgüter in cm^2/g bestimmt.

Das Gesamtergebnis dieser Versuche läßt sich dahin zusammenfassen, daß mit zweckentsprechenden Einbauten in den Mittel- und Feinmahlkammern der Mehrkammer-Rohrmühlen der spezifische Arbeitsbedarf, kWh/t (Mahlkörper), herabgedrückt werden kann, daß damit jedoch nicht ohne weiteres eine Erhöhung der spezifischen Leistung der Mühle, kWh/t (Mahlgut), verbunden sein muß. Eine bestimmte Regel, ob mit dem einen oder anderen Einbau bei Vermahlung des einen oder anderen Gutes eine Erhöhung der spezifischen Leistung gegenüber der Mühle ohne Einbauten erzielt werden kann, läßt sich nicht aufstellen. Liegen bestimmte Versuchsergebnisse für den einen oder anderen Fall nicht vor, so kann ein Überblick über die Vorzüge oder Nachteile eines Einbaues nur durch praktische Versuche in einer entsprechend hergerichteten Versuchseinrichtung gewonnen werden.

Ein gänzlich anderer Weg zur Erhöhung der spezifischen Mahlleistung der Rohrmühle entstand aus der Erkenntnis heraus, daß die den einzelnen Mahlkörpern mitgeteilte kinetische Energie mit dem Fortschreiten der Verfeinerung des Mahlgutes vom Anfang zum Ende der Rohrmühle entsprechend abnehmen müsse. Diese Aufgabe könnte am einfachsten in einer selbständigen Klassierung der Mahlkörper nach Größe und Gewicht vom Einlauf zum Auslauf der Mahltrommel gelöst werden. Da dies im idealen Sinne bisher nicht möglich war, so hat man sich, um diesem erstrebten Ziel näherzukommen, bei den Verbund- und Mehrkammer-Rohrmühlen durch den Einbau von Zwischenwänden geholfen, um damit wenigstens eine Klassierung der Mahlkörper in gewissen Abschnitten zu erreichen.

In den Vereinigten Staaten von Amerika hatte man die selbständige Klassierung der Mahlkörper in einer konisch zum Auslauf zu sich verjüngenden Mahltrommel angestrebt. Diese Idee liegt der Konstruktion der HARDINGE-Mühle zugrunde. Das Prinzip dieser Mühle wurde bereits im „Ersten Teil“ erläutert. Es ist zwar eine große Anzahl derartiger Mühlen zur Ausführung gelangt, eine grundsätzliche Umgestaltung der Rohrmühle in ihrer zukünftigen Entwicklung konnte aber damit nicht erreicht werden. Bei den zu immer größeren Abmessungen gelangenden Rohrmühlen wurde doch die Ausbildung der Mühle mit einer durchweg zylindrischen Mahltrommel schon in rein maschinentechnischer Hinsicht bevorzugt und somit auch richtunggebend für die weitere Entwicklung der Rohrmühle.

Nichtsdestoweniger sind die Bestrebungen, eine selbsttätige Klassierung der Mahlkörper in der Mahltrommel, und zwar in der zylindrischen, zu erreichen, nicht erloschen. Erst in jüngster Zeit sind die Vorschläge zur besonderen Ausgestaltung der Beplattung der Mahltrommel bekanntgeworden, um hierdurch eine Klassierung der Mahlkörper während des Betriebes der Mühle zu erreichen. Gelingt diese Maßnahme, dann würde sich nicht nur eine Vereinfachung der Mahltrommel durch Wegfall der Zwischenwände ergeben, sondern es würde wahrscheinlich auch eine gewisse Verbesserung der spezifischen Mahlleistung zu erzielen sein.

Wie im „Ersten Teil" ausführlich dargelegt wurde, hat sich die Entwicklung der Rohrmühle in den letzten 40 Jahren von der damaligen Einkammer-Rohrmühle über das Mahlsystem Vorrohrmühle und Feinrohrmühle zur Verbund- und Mehrkammer-Rohrmühle vollzogen. Merkwürdigerweise macht sich in den letzten Jahren wieder eine Tendenz zur Rückentwicklung der großen Mehrkammer-Rohrmühlen zum Mahlsystem Vorrohrmühle und Feinrohrmühle bemerkbar. Diese Tendenz zeigt sich wiederum in der Zement-Industrie, die ja in der Entwicklung der Rohrmühle die führende Rolle spielte. Der Grund für die erstrebte Aufteilung des Mahlprozesses in Vormahlung und Feinmahlung liegt in dem steigernden Verlangen nach höherer Feinheit des fertigen Mahlgutes. Eine höhere Feinheit bedeutet aber eine größere spezifische Oberfläche des Mahlgutes, und da diese nur mit einem erhöhten Arbeitsaufwand, der sich bis zu 99% in fühlbare Wärme umsetzt, erzeugt werden kann, so ergibt sich hierbei eine zunehmende unerwünschte Erwärmung des Fertiggutes. Diesen Übelstand glaubt man durch die getrennte Vor- und Feinmahlung zu beseitigen, wobei zwischen Vor- und Feinrohrmühle noch ein Luftsichter eingeschaltet wird, der gleichzeitig eine Kühlung des aus der Vorrohrmühle kommenden Mahlgutes bewirkt. Ein solches Mahlsystem würde eine Steigerung des Feinheitsgrades des Fertiggutes, wahrscheinlich bei relativ günstigem Arbeitsbedarf, unter gleichzeitiger Zwischenkühlung des Mahlgutes zulassen.

In den Vereinigten Staaten von Amerika sind bereits eine Anzahl Mahlanlagen nach diesen neuartigen Gesichtspunkten ausgeführt worden. Die Kombination einer Vorrohrmühle mit zwischengeschalteter Sichtung läßt sich in verschiedener Art und Weise durchführen. Einige Beispiele hierzu zeigen die Abb. 146 bis 148. In diesen schematischen Darstellungen bezeichnet *1* jeweils die Vorrohrmühle, *2* die Feinrohrmühle, *3* den Sichter und *4* den Staubabscheider, der in jedem Fall an eine Entstaubung angeschlossen ist. Das Aufgabegut wird dem Mahlsystem bei *A* zugeführt und verläßt dasselbe als Fertiggut bei *F*.

In Abb. 146 dient der Sichter als Grobsichter. Die groben Grieße gelangen zum Einlauf der Vorrohrmühle zurück, während die feineren Grieße im Staubabscheider abgeschieden und dem Einlauf der Feinrohrmühle zugeführt werden. Abb. 147 zeigt dieselbe Anordnung, jedoch gelangen die aus der Vorrohrmühle kommenden Grieße nicht in diese zurück, sondern in die Feinrohrmühle. Nach Abb. 148 ist die Feinrohrmühle nochmals in Grob- und Feinmahlkammer geteilt. Die Grieße aus der Vorrohrmühle gelangen in die Grobmahlkammer der Feinrohrmühle und das Mahlgut verläßt diese Kammer bei *5* und gelangt in den Sichter *6*. Die hier ausgeschiedenen Grieße fließen bei *7* in die Feinmahlkammer der Mühle zurück und werden hier weiter gemahlen. Dieses Mahlgut verläßt dann die Mühle bei *5* zusammen mit dem Mahlgut aus der Grobmahlkammer, um ebenfalls dem Sichter *6* zugeführt zu werden. In dem letzteren findet die Aufteilung nach Grießen und Fertiggut statt, wobei das letztere dann im Staubabscheider *4* aus dem Luftstrom ausgeschieden wird.

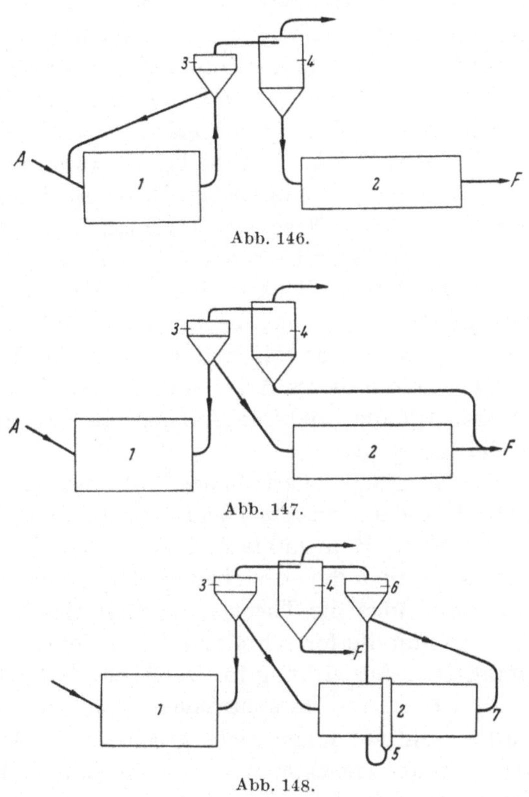

Abb. 146.

Abb. 147.

Abb. 148.

Auch in Deutschland beschäftigt man sich ernstlich mit der Anwendung kombinierter Mahlmethoden und sie sind auch bereits zur Ausführung gelangt. Andererseits besteht aber kein Zweifel darüber, daß bei der hervorragenden Entwicklung der Mehrkammer-Rohrmühle eine Großmahlanlage mit einer Reihe großer Mehrkammer - Rohrmühlen mit zentralem Antrieb, wie sie heute von den bedeutendsten Lieferwerken zur Ausführung gelangen, die übersichtlichste und betriebssicherste Anlage darstellt, und schließlich ist dieser Faktor in der Endbilanz der Wirtschaftlichkeit einer Gesamtanlage nicht zu unterschätzen.

7. Die Technik der Prallzerkleinerung.

Bei den Prallbrechern, gleichgültig ob dieselben mit einem Rotor oder mit zwei Rotoren arbeiten, kann man grundsätzlich folgende Zerkleinerungsvorgänge unterscheiden:

1. Teilweise Zerkleinerung durch Prall beim Auftreffen des Brechgutes auf die Schlagbalken der Rotoren.
2. Lockerung und teilweise Zerlegung des Aufgabestückes nach seinen natürlichen Spaltrissen beim Aufprallen auf die Schlagbalken.
3. Fortschreitende Zerkleinerung durch Schleudern der zersprengten Stücke gegen die Prallflächen sowie auch durch gegenseitiges Zusammenprallen der gesprengten Stücke zueinander und
4. Nachzerkleinerung des noch nicht genügend zerkleinerten Gutes zwischen Rotor und Prallflächen unmittelbar vor Verlassen des Brechers.

Vom Standpunkt der Untersuchungen im Abschn. B 2 über den Wirkungsgrad der Verlustarbeit gesehen, besonders hinsichtlich der dort behandelten Spannungsarbeit, erscheint das Arbeitsverfahren des Prallbrechers recht günstig. Die auf die Schlagbalken treffenden Stücke werden infolge der hohen Umfangsgeschwindigkeit der Rotoren an einem verhältnismäßig kleinen Volumen beansprucht bzw. gepackt, wodurch die Spannungsarbeit gering gehalten wird. Hierdurch werden zunächst nur kleinere Stücke losgeschlagen, während das Aufgabestück gleichzeitig infolge der prallenden Beanspruchung vibrationsartige Druckwellen von hoher Frequenz durchlaufen, die ein Aufspalten des ganzen Stückes nach Haarrissen oder Kerben bewirken. Hierbei werden die angreifenden Kräfte dicht an die Trennflächen gebracht, so daß wiederum nur ein kleines Volumen beansprucht wird. Ganz ähnlich verhält es sich auch bei dem Auftreffen der gegen die Prallflächen geschleuderten Stücke. Durch dieses Arbeitsprinzip ist die Prallzerkleinerung auch besonders für die selektive Aufspaltung mit Bergen verwachsener Erze u. dgl. geeignet.

Die Vorgänge innerhalb des Prallbrechers sind noch nicht ausreichend geklärt, um eine exakte Theorie darüber aufzustellen, wie dies beispielsweise für die Rohrmühle und Schwingmühle möglich war. Aus diesem Grunde wurden die vorstehenden Betrachtungen auch noch nicht in den Abschn. C über die Theorie einzelner Maschinen aufgenommen.

Was nun die fortschreitende Entwicklung der Prallzerkleinerung an praktischer Auswirkung für die Technik der Hartzerkleinerung bringen wird, ist schwer vorauszusagen. Das Prinzip der Prallzerkleinerung dürfte wohl auf lange Sicht gesehen unverändert beibehalten bleiben, während der maschinentechnischen Entwicklung der Prallbrecher und Prallmühlen noch größere Aufgaben bevorstehen.

---

100 Jahre sind seit Beginn der eigentlichen maschinellen Zerkleinerung vergangen. Zahlreiche Maschinenarten sind entstanden auf rein empirischem Wege ohne jede wissenschaftliche Grundlage. Erst in den letzten Jahrzehnten setzte die wissenschaftliche Forschung ein. Sie brachte uns die Erkenntnis, daß die Zerkleinerungsmaschinen die denkbar unwirtschaftlichsten Maschinen sind. Sie hat uns aber noch nicht den Weg gezeigt, der zur systematischen Verbesserung dieser mangelhaften Arbeitsverfahren führen könnte. Mögen die wenigen hier niedergelegten Hinweise dazu beitragen, Wissenschaft und Technik einem Ziele entgegenzuführen, das uns wie eine Morgenröte am fernen Horizont erscheint. Gewiß ein dornenvoller Weg, aber schließlich hat die Geschichte der Technik immer wieder gezeigt, daß der menschliche Geist nie zur Ruhe kommen kann, bevor die ihm naturbedingt gestellte Aufgabe erfüllt ist.

Dritter Teil.

Die Hartzerkleinerung in der Aufbereitungs- und Verfahrenstechnik.

A. Einleitung.

Nachdem im „Ersten Teil“ die *Zerkleinerungsmaschinen nach ihrer Bauart und Arbeitsweise* behandelt worden sind, ist ein Überblick über die zweckmäßigste Verwendung dieser Maschinen in den verschiedenen Industriezweigen von allgemeinem Interesse. Natürlich ist es im Rahmen dieser Arbeit nur möglich, einige typische Beispiele aus verschiedenen Arbeitsgebieten zu bringen. Diese Beispiele können auch nicht als allgemeingültig betrachtet werden, denn selbst auf den gleichartigen Gebieten der Aufbereitung und der Verfahrenstechnik sind die nach dem jeweiligen Zweck aufzustellenden Stammbäume so mannigfach, daß von einer allgemeingültigen Regel nicht gesprochen werden kann. Nichtsdestoweniger aber sollen die in diesem Teil des Buches behandelten Beispiele dem Ingenieur bei der Planung neuer Anlagen einige Fingerzeige über die Auswahl und die zweckmäßigste Anordnung der Zerkleinerungsmaschine geben.

Die maschinelle Zerkleinerung hat in den verflossenen Jahrzehnten in den verschiedensten verfahrenstechnischen Gebieten einen geradezu bestimmenden Einfluß auf die Gestaltung des Verfahrens selbst erlangt. Auch in der Kohle- und Erzaufbereitung ist sie von entscheidender Bedeutung für die wirtschaftliche Erzeugung der Fertigprodukte geworden. Bei der Vielgestaltigkeit der sich zwangsläufig ergebenden Aufbereitungs- und Verfahrensmethoden ist es selbstverständlich, daß jeder einzelne Fall auch bezüglich der Zerkleinerung individuell behandelt werden muß. Leider wird dieser Grundsatz immer noch vielfach verletzt, da Maschinenfabriken, die die eine oder die andere Maschine in Serien herstellen, bei ihren Lieferungen den eigentlichen Verwendungszweck oftmals ungenügend beachten. Die gerade an die Zerkleinerung gestellten Ansprüche sind aber so mannigfach, daß bei der Auswahl der Maschinen für den jeweiligen Verwendungszweck nur der eine Grundsatz gelten darf: „*Die richtige Maschine am richtigen Platz.*“

Um die richtige Auswahl der Maschinen treffen zu können, ist in erster Linie die Kenntnis der physikalischen Eigenschaften der zu zerkleinernden Stoffe erforderlich. Darüber hinaus muß natürlich auch der Verwendungszweck des Fertiggutes und die verlangte Eigenschaft desselben bekannt sein.

In vielen Industriezweigen haben die jahrelangen Erfahrungen bereits gezeigt, welche der Maschinen sich in dem einen oder anderen Fall bestens bewährt haben, so daß hier die Auswahl der richtigen Maschine keine Schwierigkeiten bereitet. Anders liegt der Fall bei Neuanlagen, in denen bisher noch wenig bekannte oder gänzlich neuartige Produkte hergestellt werden sollen. Hier wird es sich stets lohnen, mit den zur Verwendung kommenden Rohstoffen entsprechende Brech- und Mahlversuche durchzuführen, um die richtige Auswahl der Maschine treffen zu können. Die einschlägigen Maschinenfabriken unterhalten fast durchweg Versuchseinrichtungen oder Versuchsanstalten, in denen derartige Versuche ohne weiteres durchgeführt werden können.

Bei dem Entwurf ganzer Anlagen, bei denen die Zerkleinerungsmaschinen oftmals eine bevorzugte Rolle spielen, ist die zweckentsprechende, übersichtliche und leicht zugängliche Aufstellung der Maschinen von großer Bedeutung. In dieser Hinsicht haben die vergangenen Jahrzehnte zwar einen beachtenswerten Wandel zum Besseren geschaffen, aber die wirkliche Bedeutung dieser Forderung wird auch heute noch vielfach verkannt. Hier ist vielleicht ein Vergleich ganz treffend: Wird einem Maschinenfachmann eine neu entwickelte Maschine vorgeführt, so sieht er auf den ersten Blick, ob die Konstruktion gesund ist. Er sieht es an der Schönheit der Form, die gleichzeitig auch die sachliche Durchführung des Arbeitsprinzips widerspiegelt. Ganz ähnlich ist es auch, wenn wir eine vorbildliche Neuanlage erstmalig betreten. Hier ist es nicht die Arbeitsweise der einzelnen Maschinen, die uns zunächst beeindruckt, sondern die ungezwungene Zugänglichkeit zu den einzelnen Maschinengruppen, die sauberen, staubfreien, vom Tageslicht durchfluteten Räume, die formgerechten Treppen zum Aufstieg in die oberen Etagen und vieles andere mehr. Es mag vielleicht kleinlich erscheinen, auf diese an und für sich selbstverständlichen Dinge hier näher einzugehen. Leider aber kann man beobachten, und das besonders bei Zerkleinerungsanlagen, daß der sachliche und zweckentsprechende Aufbau derartiger Anlagen auch heute noch oftmals mangelhaft durchgeführt wird, so daß wohl ein besonderer Hinweis auf die Grundregel bei der projektiven Bearbeitung der Gesamtanlagen berechtigt erscheint. Die Beachtung dieser Selbstverständlichkeiten erfordert nur einen geringen Mehrbetrag des toten Anlagekapitals, der durch einfachste Gestaltung der eigentlichen Gebäudeteile oftmals mehr als ausgeglichen werden kann.

Was nun die Aufstellung der einzelnen Maschinen und Maschinengruppen anbelangt, so ist auch hierbei auf eine bequeme Zugänglichkeit zum Zwecke der Betriebsüberwachung und zum Zwecke des Ein- und Ausbaues von Ersatzteilen zu achten. Auch für sachgemäße Schutzvorrichtungen ist bestens zu sorgen. Von besonderer Wichtigkeit ist weiterhin auch die ordnungsmäßige Entstaubung der Maschinen und Apparate. Alle diese sorgfältig durchgeführten Maßnahmen gewährleisten eine erhöhte Betriebssicherheit und tragen vor allem auch dazu bei, dem Betriebspersonal die Arbeit zu erleichtern und die Freude am Berufsleben zu stärken.

In dem folgenden Abschn. B „Hilfsmaschinen" werden zunächst die Hilfsapparate und Hilfsmaschinen, die zur Errichtung vollständiger Anlagen erforderlich sind, näher behandelt. Auch hierbei kann es sich nur um einen allgemeinen Überblick über die bekanntesten und allgemein gebräuchlichen Vorrichtungen handeln, da ein detailliertes Eingehen auf die vielen Sonderbauarten im Rahmen dieser Arbeit unmöglich wäre. Im gleichen Sinne wird auch davon Abstand genommen, bei den verschiedenen Hilfsapparaten und Hilfsmaschinen nähere Angaben über Typengrößen, Leistungen u. dgl. beizufügen. Hier ist es stets zweckmäßig, sich jeweils mit den einschlägigen Erzeugerfirmen in Verbindung zu setzen.

Im Abschn. C folgen dann die Stammbäume und schematischen Darstellungen der Arbeitsvorgänge in den verschiedensten Anlagen der Aufbereitung und der Verfahrenstechnik. Um den Darstellungen ein mehr abgeschlossenes Bild zu geben, sind jeweils einleitende Worte über die Entstehung und den Zweck derartiger Anlagen beigefügt.

B. Hilfsmaschinen.

1. Aufgabevorrichtungen.

Allgemeines. Die Aufgabevorrichtungen dienen dazu, den Zerkleinerungsmaschinen das Material aus den Bunkern oder Aufgabebehältern maschinell, selbsttätig und gleichmäßig zuzuführen, um einen ausgeglichenen Betrieb und eine möglichst günstige Ausnutzung der Maschinenleistung zu erzielen. Die gleichen Mechanismen kommen auch mitunter als Austragsvorrichtungen hinter oder unter den Zerkleinerungsmaschinen in Betracht, um beispielsweise Fördereinrichtungen zum Weitertransport des zerkleinerten Gutes zu beschicken. Die Leistung der Aufgabevorrichtung muß in einfacher Weise und möglichst während des Betriebes verändert bzw. reguliert werden können. Der Antrieb erfolgt entweder durch einen besonderen Motor oder von der Transmission, oder auch von der Zerkleinerungsmaschine selbst aus. Die Aufgabevorrichtung ist meist unter dem Vorratsbehälter angebracht und mit der Zerkleinerungsmaschine durch eine Schurre verbunden, in manchen Fällen ist sie auch unmittelbar an der Maschine montiert. Als Aufgabevorrichtungen sind auch einige der in den nächsten Abschnitten beschriebenen Förder- und Siebvorrichtungen, z. B. Förderschnecken, Förderrinnen, bewegliche Stangenroste, Rollenroste u. dgl. verwendbar.

a) Schubwagen.

Die Schubwagenaufgabe, wie in Abb. 149 dargestellt, besteht im wesentlichen aus einem vorn und oben offenen Kasten *1*, dem Schubwagen, der auf den Laufrädern *2* fahrbar ist und von einer Kurbel *3* oder von einem Exzenter über eine Schubstange *4* angetrieben wird. Der Schuh bildet den unteren Abschluß des Vorratsbehälters *5*, dessen Wände an den Seiten und hinten bis dicht an die Sohle des Kastens

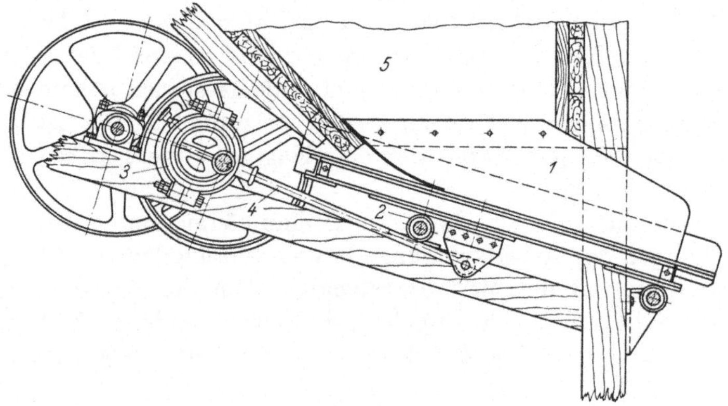

Abb. 149. Schubwagenaufgabe.

herabreichen, während vorn eine Austragsöffnung verbleibt, deren einstellbare Höhe sich nach dem Böschungswinkel und der zu fördernden Materialmenge richtet. Beim Vorwärtsgang nimmt der Schubwagen einen Teil des Aufgabegutes mit nach vorn. Die dahinter entstehende Leere füllt sich sofort durch das von oben nachrutschende Material. Dieses kann aber beim Rückschub des Wagens nicht wieder in den Vorratsbehälter zurückgelangen, weil es durch die Hinterwand desselben zurückgehalten wird. Der Schubwagen wird demnach unter der Reibungskraft des auf ihm lastenden Materials zurückgezogen. Die Zuteilung des Aufgabegutes geschieht demnach auch nicht kontinuierlich, sondern periodisch, was allerdings nicht immer erwünscht ist. Die Vorrichtung kann aber auch doppelseitig ausgebildet werden. Der Bunkerausgang ist dann über beiden Enden des Wagens offen und enthält in der Mitte einen festen Steg, der bis dicht an den Wagen reicht. In diesem Falle ist zwar die Förderung besser ausgeglichen, aber es entstehen zwei Austragsstellen, die gegebenenfalls durch eine entsprechende Sammelschurre wieder vereinigt werden müssen. Die Mengenregelung erfolgt durch Veränderung des Exzenterhubes und somit des Wagenweges oder durch Verstellen der Höhe der Austragsöffnung. Der Schubwagen eignet sich besonders für große Leistungen und für sehr grobstückiges Aufgabegut von Kopfgröße und darüber.

Bei einer Sonderbauart des Schubwagens ist nur der hintere Teil desselben auf Rollen geführt, während der vordere Teil an Lenkern aufgehängt ist und eine schwingende Bewegung ausführt. Die Lenker werden unten von einem Exzenter aus angetrieben. Die Fördermenge läßt sich durch Verdrehen des Exzenterringes von einem Handrad aus während des Betriebes regulieren. Die Bewegung des Schubwagens kann dabei von Null bis zum Höchstwert verändert werden. Außerdem ist es möglich, die Neigung des Schubwagens zu verstellen, indem die Lenker mittels Spindeln gehoben oder gesenkt werden. Diese Bauart ist für trockenes oder wenig feuchtes grießiges oder stückiges Gut geeignet.

b) Stoßschuh.

Diese Vorrichtung hat an Stelle des Schubwagens einen Austragsschuh, der an Lenkern schräg aufgehängt ist und durch Federn gegen einen hölzernen Prellbock gedrückt wird. Bei jedem Umlauf einer Daumenwelle wird der Schuh einmal oder mehrere Male vorgeschoben und darauf durch die Federn gegen den Prellbock zurückgestoßen. Hierdurch wird das Aufgabegut zum Auslauf des Schuhs gefördert. Die Mengenregelung erfolgt von einem Handrad oder Handhebel durch Verschiebung der Daumenwelle und somit auch durch Veränderung des Hubes des Schuhs und der Stärke des Stoßes. Auch ist die Neigung des Schuhs veränderlich, indem die Länge der Lenker verstellbar ist. In der äußersten Handradstellung ist der Hub gleich Null, der Speiser also außer Betrieb gesetzt. Die Stoßspeiser dienen ebenfalls zur Beschickung von Aufgabegut in Walnuß- bis Kindskopfgröße. Der Schuh ist erforderlichenfalls durch Schleißbleche auszukleiden. Meist wird der Stoßspeiser mit einem Staubkasten umgeben.

c) Schüttelspeiser.

Der Schuh des Schüttelspeisers, der gleichfalls an Pendeln etwas geneigt aufgehängt ist, wird durch eine Nockenscheibe in schnellem Wechsel in eine schüttelnde Bewegung versetzt. Die Fördermenge kann durch einen Schieber am Bunkerausgang geregelt werden. Der Schüttelspeiser ist meist auf der Mühle montiert. Er fördert grießiges bis grobstückiges Aufgabegut, auch solches von besonders niedrigem Schüttgewicht. Zum Ausscheiden kleiner Eisenteile kann ein Dauermagnet vorgesehen werden. Schüttelspeiser kommen nur für die Aufgabe kleinerer Gutsmengen in Frage.

d) Pendelspeiser.

Der Pendelspeiser besteht aus einem trichterförmigen Gehäuse, das unten durch eine pendelnd aufgehängte Schwinge abgeschlossen ist. Die Schwinge wird durch einen Exzentertrieb hin- und herbewegt und gibt bei ihrem Rückgang stets einen Teil des in dem über dem Speiser befindlichen Behälter angesammelten Aufgabegutes frei.

Die Abb. 150 zeigt einen Pendelspeiser im Schnitt. Die Schwinge *1* ist zu beiden Seiten des Speisers an der am Gehäuse *2* drehbar gelagerten Welle *3* aufgehängt. Der Antrieb der Schwinge erfolgt durch die Riemenscheibe *4* über die Kurbelwelle *5*. Bei der Drehung der letzteren wird die Kurbelstange *6* hin- und herbewegt, und da die Kurbelstange gelenkig mit der Schwinge verbunden ist, so führt auch diese die hin- und herpendelnde Bewegung aus. Beim Vorwärtsgang der Schwinge wird das Aufgabegut aus dem trichterförmigen Gehäuse herausgezogen, während die Schwinge beim Rückwärtsgang unter dem Gut hinweggleitet, so daß ein Teil desselben ausgetragen wird. Am Auslauf des Gehäusetrichters ist ein verstellbares Verschlußblech *7* vorgesehen, durch dessen Höher- oder Tieferstellen die Leistung des Pendelspeisers eingestellt werden kann. Vielfach wird auch an Stelle der festbegrenzten Kurbel eine Kurbelscheibe mit verschiebbaren Kurbelzapfen angewendet, um durch veränderbaren Radius der Kurbel eine weitere Regulierbarkeit der Leistung des Speisers zu schaffen.

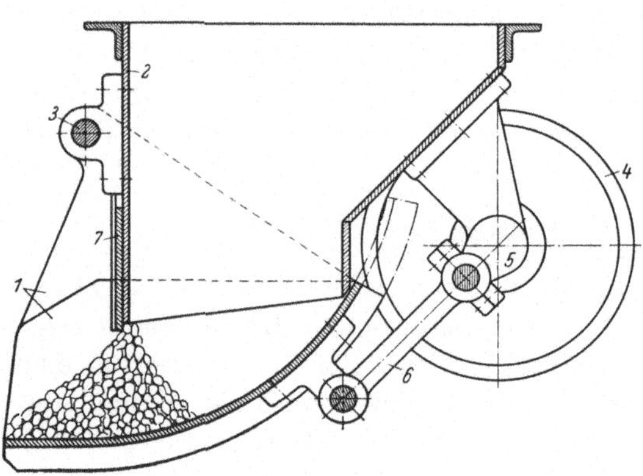

Abb. 150. Pendelspeiser.

Die Pendelspeiser eignen sich besonders als Zuteilapparate grobgrießigen und kleinstückigen Aufgabegutes. Sie werden in Abmessungen von 200 bis etwa 800 mm Breite für Aufgabeleistungen von etwa 4 bis 40 t/h ausgeführt.

e) Walzenaufgabe.

Die Walzenaufgabe, die sich unmittelbar am Behälter oder Bunkerauslauf befindet, dient zur gleichmäßigen Zuteilung des im Behälter oder Bunker befindlichen Aufgabegutes. Die Abb. 151 zeigt schematisch die übliche Anordnung der Walzenaufgabe. Die Walze *1* sitzt auf der Achse *2*, die entsprechend gelagert ist und durch ein Stirnrad- oder Schneckengetriebe in Drehung versetzt wird. Erfolgt der Antrieb durch Riemenscheiben, so werden zur Veränderung der Drehzahl Stufenscheiben vorgesehen. Andererseits kann der Antrieb auch durch einen Motor mit veränderlicher Drehzahl erfolgen. Der Behälter oder Bunkerauslauf ist so geformt, daß bei Stillstand der Walze das Aufgabegut am Auslauf über der Walze eine Böschung bildet. Bei der Drehung der Walze zieht diese dann das Aufgabegut gleichmäßig aus dem Bunker heraus in die Ablaufschurre. Zur weiteren Regelung der Aufgabemenge ist noch ein verstellbarer Schieber *3* vorgesehen. Die Walzenaufgabe vorstehender Ausführung eignet sich zur gleichmäßigen Verteilung des grießigen und kleinstückigen Aufgabegutes. Zur besseren Mitnahme des Aufgabegutes kann die Walze geriffelt sein.

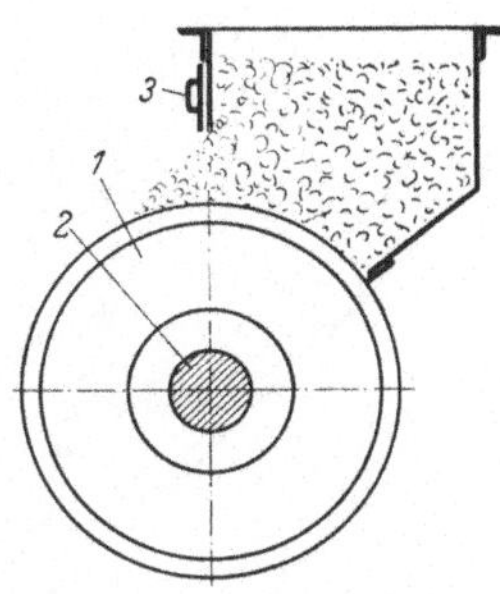

Abb. 151. Walzenaufgabe.

Zur gleichmäßigen Zuteilung von mehligem Aufgabegut eignet sich die Walzenaufgabe in der Ausführung der „Fächerwalze“, wie diese in der Abb. 152 schematisch dargestellt ist. Hierbei ist die Walze *1* mit Fächern versehen, die das Aufgabegut aufnehmen und durch das an den Walzenumfang anschließende Gehäuse *2* gewissermaßen hindurchschleusen, bis es am unteren Auslauf des Gehäuses wieder freigegeben wird. Die Walzenaufgabe bildet somit einen sicheren Abschluß des Behälters oder Bunkers.

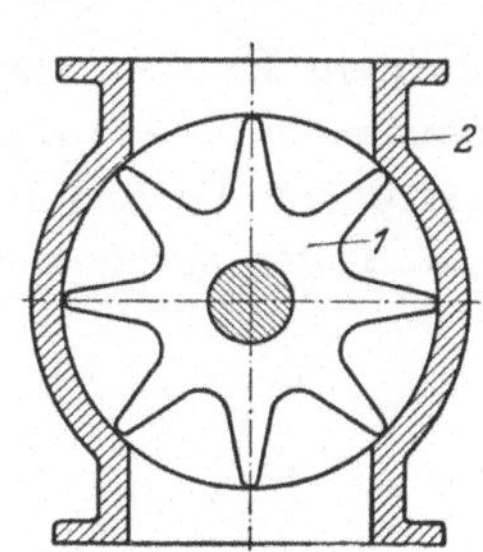

Abb. 152. Fächerwalzenaufgabe.

f) Kettenaufgabe.

Bei der Kettenaufgabe gemäß Abb. 153 hängen eine Reihe schwerer, endloser Ketten, einen Vorhang bildend, über einer Kettentrommel. Die Trommel ist im allgemeinen aus vier Stahlbalken gebildet. Unter diesen Ketten befindet sich eine aus dem Bunker kommende steile Schurre. Bei Stillstand der Trommel legt sich das Aufgabegut gegen den Kettenvorhang. Wird nun die Trommel in der auf der Abbildung angegebenen Pfeilrichtung angetrieben, so kommt das Aufgabegut durch die Bewegung und Reibung der Ketten ins Rutschen und wird dadurch aus dem Bunker kontinuierlich und gleichmäßig über die Schurre abgelassen. Das Gewicht der schweren Ketten verhindert, daß das Aufgabegut durch seine eigene Schwere auf der Schurre abgleitet. Der Kettenvorhang liegt auf der leeren Schurre noch ein Stück auf. Die Kettenaufgabe eignet sich sowohl für feinstückiges als auch besonders für gröbstes Aufgabegut.

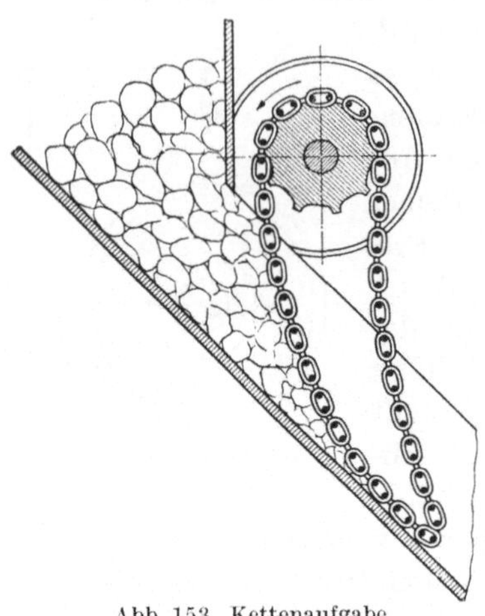

Abb. 153. Kettenaufgabe.

g) Tellerspeiser.

Eine Ausführung des Tellerspeisers zeigt Abb. 154, wobei ein über Riemenscheibe und Kegelräder angetriebener Teller *1* sich mit senkrechter Achse unterhalb des Bunkerauslaufes *2* dreht. Die Tellerachse liegt hierbei in der Achse des zylindrischen Bunkerstutzens. Ein feststehender Abstreicher *3* räumt das Gut, das sich laufend aus dem Bunker ergänzt, vom Teller ab und führt es einer Ablaufschurre zu. Die Aufgabemenge kann durch Verstellen des Abstreichers und durch Verändern der Höhe des Ringes *4* zwischen Bunkerauslauf und Teller geregelt werden. Der Speiser ist von einem staubdichten

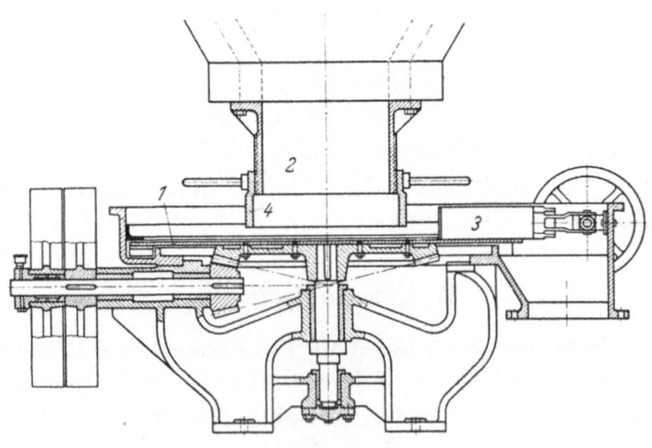

Abb. 154. Tellerspeiser.

Blechgehäuse umgeben. Der Teller wird erforderlichenfalls mit Schleißblechen versehen. Tellerspeiser eignen sich sowohl für trockenes als auch für feuchtes Material.

h) Elektromagnetische Vibratoren als Zusatzapparate.

Es kommt bei manchen Materialien leicht vor, daß im Bunker über der Auslauföffnung Stauungen eintreten bzw. sich „Brücken“ oder „Nester“ bilden, wodurch der Aufgabevorrichtung kein Material mehr zugeht. Diese Störung läßt sich dadurch verhindern, daß dem Bunker Vibrationen zugeführt werden. Gut bewährt hat sich hierfür z. B. der elektromagnetische Vibrator der AEG. Bei diesem Apparat werden durch magnetische Anregung erzwungene mechanische Schwingungen erzeugt. Magnetmasse und Ankermasse bilden mit starken vorgespannten Federn zusammen ein schwingungsfähiges System mit einer Eigenfrequenz, die in der Nähe der Periodenzahl des Wechselstromes liegt, wobei die Resonanzwirkung ausgenutzt wird. Je nach Schaltung können Schwingungszahlen von 50 oder von 100 Hz erzeugt werden. Der Apparat wird an der Bunkerwand in der Nähe des Auslaufes befestigt. Der Ankerteil ist hierbei mit dem Nutzgerät, also in diesem Falle mit der Bunkerwand, verbunden. Die Eigenfrequenz kann durch Anbringen oder Absetzen von Zusatzmassen geregelt werden.

2. Fördereinrichtungen.

Allgemeines. Im Interesse eines kontinuierlichen Betriebes spielen die ständig laufenden Fördereinrichtungen eine wichtige Rolle. Sie sind erforderlich, um das Material von der einen zu einer anderen Maschine oder zu den Bunkern, Waggons usw. zu befördern. Die Wahl der geeigneten Fördereinrichtung hängt von der Art, Menge und Korngröße des zu fördernden Materials ab, ferner davon, ob senkrecht, steil steigend, wenig steigend oder waagerecht transportiert werden soll. Man unterscheidet Innenförderung für den Transport innerhalb der Betriebsgebäude und Außenförderung, z. B. für das Heranholen des Materials von den Gewinnungsstellen, wie Steinbruch, Grube usw. Nachstehend wird nur die Innenförderung behandelt. Die Behandlung der Außenförderung würde im Rahmen dieser Arbeit zu weit führen.

a) Becherwerke.

Becherwerke dienen zur senkrechten oder steilen Förderung mehligen, grießigen oder stückigen Materials bis etwa Faustgröße. Sie enthalten senkrecht oder schräg stehende endlose Becherketten. Im allgemeinen werden zwei auf gemeinsamer Achse sitzende obere Kettenräder und zwei ebensolche untere Kettenräder vorgesehen, deren Wellen sich in einem der Förderhöhe entsprechenden Abstand befinden. An Stelle der Ketten können bei leichteren Ausführungen auch Gurte benutzt werden, vorausgesetzt, daß dies die Temperatur des Fördergutes zuläßt. Die Ketten sind meist schmiedeeiserne, kurzgliedrige Schiffsketten oder auch GALLsche Gelenkketten. Die aus Blech oder Temperguß gefertigten Becher oder Eimer sind an den Ketten mittels Krampenschrauben in passenden Abständen befestigt. Der Schöpfrand der Becher wird zweckmäßig mit einer Verstärkung versehen. Das Ganze befindet sich in einem staubdichten Gehäuse, das aus dem Fußstück, dem Kopfstück und den Schloten besteht. Die Schlote sind meist aus Blech gefertigt. Statt der zwei Schlote kann auch ein gemeinsamer Kasten vorgesehen werden. Fußstück und Kopfstück bestehen entweder aus Gußeisen oder aus Blechkonstruktion. Bei Förderung stückigen Gutes muß der Einlauf des Fußstückes auf der Seite der aufsteigenden Becher liegen, während sich der Auslauf am Kopfstück auf der Seite der absteigenden Becher befindet. Bei grießigem oder mehligem Gut darf der untere Einlauf auch auf der gleichen Seite wie der obere Auslauf liegen. Grobstückiges Gut kann nicht geschöpft, sondern muß den Bechern unmittelbar zugeführt werden. In diesem Falle kommen auch Schrägbecherwerke zur Anwendung, bei denen die Becher dicht hintereinander ohne Zwischenräume an den Ketten oder Gurten befestigt sind. Die Schrägbecherwerke haben Laschenketten oder Drahtgurte.

Sowohl Fuß- und Kopfstück als auch Schlote erhalten Schauklappen. Die Lagerung der unteren Kettenradwelle ist nachstellbar, um die mit der Zeit eintretende unvermeidliche Längung der Ketten ausgleichen zu können. Oft ist eine automatische Nachstellvorrichtung für die Ketten vorhanden, wobei die unteren Lager in Führungen senkrecht verschiebbar sind und durch nach unten drückende Gewichte belastet werden, wodurch die Ketten stets unter Spannung bleiben. Die oberen Kettenräder werden mittels Riemenscheibe, gegebenenfalls unter Zwischenschaltung eines Zahnradvorgeleges, oder neuerdings meist unmittelbar durch Getriebemotor angetrieben. Die Becherbreite beträgt im allgemeinen zwischen 150 und 500 mm. Es sind aber bereits auch Schrägbecherwerke bis 1000 mm und darüber für besonders grobstückiges Gut ausgeführt worden.

Becherwerke werden in Normenausführung von verschiedenen Lieferfirmen hergestellt, so daß es sich erübrigt, hier auf weitere Einzelheiten einzugehen.

b) Schaukelbecherwerke.

Das Schaukelbecherwerk bietet die Möglichkeit, den Förderweg, im Gebäudeaufriß gesehen, sehr beliebig auszuführen, also waagerecht, senkrecht, schräg sowie mit Winkeln oder Kurven. Auch können sehr verschiedenartige Güter mit dieser Einrichtung gefördert werden. Sie besteht gemäß Abb. 155 aus einer endlosen Becherkette. Die Becher *1* sind an einer Welle oberhalb ihres Schwerpunktes pendelnd aufgehängt. Die Wellen tragen an ihren Enden Laufräder *2*, die auf geraden oder kurvenförmig gebogenen Schienen *3* laufen. In der Senkrechten sind keine Schienen oder nur kurze Führungsstücke erforderlich. Als Zugorgane dienen Ketten aus Flacheisenlaschen *4* mit entsprechenden Gelenken, die an den Achsen der Laufrollen angelenkt sind und so die Laufrollen bzw. Becher miteinander verbinden. Die Ketten werden durch Kettenscheiben *5* von einem Motor aus über elastische Kupplung, Schnecken- und Stirnradgetriebe angetrieben. Das Entleeren der Becher erfolgt an beliebiger Stelle durch Auflaufschienen *6*, die nach Bedarf eingeschaltet oder außer Wirkung gesetzt werden können. Die Füllvorrichtung für die Becher muß im allgemeinen periodisch arbeiten wegen der

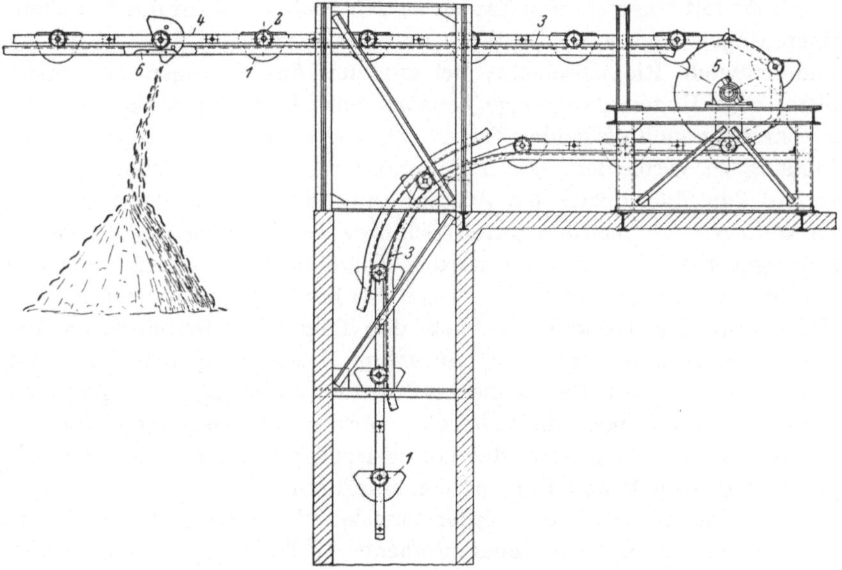

Abb. 155. Schaukelbecherwerk.

Lücken zwischen den Bechern. Wird sie jedoch kurz vor einer Umlenkstelle um 180° angeordnet, wobei die unteren zurückkehrenden Becher immer unter die Lücken der oberen treten müssen, so kann auch kontinuierliche Beschickung angewandt werden. Dem Vorteil der Schaukelbecherwerke, sich den räumlichen Verhältnissen der Anlage weitgehend anpassen zu können, steht als Nachteil das Vorhandensein vieler beweglicher Teile und Mechanismen gegenüber, die sorgsame Pflege und Aufsicht erfordern. Der Leistungsbedarf ist verhältnismäßig gering.

c) Förderschnecken.

Die Förderschnecken kommen für mehlförmiges oder gröberes, trokkenes Gut mit nicht zu stark schleißenden Eigenschaften in Frage. Die

Förderrichtung ist waagerecht oder auch etwas ansteigend. Die Förderstrecke soll nicht zu lang sein. Im allgemeinen beträgt sie nicht über 20 m. Die Förderschnecken bestehen aus einem schraubenförmig gewundenen Blech, das auf einer waagerechten Welle befestigt ist und sich innerhalb eines Troges mit etwas Spiel gegenüber der Trogwand dreht. Für besondere Zwecke werden die Schneckenflügel auch aus Harteisenguß hergestellt. Durch das Drehen der Schnecke wird das Fördergut in Richtung der Trogachse vorwärts geschoben. Die Welle ist in gußeisernen Endstücken gelagert, an denen sich auch die Fußflanschen zur Befestigung auf dem Fundament befinden. Bei längeren Schnecken sind Zwischenlager vorzusehen. Die Welle besteht meist aus Stahlrohr mit eingenieteten Zapfen an den Enden und für die Zwischenlager. Angetrieben wird die Welle durch eine auf dem herausragenden Ende sitzende Riemenscheibe. Bei größeren Ausführungen wird meist Stirn- oder Kegelradvorgelege benutzt. Sehr lange Schnecken können zweckmäßig auch an beiden Enden angetrieben werden, um große Verwindung zu vermeiden. Das Fördergut tritt am Einlaufende ein und verläßt den Trog durch den Auslauf am anderen Ende der Schnecke. Es können auch mehrere durch Schieber verschließbare Ausläufe an beliebigen Stellen vorgesehen werden. Die Schnecke muß am Trogende vor dem Auslauf aufhören, damit sich das Fördergut vor dem Endstück nicht staut. Das Deckblech schließt den Trog oben staubdicht ab. Bei langen Schnecken werden zur Aufnahme des Axialschubes besondere Spurlager eingebaut. Der Schneckendurchmesser beträgt im allgemeinen zwischen 200 und 600 mm. Schnecken werden auch als Aufgabevorrichtungen benutzt. Man kann das Gut beispielsweise damit in die Hohlzapfen von Kugel- und Rohrmühlen einführen.

Eine Sonderbauart der Förderschnecke ist das sogenannte Förderrohr. Dieses enthält keine innere drehende Welle, sondern die Schnecke ist im Innern eines zylindrischen Rohres befestigt, das auf Rollen gelagert ist und um seine Längsachse rotiert.

Weitere Einzelheiten sind jederzeit von den Lieferfirmen, die Förderschnecken nach Normenausführung herstellen, zu erhalten.

d) Bandförderer.

Zur Überwindung größerer Entfernungen in waagerechter oder schwach geneigter Richtung haben sich Bänder gut bewährt. Sie dienen der Förderung mehligen, grießigen und auch stückigen Materials und kommen in den für sie geeigneten Fällen heute weitgehend zur Anwendung. Die Steigung kann je nach Beschaffenheit des Fördergutes bis zu 20° betragen. Das endlose Band ist ähnlich einem Treibriemen über eine Antriebsrolle und am anderen Ende über eine Spannrolle geführt. Rollensätze unterstützen den oberen, tragenden Teil des Bandes und einfache Rollen den unteren, leer zurücklaufenden Bandteil. Lange Bänder haben am oberen Teil noch Kantenrollen zur seitlichen Führung des Bandes in Abständen von 5 bis 10 m. Das Band besteht meist aus Gummi mit Gewebeeinlagen, bei Förderung leichterer Stoffe auch aus Balata od. dgl. Auch Stahlbänder aus gewalztem Stahl kommen zur Anwendung. Der Antrieb erfolgt an der Ablaufseite entweder über eine unmittelbar auf der Rollenwelle sitzende Riemenscheibe oder über Zahnradvorgelege. Die Lager der Spannrolle sind in Schienen geführt und können mittels Spindeln entsprechend der erforderlichen Bandspannung nachgestellt werden. Die oberen Rollensätze bestehen im allgemeinen aus drei Rollen, und zwar aus einer mittleren waagerechten und zwei seitlichen geneigten Rollen. Dadurch erhält das Band auf der gesamten Förderlänge die Form einer Mulde, so daß das Gut sicherer auf dem Band liegenbleibt und außerdem mehr Gut gefördert werden kann als auf einem flachen Band. Mitunter ist die mittlere Rolle versetzt gegenüber den äußeren zwecks leichterer Zugänglichkeit und Schmiermöglichkeit. Ein flaches Band mit einfachen waagerechten Unterstützungsrollen wird meist nur dann angewandt, wenn es sich um ein Leseband handelt. Die Abstände der Muldenrollensätze hängen von der Größe der Belastung ab und betragen 1 bis 2 m. Die unteren Rollen haben im allgemeinen 2,5 bis 4 m Abstand.

Die zu fördernden Stoffe können dem Band durch eine Schurre oder ähnliche Einrichtung aufgegeben werden. Normalerweise läuft das Gut über die Antriebstrommel ab und gleitet von hier in einen Trichter, Behälter, Wagen usw. Es kann aber auch eine fahrbare Abwurfvorrichtung vorgesehen werden, mittels deren das Gut an beliebiger bzw. veränderlicher Stelle abgelassen werden kann. Eine solche Abwurfvorrichtung besteht aus einem Wagen mit Feststellvorrichtung, der mit Rollen auf Schienen in Richtung des Bandes fahrbar ist und erforderlichenfalls motorisch angetrieben werden kann. Der Wagen trägt zwei Umlenkrollen für das Förderband. Das ansteigende Band wird zunächst durch die obere Rolle und sodann durch die in der Bewegungsrichtung etwas zurück und tiefer liegende Rolle umgelenkt. Das Fördergut gleitet an der oberen Umlenkrolle ab und fällt von hier in eine zu beiden Seiten des Bandes abgezweigte Hosenschurre. Mit der fahrbaren Abwurfvorrichtung ist beispielsweise die gleichmäßige Füllung eines langgestreckten Bunkers oder mehrerer hintereinanderliegender Bunker leicht durchführbar. Der Unterbau des Bandförderers besteht aus Profileisen oder Beton, seltener aus Holz. Für besondere Zwecke wird der Unterbau und somit das gesamte Band auch fahrbar hergestellt.

Günstig beim Bandförderer ist die einfache Bauweise, der unempfindliche und fast lautlos vor sich gehende Betrieb und der geringe Leistungsbedarf. Die Förderleistung ist von der Bandbreite, der Bandgeschwindigkeit und von der sich nach der Materialart richtenden Schichthöhe abhängig. Die Geschwindigkeit beträgt im Mittel etwa 1,25 m/s, die Bandbreite im allgemeinen 300 bis 1200 mm.

Bei den Bandförderern kann die Antriebstrommel, von der das Gut abläuft, bei Bedarf auch als Magnettrommel ausgebildet werden. Dies ist ein weiterer großer Vorteil des Bandförderers. Eisenteile werden hierbei dem Material dadurch entzogen, daß sie bis unterhalb der Trommel mitgenommen werden und erst dann abfallen, wenn sich das Band von der Trommel entfernt, um so gesondert abgefangen zu werden.

Bandförderer werden von verschiedenen Lieferfirmen in Normenausführung hergestellt, so daß auf weitere Einzelheiten hier nicht eingegangen zu werden braucht.

e) Plattenförderer.

Plattenförderer arbeiten ähnlich wie die Bandförderer und eignen sich besonders zum Transport sehr grobstückigen, feuchten sowie auch heißen Gutes, und zwar sowohl in waagerechter wie auch in ansteigender Richtung. Eine solche Fördereinrichtung besteht im wesentlichen aus zwei nebeneinanderliegenden endlosen Laschenketten, die an den Umlenkstellen in je zwei auf gemeinsamer Welle befindliche Kettenräder eingreifen und oben und unten durch Führungsrollen unterstützt sind. Die Laschen sind von Kette zu Kette mit Platten in der Breite der Kettengliederlänge versehen, auf denen das Fördergut liegt. Angetrieben werden die zwei Kettenräder am Abwurfende, damit die Ketten auf der oberen, belasteten Seite auf Zug beansprucht werden. Das Gut kann sowohl am Ende ablaufen wie auch nach Bedarf an beliebiger Stelle durch einen Räumer mit anschließender seitlicher Schurre vom Plattenband abgeschoben werden. Bei Anbringung entsprechender Mitnehmerleisten auf den Platten kann dieser Förderer auch verhältnismäßig steil ansteigend ausgebildet werden.

f) Förderrinnen.

Förderrinnen sind oben offene, lange Rinnen, die das Gut infolge von Schwingungen vorwärts bewegen.

Die sogenannten „Schüttelrinnen“ oder „Förderschwingen“ sind auf schräggestellten Lenkern gelagert und führen im ersten Teil jeder Schwingung eine in Förderrichtung schräg aufwärtsgehende Bewegung aus, wodurch dem Gut im Takte der Schwingungen kleine Wurfbewegungen erteilt werden. Während der Wurfbewegung des Gutes schwingt die Rinne jedesmal schräg abwärts leer zurück. Der Antrieb erfolgt durch Kurbel oder Exzenter.

Günstig arbeiten waagerecht oder annähernd waagerecht schwingende Förderrinnen, die an Pendeln hängen oder auf Rollen geführt sind. Die Rinne nimmt hierbei während der Vorwärtsbewegung das Gut durch die Reibungskraft mit, wird dann plötzlich abgestoppt, z. B. durch Luftpuffer, und danach sehr schnell zurückgezogen, wobei das Gut infolge seiner Trägheit weiterrutscht. Ein ähnlicher Bewegungsvorgang läßt sich auch dadurch erreichen, daß man die Rinne durch einen sogenannten geschränkten Kurbeltrieb antreibt. Solche Rinnen können bis 100 m lang sein und sind z. B. unter den Bezeichnungen „Propellerrinne", „Torpedorinne" und „Polorinne" bekanntgeworden.

Bei dem „Wuchtförderer" ist die Rinne auf unter 75° stehenden Federn gelagert. An der Rinne befestigt ist ein Schwingungserzeuger, bestehend aus einer in einem Gehäuse allseitig federnd gelagerten Masse, innerhalb deren ein Elektromotor eine rotierende Unbalance antreibt. Bei dieser Antriebsart sind die Massenwirkungen nach außen annähernd ausgeglichen, was wichtig ist bei erschütterungsempfindlicher Umgebung. Die Förderrinne führt in diesem Falle kreis- oder ellipsenförmige Schwingungen aus. Sie treibt dabei im oberen Teil der Schwingung das Gut vorwärts, löst sich dann von letzterem und schwingt unterhalb des Gutes zurück.

g) Pneumatische Fördermittel.

α) Pneumatische Förderrinnen.

Gegenüber den Förderrinnen mit mechanischem Antrieb bieten die in neuerer Zeit zur Anwendung kommenden pneumatischen Förderrinnen erhebliche Vorteile. Sie dienen zum Transport von mehligen und feingrießigen Stoffen in horizontaler Richtung. Im Prinzip bestehen derartige Förderrinnen gemäß Abb. 156 aus einem viereckigen Fördertrog, der in der Längsrichtung geteilt ist. Zwischen dem Unterteil *1* und dem Oberteil *2* ist eine poröse Masse *3* eingelegt. Der Fördertrog liegt wenige Grade schwach geneigt. Das Fördergut gelangt am erhöhten Ende des Troges durch eine entsprechende Aufgabevorrichtung auf die poröse Masse, während in das Unterteil des Troges Druckluft von geringer Spannung eingeführt wird. Die durch die Poren der porösen Masse tretende Druckluft lockert das Fördergut auf, so daß dieses in einen flüssigkeitsähnlichen Zustand übergeht und nun in einem kontinuierlich sich fortbewegenden Strom auf der wenig geneigten Oberfläche der porösen Masse dahinfließt.

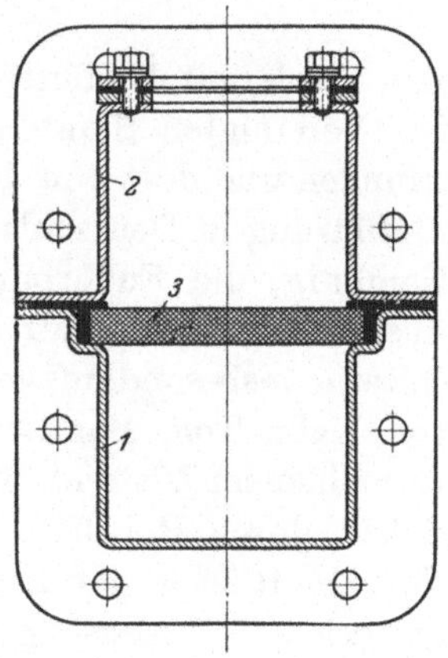

Abb. 156.
Pneumatische Förderrinne.

Der besondere Vorzug der pneumatischen Förderrinne liegt in dem Wegfall maschineller Antriebsteile, festliegendem Fördertrog, geringem Platzbedarf, einfacher Montage und geräuschloser Förderung.

Die pneumatischen Förderrinnen werden in Deutschland von der G. Polysius A.-G. hergestellt. Neuerdings liefert auch die Claudius Peters A.-G., Hamburg, pneumatische Förderrinnen, und zwar nach amerikanischer Bauart (Fuller-Huron-Airslide) in Breiten von 250 bis 350 mm und Leistungen von 50 bis 100 t/h. Die poröse Masse ist in diesem Fall aus einem Webstoff hergestellt.

β) *Fullerpumpen.*

Das Förderprinzip der Fullerpumpe beruht im wesentlichen auf der Anwendung einer als Pumpe arbeitenden Schnecke, an deren Auslauf

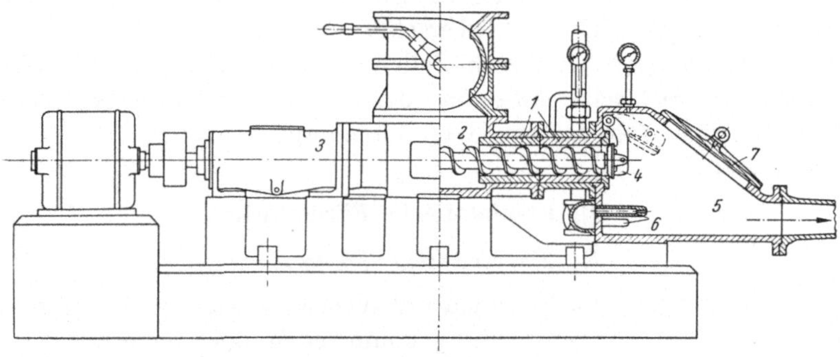

Abb. 157. Fullerpumpe.

dem Fördergut Preßluft beigemischt wird. Dieses Verfahren wurde in den Vereinigten Staaten von Amerika von dem Amerikaner Kinyon erfunden und dort von der Fuller-Co. übernommen und ausgeführt. Die Einführung in Deutschland erfolgte durch die Claudius Peters A.-G. in Hamburg, die Fullerpumpen in ortsfester, fahrbarer und hängender Ausführung liefert zur Förderung von staubförmigen und grießigen Gütern, insbesondere von Kohlenstaub, Feinkohle, Zement oder auch von Kalk, Ton, Magnesit, Kalkstickstoff, Soda usw. in entsprechend vermahlenem Zustand. Fullerpumpen können das Material ohne Schwierigkeit durch Rohrleitungen bis zu 1000 m Länge und mehr fördern. Vorteilhaft ist ferner die beliebige Ausführbarkeit der Förderwege, d. h. weitgehende Anpassung an die örtlichen Verhältnisse. Die Anlage- und Unterhaltungskosten sind verhältnismäßig gering und auch der Energie- und Luftbedarf ist nicht hoch. Staubentwicklung ist ausgeschaltet durch die geschlossene Bauweise der Pumpe und des gesamten übrigen Systems. Da nur verhältnismäßig wenig Luft eingeblasen wird, ist bei Kohlenstaubförderung die Gefahr einer Explosion ausgeschlossen.

Die Abb. 157 zeigt eine ortsfeste, waagerecht liegende Fullerpumpe. Das Gehäuse enthält innerhalb der zylindrischen auswechselbaren Schleißbuchsen *1* die Förderschnecke *2* von ziemlich niedriger Ganghöhe und großer Steigung. Die Schnecke läuft mit mittlerer Drehzahl und ist im vorderen Gehäuseteil *3* kräftig gelagert. Am Austrittsende der Schnecke befindet sich eine Regel- und Rückschlagklappe *4*, die bei unregelmäßiger Beschickung den Materiallauf regelt und sich bei aufhörender Beschickung ganz schließt, wodurch das Entweichen der Preßluft durch das Schneckengehäuse verhindert wird. In letzterem Falle wird die Leitung rasch von der Druckluft leergeblasen. Die Einführung der Druckluft erfolgt hinter der Schnecke im unteren Teil des Auslaufgehäuses *5* durch mehrere Düsen *6*. Der Luftüberdruck ist gering und hängt insbesondere von der Länge der Förderleitung ab. Die Düsen sind durch die große Öffnung des Gehäusedeckels *7* zugänglich und einzeln an- und abstellbar, so daß die den jeweiligen Verhältnissen entsprechende wirtschaftliche Luftmenge eingestellt werden kann. Durch die erwähnte Öffnung können auch Schnecke, Schleißbuchsen und sonstige Innenteile leicht und ohne Abbau der Pumpe ausgewechselt werden. Das Fördergut wird der Pumpe entweder direkt aus einem konischen Bunkerauslauf oder durch eine kontinuierliche Aufgabevorrichtung zugeleitet. Bei Entnahme aus dem Bunker dient der Fuller-Drehschieber zum Ablassen des Materials in die Pumpe. Dieser Schieber gibt den vollen Querschnitt sehr schnell frei, wodurch Brückenbildung beim Öffnen verhindert wird.

Durch den Luftzusatz entsteht ein sehr gut flüssiges Staub-Luft-Gemisch, das sich auf große Entfernungen durch die Leitungen drücken läßt, die auch Verzweigungen, Zweiwegeventile besonderer Bauart u. dgl. enthalten können. Solche Zweiwegeventile werden entweder von Hand, gegebenenfalls mittels Seilzuges, oder auch durch elektropneumatische Fernsteuerung von der Schalttafel aus betätigt.

Fullerpumpen werden für Leistungen von etwa 3 bis 60 t/h für Kohlenstaub und von etwa 8 bis 140 t/h für Zementmehl gebaut.

h) Elektromagnetische Förderer.

Diese Förderer haben entweder offene Rinnen oder staubfreie geschlossene Rohre. Sie eignen sich zum kontinuierlichen Transport von Gütern verschiedener Korngrößen, die auch etwas feucht sein können, z. B. von Kies, Sand, Schotter, Zement, Chemikalien, Koks, Kohle, Schlacke usw. Eine Rinne bzw. ein Rohr ist auf schrägstehenden Lenkerfedern gelagert und führt Schwingungen in schräger Richtung aus. Bei der Aufwärtsbewegung erteilt die Rinne bzw. das Rohr dem Fördergut jedesmal einen Antrieb in Förderrichtung und schwingt darauf schräg abwärts leer zurück. Infolge der hohen Schwingungszahl entsteht hierbei ein ständiges gleichmäßiges Fließen des Fördergutes. Als Antrieb dient ein elektromagnetischer Vibrator der AEG, der unten an der Förderrinne bzw. dem Rohr befestigt ist. Ankermasse und Magnetmasse bilden zusammen mit vorgespannten Federn ein schwingungsfähiges System, dessen Eigenfrequenz in der Nähe der Frequenz des Wechselstromes liegt. Der Ankerteil ist mit dem Nutzgerät, im vorliegenden Falle also mit der Förderrinne oder dem Förderrohr verbunden. Der Magnetteil wird nach Bedarf mit Zusatzmassen belastet. Die Vorrichtung arbeitet annähernd in Resonanz, zeigt aber trotzdem einen stabilen Betrieb. Durch das Gegeneinanderschwingen der zwei Massen ist Massenausgleich vorhanden, so daß das Fundament keine nennenswerten Erschütterungen erhält. Der Vibrator schwingt linear und arbeitet verschleißlos, da er keinen umlaufenden Unbalancetrieb enthält. Die Schwingungszahl kann je nach Schaltung auf 3000 oder 6000 Schwingungen/min, also 50 oder 100 Hz, eingestellt werden. Die Fördermenge ist elektrisch stufenlos regelbar. Die Einrichtung kann außer für normalen Transport auch für den Abzug aus Bunkern sowie als Aufgabevorrichtung für Zerkleinerungsmaschinen benutzt werden. Die größte Förderleistung beträgt z. Z. etwa 50 m^3/h. Die größte Einzellänge einer Rinne wurde bisher mit Rücksicht auf die Schwingungssteifigkeit nicht über 5 bis 6 m ausgeführt. Sind größere Förderstrecken zu überwinden, so können mehrere Einzellängen in gleicher Höhe hintereinandergeschaltet werden. Es ist auch eine geringe Schrägförderung möglich bis zu einem Steigungswinkel von etwa 12 bis 15°, wobei die Förderleistung bis zu etwa 40% sinkt. Die Antriebsleistung ist verhältnismäßig gering. Vorteilhaft ist, daß diese Förderer keine besondere Wartung und keine Schmierung erfordern und daß die Förderleistung sehr bequem zu regeln ist.

3. Siebe, Roste und Klassierer.

Allgemeines. Siebe, Roste und Klassierer dienen zur Trennung von Brech- und Mahlgütern nach Kornklassen, sei es auf dem trocknen oder nassen Wege. Vielfach ersetzen sie auch besondere Aufgabevorrichtungen der Zerkleinerungsmaschinen, indem das als Überlauf anfallende Grobgut der nachfolgenden Zerkleinerungsmaschine gleichmäßig und unmittelbar zugeführt wird. Wird dann das aus der Zerkleinerungs- oder Mahlmaschine austretende Brech- oder Mahlgut der Sieb- oder Klassiervorrichtung erneut aufgegeben, so entsteht der allgemein bekannte Kreislaufprozeß. Die Anordnung der Anlagen nach dem Kreislaufprozeß kann sehr verschiedenartig getroffen werden, wie die nachfolgenden Beispiele zeigen.

Bei der Schaltung nach Abb. 158 befindet sich das Sieb *1* hinter dem Brecher *2*, der das Brechprodukt B (t/h) liefert. Das genügend Feine verläßt das Sieb unten bei *3* als Leistungsmenge L der Anlage, während das noch zu Grobe durch die Fördereinrichtungen *4* und *5* dem Brecher samt der eigentlichen Aufgabemenge A erneut zugeführt wird. Bezeichnet man den Anteil des Brechproduktes B, der die gewünschte Feinheit hat und durch das Sieb von entsprechender Maschenweite hindurchgeht, mit $p\%$, so gilt:

$$L = A = \frac{p}{100} B \qquad (\mathrm{t/h}),$$

denn die Leistungsmenge muß gleich der Aufgabemenge sein. Die vom Brecher zu zerkleinernde Menge in Abhängigkeit von der Aufgabemenge beträgt also:

$$B = \frac{100 \cdot A}{p} \qquad (\mathrm{t/h}).$$

Je geringer p ist, desto größer wird demnach die Menge, die den Brecher tatsächlich passieren muß. Hiernach ist die Größe der Zerkleinerungs-

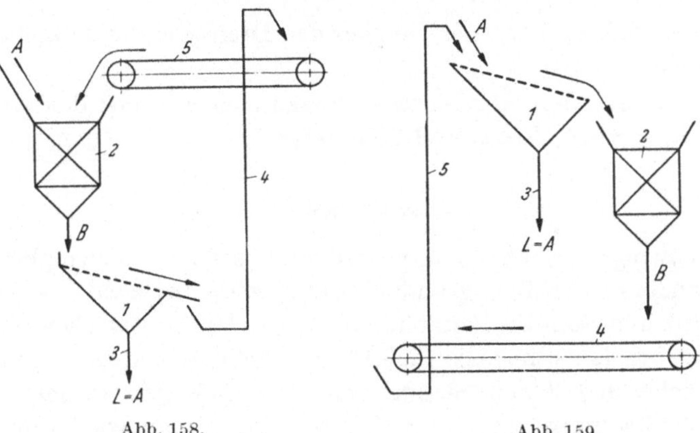

Abb. 158. Abb. 159.

maschine zu bemessen, nicht nach der Aufgabemenge A bzw. der Leistung der Anlage L. Bei einem Siebdurchgang von 50% z. B. beträgt $B = 2 \cdot A$, d. h. die durch den Brecher gehende Menge ist doppelt so groß wie die Aufgabemenge.

Bei der Schaltung nach Abb. 159 ist das Sieb *1* vor dem Brecher *2* angeordnet. Die Aufgabemenge A passiert also zunächst dieses Sieb, wobei das genügend Feine unten bei *3* abgezogen wird, während das zu Grobe in den Brecher gelangt. Das aus diesem kommende Brechprodukt B wird durch Fördereinrichtungen *4* und *5* wieder auf das Sieb geleitet, worauf der feine Anteil durch das Sieb fällt, das zu Grobe aber zusammen mit dem zu groben Anteil der Aufgabemenge A dem Brecher wieder aufgegeben wird. Diese Schaltung kommt vor allem in Frage, wenn das Aufgabematerial von vornherein viel Feines enthält und andererseits ein zu großer Anteil an Feinem im Brechprodukt unerwünscht ist. Beträgt der Anteil des genügend Feinen im Aufgabegut p % und der Anteil des genügend Feinen im Brechprodukt, d. h. in der Umlaufmenge, q%, so gilt:

$$L = A = \frac{p\,A}{100} + \frac{q\,B}{100} \quad \text{(t/h)}.$$

Somit ist die von dem Brecher zu verarbeitende Menge in Abhängigkeit von der Aufgabemenge:

$$B = \frac{A\,(100 - p)}{q} \quad \text{(t/h)}.$$

Je kleiner p und q sind, desto größer wird also die Umlaufmenge und damit die erforderliche Größe der Zerkleinerungsmaschine. Beispiele:

$p = 50\%$, $q = 50\%$ ergibt: $B = A$,
$p = 25\%$, $q = 50\%$ „ $B = 1{,}5\,A$,
$p = 25\%$, $q = 25\%$ „ $B = 3\,A$.

Im letzteren Fall also hat der Brecher das Dreifache der Aufgabemenge zu verarbeiten.

Die nachfolgenden Abschnitte befassen sich nun mit den einzelnen Bauarten der Siebe, Roste und Klassierer.

a) Schwingsiebe.

Die Schwingsiebe haben den Vorteil, daß durch die Schwingbewegung eine besonders intensive, gründliche und schnellwirkende Siebung erreicht wird und daß die Bauhöhe gering ist. Man unterscheidet Vibrationssiebe, bei denen nur die Siebfläche schwingt, und die eigentlichen Schwingsiebe, bei denen Siebrahmen und Sieb gemeinsame, gleichartige Schwingungen ausführen. Letztere kann man wiederum unterteilen in:

1. Siebe mit begrenztem Hub mit Kurbel- oder Exzenterantrieb.
2. Freischwingende Siebe mit Massenkraft-, Federkraft- oder magnetischem Antrieb.

Die Art der Schwingungen kann sein:

1. Hin- und hergehende Schwingungen, horizontal oder in Richtung des Siebkastens bei steiler Lage des letzteren.
2. Schräg auf- und abwärtsgehende bei horizontalem oder wenig geneigtem Siebkasten.
3. Kreis- oder ellipsenförmige Schwingungen bei horizontalem oder wenig geneigtem Siebkasten.

Im wesentlichen kommen heute hauptsächlich die unter 2. und 3. genannten Schwingungsarten in Frage. Die benutzten Schwingungszahlen liegen im allgemeinen zwischen 300 und 3000/min, und die Ausschläge der Schwingungen betragen dabei etwa zwischen 40 und 0,5 mm.

Bei schwingenden Sieben, die dem Siebgut Wurfbewegungen erteilen, ist zu beachten, daß Wurfhöhe und Wurfweite nach den Siebeigenschaften des Siebgutes, dem Zweck der Siebung und der Maschenweite des Siebes zu bestimmen oder zu erproben sind. Abhängig sind Wurfhöhe und Wurfweite vom Wurfwinkel einerseits und von der Beschleunigung andererseits. Während der Wurfwinkel wiederum von der Siebneigung und der Bewegungskurve des Siebes abhängt, wird die Beschleunigung durch Hubgröße und Schwingungszahl des Siebes bestimmt. Die Wurfhöhe ist maßgebend für die Durcharbeitung und Umschichtung des in einer gewissen Schichthöhe über den Siebboden geförderten Siebgutes. Kleine Wurfhöhe ist dann anzuwenden, wenn lange, splittrige Stücke möglichst nicht durch das Sieb gehen sollen. Große Wurfhöhe bewirkt eine intensive, scharfe Absiebung. Als Wurfweite wählt man mit Rücksicht auf einen guten siebtechnischen Wirkungsgrad zweckmäßig die halbe Siebteilung oder ein ungerades Vielfaches der halben Siebteilung, da in diesem Fall die Körner bei ihrem Weg über den Siebboden am häufigsten Gelegenheit haben, durch die Siebmaschen hindurchzufallen.

Vorteilhaft für den Betrieb schwingender Siebe, besonders bei schwereren Geräten, sind folgende Maßnahmen:

Resonanzbetrieb durch Erzeugung erzwungener Schwingungen. Hierbei schwingt die Masse m des Siebrahmens gegen vorgespannte Federn oder Gummikörper mit der Federkonstanten c. Die Eigenfrequenz dieses Systems ist:

$$f = \sqrt{\frac{c}{m}} \quad (1/\mathrm{s})$$

und demnach die kritische Drehzahl:

$$n_k = \frac{30}{\pi}\sqrt{\frac{c}{m}} \quad (\mathrm{U/min}).$$

Mit dieser Schwingungszahl würde das System, einmal angestoßen und reibungslosen, verlustlosen Betrieb vorausgesetzt, von selbst unendlich lange weiterschwingen. Praktisch muß das System jedoch zur Überwindung der Nutz- und Reibungsleistung, die hier als Schwingungsdämpfung erscheinen, laufend angeregt werden. Dies geschieht durch eine lose Kopplung, deren Frequenz ganz oder annähernd mit der Eigenfrequenz des Systems übereinstimmen muß. Diese Kopplung wird im allgemeinen erreicht durch:

1. Massenkräfte infolge von rotierenden Unbalancen, von Kurbeltrieben, Massenpendeln od. dgl.

2. Federkräfte (indirekter Federantrieb), wobei die Federn oder Gummikörper

z. B. mittels eines Exzenter- oder Kurbeltriebes periodisch zusammengedrückt werden.

3. Elektrische Kräfte (Magnete). Bei Verwendung von Wechsel- oder Drehstrom kann hierbei die Eigenfrequenz des Schwingungssystems auf die Stromfrequenz abgestimmt werden.

Durch den Resonanzbetrieb flutet die Energie im schwingenden System dauernd zwischen der kinetischen Energie der Masse und der potentiellen Energie der Federn oder Gummikörper hin und her. Die Massenkräfte werden in den Resonanzfedern und Gummikörpern aufgenommen, so daß die Lager und Gelenke des Antriebes von diesem Kräftespiel unberührt bleiben und weitgehend entlastet sind. Sie haben im wesentlichen nur noch die Nutzleistung und eine infolge der kleineren Kräfte bedeutend geringere Reibungsleistung zu übertragen und können daher auch kleiner bemessen werden. Ohne Resonanz kann die Verlustleistung durch die hohen Massendrücke das Mehrfache der Nutzleistung betragen. Außerdem würden diese hohen Massenkräfte dann eine starke Abnutzung und gegebenenfalls ein Ausschlagen der Lager und Gelenke bewirken. Der mechanische Wirkungsgrad wird durch die Anwendung des Resonanzbetriebes demnach wesentlich verbessert.

Massenausgleich. Besonders bei schweren Geräten und bei schwingungsempfindlicher Umgebung dürfen die Massenkräfte der schwingenden Teile nicht auf das Fundament übertragen werden. Zum Zwecke des Massenausgleiches schwingt beispielsweise der Siebrahmen gegen eine Ausgleichsmasse oder gegen den auf weichen Federn gelagerten Maschinenrahmen, oder es schwingen zwei Siebrahmen gegeneinander. Bei gleichzeitig vorhandener Resonanz erfolgt die Schwingung der zwei Massen zueinander über die vorgespannten Resonanzfedern bzw. Gummikörper. Die Massenkräfte der schwingenden Teile sind in allen Stellungen der Schwingbewegung nach Größe und Richtung gegeneinander ausgeglichen. Schwingsiebe mit Massenausgleich verursachen also keine Erschütterungen des Fundamentes und seiner Umgebung. Vor allem wird durch den Massenausgleich auch die Anwendung hoher Beschleunigungen – bis zu etwa 6facher Erdbeschleunigung – und großem Wurfwinkel sowie großer Wurfbahn möglich.

Verschiedenes. Bei der Gewinnung von Material, dessen Korngrößen innerhalb bestimmter Grenzen liegen sollen, sind mehrere Siebe hintereinander bzw. untereinander zu schalten. Schaltet man die Siebe untereinander, so gelangt das Aufgabegut auf das obere Sieb und die weitere Klassierung des Siebdurchganges erfolgt dann auf dem nachfolgenden feineren Sieb usf. Anstatt einzelner untereinander geschalteter Siebe kann auch ein Sieb mit 2 oder 3 untereinander liegenden Siebflächen (Zwei- oder Dreideckersiebe) zum gleichen Zweck benutzt werden. Die Hintereinanderschaltung der Siebe bietet den Vorteil der unmittelbaren Verteilung der verschiedenen Kornklassen auf darunter befindliche Behälter oder Silos. Die räumlichen Verhältnisse spielen somit bei der Wahl der Siebschaltung eine erhebliche Rolle.

Je weniger sich die lichten Weiten zweier aufeinanderfolgender Siebe unterscheiden, desto einheitlicher ist die Korngröße des zwischen ihnen abgezogenen Materials, desto geringer ist aber dann auch die gewinnbare Menge dieser Fraktion. Ein Material von ganz einheitlicher Korngröße ist auch mit Hilfe mehrerer Siebe nicht zu erzielen, zumal längliche Stücke, sogenannte Fische, in der Senkrechten zur Siebfläche durch die Lochung gelangen können, wobei die Länge dieser Stücke unter Umständen das Mehrfache der lichten Siebweite beträgt.

Als Siebboden werden je nach Art des Siebgutes und Zweckes der Siebung sehr verschiedenartige Ausführungen und Materialien benutzt, z. B. Roststäbe mit Profilen verschiedener Art, Lochbleche mit verschiedenen Lochformen bis zum Mikrosiebblech, Profildrahtsiebe, die unter Verwendung eingepreßter Mulden ineinandergeflochten sind, Preßschweißgitter, bei denen die Oberdrähte mit den querlaufenden Unterdrähten durch Widerstandsschweißung verbunden sind, ferner Schlitzsiebe, Welldrahtgewebe, Langmaschengewebe usw.

Allgemein sei noch bemerkt: Langloch- und Spaltsiebflächen werden normalerweise nur bei vorwiegend würfeligem Siebgut verwendet, da schalige, splittrige, längliche Stücke durch solche Siebe mit hindurchgehen. Anders liegt aber der Fall, wenn aus einer Körnung speziell die schaligen und splittrigen Teile nebst dem Staub ausgesiebt werden sollen. Dann sind Spaltsieb, Harfensieb und ähnliche Langlochsiebe am besten geeignet. Dazu kommt der Vorteil, daß diese Siebarten einen wesentlich geringeren Siebwiderstand haben als das Quadratmaschensieb, so daß die Siebmaschine eine erhebliche Leistungssteigerung erfährt. Quadratlochungen werden angewandt, wo längliche und plattenförmige Stücke im Aufgabegut vorhanden sind und diese möglichst nicht in den Durchgang des Siebes gelangen sollen. Rundlochungen haben den Nachteil großer ungelochter Flächen zwischen den Löchern und daher einen prozentual geringen offenen Durchgangsquerschnitt. Sie eignen sich deshalb weniger für Hochleistungssiebmaschinen. Gegenüber den anderen Siebarten haben sie aber den Vorzug, daß in allen Richtungen des Siebes das gleiche lichte Lochmaß vorhanden ist.

Der Werkstoff des Siebmaterials hängt von den Eigenschaften des Siebgutes und der Art der Siebung ab. Für Siebbleche und Roststäbe wird beispielsweise SM-Stahl, erforderlichenfalls verschleißfester Stahl verwendet, für Drähte häufig hochwertiger schwingungs- und verschleißfester Federstahldraht. Die Verwendung hochwertigen Drahtes läßt geringe Drahtstärken zu, wodurch die offene Siebfläche einen hohen prozentualen Anteil der Gesamtsiebfläche erhält. Bei weicherem Siebgut kommen auch Nichteisenmetalle zur Anwendung. Bei feuchtem, feinkörnigem Gut wird mitunter Phosphorbronze, in der chemischen Industrie auch nichtrostendes Material benutzt.

Es haben sich nun im wesentlichen die folgenden Bauarten der Schwingsiebe herausgebildet:

α) Turboschwingsieb.

Das Turboschwingsieb arbeitet durch Unbalanceantrieb im physikalischen Zwangslauf. Die Schwingungsbahn ist hier annähernd kreisförmig. Die Wirkungsweise des Turboschwingsiebes geht aus der schematischen Darstellung gemäß Abb. 160 hervor. Im Schwerpunkt des schrägliegenden, schwingungssteifen Siebkastens *1*, der meist mehrere Siebe übereinander enthält, ist eine Welle *2* gelagert, die auf jeder Seite des Siebkastens eine Unbalance *3* trägt. Die Welle ist in schweren, staubgeschützten Pendelrollenlagern gelagert und nimmt an den durch die Unbalancen hervorgerufenen Kreisschwingungen teil. Die Welle wird daher entweder über Keilriemen angetrieben oder sie ist mit dem Motor über ein elastisches Zwischenglied gekuppelt. Der Siebkasten wird von vier weichen Bügelfedern *4* getragen, die so ausgeführt sind, daß der Siebkasten an allen Stellen gleichartige, nahezu kreisförmige Schwingungen ausführt. Die Bügelfedern sind auf dem Grundrahmen *5* befestigt. Durch Veränderung der Unbalancegewichte kann der Gesamtausschlag (Kreisdurchmesser) zwischen 0 und 2 bis 4 mm variiert werden. Außerdem lassen sich Neigung und Drehzahl des Siebes verändern, so daß die den Eigenschaften des Siebgutes entsprechende günstigste Siebwirkung eingestellt werden kann. Die Siebgewebe sind eingefalzt und straff über querlaufende Träger gespannt und lassen sich leicht auswechseln. Die Maschenweiten betragen zwischen 0,2 und 40 mm. Das Turboschwingsieb arbeitet nicht in Resonanz. Die Amplitude ist bestimmt durch den Exzenterradius der Unbalance und durch das Verhältnis von Unbalancemasse zu schwingender Rahmenmasse. Zwischen den beiden Massen herrscht Massenausgleich. Die weichen Bügelfedern nehmen die Rahmenschwingungen auf und üben nur noch geringe Schwingungswirkungen auf das Fundament aus, so daß schädliche Gebäudeerschütterungen ver-

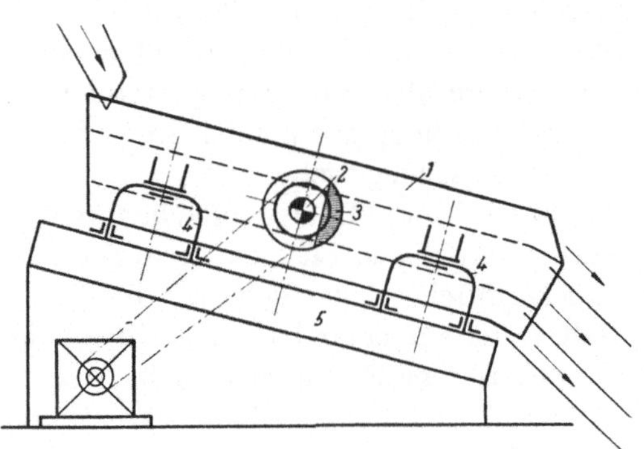

Abb. 160. Turboschwingsieb.

mieden werden. Die Lagerdrücke sind allerdings infolge der fehlenden Resonanz verhältnismäßig hoch. Neben den Turboschwingsieben sind noch verschiedene ähnliche Bauarten zur Ausführung gelangt, die aber im Prinzip der Arbeitsweise des Turboschwingsiebes entsprechen.

Die Turboschwingsiebe können als Ein-, Zwei- oder Dreidecker ausgeführt werden. Anwendungsgebiete sind Absiebung von Feinkohle und Kohlenschlämmen, Erzen, Schotter, Splitt, Kies, Sand, Kalkstein, Kalisalzen, Düngesalzen, Koks, Schamotte und sonstiger Schüttgüter.

β) *Ellipsenschwingsieb.*

Das Ellipsenschwingsieb der Firma Siebtechnik hat ebenfalls zwangsläufigen Wuchtmassenantrieb. Wie aus Abb. 161 hervorgeht, ist aber hierbei der etwa horizontal liegende Siebkasten *1* auf unter 45° schrägen Lenkerfedern *2* gelagert und durch eine zu diesen senkrecht gerichtete Schraubenfeder *3* abgestützt. Der Grundrahmen *4* ruht auf weichen Schraubenfedern *5*. Durch diese Anordnung wird erreicht, daß der Siebkasten ellipsenförmig schwingt, wobei die Längsachse der Ellipse senkrecht zu den Lenkerfedern verläuft, die kurze Achse der Ellipse dagegen in der Richtung der Lenkerfedern. Das Siebgut wird dadurch besonders lebhaft aufgelockert, schnell transportiert und schnell und sauber klassiert. Bei Grobkornabsiebung wird die lange Achse der Ellipse noch steiler, und zwar 70° bis 80° zur Siebfläche ausgeführt, und der Siebkasten erhält dann 10° bis 15° Neigung. Es besteht ein Massenausgleich zwischen Unbalance und Siebkasten. Die vertikalen Schwingungen werden durch die weichen Federn *5* ausgeglichen und damit Übertragung von Erschütterungen auf das Fundament weitgehend vermieden. Das Ellipsenschwingsieb wird auch in hängender Ausführung gebaut, wobei die Aufhängestangen auf weichen Federn ruhen, die den Federn *5* bei stehender Ausführung entsprechen.

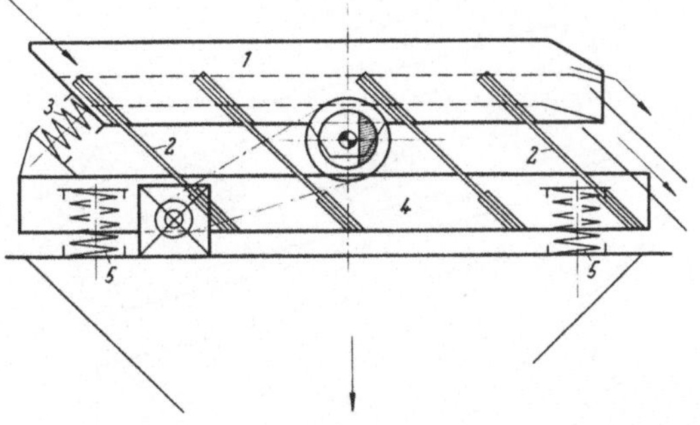

Abb. 161. Ellipsenschwingsieb.

Das Ellipsenschwingsieb wird mit horizontalem Siebkasten hauptsächlich angewandt für Vorklassierung und Nußklassierung von Steinkohle, Nachsiebung bei der Nußkohlen- und Nußkoksverladung, Entwässerung und Entschlämmung von Feinkohle, Koksklassierung, Klassierung von Kalirohsalz usw. Mit schrägliegendem Siebkasten wird das

Ellipsenschwingsieb meist für die Grobabsiebung von Hartgestein, Erzen usw. benutzt, wobei die Maschenweite größer als 40 mm sein kann.

γ) Universalschwingsieb.

Dieses Sieb hat einen hubbegrenzten Antrieb durch Exzenter und führt Kreisschwingungen aus. Die Wirkungsweise des vom Grusonwerk, Magdeburg, eingeführten Universalschwingsiebes, System Schieferstein, geht aus Abb. 162 hervor. Der steife Siebkasten *1* aus Stahlblechen in Kastenträgerform, in dem eine bis drei Siebflächen übereinander eingebaut sein können, ruht in vier Gummipuffern *2* von zylindrischer Form. Diese Gummipuffer sitzen auf zwei horizontalen Achsen *3*, die außen durch den starren Maschinenrahmen *4* aus Profileisen und durch Traversen miteinander verbunden sind. Die schnell umlaufende Antriebswelle *5* ist in schmutzgeschützten Rollenlagern fest auf dem Maschinenrahmen gelagert, schwingt also nicht mit wie beim Turbosieb, so daß auch Riemen oder Kupplungen nicht mitschwingen. Die Antriebswelle erteilt dem Siebrahmen durch die Exzenter *6* hubbegrenzte, kreisförmige Schwingungen und trägt außerdem Schwungscheiben mit den Gegengewichten *7*. Die durch eine um die Antriebswelle greifende Hohlwelle verbundenen und in den Seitenwänden des Siebkastens befestigten Exzenterringe laufen auf den Exzentern der Antriebswelle ebenfalls in Rollenlagern. Mit dem Einbau der Exzenterwelle werden die Gummipuffer des Siebkastens um den Exzenterradius vorgespannt. Die Fliehkräfte des Siebkastens werden durch die Gummipuffer annähernd aufgenommen, und der Rückdruck der Gummipuffer wird über den Maschinenrahmen und die Traversen durch die Fliehkraft der Gegengewichte *7* ausgeglichen, so daß das Fundament vor Erschütterungen weitgehend geschützt ist. Auch bei großen Störkräften durch das Gewicht schwerer, aufgegebener Stücke führt jeder Punkt des Siebkastens noch gleichartige, kreisförmige Schwingungen aus. Das Sieb kann auch hängend angeordnet werden. Drehzahl und Siebneigung sind veränderlich zur Anpassung an die verschiedenen Siebeigenschaften des Siebgutes. Die Siebneigung schwankt im allgemeinen zwischen 6° und 38°. Sie kann bei stehender Anordnung durch Einsetzen von Holzkeilen

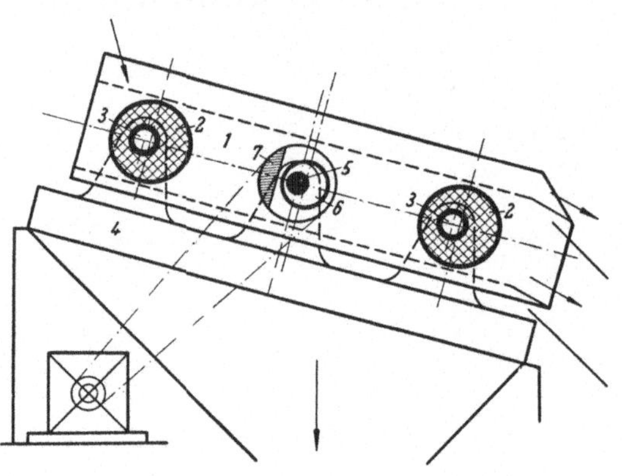

Abb. 162. Universalschwingsieb.

unter dem Maschinenrahmen, bei hängender Anordnung durch Verstellen von Stangenschlössern in den Aufhängungseisen verändert werden. Der Antrieb des Siebes erfolgt meist durch Keilriemen, gegebenenfalls auch durch unmittelbar gekuppelten Motor. Bei staubendem Gut erhält der Siebkasten eine Staubhaube. Die Zuführungs- und Ablaufschurren, die nicht mitschwingen, werden dann mit festem Stoff oder Leder angeschlossen. Für Naßabsiebung wird eine Brausevorrichtung vorgesehen durch mehrere über der Siebfläche fest angeordnete Brauserohre mit regelbaren Hähnen. Bei stark schleißendem Material ist der Siebkasten mit Schleißblechen ausgekleidet. Die Siebgewebe bzw. Siebrahmen lassen sich leicht auswechseln. Für grobstückiges, hartes Gut werden auch gelochte Bleche an Stelle von Drahtgeweben benutzt. Die Gummipuffer sitzen unter Vorspannung in einem Bronzering, der mit dem Gummi durch Vulkanisieren verbunden und in einem Puffergehäuse des Siebkastens leicht auswechselbar eingebaut ist. Es gibt auch Sonderausführungen des Universalsiebes, bei denen die Gummipuffer durch Stahlfedern – und zwar Bügel- oder Schraubenfedern – ersetzt sind. Die Gummipuffer werden aber nach Möglichkeit bevorzugt, da der Gummi hohe Lebensdauer hat und Störungen durch Federbrüche hierbei ausgeschaltet sind.

Die Drehrichtung des Siebes kann „mitläufig" sein, d. h. gleichlaufend mit dem Gut oder „gegenläufig", d. h. entgegengesetzt zum Strom des Gutes. Im ersteren Fall ist die Leistung höher, im zweiten Fall die Absiebung besonders scharf. Bei Feinsiebung werden kleine Hübe von 3 bis 4 mm und hohe Drehzahlen, bei Grobsiebung große Hübe bis zu 10 mm Kreisdurchmesser und niedrige Drehzahlen angewandt. Das Universalschwingsieb ist sehr weitgehend brauchbar und kann Maschenweiten zwischen 0,3 bis 150 mm erhalten. Es findet hauptsächlich Verwendung in der Erzaufbereitung, der Kohlenaufbereitung, auf dem Gebiete der Steine und Erden und in der Chemischen Industrie.

δ) *Resonanzschwingsiebe.*

Resonanzschwingsiebe arbeiten nach dem Prinzip der erzwungenen Schwingungen, im allgemeinen mit Federkraftantrieb und annähernd linearer Schwingung. Die Vorteile des Resonanzbetriebes wurden bereits zu Beginn dieses Abschnittes erläutert. Das Resonanzsieb, System Schieferstein, wird in verschiedenen Ausführungen gebaut, z. B. mit hinter- oder untereinanderliegenden Siebkästen, ferner für Steil- oder Flachwurf, stehend oder hängend. Bei der Steilwurfausführung liegt der Siebkasten waagerecht, während seine Bewegungsrichtung zur Horizontalen um 20° bis 45° schräg aufwärts gerichtet ist. Das Gut wird durch die hierbei erzielte Bewegung vielfach umgeschichtet und durchgearbeitet, so daß eine gute Siebwirkung erzielt wird. Bei der Flachwurfausführung ist der Siebkasten 6° bis 10° zur Waagerechten geneigt, während seine Bewegungsrichtung horizontal gerichtet ist. Dadurch gleitet das Siebgut in einer nur flachen Wurfparabel über den Siebboden hinweg. Die Umschichtung ist viel geringer als beim Steilwurf und die Siebwirkung deshalb schwächer. Der Flachwurf kommt aber trotzdem auch zur Anwendung, und zwar, wenn das Gut besonders schonend zu behandeln ist oder wenn möglichst vermieden werden soll, daß sich längliche Stücke, sogenannte Fische, aufrichten und in Längsrichtung durch die Maschen hindurchfallen. Die Resonanzsiebe finden zahlreiche Anwendungsgebiete, z. B. bei Steinkohlentrockensiebung, Nußkohlenklassierung, Braunkohlen- und Koksklassierung, Erzaufbereitung, Kali- und Steinsalz-Industrie, Schotteranlagen usw.

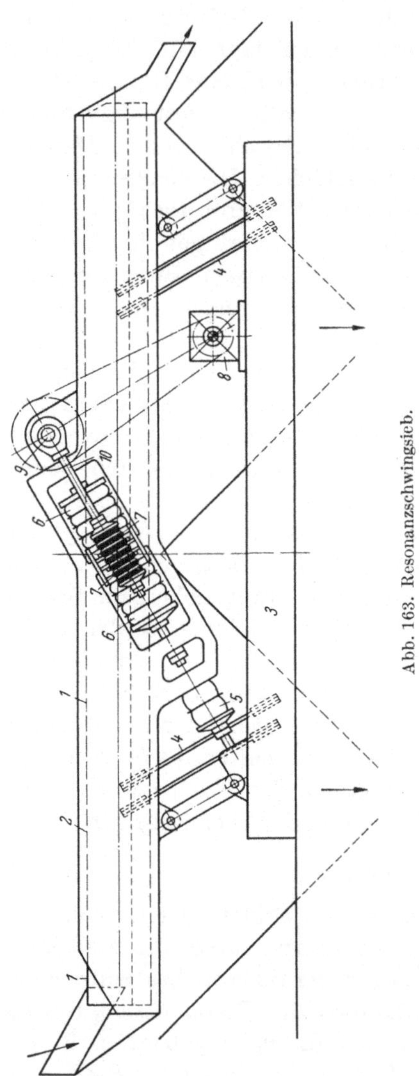

Abb. 163. Resonanzschwingsieb.

Die Firma Klöckner-Humboldt-Deutz, Köln-Kalk, baut Resonanzsiebe in stehender oder hängender Ausführung, bei denen der Siebkasten von einer Ausgleichsmasse umgeben wird und beide Massen auf einem gemeinsamen Grundrahmen stehen bzw. an diesem hängen. In Abb. 163 ist ein stehendes Sieb dieser Art dargestellt. Siebrahmen *1* und Ausgleichsrahmen *2* sind auf dem Grundrahmen *3* abgestützt und durch die schrägen Lenker *4* geführt. Das System wird durch die am Ausgleichsrahmen angreifenden Gummistützfedern *5* gehalten. Die Resonanzfedern *6* bestehen aus einzelnen Gummischeiben mit zwischenliegenden Kühlblechen, sind in den Seitenwänden des Ausgleichsrahmens *2* untergebracht, können durch Spindeln vorgespannt werden und drücken von beiden Seiten gegen Konsole, die aus dem Siebrahmen *1* seitlich herausragen. Auf die seitlichen Verlängerungen dieser Konsole wirken außerdem die Antriebsfedern *7*, die auch aus Gummischeiben bestehen. Der Antrieb erfolgt von dem Motor *8* aus, der auf dem Grundrahmen *3* steht, über Keilriemen auf die Exzenterwelle *9*, die auf dem Ausgleichsrahmen *2* gelagert ist. Die Exzenterstangen *10* betätigen die Antriebsfedern *7*. Eine neigbare Schurre ist am Ausgleichsrahmen befestigt und dient zugleich als Vibrations-Aufgabeschuh. Auch kann eine mitschwingende Entwässerungsschurre angebracht werden. Die Abgabeschurre ist ebenfalls fest am Ausgleichsrahmen. Das Sieb hat vollkommenen Massenausgleich. Die Masse des Ausgleichsrahmens ist größer als die des Siebrahmens, so daß letzterer einen größeren Hub erhält. Es treten keine störenden Momente oder Massenwirkungen auf. Alle Komponenten von Massen- und Federkräften liegen in einer Richtung und Wirkungslinie, d. h. die Schwerpunkte des Sieb- und Ausgleichsrahmens, die Resonanzfedern, die Antriebsfedern und die Stützfedern. Zur Verhinderung zu großer Ausschläge sind Begrenzungspuffer aus Gummi vorgesehen.

Bei der hängenden Anordnung sind Bau- und Wirkungsweise grundsätzlich die gleichen. Siebrahmen und Ausgleichsrahmen hängen hier an dem gemeinsamen Grundrahmen und sind durch Lenker geführt und durch Gummistützfedern gehalten. Der Raum unterhalb des Siebkastens ist vollkommen frei. Die Siebe werden für 4,5 m und 6 m Siebbelaglänge und für verschiedene Siebbreiten zwischen 1200 und 2000 mm gebaut. Bei dem 6-m-Sieb sind auf jeder Seite zwei Pakete mit Resonanzfedern angeordnet in gleichen Abständen vom Schwerpunkt des Sieb- bzw. Ausgleichrahmens. Sind größere Sieblängen erforderlich, so werden zwei oder mehrere Siebe hintereinander geschaltet, wobei man zweckmäßig verschiedene Drehzahlen für Grob- und Feinsiebung benutzt. Man kann auch mehrere Einheiten übereinander oder winkelförmig zueinander anordnen. Meist befinden sich innerhalb eines Siebrahmens zwei Siebbeläge mit verschiedenen lichten Weiten hintereinander: Die Schwingweiten können zwischen 12 und 25 mm liegen bei Schwingungszahlen bis zu 800/min, wobei die maximalen Beschleunigungen bis zu 4,5 · g betragen. Diese Humboldt-Resonanzsiebe werden für die verschiedenartigsten Zwecke benutzt, so u. a. für Vor- und Nachklassierung von Steinkohle, als Schlammsieb und Feinkohlen-Entwässerungssieb, bei der Schwerflüssigkeitsaufbereitung als Abbraus- und Entwässerungssieb usw.

Die Abb. 164 zeigt das Schema eines großen Resonanzschwingsiebes der Firma Siebtechnik, Mülheim-Ruhr, das zwei hintereinanderliegende horizontale Siebkästen enthält und ebenfalls mit vollkommenem Massenausgleich arbeitet, so daß Fundamente oder Bunker eine verhältnismäßig leichte Bauweise erhalten können. Die Siebkästen *1* und *2* schwingen gegen die darunter befindlichen Grundrahmen *3* und *4* über die vorgespannten Gummipufferbatterien *5* und *6*, deren äußere Spannrahmen *7* und *8* an den Grundrahmen *3* und *4* und deren innere Mitnehmer *9* und *10* an den Siebkasten *1* und *2* fest sind. Der Antrieb erfolgt nur vorn an dem an der Aufgabeseite liegenden Siebkasten von dem Exzenter *11* aus über die Schwinge *12* und die Anregerfedern *13*. Der an der Austragsseite liegende Siebkasten wird mittelbar angetrieben durch eine Koppelfeder *14*, welche die beiden Grundrahmen miteinander verbindet. Da die Grundrahmen schwingen, sind sie auf weichen Bügelfedern *15* gelagert. Infolge der Resonanzanwendung können die Antriebsteile trotz der Größe des Aggregates verhältnismäßig kleine Abmessungen erhalten. Der Leistungsbedarf ist gering. Durch die Teilung des Grundrahmens werden Transport und Montage des Gerätes erleichtert. Die große Länge des Siebes gestattet die Absiebung mehrerer Kornklassen und gegebenenfalls eine bequeme Verteilung des klassierten Materials auf die Bunker. Dieses Resonanzschwingsieb findet ebenfalls wie die vorher genannten Verwendung für Nuß- und Koksklassierung, ferner für Entschlämmung von Kohle, als Waschsieb für Schwerflüssigkeits-Aufbereitungsanlagen sowie als Entwässerungssieb für Feinkohle und Kohlenschlamm.

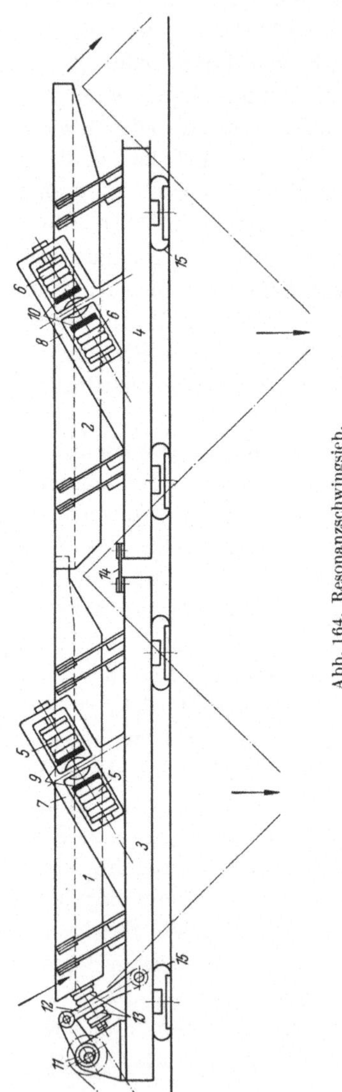

Abb. 164. Resonanzschwingsieb.

Alle Resonanzschwingsiebe haben Anlaufpuffer, um zu verhindern, daß die Schwingungsweite unzulässig groß wird. Ferner sind stets Spannvorrichtungen vorgesehen, um die erforderliche Vorspannung der Resonanzfedern richtig einstellen zu können.

b) Feststehende Roste und Siebe.

Feste Roste bestehen meist aus einzelnen, hochkant gestellten Stäben von rechteckigem oder prismatischem Querschnitt. Das Prisma ist so gestellt, daß sich der freie Rostquerschnitt nach unten zu erweitert, die schmale Prismaseite also unten ist, damit die Stücke leichter durch den Rost gehen und sich nicht verklemmen. Feste Roste oder Siebe haben nur beschränkte Siebwirkung und dienen im allgemeinen als Schutzroste vor Brechern zur Zurückhaltung zu grober Stücke, wobei die Neigung des Rostes gering ist, oder als Vorroste zur Vorabscheidung der zu feinen Anteile, wobei die Lage des Rostes steil ist.

Ein wichtiges Anwendungsgebiet fester Roste oder Siebe besteht in deren Einbau in Brecher oder Mühlen am Auslauf mit dem Zweck, einen bestimmten Zerkleinerungsgrad zu erreichen. Das Material wird dann so lange weiter zerkleinert, bis es den Rost oder das Sieb passieren kann. Zahlreiche Beispiele hierzu wurden im Ersten Teil angeführt, z. B. bei Hammerbrechern und Hammermühlen mit Rosten oder Sieben, Kollergängen, Schlagkreuz- und Schlagnasenmühlen, Pendelmühlen, Pochwerken usw. In diesem Falle tritt trotz des Feststehens des Rostes oder des Siebes eine intensive Siebwirkung ein infolge der lebhaften Bewegung, die dem Material von der Zerkleinerungsmaschine erteilt wird.

c) Bewegliche Stangenroste.

Bewegliche Stangenroste haben im allgemeinen den Zweck, die bereits feinen Anteile des Aufgabegutes auszuscheiden, bevor dieses in die Zerkleinerungsmaschine gelangt, wobei sie gleichzeitig als Aufgabevorrichtung dienen. Bei dem sogenannten Briartschen Rost sind zwei Roste, aus starken, hochkantig stehenden Stangen oder Schienen bestehend, ineinandergefügt, ohne sich zu berühren. Diese Roste hängen an den Enden mittels Lenkern an einem Traggestell und werden vorn von einer Welle mittels Exzentern angetrieben. Durch Versetzung der Exzenterwinkel führen die Roststäbe gegeneinander versetzte schwingende Bewegungen aus. Hierbei fällt das zu kleine Aufgabegut zwischen den Stäben hindurch, während die größeren Stücke von den Rosten nach der Aufgabeöffnung der Zerkleinerungsmaschine weiter gefördert werden. Diese Roste sind besonders geeignet für schwerste Aufgabestücke und größte Leistungen. Sie kommen daher auch in erster Linie als Aufgabevorrichtungen für Großbackenbrecher, Prallbrecher, Hammerbrecher u. dgl. in Frage. In diesen Fällen wird auf eine Klassierung des Aufgabegutes verzichtet und die Spalte zwischen den Stäben der beiden Rostflächen werden so gering als möglich gehalten.

d) Rollenroste.

Unter Rollenroste versteht man allgemein Siebmaschinen, bei denen die Siebfläche aus einzelnen im gleichen Drehsinn angetriebenen Rollen oder Rostwalzen besteht, deren Achsenentfernung so bemessen ist, daß zwischen den Rostwalzen ein Spalt von gewünschter Weite zur Abscheidung des Feinkornes verbleibt. Das Rostbett erhält hierbei eine Neigung von 15 bis 20°, damit in die Spaltflächen eindringende keilförmige Stücke durch die Drehung der Rostwalzen wieder entfernt werden und die Spaltflächen für den Durchgang des Feinkornes freibleiben.

Rollenroste in dieser einfachen Ausführungsart werden vielfach als Aufgabevorrichtungen für Grobzerkleinerungsmaschinen benutzt. Wird hierbei das Aufgabegut aus einem Bunker oder Behälter mit möglichst großer Auslauföffnung entnommen, so ist es vorteilhaft, die Drehzahl der Rostwalzen zum Ablauf hin durch eine entsprechende Antriebsvorrichtung zu steigern, um hierdurch eine Auflockerung und gleichmäßigere Zuteilung des Aufgabegutes zur Zerkleinerungsmaschine zu erreichen.

Zur genaueren Abscheidung bestimmter Kornklassen werden auf den Rostwalzen in entsprechenden Abständen runde Bunde oder Scheiben vorgesehen, die jeweils den Bunden oder Scheiben der nächsten Walze gegenüberstehen und mit diesen dann quadratische oder viereckige Rostöffnungen bilden. Bei dieser Bauart können Hartgußrohrstücke mit runden Bunden oder auch einzelne Scheiben mit Zwischenstücken auf Vierkantachsen aufgeschoben werden.

Auf gleichem Prinzip wie vorstehend beschrieben beruhen auch die allgemein bekannten Distel-Suski-Roste, bei denen statt der runden Scheiben Dreieckscheiben verwendet werden. Hierdurch wird eine bessere Auflockerung des Aufgabegutes und somit eine reinere Klassierung erreicht. Die Walzen müssen hierbei mit der gleichen Umdrehungszahl laufen und so zueinander angeordnet sein, daß sich die Dreieckscheiben mit geringfügigem Abstand gewissermaßen gegeneinander abwälzen. Die Distel-Susky-Roste werden nur selten als Aufgaberoste verwendet, als Klassierroste dagegen haben sie eine weitere Verbreitung gefunden.

Aus dieser Entwicklung heraus sind im Laufe der Zeit Rollenroste der verschiedensten Bauarten entstanden. Erwähnt seien hier nur noch die Scheibenrollenroste, wie sie besonders in der Braunkohlen-Industrie zur Klassierung der auf Hammermühlen zerkleinerten Rohbraunkohle benutzt werden. Bei den gebräuchlichen Rollenrosten dieser Art besteht jede einzelne Scheibenwalze aus einer größeren Anzahl runder Blechscheiben von etwa 150 bis 200 mm Durchmesser, die unter Zwischenschaltung von 5 bis 10 mm starken Ringen auf die Scheibenachse aufgeschoben sind. Die Klassierung der Kohle erfolgt in der Weise, daß die feineren Kornteile in die zwischen den Blechscheiben entstehenden Ringschlitze eindringen und aus diesen durch feststehende Abstreicher abgestrichen werden, während die groben Bestandteile von den Scheibenwalzen bis zum Ablauf des Rollenrostes weiter befördert werden. Das abgestrichene Siebgut wird unter dem Rollenrost in einem Trichter zusammengezogen und durch eine Schnecke abgeführt. Der Antrieb der einzelnen Scheibenwalzen erfolgt von einer gemeinsamen Längswelle aus durch entsprechend angeordnete Kegelräderpaare. Die Scheibenrollenroste werden in Breiten von etwa 1000 bis 1500 mm und bis zu 6000 mm Länge ausgeführt und haben gegenüber den sonst üblichen Kurbelschwingsieben den Vorteil eines ruhigen Ganges und einer erheblichen Leistungssteigerung je qm Siebfläche.

Bei den vom Grusonwerk, Magdeburg, entwickelten und allgemein unter Krupp-Roste bekanntgewordenen Scheiben-Rollenrosten sind die Scheibenwalzen in einzelne Scheibenpakete mit exzentrischer Bohrung aufgelöst, wobei die auf einer Scheibenachse nebeneinander sitzenden Scheibenpakete in ihrer Exzentrizität um 180° versetzt sind, so daß hiermit die Scheibenwalze ausgewuchtet ist. Die Versetzung der Pakete auf den Scheibenwalzen zueinander ist so getroffen, daß, in der Längsrichtung des Rollenrostes gesehen, stets Scheibenpakete der gleichen Versetzung zur Scheibenachse angeordnet sind. Hierdurch entsteht wiederum, in der Längsrichtung des Rollenrostes gesehen, ein Auf- und Abschwingen jeder Paketreihe zueinander, wodurch ein ständiges Umwälzen des Siebgutes erreicht wird. Die einzelnen Scheibenpakete von etwa 100 bis 120 mm Breite werden aus dem vollen Material durch gleichzeitiges Einstechen der gewünschten Anzahl Schlitze auf einer Spezialkopfdrehbank hergestellt, und zwar in der Weise, daß im Grunde der Schlitze jeweils ein zur exzentrischen Bohrung des Paketes zentrischer Ring verbleibt, auf welchem der Abstreicher gleitet. Diese Scheiben-Rollenroste haben eine besonders gute Klassierwirkung ergeben und in der Mitteldeutschen Braunkohlen-Industrie eine weite Verbreitung gefunden.

e) Siebtrommeln.

Siebtrommeln dienen zum Absieben von Schotter, Sand, Kies usw. Es sind einfache Siebmaschinen, die allerdings den Nachteil einer verhältnismäßig geringen Ausnutzung der Siebfläche und eines ziemlich hohen Verschleißes haben. Sie kommen daher heute weniger zur Anwendung. Die Siebtrommel wird im allgemeinen aus einem Rahmen aus Profileisen gebildet, auf dem die einzelnen Siebfelder leicht auswechselbar befestigt sind. Letztere bestehen meist aus gelochten oder geschlitzten Blechen. Größere Trommeln erhalten Laufringe und einstellbare Laufrollen. Von 8 m Trommellänge an wird außer der Rollenlagerung am Ein- und Auslauf noch eine weitere in der Mitte vorgesehen. Der Antrieb erfolgt durch Stirn- oder Kegelradvorgelege. Meist liegt der Antrieb am Auslaufende der Trommel, bei sehr langsam laufenden Trommeln auch in der Mitte. Die mit dem Siebgut in Berührung kommenden Teile des Rahmens sind mit starken Schleißblechen ausgelegt. Kleinere Trommeln werden mit durchgehender Welle versehen, die vor und hinter der Trommel gelagert ist. In diesem Fall kann der Antrieb auch unmittelbar durch eine auf der Welle sitzende Riemenscheibe erfolgen.

Die Drehzahl der Trommel ist begrenzt durch die kritische Drehzahl:

$$n = \frac{42{,}3}{\sqrt{D}} \quad \text{(U/min)}.$$

Von dieser kritischen Drehzahl an aufwärts würde sich das Material nicht mehr abwälzen, sondern infolge der Fliehkraft an der Innenwandung gehalten werden, so daß dann keine Siebwirkung und kein Transport mehr eintreten würde. Die praktische Drehzahl muß daher wesentlich unter dem obigen Wert liegen, damit ein ruhiges Abwälzen auf der inneren Siebfläche eintritt. Der Querschnitt der Trommel kann auch vieleckig statt rund sein. Die Trommelachse liegt zum Auslauf hin etwas geneigt. Der dadurch bedingte Axialschub wird durch ein Kammzapfenlager aufgenommen.

Man kann das Gut, das beispielsweise aus einem Backenbrecher kommt, mit einer Siebtrommel in mehrere Korngrößen sortieren, indem man mehrere Trommelschüsse mit verschiedenartigen Lochungen anwendet. Dabei muß am Anfang die kleinste Lochung sein. Die Trommel erhält dann unten für jede Korngröße einen besonderen Sammeltrichter, von wo das gesiebte Material gewöhnlich in die einzelnen Bunker gelangt.

Für Feinsiebung von mehlhaltigem Gut werden auf den Trommelrahmen Siebrahmen mit Gewebe aus Metall befestigt, die leicht auswechselbar sind. Zur Schonung der feinen Gewebe wird ein mit umlaufender Innenzylinder aus gelochtem Blech vorgesehen. – Bei feinen, staubenden Gütern erhält die Siebtrommel ein Gehäuse, das an der Längsseite Deckbleche oder Türen zur schnellen Zugänglichkeit der Trommel erhält. Das Gehäuse wird unten verengt und das durchgesiebte Material beispielsweise mittels einer Förderschnecke abgezogen.

f) Klassierer.

Klassierer finden hauptsächlich Verwendung bei der nassen Aufbereitung von Erzen aller Art. Hier ermöglichen sie in Verbindung mit Naßtrommelmühlen den Aufschluß der Erze zu einer hohen Endfeinheit. Bei diesem Mahlvorgang arbeitet der Klassierer mit der Trommel- oder Rohrmühle im Kreislaufprozeß, bei dem der Klassierer aus dem aus der

Naßmühle austretenden Erzschlamm die gröberen Bestandteile ausscheidet und zum Mühleneinlauf zwecks weiterer Vermahlung zurückbefördert, während der genügend gefeinte Schlammanteil seiner weiteren Verarbeitung zugeführt wird. Der Klassierer vollzieht hierbei also beim Naßmahlprozeß dieselbe Aufgabe wie der Windsichter bei der Trockenvermahlung.

Auch auf vielen anderen Gebieten der Verfahrenstechnik und auch in der chemischen Industrie ist der Naßklassierer zu einem unentbehrlichen Hilfsmittel zur Abscheidung von sandigen und körnigen Bestandteilen aus Schlämmen verschiedenster Art geworden.

Die bekanntesten Bauarten der Naßklassierer sind der Rechenklassierer und der Spiralklassierer. In beiden Fällen handelt es sich um einen schrägliegenden, oben offenen Klassiertrog, in welchem sich der

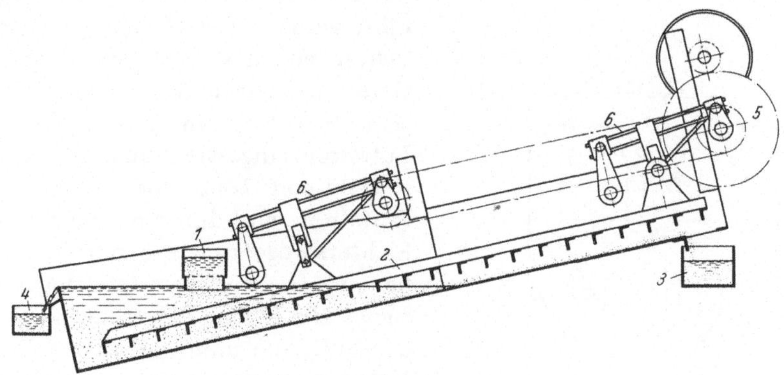

Abb. 165. Rechenklassierer.

zu klassierende Schlamm im unteren Teil des Troges bis zu einem bestimmten, durch den Überlauf an der unteren Rückwand veranlaßten Flüssigkeitsspiegel ansammelt. Die Klassiervorrichtung entzieht dann dem Schlamm die niedersinkenden gröberen Teilchen und befördert sie auf dem ansteigenden Boden des Klassierers aus der Schlammflüssigkeit heraus zum oberen Ablauf, während der fertig klassierte Feinschlamm den Klassierer am Überlauf der unteren Rückwand verläßt.

Die Abb. 165 zeigt einen Rechenklassierer der Klöckner-Humboldt-Deutz A.-G. im Längsschnitt. Das zu klassierende Gut gelangt durch die Rinne *1* in den Klassierertrog. Der Rechen oder das Schrapperwerk *2* besorgt die Abführung der gröberen Schlammteile zum Auslauf *3*, während der Feinschlamm den Klassierer bei *4* verläßt. Das unten mit Schrapperwinkeln besetzte Schrapperwerk führt eine durch die von dem Antrieb *5* in Bewegung gesetzte Steuervorrichtung *6* verursachte hin- und hergehende ellipsenähnliche Bewegung aus, bei der das Schrapperwerk während des Vorwärtsganges nahezu geradlinig über den Boden des Klassierertroges aufwärts gleitet und somit das grobe Gut zum Auslauf fördert.

Die Rechenklassierer werden in den verschiedensten Breiten und Längen je nach dem Verwendungszweck und der verlangten Leistung ausgeführt.

Bei dem Spiralklassierer ist das Schrapperwerk durch eine sich ständig langsam drehende Spiralschnecke ersetzt, die das grobe Gut auf dem halbkreisförmigen Boden des Klassierertroges aufwärts zum Auslauf befördert.

g) Windsichter.

Der Zweck des Windsichters ist die Trennung von Mahlgütern in fertiges Mehl und Grieße, wobei die letzteren der Mahlmaschine zur weiteren Zerkleinerung wieder zugeführt werden. Dieser Vorgang vollzieht sich in einem in sich geschlossenen Gerät, in welchem das Mahlgut durch einen Streuteller in einen kreisenden Luftstrom eingestreut und von diesem in Mehl und Grieße zerlegt wird. Der Luftstrom wird durch im Innern des Sichters angeordnete und von außen her angetriebene Ventilatorflügel erzeugt. Die Strömungsgeschwindigkeit der Luft, die unmittelbar den Feinheitsgrad des ausgeschiedenen Mehles bestimmt, ist bedingt durch die Umdrehungszahl/min der Ventilatorflügel. Eine weitere Beeinflussung des Trennungsgrades zwischen Mehl und Grießen kann darüber hinaus noch durch Verschiebung des Streutellers bewirkt werden. Im Laufe der Zeit sind eine ganze Reihe verschiedener Bauarten des Windsichters entstanden, denen aber im Prinzip der gleiche Arbeitsvorgang zugrunde liegt.

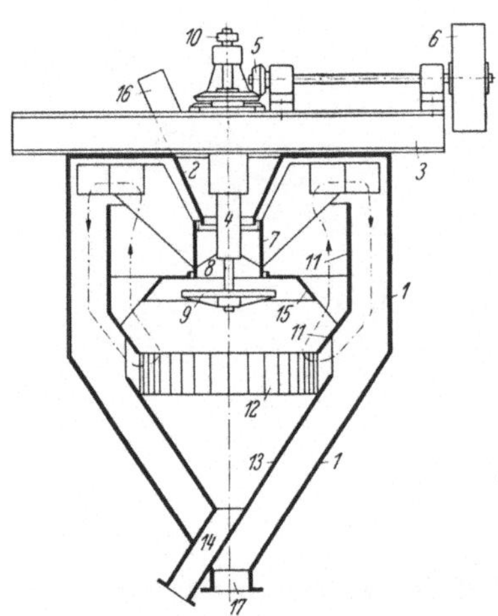

Abb. 166. Windsichter.

Der auf Abb. 166 im Schnitt dargestellte Windsichter besteht aus dem Gehäuse *1*, das im oberen Teil zylindrisch und im unteren Teil trichterförmig ausgebildet ist. Das Gehäuse ist oben bis auf den Einlauftrichter *2* geschlossen und hängt an den Trägern *3*. In dieser Tragkonstruktion ist die Hohlwelle *4*, die von dem Kegelräderpaar *5* bzw. der Riemenscheibe *6* angetrieben wird, gelagert. Mit der Hohlwelle *4* ist der Ventilatorkorb *7* fest verbunden. In der Hohlwelle *4* und von dieser ebenfalls in Drehung versetzt, befindet sich die vertikal verschiebbare Welle *8*, an derem unteren Ende sich der Streuteller *9* befindet. Die vertikale Verschiebung der Welle *8* kann durch die Stellvorrichtung *10* erfolgen. Innerhalb des Gehäuses *1* befindet sich der feststehende Zylinder *11*, der nach unten kegelförmig ausgebildet ist. An diesem Kegel hängt durch Bleche *12* verbunden der Kegel *13* mit Ablaufschurre *14*. Schließlich ist mit dem Zylinder *11* noch der Anwurfring *15* fest verbunden.

Das zu sichtende Material gelangt durch die Schurre *16* in den Einlauftrichter *2* und durch diesen auf den Streuteller *9*, der das Material, im ganzen Umfang verteilt, gegen den Anwurfring *15* schleudert. Hierbei wird das Material in einen aufgelockerten Schleier gegen den kegelförmigen Teil des Zylinders *11* gestreut. Durch diesen Materialschleier streicht der Luftstrom, der seinen Kreislauf im ganzen Umfang des Sichters in der gekennzeichneten Pfeilrichtung ständig vollzieht. Der so kreisende Luftstrom nimmt aus dem Materialschleier das feine Material mit, das sich dann bei der Umkehr des Luftstromes in das Innere des Sichters in dem äußeren Gehäuse *1* abscheidet und dieses durch den Auslauf *17* als fertiges Mehl verläßt, während die abgleitenden Grieße über den Hohlkegel *13* und die Ablaufschurre *14* zur Mahlmaschine zurückgelangen. Wie schon eingangs erwähnt, kann der Trennungsgrad von Mehl und Grießen sowohl durch die Umdrehungszahl/min des Ventilators wie auch durch Heben und Senken des Streutellers *9* beeinflußt werden.

Windsichter werden in Größen von etwa 1200 bis 3000 mm Gehäusedurchmesser und Stundenleistungen von etwa 2 bis 10 t ausgeführt.

4. Entstaubung der Räume.

Allgemeines. Die Entstaubung der Räume ist wichtig aus folgenden Gründen:

1. Schonung der Gesundheit und Erhaltung der Leistungsfähigkeit der im Betrieb arbeitenden Menschen,
2. Verminderung der Verschmutzung und Erhöhung der Lebensdauer von Geräten und offen arbeitenden Maschinenteilen,
3. Wiedergewinnung des Staubes, der in vielen Fällen sehr wertvoll ist,
4. guter äußerer Eindruck der Anlagen.

Die Entwicklung von geeigneten Entstaubungsvorrichtungen hat im Laufe der Zeit zu sehr guten Erfolgen geführt, so daß man das Problem der Entstaubung auch in schwierigen Fällen heute als gelöst ansehen kann.

Ein wichtiges Prinzip bei der Entstaubung besteht darin, mit der Absaugung möglichst unmittelbar an die Entstehungsstellen des Staubes heranzugehen, also an die den Staub erzeugenden Maschinen und Geräte selbst, da sich der Staub nach seiner Ausbreitung viel schwieriger erfassen läßt. Wesentlich ist ferner, daß Maschinen, die zur Staubentwicklung neigen, von vornherein mit einem möglichst dichten Gehäuse umgeben werden. Da jedoch in den meisten Fällen hierbei keine restlose Abdichtung zu erzielen ist, muß innerhalb des Gehäuses der Geräte ein Unterdruck erzeugt werden, so daß Außenluft in die Maschinen eindringt. Die nunmehr verbleibende wichtige Aufgabe besteht darin, die abgesaugte, stauberfüllte Luft vom Staub zu befreien, so daß sie ohne Verursachung von Belästigung der Umgebung ins Freie abgeblasen oder unbedenklich wieder in die Arbeitsräume geführt werden kann. Die nachstehenden Abschnitte erläutern die verschiedenen Lösungsmöglichkeiten dieses Problems.

Allgemein sei noch folgendes bemerkt: Das von den Maschinen bzw. Stauberzeugern kommende Staubsammelrohr muß Entleerungsklappen an allen denjenigen Stellen erhalten, wo Verstopfungen durch Staubablagerungen zu befürchten sind. Krasse Querschnittsübergänge in der Staubleitung sind zu vermeiden, desgleichen waagerechte Rohre. Wo letztere nicht zu umgehen sind, müssen sie gegebenenfalls eine Transportschnecke zur Abführung des Staubes erhalten. Die an den Maschinen und Geräten erforderlichen Absaugstutzen werden zweckmäßig möglichst oben angebracht, weil die durch den Arbeitsprozeß erwärmte Luft schon von selbst nach oben steigt. Der Saugstutzen muß durch einen Schieber absperrbar sein, z. B. für den Fall, daß das Maschinengehäuse aus irgendeinem Grunde geöffnet werden soll. Das Abblasen der gereinigten Luft ins Freie hat den Vorteil einer ständigen Lufterneuerung der Arbeitsräume. Das Zurückführen der gereinigten Luft in die Arbeitsräume hat dagegen im Winter den Vorteil von Heizungsersparnis.

a) Staubkammern.

Wird die aus den einzelnen Maschinen abgesaugte und in einem Staubsammelrohr vereinigte Staubluft vor dem Erreichen des Ventilators durch Kammern geführt, so kommt in diesen infolge der starken Verminderung der Luftgeschwindigkeit, bedingt durch die plötzliche bedeutende Querschnittsvergrößerung, ein Ausfallen und Ablagern des Staubes zustande. Dieses Verfahren ist zwar einfach, gewährt aber keine restlose Beseitigung des Staubes aus der Luft; denn dazu müßte die Luft ganz zum Stillstand gelangen, was aber praktisch nicht erreichbar ist. Die Staubkammer bietet also keine vollkommene Lösung, besonders in den Fällen nicht, wo die Luft sehr feinen Staub enthält. Nachteilig ist weiterhin der große Platzbedarf. Zur Verbesserung der Staubabscheidung hat man in den Kammern Einbauten, beispielsweise in Form schräger Zwischenflächen oder hintereinander befindlicher

Prallflächen, vorgesehen. Mitunter wird die Staubkammer auch als Vorabscheider zur Zurückhaltung der gröbsten Staubmenge benutzt. Der restliche Staub wird dann von einem nachgeschalteten anderen Aggregat abgeschieden.

b) Trockenfilter.

Trockenfilter, auch Schlauchfilter genannt, wirken durch Zurückhalten des Staubes in feinen Geweben. Diese Apparate haben sich gut bewährt und finden weitgehende Anwendung. Vorteilhaft ist die gründliche Entstaubung, insbesondere auch die Zurückhaltung feinsten Staubes und die gute Anpassungsfähigkeit des Trockenfilters an wechselnde Betriebsbedingungen. Die höchste zulässige Temperatur der Staubgase ist bei Verwendung von Baumwollgewebe allerdings im allgemeinen nur etwa 50° C, bei Verwendung von Schafwolle etwa 100° C. In Sonderfällen kann man bei Gastemperaturen über 100° Kühlapparate oder Kühlung durch Frischluftzusatz anwenden. Ferner dürfen die Staubgase nicht so feucht sein, daß der Taupunkt unterschritten wird, weil sonst die Gewebe verschmieren und verrotten würden. Bei geringerem Feuchtigkeitsgehalt kann man sich dadurch helfen, daß man den Raum um den Filterschlauch so weit erwärmt, daß sich in den Filtern kein Wasserdampf zu Wasser niederschlagen kann. Der untere Teil der Schläuche, der zuerst verschleißt, kann gesondert ausgewechselt werden. Außer den bereits genannten Stoffen ist man in neuerer Zeit bei besonderem Bedarf auch zu Asbest-, Glaswolle- und Kunststoff-Fasern übergegangen, um insbesondere zu höheren zulässigen Temperaturen und größerer Unempfindlichkeit gegen aggressive Gase zu gelangen. In dieser Richtung laufen noch Versuche, die voraussichtlich weitere Erfolge bringen werden.

Die Staubluft kann durch die Schläuche gesaugt oder gedrückt werden, wonach man Saug- und Druckschlauchfilter unterscheidet. Die Abb. 167 bis 169 zeigen eine Schlauchfilteranlage, wie sie von der Maschinenfabrik Beth A.-G., Lübeck, gebaut wird. Das Gehäuse *1* ist in mehrere Kammern unterteilt, in denen sich die einzelnen Schlauchbatterien befinden, die in diesem Falle aus je acht Schläuchen *2* bestehen. Diese sind an einem Rahmen *3* senkrecht aufgehängt und oben durch Deckel verschlossen. Die Staubluft tritt aus dem Staubsammelrohr *4* in den unteren Gehäuseteil *5* und in die Schläuche ein. Dies ist in dem links gezeichneten Querschnitt Abb. 168 zu sehen, der die sogenannte Filtrierperiode darstellt. Die gereinigte Luft verläßt hierbei oben durch die offenen Klappen *6* und durch den Reinluftkanal *7* das Filter und gelangt von hier nach dem Exhaustor. Der Staub wird an den Innenflächen der Schläuche zurückgehalten. Der rechts gezeichnete Querschnitt Abb. 169 zeigt die Einstellung des Apparates während der Abreinigungsperiode. Die einzelnen Filterabteilungen werden der Reihe nach und selbsttätig durch einen auf dem Filter montierten Abklopf- und Spülmechanismus vom Filtern auf das Abreinigen umgestellt. Die Saugklappe *6* wird hierbei geschlossen und dafür die Spülklappe *8* geöffnet, wodurch infolge des im Apparat herrschenden Unterdrucks

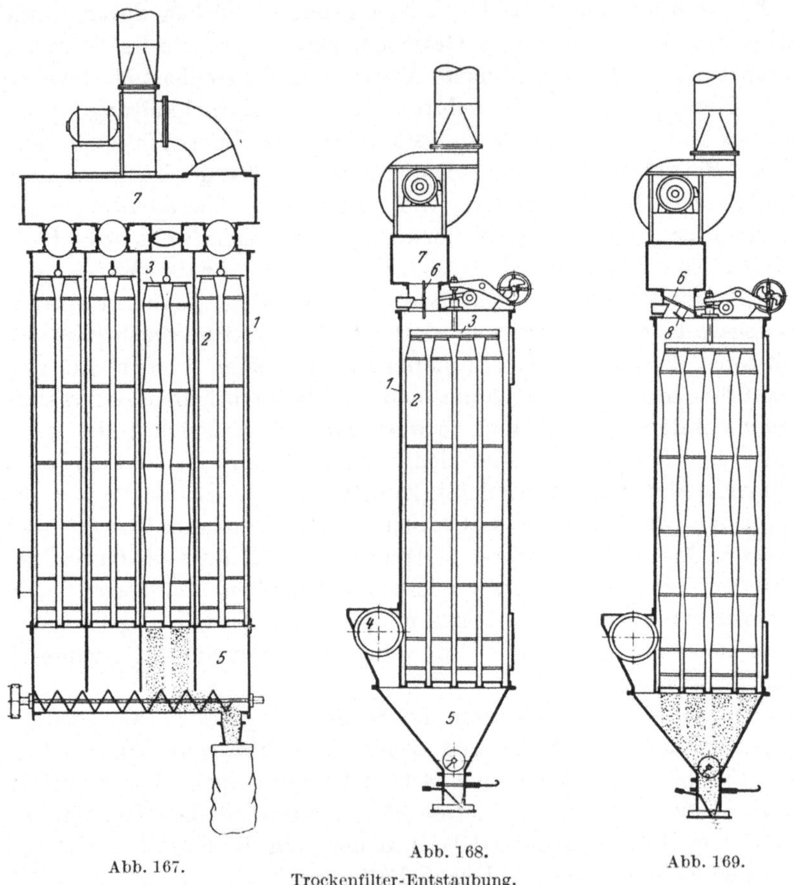

Abb. 167. Abb. 168. Abb. 169.
Trockenfilter-Entstaubung.

Frischluft durch diese Klappe eintritt und das Gewebe jetzt in umgekehrter Richtung durchströmt. Gleichzeitig tritt der Abklopfmechanismus in Tätigkeit, der die Schläuche mehrfach anhebt und wieder fallenläßt. Durch dieses Rütteln, zusammen mit der Wirkung der Spülluft, löst sich der Staub vom Gewebe und fällt nach unten in den Raum *5*, von wo er durch eine allen Abteilungen gemeinsame Förderschnecke abgezogen und beispielsweise in Säcke abgefüllt wird. Die Spülluft wird den anderen, in Filtrierstellung gebliebenen Abteilungen zugeleitet. Beim Saugschlauchfilter muß das Gehäuse gut dicht sein, weil zwischen Schlauch und Gehäuse Unterdruck herrscht.

Im Gegensatz zum Saugschlauchfilter wird beim Druckschlauchfilter die Staubluft durch die Schläuche gedrückt. Auch hier werden die einzelnen Schlauchgruppen der Reihe nach selbsttätig abgereinigt, wobei ebenfalls eine Abklopfvorrichtung das Abfallen des Staubes von den inneren Schlauchflächen bewirkt. Die zu reinigende Gruppe wird dabei durch Umlegen von Klappen vom Druckkanal abgeschlossen und mit dem unteren Raum verbunden, in den der Staub dann abfällt.

In manchen Fällen schaltet man dem Schlauchfilter einen einfachen Fliehkraftabscheider vor zur Zurückhaltung der Hauptmenge des Staubes und insbesondere der gröberen Anteile. Das Trockenfilter, das dann kleiner bemessen werden kann, scheidet den restlichen feinen und feinsten Staub ab. Bei Mahltrocknung ist allgemein die Schaltung üblich: Mühle – Sichter – Fliehkraftabscheider – Exhaustor – Schlauchfilter. Wenn der Fliehkraftabscheider z. B. bereits 90% Staub abscheidet, so bedeutet dennoch die nahezu vollständige Rückgewinnung der restlichen 10% allerfeinsten, wertvollen Staubes durch das Schlauchfilter einen beträchtlichen wirtschaftlichen Vorteil für die Anlage, so daß sich der Einbau eines Trockenfilters durchaus bezahlt macht.

c) Naßabscheider.

Naßabscheider kommen zur Anwendung, wo die Luft feucht, der Staub fein, aber die Staubmenge relativ gering ist. Nachteilig sind der verhältnismäßig hohe Energieaufwand für Reinwasser- und Schlammpumpen, die erforderlichen Klärgruben, die Einfriergefahr im Winter, der Schlammanfall u. dgl. Die Wassermenge arbeitet im Kreislauf. Die Ausführungsformen der entsprechenden Apparate sind verschieden. Bei den sogenannten Gaswäschern z. B. kann die Staubluft durch weite, schlangenförmig gewundene Rohre geführt werden, innerhalb deren sich Brausen befinden, die das Wasser sehr fein verteilen und zerstäuben, wobei der Staub niedergeschlagen wird. Der Schlamm wird in den unteren Umkehrstellen der Rohre abgezogen. Der erforderliche Wasserdruck beträgt etwa 3 bis 4 atü. Bei anderen Einrichtungen wird das Wasser innerhalb aufrechtstehender zylinderförmiger Behälter zu mehreren übereinanderbefindlichen, trichterförmigen Nebelschleiern zerstäubt, durch welche die aufsteigende Staubluft strömen muß und wodurch der Staub niedergeschlagen wird.

d) Fliehkraftabscheider.

Fliehkraftabscheider, auch Staubabscheider oder Zyklone genannt, finden in Verbindung mit Zerkleinerungsmaschinen im besonderen Anwendung bei den Rohrmühlen mit Luftstromsichtung (vgl. Erster Teil). Hier dienen sie dazu, den im Sichter abgeschiedenen Staub niederzuschlagen. Sie bestehen im wesentlichen aus einem zylindrischen Behälter, der nach unten in einem konischen Sammel- und Auslauftrichter verläuft. Der obere zylindrische Teil ist durch einen Deckel verschlossen, durch welchen ein Rohr von kleinerem Durchmesser etwa bis zur halben Zylinderhöhe hineinragt. Dieses Rohr ist oberhalb des Staubabscheiders an die Saugleitung eines Ventilators angeschlossen, so daß im Staubabscheider ein Unterdruck entsteht, durch welchen die Staub enthaltende Luft durch ein am oberen Teil des Zylinders tangential einmündendes Saugrohr angesaugt wird. Die tangential in den Zylinder einströmende Staubluft setzt ihre tangentiale Bewegung zunächst im Zylinder fort, bis sie dann durch die Saugwirkung des durch den Deckel zentrisch hineinragenden Rohres zur Umkehr gezwungen wird und durch dieses Rohr den Staubabscheider verläßt. Durch die tangential im Innern des Zylinders strömende Staubluft und durch die Umkehr desselben wird der Staub durch die zentrifugale Beschleunigung abgeschieden und sammelt sich im unteren konischen Teil des Staubabscheiders, um diesen dann durch den unteren Auslauf zu verlassen, während die gereinigte Luft vom Ventilator angesaugt wird.

Die Fliehkraftabscheider haben in den vergangenen Jahren Verbesserungen erfahren, insbesondere in der Anpassung der Formgebung an die Strömungslinie der Staubluft. Sie haben dadurch eine etwas länglichere Gestalt als bisher angenommen.

Von der Klöckner-Humboldt-Deutz A.-G. ist ein Fliehkraftabscheider entwickelt worden, der Hochleistungswirbler, der Feinststäube bis 10 μ und darunter abscheidet und damit nicht nur in Verbindung mit Maschinen, sondern auch zur Raumentstaubung in Frage kommt. Diese Hochleistungswirbler werden in Durchmessern von 450 bis 1250 mm gebaut für Leistungen von etwa 30 bis 200 m^3/min angesaugter Luft. Bei entsprechend größeren Staubluftmengen werden sie in Reihen nebeneinander zu einem geschlossenen Aggregat angeordnet.

e) Elektroabscheider.

Die Elektroabscheider arbeiten unter Ausnutzung der sogenannten Glimm- oder Koronaentladung hochgespannten Gleichstromes. Das Gas wird hierbei ionisiert, der Staub negativ aufgeladen und an der positiven Elektrode niedergeschlagen. Bei diesem Verfahren wird ein hoher Abscheidungsgrad, auch bei feinstem Staub, erreicht. Am besten wirken diese Apparate bei hoher Wasserdampfsättigung der Staubluft, d. h. im Bereich des Taupunktes. Aber auch für weniger feuchte Staubgase haben sie sich bis zu Temperaturen von 200 bis 250° C bewährt, besonders bei Einschaltung von Befeuchtungsanlagen. Bei zu trockenen und zu heißen Gasen ist jedoch das Elektrofilter nicht mehr wirksam. Die Betriebs- und Stromkosten für diesen Abscheider sind gering. Nachteilig sind aber die hohen Anlagekosten, so daß der jährliche Aufwand für Amortisation und Verzinsung beträchtlich ist.

Der normale Wechselstrom wird durch einen Transformator auf eine Spannung von 30000 bis 80000 Volt gebracht und durch einen Gleichrichter in Gleichstrom umgewandelt. Bei den in Rohrform gebauten Elektroabscheidern besteht die eigentliche Entstaubungseinrichtung aus einem senkrechten Rohr, in das oben isolierte Drähte eingeführt sind, die senkrecht in der Achse des Rohres hängen. Diese Drähte sind mit dem negativen Pol des Gleichrichters verbunden und bilden die sogenannte Sprühelektrode, während der positive Pol des Gleichrichters und das Rohr geerdet sind. Das Rohr bildet die großflächige sogenannte Niederschlagselektrode. Die Staubluft tritt unten seitlich in das Rohr ein, und der Staub wird durch die Wirkung der Glimmentladung an den inneren Rohrwänden niedergeschlagen. Er fällt von diesen ab – erforderlichenfalls unter Anwendung einer Rüttelvorrichtung – und verläßt den Apparat unten, während die nahezu restlos vom Staub befreite Luft oben abströmt. Der Rohrdurchmesser darf mit Rücksicht auf die Spannung nicht größer als 300 bis 400 mm sein. Es werden daher oft mehrere Rohre zu einer Gruppe vereinigt und gegebenenfalls zwei Gruppen hintereinander geschaltet. Immerhin bleiben solche in Rohrform gebaute Filter auf kleine bis mittlere Leitungen beschränkt.

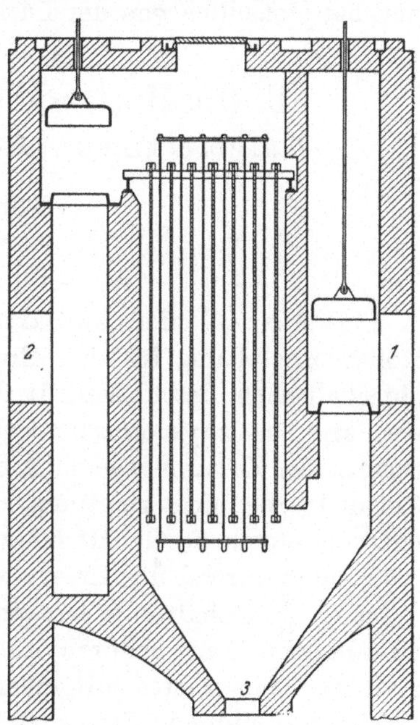

Abb. 170. Elektroabscheider.

Zur Verstärkung der Wirkung und Anwendung für große Gasmengen hat man daher die Sprüh- und Niederschlagselektroden auch als Platten ausgebildet und in diesem Fall innerhalb eines viereckigen Gehäuses abwechselnd nebeneinander angeordnet. Abb. 170 zeigt ein solches Gerät. Die Staubluft tritt hier bei *1* ein, wird zunächst nach unten abgelenkt und durchströmt dann die Zwischenräume zwischen den Platten von unten nach oben. Die gereinigte Luft verläßt den Apparat bei *2*. Der Staub fällt herab und gelangt unten bei *3* aus dem Gehäuse.

Bei einer anderen Bauart durchströmt die Staubluft eine längliche

Kammer in waagerechter Richtung. In der Längsrichtung der Kammer sind in ähnlicher Weise wie auf der Abbildung Betonelektroden mit Drahteinlagen aufgehängt, an denen sich der Staub niederschlägt. Zwischen diesen Niederschlagselektroden befinden sich auch die Sprühelektroden in Form isolierter Gitter, die mit der negativen Hochspannung verbunden sind. Der abgefallene Staub wird aus der unten verengten Kammer durch eine Förderschnecke abgezogen. Durch Parallelschaltung mehrerer Filter können derartige Anlagen für beliebig hohe Leistungen ausgebildet werden. Elektroabscheider werden in Deutschland hauptsächlich von der Lurgi und Oski A.-G. gebaut.

C. Die Hartzerkleinerung in Anlagen der Aufbereitungs- und der Verfahrenstechnik.

1. Erzaufbereitung.

a) Eisenerze.

Die Auswahl der zweckmäßigsten Zerkleinerungsmaschinen zur Möllervorbereitung für den Hochofen hängt im wesentlichen von der physikalischen Beschaffenheit der jeweils in Frage kommenden Eisenerze ab. Die physikalische Beschaffenheit wird zwar stark von der chemischen Zusammensetzung des Erzes beeinflußt, jedoch ist der Fe-Gehalt hierbei nicht richtunggebend. So sind beispielsweise schwedische Erze bei einem Fe-Gehalt bis zu 60% als besonders harte Erze zu bezeichnen, während die Erze von Magnitogorsk im Ural bei annähernd gleichem Fe-Gehalt eine wesentlich geringere Härte aufweisen. Zu den mittelharten Erzen gehören unter anderen die Minette des Luxemburger und des Saargebietes mit einem Fe-Gehalt bis zu 35%, während als weiche und mulmige Erze z. B. die Doggererze aus Baden und die Erze der Salzgitterfundstätten anzusprechen sind, die ebenfalls einen Fe-Gehalt bis zu annähernd gleicher Höhe aufweisen. Gliedert man die Erze in die eben gekennzeichneten drei Arten: harte, mittelharte und weiche bis mulmige Erze, so lassen sich die charakteristischen Merkmale der Zerkleinerungsmaschinen für die Möllervorbereitung dieser drei Arten von Erzen klar herausstellen.

α) Harte Eisenerze.

Bei der Verarbeitung harter Eisenerze ist das Erz auf 0 bis 80 oder 0 bis 100 mm, in neuerer Zeit auch auf 0 bis 50 mm für die unmittelbare Verwendung im Hochofen zu zerkleinern. Ergibt sich hierbei ein relativ hoher Prozentsatz an Feinstem (0 bis 10, 0 bis 20 mm od. dgl.), so kann sich an die Zerkleinerung noch eine Klassierung des Erzes mit nachfolgender Sinterung des Feinsten anschließen. Da es erwünscht ist, den letzteren Vorgang möglichst einzuschränken oder gänzlich zu vermeiden, ergibt sich von selbst für die Brechanlage die Forderung, den Anteil an Feinstem so gering wie eben möglich zu halten. Um dieses Ziel zu erreichen, ist es zweckmäßig, eine stufenweise Zerkleinerung vorzusehen, und zwar unter Zwischenschaltung einer Klassierung, um das bereits genügend zerkleinerte Erz aus dem Aufgabegut der nächsten Zerkleinerungsmaschine zu entfernen. Weiterhin wird durch die stufenweise Zerkleinerung erreicht, daß der Zerkleinerungsgrad der zur Anwendung kommenden Maschinen gering gehalten werden kann, wodurch ebenfalls eine Schonung des Brechgutes in bezug auf unerwünschte Feinkornerzeugung eintritt. Nach diesen Gesichtspunkten und unter Berücksichtigung der für diese Anlagen in Betracht kommenden Stundenleistungen wird sich eine solche Zerkleinerungsanlage aus dem Vorbrecher, der Klassiervorrichtung (Rollenrost oder Stückgutscheider) und dem Nachbrecher zusammensetzen.

Als Zerkleinerungsmaschinen kommen für harte Eisenerze in Frage:

Großbackenbrecher — Backenbrecher — Kegelbrecher — SYMONS-Brecher — Walzwerke.

Für Anlagen mit Vor- und Nachzerkleinerung kommt für die Vorzerkleinerung insbesondere der Großbackenbrecher in Betracht, da bei diesem das Verhältnis der größten Aufgabestückgröße zur Leistung am günstigsten ist. Bei den außerordentlichen Leistungen, die heute für derartige Anlagen verlangt werden, ist es sehr wesentlich, ob das Erz in der Grube mit einer Aufgabestückgröße von 1 bis 1,5 m^3 gewonnen werden kann oder bis zu einer geringeren Stückgröße weiter gesprengt werden muß.

Für die Nachzerkleinerung ist grundsätzlich der Kegelbrecher die geeignetste Maschine. Das aus dem Vorbrecher kommende Gut besitzt eine Stückgröße von etwa 300 bis 350 mm im Maximum und kann unbedenklich von Kegelbrechern selbst mittlerer Größe aufgenommen werden. Der Kegelbrecher hat als Nachbrecher den Vorzug, daß das mit ihm gewonnene Brechgut eine mehr kubische Form aufweist als dies mit dem Backenbrecher zu erreichen ist.

Walzenmühlen werden im vorliegenden Falle nur dann bei der Auswahl der zweckmäßigsten Zerkleinerungsmaschine in Frage kommen, wenn es sich darum handelt, einen Teil der Erze auf Korngröße unter 50 mm weiter zu zerkleinern.

Bei der Aufstellung eines Großbackenbrechers ist mit Rücksicht auf den hohen Durchsatz in jedem Falle eine automatische Aufgabeeinrichtung vorzusehen, die das grobstückige Erz gleichmäßig der Maschine zuführt. Als zweckmäßigste Vorrichtung hat sich hierfür der bewegliche Stangenrost bewährt, der das Aufgabegut einem Einwurftrichter, in den das Erz aus den ankommenden Wagen entleert wird, entnimmt und dem Brecher gleichmäßig zuführt.

Nach den vorstehenden Erläuterungen ergibt sich für die Möllervorbereitung zum Eisenerz-Hochofen eine Anlage, wie sie beispielsweise auf Abb. 171 schematisch dargestellt ist. Das mit dem Wagen *1* aus der Grube ankommende Erz wird in den Trichter *2* gekippt und aus diesem durch den Stangenrost *3* gleichmäßig entnommen und dem Großbackenbrecher *4* zugeführt. Der Stangenrost dient ausschließlich als Aufgabeapparat, nicht aber als Klassierrost. Das durch die unvermeidlichen Spaltöffnungen zwischen den Schubstangen durchtretende Feingut von etwa 0 bis 10 mm gelangt durch den Sammeltrichter *5* zusammen mit dem durch die Schurre *6* ankommenden Brechgut des Großbacken-

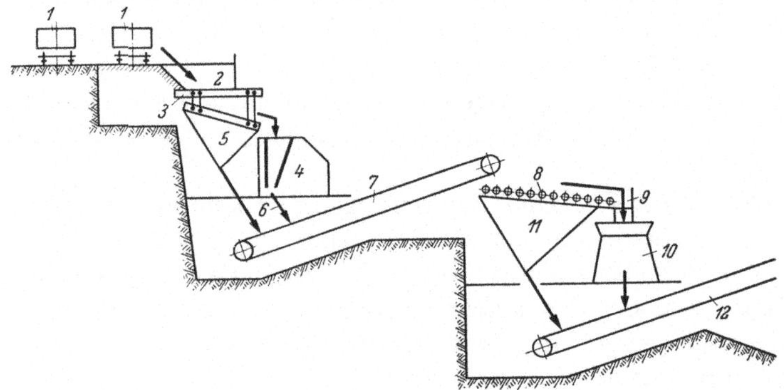

Abb. 171. Möllervorbereitung.

brechers auf das Transportband *7*. Mit diesem Transportband wird das Brechgut zunächst dem Rollenrost *8* zugeführt, auf dem das Stückgut von beispielsweise 0 bis 80 mm ausgeschieden wird, während das grobe Überlaufgut durch die Hosenschurre *9* zur Nachzerkleinerung in die beiden Kegelbrecher *10* gelangt. Das durch den Rollenrost ausgeschiedene Gut fließt durch den Sammeltrichter *11* mit dem aus den Kegelbrechern ankommenden Brechprodukt auf das Transportband *12*, welches das gesamte so vorbereitete Erz entweder einer Klassierungsanlage zur Abtrennung des Feinkorns von etwa 0 bis 20 mm zum Zwecke der Sinterung oder unmittelbar der Hochofenanlage zuführt.

Wie der Längsschnitt zeigt, ist die Gesamtanordnung der Anlage unter Ausnutzung eines Bergabhanges getroffen worden. Hierdurch wird es möglich, die Anlage trotz der Anwendung von Transportbändern, deren Steigungswinkel ja begrenzt ist, in zusammenhängenden Gebäudeteilen unterzubringen.

β) *Mittelharte Eisenerze.*

Im Prinzip könnte für die Verarbeitung mittelharter Erze dieselbe Anlage mit den gleichen Maschinen wie vorstehend unter α) beschrieben, zur Anwendung kommen. Großbackenbrecher und Kegelbrecher werden nur in einer Ausführung geliefert, gleichgültig, ob sie für harte oder mittelharte Erze benutzt werden. Auch ist die Leistung in m^3/h in beiden Fällen die gleiche. Ein Unterschied besteht lediglich im spezifischen Arbeitsbedarf, der bei den mittelharten Erzen etwas geringer ist als bei den harten.

Abweichend von den Anlagen für harte Eisenerze kann in vielen Fällen die Vorzerkleinerung durch einen Großbackenbrecher entfallen, da das Erz beim Sprengen in der Grube im allgemeinen kleinstückiger

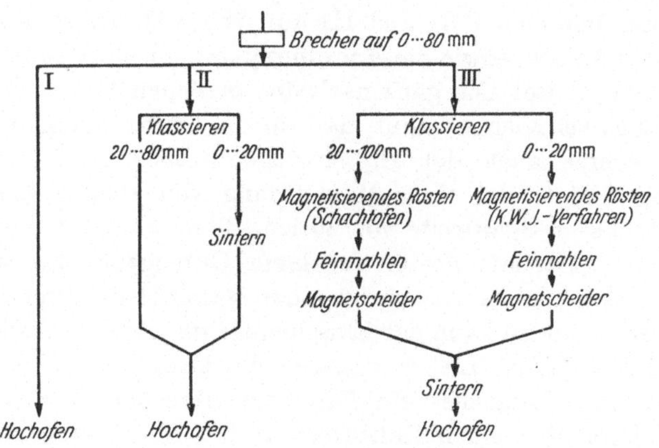

Abb. 172. Aufbereitung mittelharter Eisenerze.

anfällt. Es kommt dann als Zerkleinerungsmaschine in erster Linie der Kegelbrecher in Frage, der in der größeren Ausführung auch noch Stücke bis ¾ m^3 als Aufgabegut aufnimmt. Beim Kegelbrecher ist eine besondere Aufgabevorrichtung nicht unbedingt notwendig. Die Beschickung kann hier durch eine entsprechend angeordnete Trichterschurre erfolgen. Der Kegelbrecher liefert in einem Durchgang ein Brechprodukt von 80 bis 100 mm, wie es für den Hochofen unmittelbar zur Verwendung kommen kann. Allerdings ist sehr oft bei der Verarbeitung mittelharter Erze mit dem Anfall eines erheblichen Prozentsatzes an feinkörnigem Produkt zu rechnen, das gesintert werden muß. In diesem Fall gelangt das vom Kegelbrecher kommende Erz in eine Klassier-Anlage, in der es in etwa 0 bis 20 und 20 bis 100 mm Körnung klassiert wird. Der feinkörnige Anteil wird dann für die Möllervorbereitung gesintert.

Die mittelharten Eisenerze sind auch häufig mit Gangarten durchsetzt und erfordern dann noch eine weitere Aufbereitung durch magnetisierendes Rösten, Feinmahlen und magnetische Scheidung, bevor sie durch die Sinterung möllerfertig gemacht werden. Die Feinzerkleinerung erfolgt hierbei auf etwa 0 bis 3 mm Korn. Die geeignetsten Zerkleinerungsmaschinen sind hierfür der Prallbrecher und die Walzenmühle. Die letztere kommt aber weniger und meistens nur für geringere Leistungen zur Anwendung. Andererseits kann hier auch die Siebkugelmühle verwendet werden, um das grobkörnige Erz in einem Arbeitsgang auf die gewünschte Korngröße für die magnetische Scheidung zu zerkleinern. Hierbei ist allerdings Voraussetzung, daß der Feuchtigkeitsgehalt des Erzes gering ist.

Es kommen somit für die Verarbeitung mittelharter Eisenerze je nach deren Zusammensetzung drei Arbeitsmethoden in Frage, wie sie in den Stammbäumen I, II und III auf Abb. 172 dargestellt sind. Die Leistung der Anlage, sowie die Anordnung der einzelnen Maschinen und Hilfsapparate richtet sich ganz nach den örtlichen Verhältnissen.

Schließlich sei noch erwähnt, daß für die Grobzerkleinerung mittelharter Eisenerze auch der Einschwingenbrecher eine Anwendungsmöglichkeit bietet. Bei einer Maulöffnung von 1500 × 650 mm und einer einstellbaren Spaltweite von 80 bis 120 mm kann das gewünschte Korn für den Hochofenprozeß in einem Durchgang erzeugt werden. Wird das Erz in der Grube bis zu einer Maximalstückgröße von etwa 600 mm gewonnen, so kann der Einschwingenbrecher als Grobzerkleinerungsmaschine gelten. Liefert dagegen die Grube das Erz wesentlich gröber, so käme zunächst ein Großbackenbrecher in Frage, dessen Brechgut dann über einen Rollenrost in den Einschwingenbrecher als Nachbrecher gelangen würde.

γ) Weiche bis mulmige Eisenerze.

Für die Verarbeitung weicher bis mulmiger Eisenerze sind die in den beiden vorangegangenen Kapiteln angeführten Maschinen wenig geeignet und ganz besonders dann nicht, wenn die Erze einen größeren Feuchtigkeitsgehalt haben. Hier hat sich das Nockenwalzwerk und die Nockenwalzenmühle gut bewährt. In der bisherigen Ausführung besitzt das Nockenwalzwerk Walzen von 1500 mm Durchmesser und 1300 mm Breite, während für die Nockenwalzenmühle Walzen von 1000 mm Durchmesser und 800 mm Breite vorgesehen sind. Die Umfangsgeschwindigkeit der Walzen beträgt bei beiden Maschinen 4,5 m/s. In einer Gesamtanlage für die Verarbeitung weicher bis mulmiger Erze dient das Nockenwalzwerk als Vorbrechmaschine, die Nockenwalzenmühle als Nachbrechmaschine. Die Anordnung würde im Prinzip der Anlage zur Verarbeitung harter Erze nach dem Schema auf Abb. 171

entsprechen, d. h. also: Der Walzenbrecher erhält das aus der Grube ankommende Erz mittels einer Aufgabevorrichtung gleichmäßig zugeführt und bricht dieses zunächst bis auf etwa 0 bis 200 mm vor. Das Brechprodukt gelangt dann mittels eines Transportbandes auf einen Klassierrost, in diesem Fall am besten ein Schwingsieb als Stückgutscheider, von dem das Überlaufgut zwei Nockenwalzenmühlen zur Nachzerkleinerung zugeführt wird. Ein Gurtförderer sammelt dann das gesamte zerkleinerte Erz und führt es der weiteren Verarbeitung zu.

Neuerdings kommt aber für diese Zwecke auch der Prallbrecher in Frage, der die beiden vorgenannten Zerkleinerungsmaschinen zugleich ersetzen kann, wenn er mit einem Schwingsieb im Kreislauf arbeitet. Das Erzeugnis des Prallbrechers gelangt auf das Schwingsieb, dessen Durchgang der weiteren Verarbeitung des Erzes zugeleitet wird, während der Überlauf in den Prallbrecher zurückgeht.

Enthält das Aufgabegut viel Feines und nicht allzu große Stücke, so kann es auch, bevor es in den Prallbrecher gelangt, über einen Stückgutscheider gehen, um das Feine nicht erst in den Brecher zu bringen. Der Durchgang des Stückgutscheiders ist dann das Fertiggut für die weitere Erzverarbeitung, während sein Überlauf in den Prallbrecher gelangt, dessen Brechprodukt auf den Stückgutscheider zurückgeführt wird. Letzterer dient zugleich als Aufgabevorrichtung für den Prallbrecher.

b) Kupfererze.

Zur Gewinnung eines klaren Überblicks über die zweckentsprechendsten Zerkleinerungsmaschinen für die verschiedenen Kupfererze kann man die Erzvorkommen einteilen in:

1. Kupfererze in hartem, quarzitischem Gangvorkommen oder in harten Imprägnationslagerstätten,
2. Kupfersulfide feinerer Verteilung in hartem Porphyr (Nord- und Süd-Amerika),
3. innig verwachsene Kupfersulfide in weichem bis mittelhartem, mulmigem Schiefergestein (Mansfeld, Mitteldeutschland).

Werden die harten Erze unter 1. und 2. im Tagebau gewonnen, so können sie in Stückgrößen bis zu 1 m³ zur Hütte gelangen, während die aus dem Gangbergbau kommenden Erze gewöhnlich eine Stückgröße von 300 bis 500 mm nicht überschreiten.

Die Erze nach 1. und 2. sind bis auf Flotationsfeinheit von 60 bis 100 Maschen je engl. Zoll = 0,25 bis 0,15 mm lichte Maschenweite zu zerkleinern, während die Erze unter 3. eine stufenweise Feinzerkleinerung bis zu einer Feinheit entsprechend 150 Maschen je engl. Zoll = 0,1 mm lichte Maschenweite erfordern.

Hiernach kann die gesamte Zerkleinerung aufgeteilt werden in die Grobzerkleinerung und in die Feinzerkleinerung. Erstere umfaßt den

Zerkleinerungsbereich von der Anfangsstückgröße bis herunter zur Körnung von 6 bis 10 mm und letztere den Bereich von diesem Produkt bis zur Flotationsfeinheit. Im allgemeinen werden die Anlagen so disponiert, daß der Grobzerkleinerungsbetrieb nur in Tagschicht arbeitet, während die Feinzerkleinerung in Verbindung mit der Flotation 24 Stunden täglich in Betrieb ist.

Für harte Erze kommen zur Vorzerkleinerung fast ausschließlich folgende Maschinen in Betracht:

Backenbrecher — Großbackenbrecher — Prallbrecher — Kegelbrecher — SYMONS-Brecher — SYMONS-Granulatoren — Walzenmühlen.

Für die Erze in mergeligem Schiefergestein haben sich Hammerbrecher bewährt, die das anfallende Erz in einem Arbeitsgang auf etwa 15 mm zerkleinern und damit die Vorzerkleinerung abschließen. Auch der Prallbrecher ist für diesen Zweck gut geeignet.

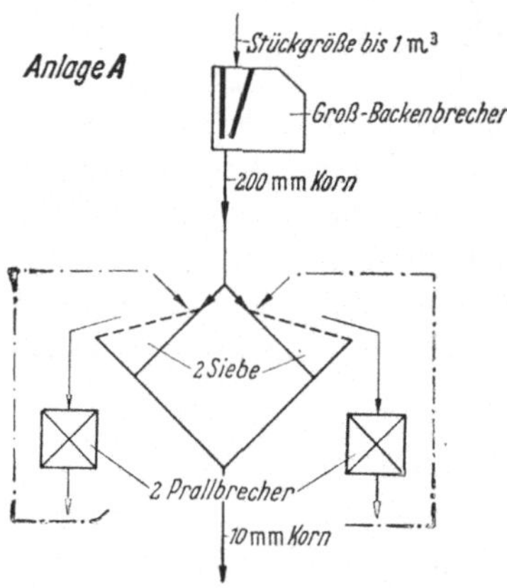

Abb. 173. Aufbereitung harter Kupfererze.

Bei der Vorzerkleinerung der harten Erze ist eine stufenweise Zerkleinerung mit Zwischenabsiebung zum Erreichen eines möglichst gleichförmigen Feingutes mit dem geringsten Anteil an Allerfeinstem vorzusehen. Auch empfiehlt es sich, bei der letzten Stufe der Vorzerkleinerung das Klassiersieb mit der Zerkleinerungsmaschine im Kreislauf arbeiten zu lassen. Die Entscheidung, ob für die erste Stufe der Vorzerkleinerung ein Backenbrecher oder ein Kegelbrecher am Platze ist, hängt von der Aufgabestückgröße und der verlangten Leistung ab. Bei gleicher Aufgabestückgröße der beiden Maschinenarten ist der hierfür passende Kegelbrecher leistungsfähiger als der entsprechende Großbackenbrecher. Bei gleicher Leistungsfähigkeit dagegen kann der Großbackenbrecher wesentlich größere Stücke aufnehmen als der Kegelbrecher. In den schematischen Darstellungen der beiden Anlagen A und B in den Abb. 173 und 174 kommen diese Zusammenhänge klar zum Ausdruck. In beiden Anlagen ist die Anfangsstückgröße des Erzes mit 1 m³ angenommen worden. Dabei ergibt sich, daß der Kegelbrecher der Anlage B zur Aufnahme dieser Stücke die doppelte Leistung des Großbackenbrechers bei der Anlage A aufweist. Wird also die Leistungsfähigkeit der ersten Vorzerkleinerungsmaschine in beiden Fällen voll ausgenutzt, so kann die Gesamtanlage B für die doppelte Leistung gegenüber Anlage A disponiert werden. Im übrigen gibt die schematische

Darstellung der Vorzerkleinerung derartiger Anlagen ein klares Bild über den Arbeitsvorgang, so daß sich weitere Erläuertungen hierzu erübrigen.

Es sei lediglich noch darauf hingewiesen, daß der Großbackenbrecher zu seiner gleichmäßigen Beschickung unbedingt eine Aufgabevorrichtung erfordert (vgl. Kapitel Eisenerze), während beim Kegelbrecher das Aufgabegut durch eine schräge Rutsche unmittelbar in das Brechmaul gestürzt werden kann. Für die Prallbrecher können in diesem Fall die Schwingsiebe zugleich als Aufgabevorrichtung dienen.

Die in Tagschicht zerkleinerten Erze gelangen in entsprechende Vorratssilos und werden aus diesen der in Tag- und Nachtschicht ar-

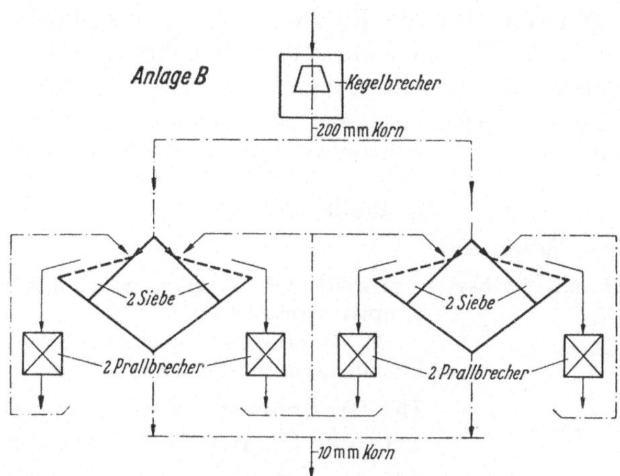

Abb. 174. Aufbereitung harter Kupfererze.

beitenden Feinzerkleinerung und Flotation zugeführt. Für die Feinzerkleinerung kommen Trommelmühlen und Rohrmühlen in Betracht.

c) Blei-Zink-Erze.

Bei den Blei-Zink-Erzen sind im wesentlichen zwei Gruppen zu unterscheiden:

1. Erze mit überwiegend sulfidischem Charakter (Bleiglanz, Zinkblende) in harter Gangart (Quarz) oder hartem Nebengestein.

2. Erze als Lagervorkommen in mittelhartem Dolomit- oder Kalkgestein verwachsen.

Die Aufbereitung der unter 1. genannten Erze, die fein verwachsen anfallen, erfolgt auf dem Wege der Flotation. Der Arbeitsgang ist im wesentlichen der gleiche wie bei den Kupfererzen, so daß auch für die

Wahl der Zerkleinerungsmaschinen dasselbe gelten kann, das im Abschnitt Kupfererze hierüber gesagt wurde.

Für die Erze unter 2. von allgemein mittelhartem Charakter können die gleichen Zerkleinerungsmaschinen wie für die Erze unter 1. als bestens geeignet gewählt werden, jedoch mit der Einschränkung, daß Kegelbrecher und -Granulatoren hierfür weniger in Frage kommen, da besonders die Erze in Dolomitgestein zum Brikettieren neigen. Werden diese Maschinen trotzdem verwendet, so muß die Zerkleinerung auf möglichst nassem Wege, d. h. unter Zufluß von reichlicher Wassermenge vorgenommen werden. Besser geeignet sind in diesem Falle Prallbrecher oder Walzenmühlen.

Erfolgt die Aufbereitung durch Setzwäsche und Flotation, so ist eine stufenweise Zerkleinerung für die Setzwäsche auf 20 bis 1 mm und eine Feinzerkleinerung für die Flotation auf 50 bis 100 Maschen je engl. Zoll erforderlich. Für die Aufbereitung der Blei-Zink-Erze kommen als Zerkleinerungsmaschinen in Frage:

Backenbrecher — Großbackenbrecher — Prallbrecher — Kegelbrecher — SYMONS-Brecher — SYMONS-Granulatoren — Trommelmühlen — Rohrmühlen

d) Wolframerze.

Wolframerze fallen an:

1. als Wolframit in harter, quarzitischer Gangart, gewöhnlich in hartem Eruptivgestein oder
2. als Scheelit in hartem bis mittelhartem, kristallinischem Schiefer.

Prallbrecher
Schwingsieb
Bunker
Verbundschlitzmühle
unter 4 mm Korn
Klassieren Setz- u. Herdwäsche

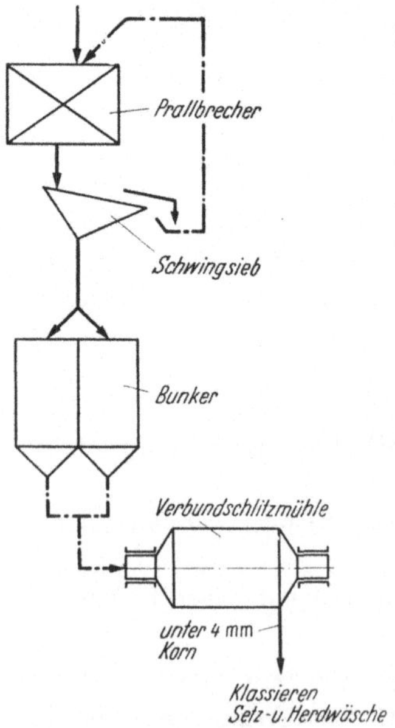

Abb. 175. Aufbereitung Wolframerze.

Die Wolframerze werden gewöhnlich in Setz- und Herdwäschen aufbereitet. Je nach der Art des Erzes hat eine Zerkleinerung auf 10 bis 2 mm zu erfolgen. Dabei ist ein schonendes Zerkleinern unter Vermeidung eines größeren Anteiles an Feinstkorn erforderlich. Da es sich in der Regel um kleinere Vorkommen handelt, so kommen als Zerkleinerungsmaschinen nur solche mittlerer und kleinerer Leistung in Betracht.

Als zweckentsprechende Zerkleinerungsmaschinen sind zu wählen:

Backenbrecher — Kegelbrecher — Prallbrecher — SYMONS-Brecher — SYMONS-Granulatoren.

Ist eine Zerkleinerung unter 6 mm Korn erforderlich, so sind hierfür Naß-Siebkugelmühlen und Trommelmühlen geeignet.

Abb. 175 zeigt einen Stammbaum der

Zerkleinerung einer Wolframerz-Aufbereitung unter Verwendung eines Prallbrechers im Kreislauf. Die Vorzerkleinerung bis zum Bunker erfolgt im Tagbetrieb, während die Feinzerkleinerung mit Setz- und Herdwäsche im Tag- und Nachtbetrieb arbeitet.

e) Zinnerze.

Die Aufbereitung der Zinnerze ähnelt im wesentlichen der Aufbereitung der Wolframerze. Erscheinen die Erze in hartem Gangvorkommen, so gilt für die Wahl der zweckmäßigsten Zerkleinerungsmaschinen das unter Wolframerze Gesagte. Erscheint das Erz in besonders feiner Verteilung im Eruptivgestein, so ist unter Umständen eine Zerkleinerung für die Herdwäsche bis auf 1 mm Korn erforderlich. Auch in diesem Fall entspricht der Arbeitsgang der Zerkleinerung dem Schema in Abb. 175.

2. Kohle.

a) Steinkohlen-Aufbereitung.

Sieberei und Wäsche. Die von den Schächten kommende Rohkohle wird meist zunächst durch einen Rollenrost in Stückkohle von über 80 oder über 120 mm und in Waschkohle von unter 80 bzw. unter 120 mm getrennt. Während letztere anschließend in die Wäsche gelangt, um sie in Setzmaschinen oder Schwerflüssigkeitsapparaten in Kohle, Zwischenprodukt und Berge zu trennen, braucht die Stückkohle nicht gewaschen zu werden und passiert nur ein Leseband zum Entfernen der Berge. Ein Teil der Rohkohle-Förderwagen nimmt die angefallenen Berge zum Versatz der Gruben auf dem Rückweg wieder mit. Zerkleinerungsmaschinen spielen bei diesen Anlagen eine geringere Rolle und kommen im allgemeinen nur für folgende Fälle in Betracht:

I. Große Rohstücke des Rollenrost-Überlaufes sind erforderlichenfalls etwas zu zerkleinern.

II. Bei Spül- oder Blasversatz der Gruben müssen die Berge zerkleinert werden. Hierzu dienen:

Backenbrecher — Rundbrecher — SYMONS-Brecher — Prallbrecher — Hammerbrecher.

Überkorn ist zu vermeiden, damit sich die Rohre nicht zusetzen, aber auch viel Feines ist unerwünscht. Wo diese Bedingungen besonders streng einzuhalten sind, kommen in erster Linie Kegelbrecher in Frage. Prallbrecher arbeiten in diesem Falle zweckmäßig im Kreislauf mit einem Sieb.

III. Bei Überschuß an Stückkohle bzw. Mangel an Nußkohle wird ein Teil der Stückkohle in Walzenbrechern gewöhnlich Stachelwalzenbrechern noch zu Nußkohle zerkleinert.

Brikettierung. Feinkörnige Magerkohle, die für Feuerungszwecke nicht geeignet ist, kann zur Brikettierung benutzt werden. Diese Kohle ist vor dem Zumischen des Bindemittels zu trocknen. Steinkohlenbriketts werden im Gegensatz zu Braunkohlenbriketts fast stets mit Bindemittel hergestellt. Als Pressen dienen gewöhnlich Stempelpressen. Zerkleinerungsmaschinen kommen für das als Bindemittel dienende Hartpech in Betracht. Dieses wird in Schleudermühlen zu Pechstaub vermahlen. Eine andere Möglichkeit besteht darin, das Hartpech durch Erhitzen mittels Wasserdampfes als Pechnebel beizumischen.

Kokskohlen- und Koks-Aufbereitung. Zerkleinerungsmaschinen sind sowohl vor der Verkokung für die Aufbereitung der Kokskohlen als auch nach der Verkokung für die Behandlung des Kokses erforderlich.

Vor der Verkokung ist die Steinkohle in Mahl- und Misch-Anlagen aufzubereiten. Soweit das von der Steinkohlenwäsche angelieferte „Feine“ nicht ausreicht, wird noch gröbere Kohle, beispielsweise Nuß- oder sogar Stückkohle zerkleinert. An Zerkleinerungsmaschinen werden hierbei verwendet:

Prallbrecher oder Hammermühlen für Verarbeitung grober Stücke,

Schleudermühlen für Verarbeitung feinerer Stücke, die auch etwas feucht sein können,

Stabrohrmühlen zur Vermahlung einer Beigabe von Koksgrus.

Es empfiehlt sich, der Zerkleinerungsanlage einen Eisenausscheider vorzuschalten, etwa in Verbindung mit einem Bandförderer. Die verschiedenen Sorten von Feinkohle werden dann vor der Verkokung in den richtigen Mengenverhältnissen gut gemischt, beispielsweise in Schleudermühlen. Meist wird für die Kokskohle verlangt: 80% von 0 bis 3 mm, mitunter auch: 88% von 0 bis 2 mm und 12% von 2 bis 5 mm. Eine feine Vermahlung der Kokskohle ergibt einen wertvollen grobstückigen Koks.

Im übrigen umfaßt die Kokskohlen-Aufbereitung: Ausscheidung von Stoffen, welche die Verkokung stören würden, beispielsweise Wasser, Salz, Schwefel, Faserkohle. Das feine Material von 0 bis 2 mm wird durch Flotation aufbereitet, wobei als Flotationsmittel verschiedene Steinkohlenteer-Fraktionen benutzt werden. Faserkohle wird erforderlichenfalls durch Schlemmverfahren entfernt. Ferner ist Entwässerung, z. B. durch Schleudermaschinen und Trocknung erforderlich.

Nach erfolgter Verkokung der Kohle in der Kokerei oder im Gaswerk gelangt der Koks in die Brech- und Sieb- bzw. Sortieranlagen. Der aus den 400 bis 500 mm breiten Retorten ausgestoßene Kokskuchen zerbricht beim Aufschlagen in ziemlich grobe Brocken, die zunächst gelöscht werden. Dann geht das Material meist über einen Rollenrost zur Vorklassierung. Dessen Überlauf kann als Grobkoks direkt verladen werden. Nach Bedarf werden auch die groben Koksstücke in Walzenbrechern zerkleinert. Der durch den Rollenrost gefallene Feinkoks, gegebenenfalls zusammen mit dem Produkt des Walzenbrechers, wird dann mittels Schwingsieben in einzelne Kornklassen sortiert, die in die unter den Schwingsieben befindlichen Bunkertaschen gelangen.

b) Braunkohlen-Aufbereitung.

Sofern es sich lediglich darum handelt, die Braunkohle für den Verkauf ohne Trocknung in einzelne Kornklassen zu trennen, ist im allgemeinen nur eine Sieberei erforderlich. Für die Befeuerung von Kesseln werden die groben Stücke vorher auf Walzenbrechern zerkleinert, wobei die Korngrößen von der Art der Feuerungsroste abhängen.

Soll die Kohle dagegen für die Brikettierung vorbereitet werden, so durchläuft sie zunächst den Naßdienst. Die Kohle wird hierbei vor dem Trocknen im feuchten Zustand zerkleinert und klassiert. Für die Art dieser Aufbereitungsanlagen sind maßgebend: Härte und Festigkeit der Braunkohle, Sortenanfall, Inkohlungsgrad, Lignitgehalt, Wassergehalt und Oberflächenfeuchtigkeit, Aschengehalt, Beimengungen von Ton und Sand usw. Demnach können auch die Stammbäume des Naßdienstes verschiedenartig sein. Die wechselnden brikettiertechnischen Eigenschaften der Braunkohle bedingen auch verschieden weitgehende Zerkleinerung. Im allgemeinen arbeitet der Naßdienst auf Korngrößen von 0 bis 6 mm. Zu große Körner enthalten im Innern meist zu viel Wasser. Die Briketts zerfallen dann leicht infolge Ungleichmäßigkeit des Wassergehaltes. Wichtig ist allgemein, die Braunkohle für die Brikettierung auf einen günstigen und in den einzelnen Körnungen möglichst gleich großen Wassergehalt zu bringen, sowie eine möglichst hohe Lagerungsdichte zu erzielen.

Folgendes ist zu beachten: Enthält die Braunkohle viel Grobes, so wird sie am besten zunächst in einem Walzenbrecher zerkleinert und erst danach über einen Rollenrost geschickt. Der Überlauf des letzteren kann dann beispielsweise zur Rohkohlen-Verladung gehen, während der Durchgang zur Vorbereitung für die Brikettierung meist in einer Hammermühle weiter zerkleinert wird. Enthält die Braunkohle dagegen viel Feines, Siebfähiges von 0 bis 5 oder 6 mm, so wird sie zweckmäßig zur Vorklassierung bereits vor dem Zerkleinern auf den Rollenrost geleitet. Erforderlichenfalls können mit einem Feinrollenrost Korngrößen von 0 bis 5 oder 6 mm einwandfrei abgesiebt werden. Der Überlauf geht dann in die Hammermühle.

Als Vorbrecher für große, nicht zu harte Stücke kommen meistens Walzenbrecher in Frage. Diese haben Stachelwalzen mit Reiß- und Fangzähnen oder Nockenwalzen, je nach Art der Kohle. Stark inkohlter Lignit läßt sich leicht durch Walzenbrecher vorzerkleinern und weitgehend in Schleuder- oder Hammermühlen feinzerkleinern. Solcher

Lignit ist gut brikettierbar. Holzartiger, wenig inkohlter Lignit dagegen bricht langfaserig und ist auf Sieben abzuscheiden. Bei holzigem Lignit in der Kohle schaltet man zweckmäßig der Anlage einen Kurbelsägebrecher vor, bei dem zwei einander gegenüberliegende Gruppen von gezahnten Sägebalken gegeneinander schwingen. Der große freie Querschnitt läßt das Durchfallen der kleineren Kohlenstücke zu, während die großen, sperrigen, lignithaltigen Brocken von den Sägezähnen eingezogen und zerkleinert bzw. zerrissen werden.

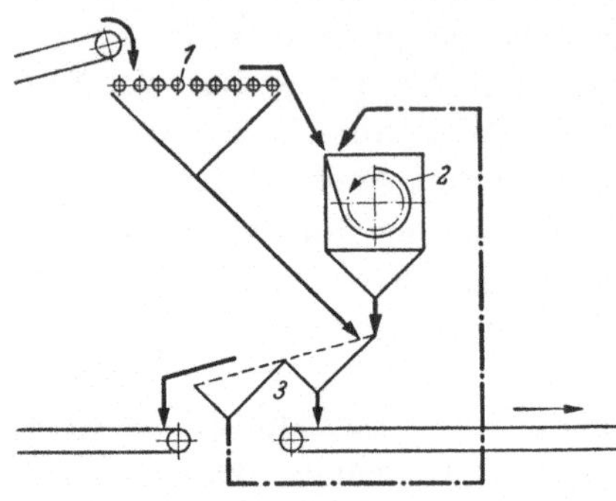

Abb. 176. Braunkohlen-Naßdienst.

Für Brikettfabriken mit Strangpressen soll die zerkleinerte Braunkohle möglichst wenig Staub enthalten. Hammermühlen oder Prallbrecher dürfen daher nicht mit zu hoher Umdrehungszahl laufen. Im Gegensatz hierzu ist für die Ringwalzenpresse viel Staub im Aufgabematerial erwünscht.

Die Abb. 176 zeigt einen Naßdienst, bei dem die Rohkohle zunächst über einen Rollenrost *1* geführt wird. Der Überlauf gelangt in die Hammermühle *2*. Das Brechprodukt dieser Maschine zusammen mit dem Rostdurchgang von etwa 0 bis 25 mm kommt auf das Schwingsieb *3* mit 6 und 25 mm l. Maschenweite. Der Überlauf dieses Siebes von über 25 mm kann nach Bedarf als Kesselkohle abgeführt werden. Der Anteil 6 bis 25 mm geht als Umlaufkohle wieder in die Zerkleinerungsmaschine *2* zurück, während der Anteil 0 bis 6 mm als die verlangte Feinkohle der Brikettfabrik zugeführt wird.

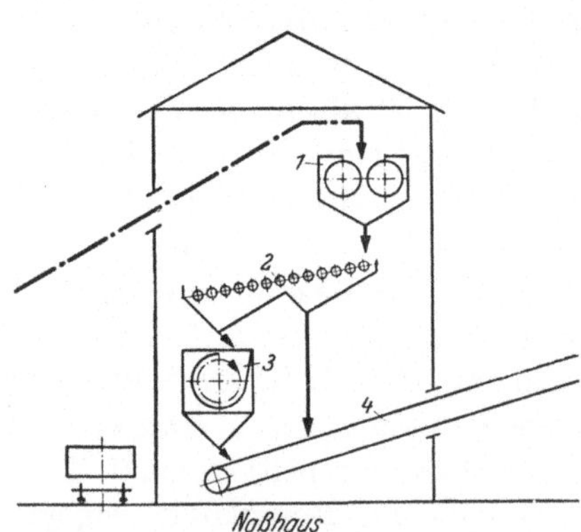

Abb. 177. Braunkohlen-Naßdienst.

Die Abb. 177 stellt einen Naßdienst für Braunkohle mit vorwiegend groben Stücken dar. Das Material wird in einem Walzenbrecher *1* vorgebrochen, kommt dann auf einen Fein-Rollenrost *2*, der im ersten Teil die Korngrößen 0 bis 6 mm absiebt, im zweiten Teil gröberes Material, das in einer darunter befindlichen Hammermühle *3* ebenfalls auf etwa 0 bis 6 mm zerkleinert wird. Während diese zwei Materialmengen nun gemeinsam mit dem Transportband *4* zur Brikettfabrik gelangen, kann der Überlauf des Rollenrostes als Heizungskohle abgeführt werden.

Vom Naßdienst gelangt die Braunkohle in die weitere Aufbereitung für die Brikettierung. Bei Anlagen mit Strangpressen ist der Gang etwa folgender: Das Material geht zunächst in einen Trockner (Röhrentrockner), dann über ein Schwingsieb, dessen Überlauf in einer Walzenmühle beispielsweise Riffel-Walzenstuhl oder auch Glatt-Walzenmühle weiter zerkleinert wird auf etwa 0 bis 4 mm. Diese Nachzerkleinerung im Trockendienst ist erforderlich, da das Korn über 4 mm noch zu hohen, für die Brikettierung schädlichen Wassergehalt hat. Das Mahlprodukt gelangt zusammen mit dem Durchgang des Schwingsiebes in eine Kühlanlage, worauf es der Strangpresse aufgegeben wird.

Bei Anlagen mit Ringwalzenpressen wird das vom Naßdienst kommende Gut im Lurgi-Trockner getrocknet und dabei zugleich sehr fein zerkleinert, worauf es in die Ringwalzenpresse gelangt. Durch den Lurgi-Trockner wird der für die Ringwalzenpresse erwünschte hohe Staubanteil erzielt. Wie bereits S. 235 bis 238 näher erläutert, bietet das kombinierte Trocknungs- und Zerkleinerungs-Verfahren des Lurgi-Trockners die wohl einzigartige Möglichkeit eines verlustlosen Zerkleinerungsvorganges.

Die auf der Strangpresse hergestellten Briketts ergeben bei der Entschwelung nur einen feinstückigen Koks, den sogenannten Grudekoks, der z. B. für Staubfeuerungen vermahlen werden kann und in beschränktem Maße auch für Hausbrand und andere Feuerungen verwendbar ist. Die Briketts der Ringwalzenpresse sind dagegen besonders standfest und dicht und eignen sich speziell für die Entschwelung. Sie liefern dabei einen grobstückigen Koks. Die Briketts der Ringwalzenpresse haben etwa 75 mm Länge, 55 mm Breite und ca. 35 mm Stärke.

c) Kohlenstaubmahlung.

Alle gut trockenen Kohlensorten sind vermahlbar. Durch das Mahlen zu Kohlenstaub können auch magere Kohlen mit viel Aschegehalt nutzbar gemacht werden. Die zu verwendende Kohlensorte wie auch der Feinheitsgrad der Vermahlung hängt natürlich von dem Verwendungszweck ab. Je größer die Feinheit, desto besser ist allgemein die Verbrennung. Magere Brennstoffe müssen feiner vermahlen werden als Brennstoffe höheren Heizwertes. Bei Benutzung grobstückiger Kohle ist diese zunächst in einem Walzenbrecher mit gezahnten Walzen oder in einer Hammermühle auf etwa 0 bis 25 mm vorzuzerkleinern. Bei getrennter Trocknung und Mahlung muß Steinkohle auf 0,5 bis 1% H_2O und Braunkohle auf etwa 6 bis 10% H_2O bespielsweise in einer Trockentrommel getrocknet werden. Die Vermahlung zu Brennstaub erfolgt dann in Rohrmühlen oder auch in FULLER-PETERS-Mühlen, LOESCHE-Mühlen, Pendelmühlen od. dgl. Die getrennte Trocknung und Mahlung ist jedoch überholt worden durch die Mahltrocknung in Rohrmühlen mit Luftstromsichtung, FULLER-PETERS-Mühlen und LOESCHE-Mühlen, bei denen ein durch die Mühle geführter Heißluftstrom gleichzeitig die Trocknung des Mahlgutes vollzieht.

Die Abb. 178 zeigt beispielsweise das Schema einer Anlage der Claudius-Peters A.-G, Hamburg, zur Beheizung eines Zement-Drehofens. Die Kohle gelangt vom Rohkohlenbunker *1* über den Mühlenzuteiler *2* in die FULLER-PETERS-Mühle *3* mit eingebautem Windsichter. Der Mühlen-Einblaseventilator *4* saugt aus dem FULLER-KLINKER-Schrägrostkühler *5* über den Staubabscheider *6* und die Rohrleitungen *7* und *8* heiße Luft für die Mahltrocknung an, drückt diese Heißluft in die Mühle und bläst dadurch den Kohlenstaub aus der Mühle heraus durch die Rohrleitung *9* in den Brenner des Zement-Drehofens *10*. Nach Bedarf kann der Heißluft durch die Drosselklappe *11* noch Frischluft beigemischt werden.

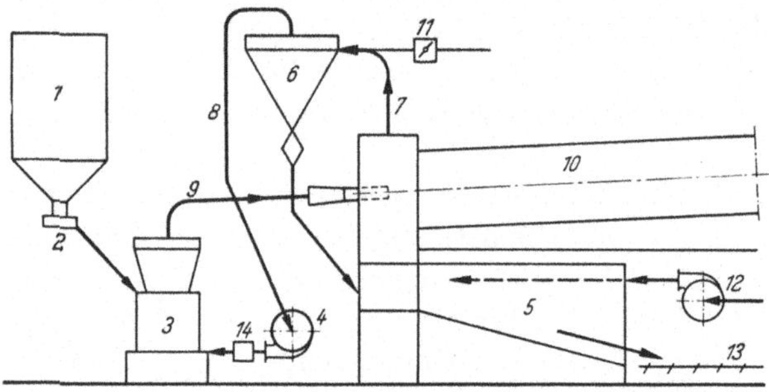

Abb. 178. Drehofen-Staubfeuerung.

Der Ventilator *12* führt dem Klinkerkühler die Kühlluft zu. Die Klinker werden auf der Transportrinne *13* abgeführt. Durch die Regelklappe *14* in Verbindung mit einem auf den Mühlenzuteiler wirkenden Membranregler läßt sich die Mühlenleistung nach Bedarf einstellen.

3. Steine und Erden.

a) Kalkstein.

Die industrielle Entwicklung in den letzten Jahrzehnten hat in den verschiedensten Zweigen der Technik einen außerordentlichen Bedarf an Kalkstein ($CaCO_3$) mit sich gebracht. Bei der Roheisengewinnung, der Zement- und Baukalk-Herstellung, der Karbid- und Kalkstickstoff-Gewinnung und in vielen Zweigen der chemischen Industrie wird Kalkstein als Ausgangs- oder Zusatzmaterial in großen Mengen und in sehr verschiedenen Kornklassen benötigt. Gerade die letztere Tatsache macht es erwünscht, den Bedarf verschiedener Industriezweige mit ihren Ansprüchen an bestimmte Kornklassen von einer Zentral-Aufbereitungsanlage zu decken, um möglichst das gesamte gebrochene und klassierte Material ohne nennenswerte Abfallmengen verwerten zu können. So entstand eine Reihe von Kalkstein-Großbrechanlagen mit Stundenleistungen bis zu 500 t an gebrochenem und in die verschiedenen Kornklassen geordneten Gutes.

Bei diesen gewaltigen Mengen ist es selbstverständlich, daß bereits im Steinbruch mit Verlade- und Transportmitteln größten Ausmaßes gerechnet werden muß, um nicht nur die Mengen, sondern auch das durch sparsamste Sprengung anfallende, grobstückige Bruchmaterial bewältigen zu können. Hier kommen Löffelbagger bis zu 3 m^3 und, falls die Brech- und Klassieranlage vom Bruch entfernt liegt, Transportwagen bis 30 t Ladegewicht zur Anwendung.

Da es sich bei diesen Anlagen durchweg um mittelhartes oder hartes Gestein handelt, so kommen für die Auswahl der zweckentsprechendsten Zerkleinerungsmaschinen folgende Typen in Betracht:

Großbackenbrecher — Kegelbrecher — Prallbrecher — SYMONS-Brecher — SYMONS-Granulatoren — Einschwingenbrecher — Walzenmühlen.

In dem Kapitel über die Kupfererze wurde bereits auf die Gesichtspunkte bei der Wahl zwischen Großbackenbrecher und Kegelbrecher hingewiesen. Hiernach erhält bei einer angenommenen Leistung von stündlich bis zu 500 t gebrochenes Gut mit Rücksicht auf die größtzulässige Aufgabestückgröße der Großbackenbrecher den Vorzug gegenüber dem Kegelbrecher gleicher Leistungsfähigkeit.

In neuerer Zeit hat sich auch der Prallbrecher als eine sehr zweckmäßige Zerkleinerungsmaschine für Kalkstein erwiesen. Der Prallbrecher hat den Vorzug, sehr große Stücke aufnehmen und diese in einem Durchgang sehr weitgehend zerkleinern zu können, so daß durch ihn in vielen Fällen, besonders bei nicht allzu großen Aufgabestücken, zwei Zerkleinerungsstufen ersetzt werden können. Dieser Brecher zeichnet sich außerdem durch eine hohe spezifische Leistung aus. Auch liefert er eine gut kubische Form des Brechgutes, die für viele Verwendungszwecke erwünscht ist. Kommt die Erzeugung feinster Körnungen in Betracht, so ist es zweckmäßig, im Gutsumlauf mit einem Klassiersieb zu arbeiten, um hierdurch den größten prozentualen Anteil an einer bestimmten Kornklasse zu gewinnen.

Als Nachbrecher für größere Anlagen oder als Vorbrecher für Anlagen mittlerer Leistung hat sich auch der Einschwingenbrecher gut bewährt. Bei einer Leistung von etwa 150 t/h gebrochenen Gutes kann er Stücke bis 500 mm Kantenlänge aufnehmen und diese bis auf etwa 100 mm weiter zerkleinern. Sein Leistungsbedarf beträgt hierbei etwa 100 kW.

Die Gesamtanordnung derartiger Kalkstein-Brechanlagen richtet sich ganz nach den für die verschiedenen Zwecke verlangten Kornklassen. Handelt es sich um Anlagen größeren Ausmaßes, so kann für die Grobzerkleinerung die Anordnung, wie auf Abb. 171 für die Verarbeitung harter Eisenerze dargestellt, auch für die Kalkstein-Zerkleinerung gewählt werden. Nur sind an Stelle des Rollenrostes in dieser Industrie schwere Schwingsiebe, sogenannte Stückgutscheider, gebräuchlich. Ferner empfiehlt es sich, die Wände des Sammeltrichters *5* unter dem Stangenrost *3* möglichst steil anzuordnen, um ein Ansetzen des oftmals etwas feuchten Feingutes an den Seitenwänden zu vermeiden. Auch hat sich hier zur gleichmäßigen Beschickung des breiten Transportbandes unter dem Brecher der Kettenbeschicker sehr gut bewährt.

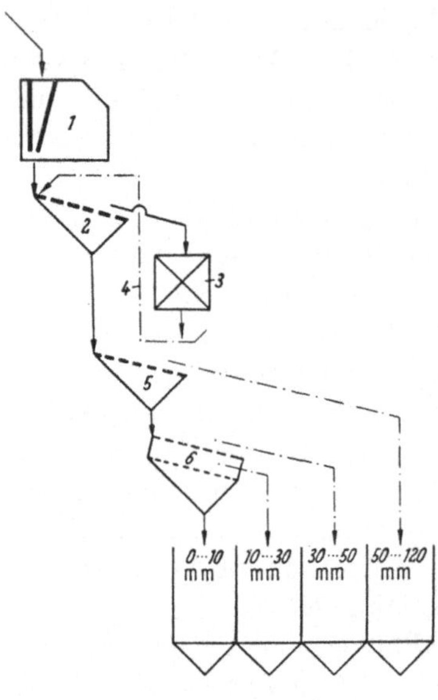

Abb. 179. Kalkstein-Brechanlage.

In Abb. 179 ist schließlich noch eine Kalkstein-Brechanlage mittlerer Leistung mit Großbackenbrecher als Vorbrecher und Prallbrecher oder Einschwingenbrecher im Kreislauf als Nachbrecher mit anschließender Klassierung in die verschiedenen Kornklassen schematisch dargestellt. Hierbei bedeutet *1* den Großbackenbrecher, *2* und *5* Eindecker-Schwingsiebe, *3* den Nachbrecher, *4* ein Becherwerk und *6* ein Zweidecker-Schwingsieb.

In ähnlicher Weise lassen sich die verschiedensten Kombinationen von Zerkleinerungsmaschinen und Klassiersieben je nach den gestellten Bedingungen an die Kornklassen der einzelnen Verwendungsgebiete durchführen.

b) Dolomit, Magnesit, Feldspat, Quarzit.

Dolomit, ein isomorphes Gemisch von Kalzium- und Magnesiumkarbonat, kann sowohl zu Dolomitkalk als auch zu Sinterdolomit gebrannt werden. Im ersteren Falle darf die Brenntemperatur 750° C nicht übersteigen, da nur das Magnesiumkarbonat, nicht aber das Kalziumkarbonat zersetzt werden soll. Dolomit findet im natürlichen Zustand als Baumaterial für Hochbau, Brücken- und Wasserbau und im teilweise entsäuerten Zustand als Baukalk Verwendung. Gesinterter Dolomit bildet, mit Teer gemischt, das Auskleidungsmaterial für Thomaskonverter, metallurgische Öfen und dgl. Das Brennen des Dolomitgesteins findet sowohl in Schachtöfen als auch in Drehöfen statt. Für das Entsäuren des Dolomits sind bisher durchweg Schachtöfen verwendet worden, während zum Sintern sowohl Schachtöfen, insbesondere mit automatischer Drehrostentleerung, als auch Drehrohröfen verwendet werden. Letztere müssen von kräftiger Bauart sein, da zum Sintern Temperaturen bis zu 1700° C erforderlich sind.

Magnesit (Magnesiumkarbonat) kann sowohl im Schachtofen als auch im Drehofen zu kaustischem Magnesit (Magnesia) oder zu Sintermagnesit gebrannt werden. Das kaustische Brennen bezieht sich lediglich auf das Austreiben der Kohlensäure bei etwa 800° C, während das Sintern bei Temperaturen von 1600 bis 1700° C vor sich geht. Da das Magnesitgestein vielfach mit anderen Mineralien durchsetzt ist, so ist in den meisten Fällen eine elektromagnetische Scheidung erforderlich. Bei im Drehofen gesintertem Magnesit stößt diese magnetische Scheidung oft auf Schwierigkeiten, da der Rohmagnesit mit seinen Beimengungen im oberen Teil des Drehofens leicht zu Staub zerfällt, der dann in der Sinterzone zu einer mehr oder weniger homogenen Masse zusammensintert, so daß selbst bei feinster Zerkleinerung eine magnetische Scheidung unmöglich wird.

Kaustischer Magnesit (Magnesia), gemahlen und mit Chlormagnesium gemischt, gibt ein Material von hervorragendem Bindevermögen und findet Verwendung zur Herstellung von fugenlosen Fußböden, Kunststeinen, Bauplatten u. dgl.

Feldspat fällt in verschiedenen Arten an, häufig durchsetzt mit magnetithaltigem Glimmer, dessen Entfernung eine elektromagnetische Scheidung erfordert, da der Feldspat in der Hauptsache für die keramische Industrie verwendet wird und dafür eisenfrei aufbereitet werden muß.

Quarzit, kieselsäurehaltiges Gestein, kommt besonders für die Glasindustrie, ferner für die keramische und chemische Industrie in Frage.

Für die vorstehend aufgeführten Mineralien gelten bei der Wahl der zweckmäßigsten Zerkleinerungsmaschinen im wesentlichen die gleichen Gesichtspunkte. Für die Vorzerkleinerung sind die geeignetsten Maschinen:

Backenbrecher — Großbackenbrecher — Prallbrecher — Kegelbrecher.

Zum Nachbrechen kommen hauptsächlich im Betracht:

Prallbrecher — SYMONS-Brecher — SYMONS-Granulatoren — Walzenmühlen.

Hierbei arbeiten bei kleineren und mittleren Anlagen Prallbrecher und Backenfeinbrecher sowie Walzenmühlen mit einem Klassiersieb zweckmäßig im Kreislauf, um ein möglichst gleichmäßiges Feinkorn zu erzielen.

In Abb. 180 ist beispielsweise das Schema einer Anlage zum Brechen und Mahlen von etwa 2 bis 2,5 t Feldspat in der Stunde wiedergegeben, bei der die Vor- und Nachzerkleinerung in der eben angedeuteten Weise im Kreislauf arbeitet, um ein gleichmäßiges Korn von etwa 0 bis 2,5 mm herzustellen, das für die nachfolgende magnetische Scheidung geeignet ist. In ganz ähnlichem Sinne kann die Vor- und Mittelzerkleinerung auch für Magnesit, Quarz und Dolomit erfolgen.

Was schließlich die Feinzerkleinerung anlangt, so kommen hier in erster Linie auch Rohrmühlen mit Luftstromsichtung zur Anwendung, wobei die Mahltrommel zur Erzielung einer eisenfreien Vermahlung mit Silexsteinen ausgefüttert ist und als Mahlkörper Flintsteine benutzt werden. Der Feinheitsgrad des Mahlgutes erstreckt sich hierbei gewöhnlich bis auf 2 bis 5% Rückstand auf dem DIN-Sieb Nr. 70 mit

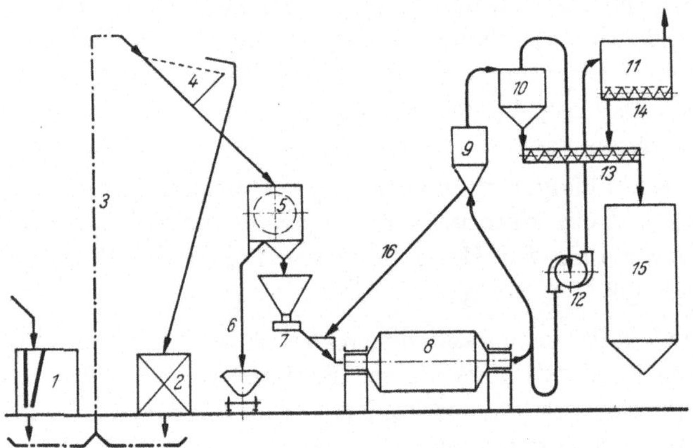

Abb. 180. Feldspat-Mahlanlage.

4900 Maschen/cm². Der spezifische Arbeitsbedarf der Rohrmühlen mit Luftstromsichtung ist bei diesen schwer mahlbaren Stoffen mit 35 bis 45 kWh/t anzunehmen. Eine derartige Feinmahlung kommt in erster Linie bei der Vorbereitung von Magnesit, Feldspat und Quarzit in Frage, während für die Dolomitzerkleinerung im allgemeinen nur die Vor- und Mittelzerkleinerung durchzuführen ist. In dem Schema gemäß Abb. 180 bedeutet *1* den Backenbrecher, *2* den Prallbrecher, *3* das Becherwerk, *4* ein Eindeckerschwingsieb, das mit dem Prallbrecher *2* im Kreislauf arbeitet, *5* den Magnetscheider, *6* die Ableitung der Eisenteile, *7* die Aufgabevorrichtung für die Rohrmühle, *8* die Rohrmühle, *9* den Windsichter, *10* den Zyklon, *11* das Staubfilter, *12* den Umlaufventilator, *13* und *14* die Staubschnecken, *15* den Bunker für das Fertigprodukt und *16* die Rückführung der Grieße des Windsichters zur Rohrmühle.

Im übrigen werden bei der Dolomitbehandlung vielfach auch Kollergänge verwendet, auf denen neben der Nachzerkleinerung gleichzeitig auch die Herstellung und Mischung der Stampfmasse unter Zusatz von Teer erfolgt.

Die Disposition der hier in Frage stehenden Anlagen hat sich ganz nach den Anforderungen, die an das zu gewinnende Fertiggut gestellt werden, zu richten. Diese können aber sehr verschiedenartig sein, da derartige Mineralien eine recht vielseitige Verwendung finden. Es sind deshalb die hier gegebenen Hinweise nur als allgemeine Richtlinien zu betrachten.

c) Schotter und Splitt.

Bei den Schotter- und Splittanlagen handelt es sich um die Herstellung bestimmter Gesteins-Korngrößen, wobei eine möglichst „kubische" Kornform gefordert wird. Im allgemeinen bezeichnet man die Korngrößen:

100 bis 60 mm als Grobschotter,
60 bis 30 mm als Schotter,
30 bis 15 mm als Grobsplitt,
15 bis 7 mm als Feinsplitt (mitunter auch 15 bis 3 mm),
7 bis 0 mm als Sand (mitunter auch 3 bis 0 mm).

Schotter und Splitt wird hergestellt aus: Basalt, Diabas, Granit, Diorit, Porphyr, Syenit, Grauwacke u. a. harten Gesteinen. Die Anlagen bestehen im wesentlichen aus Vor- und Nachbrechern und den für die Klassierung erforderlichen Siebeinrichtungen.

Als günstigste Zerkleinerungsmaschinen kommen in Frage:

Prallbrecher — Backenbrecher — Kegelbrecher — Schlagbrecher — SYMONS-Brecher — SYMONS-Granulatoren — Walzenmühlen.

Einschwingenbrecher und Backengranulatoren als Nachbrecher sind heute im allgemeinen überholt. Sie sind wegen ihres hohen Verschleißes, bedingt durch die reibende Bewegung, nur für weicheres Gestein geeignet. Walzenmühlen kommen bei kleineren Leistungen für Feinsplitt- und Sandherstellung in Frage.

Ist der erzeugte Splitt gut kalibriert bzw. gut kubisch, so wird er als Edelsplitt bezeichnet. Bei Backen-, Kegel- und Walzenbrechern wird im allgemeinen das Material um so edler, je geringer der eingestellte Zerkleinerungsgrad ist. Dabei ist es wichtig, daß der Nachbrecher voll beaufschlagt bzw. gut gefüllt, also richtig belastet ist, damit eine gute Kornform entsteht. Der Prallbrecher erzeugt auch bei dem ihm eigentümlichen hohen Zerkleinerungsgrad noch ein gutes kubisches Korn.

Für jeden Brecher ist es vorteilhaft, wenn er etwas Überlauf liefert, und zwar ca. 15 bis 20%, weil die größten Stücke meist keine gute Form haben, insbesondere schalig sind. Der Überlauf wird dann entweder derselben Maschine oder einem Nach- bzw. Feinbrecher aufgegeben.

Beim Bau von Straßen wird erst eine Unterschicht grober Steine gelegt. Darauf kommt der Schotter und darüber wird dann feineres Material aufgewalzt. Früher wurde die Oberschicht nur mit Wasser und Sand gebunden. Dies kommt heute nur noch für Nebenwege in Frage. Man gibt der Oberschicht Bindemittel zur Verfestigung der Straßendecke, z. B. Teer, Asphalt oder auch Beton. Dazu ist feiner Splitt erforderlich; denn je feiner das Material zerkleinert ist, desto weniger braucht man Bindemittel. Beim Walzen der Straßendecke zeigt sich auch der Vorteil des kubischen Materials, das gut unter der Walze „steht", während blättriges Material wegrutscht.

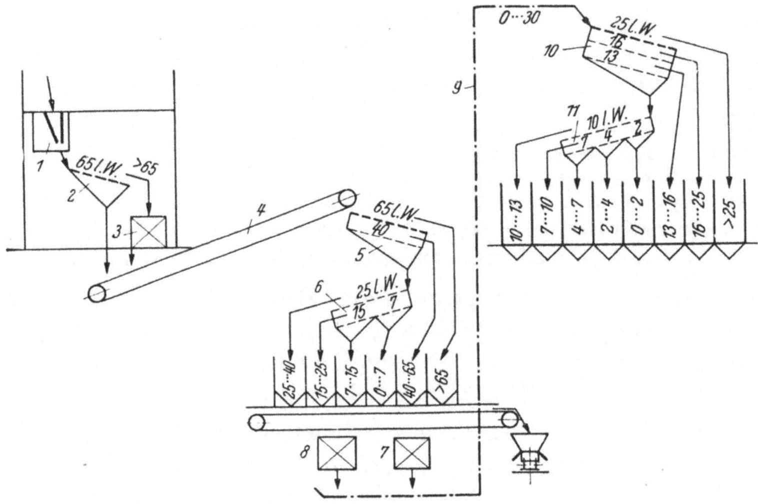

Abb. 181. Schotter- und Splittanlage.

Die Abb. 181 zeigt das Schema einer Schotter- und Splittanlage für 25 bis 30 m³/h. Sie besteht im wesentlichen aus drei Teilen. Diese sind:

1. Vorbrechanlage. Hierzu gehört ein Backenbrecher *1*, der bei einer Aufgabestückgröße von etwa 300 × 600 mm auf etwa 65 mm Spaltweite eingestellt ist. Er arbeitet auf ein Eindecker-Schwingsieb *2* mit 65 mm l. W. Der Überlauf dieses Siebes gelangt in einen zweiten Brecher *3*, der z. B. ein Prallbrecher oder ebenfalls ein Backenbrecher sein kann. Der Siebdurchgang und das Brechprodukt des Nachbrechers werden durch einen Muldenbandförderer *4* der Siebanlage zugeführt.

2. Sieb- und Siloanlage. Sie besteht vor allem aus zwei übereinander angeordneten Zweidecker-Schwingsieben *5* und *6* (z. B. Resonanz- oder Universal-Schwingsiebe) und den erforderlichen Siloabteilungen. Das erste Sieb *5* hat oben 65, unten 40 mm l. W., das zweite Sieb 6 oben 25 und unten im ersten Teil 7, im zweiten Teil 15 mm l. W., wodurch eine Klassierung in folgende 6 Korngrößen erfolgt: > 65 mm, 65 bis 40 mm, 40 bis 25 mm, 25 bis 15 mm, 15 bis 7 mm und 7 bis 0 mm. Jede Korngröße wird einer besonderen Bunkerabteilung zugeführt.

3. Splittbereitung. Das von der Schotter- und Siebanlage gelieferte Produkt hat für den Verwendungszweck meist noch zu große Anteile der gröberen Kornklassen. In dem dargestellten Fall wird daher nach Bedarf ein Teil der Kornklassen > 65 mm und 65 bis 40 mm einem Prallbrecher oder Fein-Steinbrecher *7* aufgegeben und von den Kornklassen zwischen 40 und 7 mm einem Nachbrecher *8*. Die Entnahme aus den einzelnen Silos für diese Nachzerkleinerung zur Splittbereitung erfolgt nach jeweiligem Bedarf. Das Produkt der zwei Nachbrecher wird durch ein Becherwerk *9* zur Splittsiebung hinauf gefördert. Diese besteht aus einem Dreidecker-Schwingsieb *10* mit 25 mm, 16 mm und 13 mm l. W. und einem Zweidecker-Schwingsieb *11*, das oben 10 mm l. W. hat, während der untere Siebbelag in drei Felder mit den lichten Weiten 2 mm, 4 mm und 7 mm unterteilt ist. Damit ergibt sich eine Klassierung in folgende 8 Kornklassen: > 25 mm, 25 bis 16 mm, 16 bis 13 mm, 13 bis 10 mm, 10 bis 7 mm, 7 bis 4 mm, 4 bis 2 mm und 2 bis 0 mm, die wiederum in einzelne Bunkerabteilungen geleitet werden.

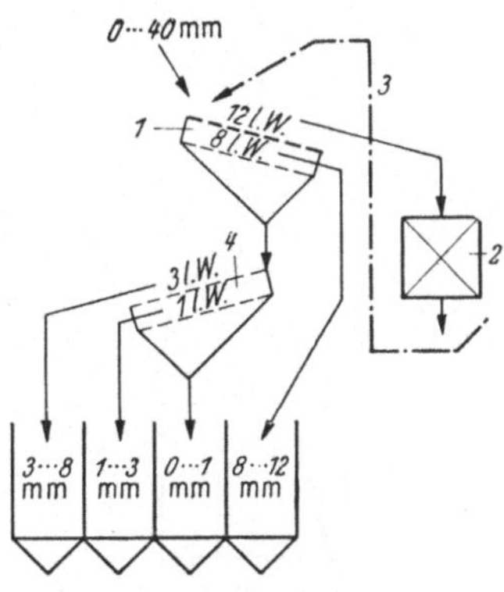

Abb. 182. Splittherstellung.

Eine etwas andere Ausführung der Splittbereitung zeigt Abb. 182. Das von der Vorbrechanlage gelieferte Material von 0 bis 40 mm passiert hier zunächst ein Zweidecker-Schwingsieb *1* mit 12 mm und 8 mm l. W. Der Überlauf geht in den Prallbrecher oder SYMONSbrecher *2*, der also ein Aufgabegut von 12 bis 40 mm erhält und auf geringe Spaltweite eingestellt ist. Das von ihm gebrochene Gut wird durch ein senkrechtes Becherwerk *3* wieder dem Sieb *1* zugeleitet. Unter diesem Sieb befindet sich ein weiteres Zweidecker-Schwingsieb *4* mit Siebgewebe von 3 mm und 1 mm l. W. Folgende Splittsorten werden also hergestellt: 0 bis 1 mm, 1 bis 3 mm, 3 bis 8 mm und 8 bis 12 mm. Das Material kann in Silos oder nach Bedarf auch direkt in Kipploren abgefüllt werden.

Je nach den gestellten Anforderungen an die Kornklassen des Schotters und Splitts und an deren Mengenanteile sind die Anlagen zusammenzustellen.

Ist bei Straßen oder ähnlichen Bauten genügend Hartgestein an der

Baustelle vorhanden, so ist es vorteilhaft, den Schotter oder Splitt am Verwendungsort selbst herzustellen. Bei weniger hohen Ansprüchen an die Absiebung und nicht zu großen Leistungen kann hierzu eine fahrbare Schotteranlage benutzt werden. Sie besteht aus einem Prallbrecher oder Backenbrecher und einer anschließenden Siebtrommel. Das Gerät kann mit Traktoren, Zugtieren oder Straßenwalzen fortbewegt werden. Zum Antrieb des Brechers dient ein fahrbarer Motor, ein Traktor, eine Lokomobile od. dgl. Der Brecher treibt seinerseits die Siebtrommel über Riemen und Getriebe an.

d) Betonzuschläge.

Der Aufbereitungsanlage für Betonzuschläge wird bei unsauberem Rohgestein eine Wasch- und Vorbrechanlage vorgeschaltet. Man wäscht

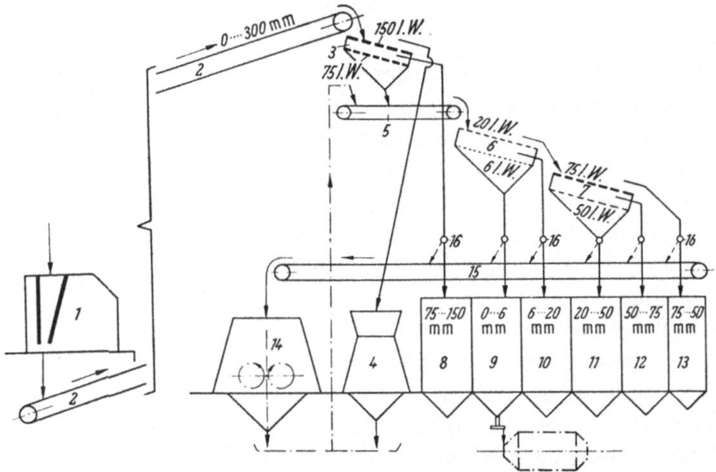

Abb. 183. Aufbereitung von Betonzuschlägen.

hierbei das Rohgestein, da es die kleinste Gesamtoberfläche hat und somit die geringste Waschwassermenge benötigt. Die eigentlichen Aufbereitungsanlagen können je nach den gestellten Anforderungen einen recht erheblichen Umfang annehmen.

Abb. 183 zeigt eine Aufbereitungsanlage, die in weitgehendem Maße die Herstellung von Betonzuschlagstoffen beliebiger Kornzusammensetzung ermöglicht. Der Backenbrecher *1* liefert ein Brechprodukt von 0 bis 300 mm, das mittels der Förderbänder *2* einem Zweidecker-Schwingsieb *3* zugeführt wird. Der Überlauf dieses Siebes, > 150 mm, wird von dem Kegelbrecher *4* weiter zerkleinert, während die Körnung 75 bis 150 mm in den Silo *8* geleitet wird. Der Siebdurchgang < 75 mm gelangt über das Band *5* auf das zweite Zweidecker-Schwingsieb *6* und dessen Überlauf auf das dritte Zweidecker-Schwingsieb *7*. So ist eine Klassierung in die Kornklassen: 0 bis 6 mm (Silo *9*), 6 bis 20 mm (Silo *10*), 20 bis 50 mm (Silo *11*), 50 bis 75 mm (Silo *12*) und 75 bis 150 mm (Silos *8* und *13*) möglich. Um die Mengen der einzelnen Kornklassen besser zueinander abstimmen und auch insgesamt eine weitgehendere Zerkleinerung erreichen zu können, ist noch ein Doppelrollen-Prallbrecher *14* vorgesehen, dem nach Bedarf Korngrößen verschiedener Art durch das lange Band *15* zugeleitet werden können, je nachdem, wie die Schurren an den Abzweigstellen *16* geschaltet werden. Das Brechprodukt des Prallbrechers, der auf verschiedene Feinheiten der Zerkleinerung eingestellt werden kann, geht gemeinsam mit dem Produkt des Kegelbrechers auf das Förderband *5* zurück und von hier erneut auf die Schwingsiebe *6* und *7*.

In dem als Sand bezeichneten Material von 0 bis 6 mm ist auch ein Anteil feinsten Staubes von 0 bis 0,09 mm, sogenanntes Steinmehl enthalten. Ist die auf dem vorbeschriebenen Wege erhaltene Menge an Steinmehl nicht ausreichend für die an den Beton gestellten Forderungen, z. B. im Hinblick auf Wasserdichtheit, so wird noch eine Mahlanlage zur zusätzlichen Gewinnung von Steinmehl vorgesehen. Diese besteht im allgemeinen aus: Rohrmühle mit Speiser unterhalb des Sandbunkers, Windsichter, Staubabscheider, Trockenfilter, Ventilatoren, Feuerung für die Heizgase. Das erzeugte Steinmehl wird mittels einer entsprechenden Fördereinrichtung in einen besonderen Staubbunker gefördert.

e) Stuckgips.

Während der sogenannte Estrichgips ähnlich dem Kalk in Schachtöfen bei 1000° bis 1200° C gebrannt wird, genügen für die Erzeugung von Stuckgips wesentlich geringere Temperaturen. Nach alter Art wird der Stuckgips in dem sogenannten „Harzer Kocher" bei Temperaturen von 160° bis 180° C gebrannt. Dieses Gerät besteht im wesentlichen aus einem mit Rührwerk versehenen eisernen Bottich, der etwa 1 bis 3 t gemahlenen Gipsstein faßt. Die Wärme wird von außen zugeführt und das Material so lange aufbereitet, bis es in das Halbhydrat, den Stuckgips, übergegangen ist. Es handelt sich hierbei also um ein periodisches Verfahren. Werden dabei Füllungsgrad, Brenndauer und Brenntemperatur nicht sorgfältig konstant gehalten, so können sehr leicht unerwünschte Verschiedenheiten des Fertigproduktes eintreten.

Es wurden daher kontinuierliche Verfahren eingeführt, die auch gleichzeitig zu größeren Leistungen führten. Zunächst benutzte man Trockentrommeln mit Einbauten und ähnliche Einrichtungen. Schließlich ging man zum Prinzip der Mahltrocknung über, wobei die Zerkleinerung und das Brennen in eine Maschine zusammengelegt werden. Dieses Verfahren wurde zuerst mit der LOESCHE-Mühle durchgeführt, dann aber zeigte sich auch die FULLER-PETERS-Mühle für diese Zwecke als eine recht geeignete Mahl- und Brennmaschine. Auf Abb. 184 ist ein Schema einer neuzeitigen von der Claudius PETERS A.-G., mit FULLER-PETERS-Mühlen ausgerüsteten Stuckgipsfabrik wiedergegeben[1]. Die Tagesleistung beträgt etwa 250 t Stuckgips. Der auf etwa 150 mm vorzerkleinerte Gips-Rohstein wird aus dem Aufgabebunker *1* durch einen Speiser *2* der Hammermühle *3* zugeführt, die das Material auf etwa Walnußgröße zerkleinert. Ein Becherwerk *4* fördert das Brechprodukt in zwei Bunker *5*, unter denen sich zwei FULLER-PETERS-Mühlen *6* befinden, deren Arbeitsweise in Teil I beschrieben wurde. Die Mühlen werden mittels Drehteller beschickt. Die Drehzahl der Mühlen beträgt 107/min. Die Mahl-

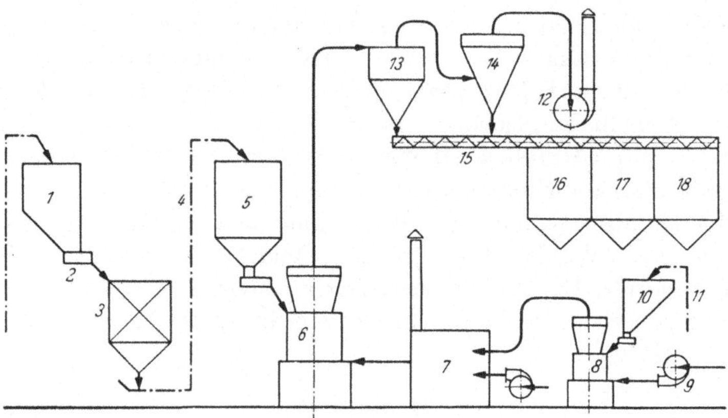

Abb. 184. Stuckgipsfabrik.

ringe enthalten je 12 Stahlkugeln von 26,5 cm Durchmesser. Der mit der Mühle verbundene Sichter ist auf die gewünschte Mahlfeinheit einstellbar. Die Heißgase werden in zwei Brennkammern *7*, System PETERS, erzeugt. Beheizt werden diese mit Kohlenstaub, der durch zwei weitere als Einblasemühlen arbeitende FULLER-PETERS-Mühlen *8* mit den Gebläsen *9* erzeugt wird. Die Mühlen verarbeiten aschearme Nußkohle zu einem Staub mit 5% Rückstand auf dem Sieb mit 4900 Maschen/cm². Die Kohle wird den Mühlen von den Silos *10* aus aufgegeben. Die Beschickung der Silos erfolgt mittels der Becherwerke *11*. Die Heißgase kommen aus der Brennkammer mit etwa 1500° C, werden danach mit Frischluft gemischt, so daß sie in die FULLER-PETERS-Mühlen mit 500° bis

[1] Die Erläuterungen hierzu lehnen sich an einen Aufsatz von K. AICHINGER u. B. WANDSER: Z. Bautechnik 1950 H. 11, an.

600° C eintreten und diese je nach Bedarf mit 150° bis 180° C verlassen. Das Mahlsystem wird durch den Ventilator *12* unter einem Unterdruck von 600 mm W.-S. gehalten. In zwei Aufsteigerohren tragen die Gase den gemahlenen und gebrannten, fertigen Stuckgips hoch in die Vorabscheider *13* und Feinabscheider *14*, von denen er mittels der Schnekken *15* in die Silos *16*, *17* und *18* befördert wird. Es sind insgesamt 8 Silos mit je 2000 t Fassungsvermögen vorgesehen, in denen verschiedenartige Gipssorten getrennt gelagert werden können. Aus diesen Silos wird der Stuckgips mittels Förderschnecken und Becherwerke den Packmaschinenbunkern zugeführt. Mittels zwei Zweituben-Ventilpackmaschinen können in der Stunde etwa 1000 Säcke abgefüllt werden. Die Säcke werden mit Gummiförderbändern den als Transportmittel dienenden Schiffen, Waggons oder Lastkraftwagen zugeführt. Außerdem kann der Stuckgips mittels einer FULLER-Pumpen-Anlage auch zu einem in der Nähe befindlichen Rigips-Gipsplattenwerk gefördert werden.

f) Zement.

In der Zement-Industrie spielt die Hartzerkleinerung eine entscheidende Rolle. Der gesamte Arbeitsgang einer Zementfabrik setzt sich bis auf den eigentlichen Brennprozeß fast ausschließlich aus Zerkleinern und Mahlen zusammen. Bei den gewaltigen Mengen der verschiedenartigen Zemente, die täglich hergestellt und zu hohen Feinheitsgraden gemahlen werden müssen, war es nur natürlich, daß der immer stärker werdende Drang nach wirtschaftlicher Fertigung einen starken Impuls auf die ständige Verbesserung der Zerkleinerungsmethoden und hierbei besonders auf die Mahltechnik ausübte. Gerade die technische Entwicklung der Rohrmühle, wie diese bereits im „Ersten Teil" eingehend behandelt wurde, hat ihre besonderen Anregungen aus der Zement-Industrie erhalten. Waren es zur Zeit der Jahrhundertwende noch die ersten kleinen Einkammer-Rohrmühlen, die damals die üblichen Mahlgänge als Feinmahlmaschinen verdrängten, so haben sich die Rohrmühlen gerade in der Zement-Industrie wie auf keinem anderen Fabrikationsgebiet zu den heute üblichen gewaltigen Abmessungen und Leistungen entwickelt. Sie sind nachgerade zu einem universellen Mahlaggregat in diesem Industriezweig geworden, und es ist wohl mit Sicherheit anzunehmen, daß der weitaus größte Teil der in der Welt für die Feinmahlung aufgewendeten Arbeitsleistung dem Betrieb der Rohrmühlen in der Zement-Industrie zugute kommt.

Zur richtigen Auswahl der zweckmäßigsten Zerkleinerungsmaschinen für die Zementherstellung teilen wir den Fabrikationsgang zunächst in die drei Gruppen: Rohmaterial-Aufbereitung, Klinker-Erzeugung und Klinker-Vermahlung auf.

α) Rohmaterial-Aufbereitung.

Als Rohmaterialien kommen im wesentlichen Kalkstein, Kalk- oder Tonmergel, Wiesenkalk und Ton in Frage. Zum Vorbrechen großstückigen Kalksteins ist der Groß-Backenbrecher die geeignete Maschine. Die Nachzerkleinerung des vorgebrochenen Kalksteines kann dann auf Kegel-, Walzen- oder Hammerbrechern erfolgen. Künftig wird auch der Prallbrecher vorteilhaft zur Anwendung gelangen. Hierbei können gegebenenfalls besondere Nachzerkleinerungsmaschinen entfallen, da der Prallbrecher einen sehr hohen Zerkleinerungsgrad hat. Bei dem Brechgut kann der weitaus größte Teil unter 50 mm Körnung gehalten werden. Wird ein Brechgut von durchweg 0 bis 30 mm oder darunter verlangt, so kann auch dieses von dem Prallbrecher in Verbindung mit einem Stückgutscheider im Kreislauf erzeugt werden. Zur Zerkleinerung von Kalkmergel kommen im wesentlichen dieselben Maschinen in Frage wie für Kalkstein. Für Tonmergel, der u. U. recht feucht anfallen kann, sind gezahnte Walzenbrecher für Vor- und Nachzerkleinerung geeignet. Das gleiche käme auch für Wiesenkalk in Betracht, sofern dieser körnig und nicht ohne weiteres schlämmbar anfallen sollte. Schlämmbarer Wiesenkalk wird in der Grube gestochen und gelangt dann ohne weitere Vorzerkleinerung in die Schlämm-Maschine. Für die Vorzerkleinerung von Ton kommen ausschließlich Tonwalzwerke in Frage.

Nachdem die vorzerkleinerten Rohstoffe in richtigem Verhältnis gemischt und, soweit es sich um das Trockenverfahren handelt, getrocknet sind, erfolgt die Vermahlung zu Rohschlamm oder Rohmehl. Als Mahlmaschinen kommen hier, wie schon einleitend erwähnt, fast ausschließlich Rohrmühlen in Betracht. Im Naßverfahren wird das Rohmaterial auf Mehrkammer-Rohrmühlen zu Dickschlamm mit 26 bis 30% H_2O-Gehalt vermahlen. Handelt es sich um schlämmbaren Wiesenkalk, so wird der aus den Schlämm-Maschinen kommende Rohschlamm auf Einkammer-Rohrmühlen nachgemahlen.

Beim Trockenverfahren werden die im richtigen Verhältnis gemischten Rohstoffe in Mahltrocknungsanlagen zu Rohmehl der verlangten Feinheit vermahlen. Als Mahltrocknungsanlagen haben sich für die Zement-Rohmaterial-Vermahlung fast ausnahmslos die Rohrmühlen mit Luftstromsichtung, wie sie im „Ersten Teil“ beschrieben sind, durchgesetzt. Getrennte Trocknung und Mahlung kommt für Neuanlagen nur selten noch in Frage. Ist dies jedoch der Fall, so können für die Vermahlung der getrockneten Rohmischung sowohl Rohrmühlen mit Luftstromsichtung, wie auch Mehrkammer-Rohrmühlen zur Anwendung gelangen.

β) *Klinker-Erzeugung.*

Wird das Rohmehl oder auch der Rohschlamm in Drehöfen zu Klinkern gebrannt, so fällt die Brennstaub-Herstellung in das Zerkleinerungsgebiet. Die als Brennstoff bestimmte Kohle kann auf Mahltrocknungsanlagen gleichzeitig getrocknet und gemahlen werden. Hierfür sind die Rohrmühlen mit Luftstromsichtung sehr geeignet. Darüber hinaus haben aber auch die LOESCHE-Mühlen und die FULLER-PETERS-Mühlen weite Verbreitung gefunden. Gerade die letzteren vereinfachen in ihrer Ausbildung als Einblasemühlen die Befeuerung der Drehöfen erheblich, da der in der Mühle erzeugte Kohlenstaub unmittelbar ohne Zwischenbunkerung in den Drehofen eingeblasen werden kann. Hierzu vgl. S. 308 und Abb. 178. Die Regulierung der Staubmenge erfolgt bereits durch die Aufgabevorrichtung der Mühle selbst. Erfolgt das Brennen der Rohmaterialmischung im Schachtofen, so ist für die Brennstoffvermahlung lediglich eine Walzenmühle erforderlich, um die Kohle für den Granulierprozeß als Beigabe zum Rohmehl genügend vorzuzerkleinern.

γ) *Klinker-Vermahlung.*

Für die Klinker-Vermahlung haben sich im Laufe der Entwicklung fast ausschließlich die Mehrkammer-Rohrmühlen durchgesetzt. Diese werden für vorgenannten Zweck für Leistungsbedarf bis zu 1000 kW gebaut. Zwar ist man in den Vereinigten Staaten von Amerika dazu übergegangen, auch Rohrmühlen mit Luftstromsichtung für die Klinkervermahlung anzuwenden, jedoch hat sich diese Mahlmethode in Deutschland bisher nicht durchsetzen können.

Die Einschaltung von Luftstromsichtern wird auch besonders dort abgelehnt, wo es sich um die Vermahlung von Mischprodukten handelt, wie z. B. bei der Herstellung von Eisenportland- und Hochofenzement. Zur Verbesserung der spezifischen Leistung der Mehrkammer-Rohrmühlen ist auch versucht worden, die zur Vermahlung gelangenden Klinker weitgehend vorzuzerkleinern, um so den besonders schlechten mahltechnischen Wirkungsgrad in der Vormahlkammer der Mehrkammer-Rohrmühle zu verbessern. Die Vorzerkleinerung der Klinker fand in solchen Fällen auf SYMONS-Granulatoren statt. Die Gesamt-Mahlanlage wird aber durch die Einschaltung einer solchen Vorzerkleinerung wesentlich komplizierter, so daß der in der Mehrkammer-Rohrmühle erzielte Erfolg im ganzen gesehen recht fragwürdig wird. In neuerer Zeit gehen die Bestrebungen dahin, für die Vorzerkleinerung den Prallbrecher einzusetzen. Für die Vorzerkleinerung von Schachtofenklinkern dürfte dies ohne weiteres zum Erfolg führen, für die Vorzerkleinerung von Drehofenklinkern bleibt der Erfolg erst abzuwarten.

Um einen Überblick über die Gesamtanordnung einer Zementfabrik zu gewinnen, ist auf der Abb. 185 das Schema einer Hüttenzement-

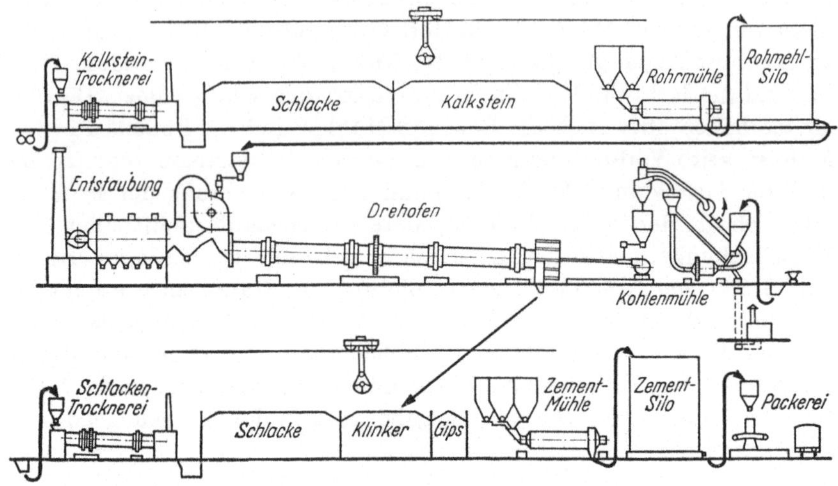

Abb. 185. Hüttenzementfabrik.

fabrik zur Herstellung von Eisenportland- oder Hochofenzement wiedergegeben. Das Schema bedarf keiner weiteren Erläuterung.

g) Keramik.

Die Erzeugnisse in der Keramik sind:

1. **Sinterware** (Sinterzeug) mit dichtem, nichtsaugendem Scherben, z. B. Porzellane, Steinzeug, Gegenstände der chemischen Industrie Fußbodenplatten usw.

2. **Steatit,** ähnlich dem Sinterzeug, besonders für elektrische Isolationsmittel.

3. **Irdengut** (Tongut) mit nicht gesintertem, saugfähigem, porigem Scherben, z. B. Steingut, Töpfergeschirr, Ofenkacheln, Terrakotta, Dränrohre usw.

An Rohstoffen kommen zur Fertigung der Waren in Frage:

1. **Plastische Stoffe:** Kaolin und Ton.

2. **Nichtplastische Stoffe,** vor allem: Feldspat und Quarz. Dazu kommen je nach Art des Materials noch verschiedene Beimengungen wie: Kalkspat, Magnesit, Flußspat, Kreide, Zinkoxyd, Porzellanscherben, Speckstein usw. als Magerungs- oder Flußmittel.

Für die Masseaufbereitung der Rohstoffe finden folgende Maschinen der Hartzerkleinerung Verwendung:

a) für Kaolin und Ton:

Prallbrecher — Hammermühlen — Walzenmühlen — Brechschnecken — Kollergänge — Schleudermühlen — Rohrmühlen mit Luftstromsichtung, evtl. mit Mahltrocknung.

b) für die Zuschlagstoffe:

Prallbrecher — Backenbrecher — Kegelbrecher — SYMONS-Brecher — SYMONS-Granulatoren — Walzenmühlen — Kugel- und Rohrmühlen — Rohrmühlen mit Luftstromsichtung und Mahltrocknung — Schwingmühlen.

Die Abb. 186 zeigt eine für vorgenannte Stoffe in Frage kommende Brech- und Siebanlage unter Verwendung eines Prallbrechers *1*, dem das Rohgut aufgegeben wird und der dieses auf etwa 0 bis 30 oder 40 mm zerkleinert. Das Brechprodukt gelangt auf ein Schwingsieb *2* mit 5 mm l. Maschenweite, dessen Überlauf in den Prallbrecher zurückgeführt wird. Der Durchgang des Schwingsiebes von 0 bis 5 mm wird einem Doppeldecker-Schwingsieb *3* mit 3 und 1,5 mm l. Maschenweite aufgegeben, das beispielsweise die drei Kornklassen 0 bis 1,5 mm, 1,5 bis 3 mm und 3 bis 5 mm liefert. Die größeren Körnungen müssen dann je nach Verwendungszweck meist noch in einer Kugel- oder Rohrmühle feiner vermahlen werden.

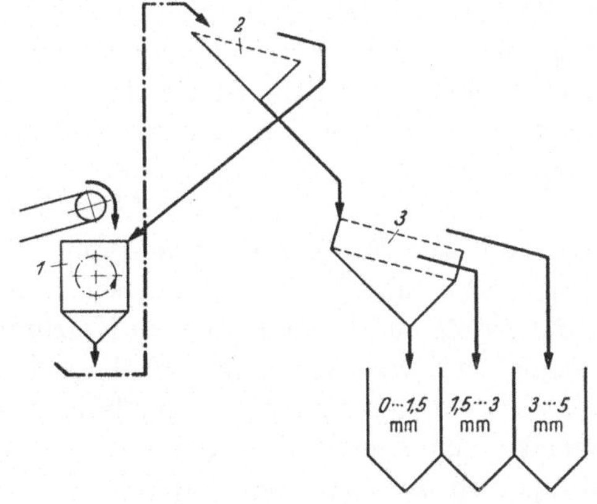

Abb. 186. Brech- und Siebanlage.

Wichtig für die Zusammenstellung der keramischen Masse-Aufbereitungsanlagen sind insbesondere:

Art und Aufgabestückgröße der Rohmaterialien,
Eigenschaften des Aufgabegutes,
Art fremder Beimengungen,
Oberflächenfeuchtigkeit,
Verlangte Leistung bei entsprechender Kornzusammensetzung und, wo erforderlich, die Einschaltung von Magnetscheidern zur Erzielung eisenfreier Produkte.

Hierzu sei auch auf Abschn. Steine und Erden, S. 312, verwiesen.

4. Kalziumkarbid und Kalkstickstoff.

Im Jahre 1892 gelang es dem Professor MOISSON in Paris, im elektrischen Lichtbogen aus einem Gemisch von gebranntem Kalk und Kohle das den Chemikern schon bekannte Kalziumkarbid zu erhalten. Im gleichen Jahre glückte auch dem Amerikaner WILSON bei seinen im Laboratorium angestellten Versuchen im Lichtbogen die Herstellung des Kalziumkarbids. Ähnlich wie man im Hochofen aus Eisenoxyd und Kohle metallisches Eisen gewinnt, indem die glühende Kohle den Sauerstoff des Oxyds an sich reißt, wollte er eigentlich aus dem gebrannten Kalk (CaO), der seinen Sauerstoff hartnäckig festhält, in der hohen Hitze des Lichtbogens das Kalziummetall gewinnen. Er bekam aber nur eine schwarze Masse, die in einer Ecke des Hofes weggeschüttet wurde. Als zur Mittagszeit ein Angestellter sich nach dem Essen eine Pfeife ansteckte und das brennende Streichholz achtlos auf die vom Regen naß gewordene schwarze Masse warf, entstand zum Erstaunen der Anwesenden ein Feuer auf dem Haufen „Steine". Eine nähere Untersuchung ergab dann, daß es sich bei der schwarzen Masse um Kalziumkarbid handelte, das mit Wasser das brennbare Azetylengas entwickelt. Auf Grund dieser Entdeckungen entstanden auch in Deutschland sehr bald an Wasserkräften kleine Karbidwerke, die in der Hauptsache das Kalziumkarbid zu Beleuchtungszwecken herstellen. Viele Leute glaubten damals, die Azetylenbeleuchtung würde das Licht der Zukunft sein. Für sie wurde es eine Enttäuschung, als das Leuchtgas und nicht das Azetylen den Sieg errang. Dies war auch nicht verwunderlich; denn die kleinen Karbidwerke arbeiten sehr unwirtschaftlich, und die Bedingungen der Karbiderzeugung waren auch in wesentlichen Punkten noch recht unklar. Die Hitze des elektrischen Lichtbogens liegt mit 3000 bis 4000° C weit über der für die Karbidbildung, nämlich für die Umsetzung:

$$CaO + 3\,C = CaC_2 + CO$$

erforderlichen Temperatur von rund 1700° C. Wird das Karbid einer Temperatur über 2000° C ausgesetzt, so beginnt es in graphitischen Kohlenstoff und wegdampfendes Kalzium zu zerfallen. Trotz dieses anfänglichen Rückschlages entwickelte sich die Kalziumkarbid-Herstellung sehr schnell. Ging auch die Herstellung des Karbids für Beleuchtungszwecke weiter zurück, so nahm doch seine Erzeugung durch das Eindringen in die metallbearbeitende Industrie, Schweißtechnik und dgl. einen wachsenden Umfang an. Schließlich fanden sich immer weitere Gebiete der Anwendung des Karbids, so in der chemischen Industrie für die Gewinnung von synthetischem Kautschuk und vor allem als Grundstoff für die Herstellung des für die Landwirtschaft so wichtigen Düngemittels Kalkstickstoff. Die Herstellung des letzteren soll nachstehend näher behandelt werden, da die hierfür erforderlichen Zerkleinerungsmaschinen eine abweichende Bauart gegenüber der normalen Ausführung erhalten mußten.

Im Jahre 1895 nahmen Dr. Frank und Dr. Caro ein deutsches Patent heraus, nach welchem durch Einwirkung von Stickstoff und Wasserdampf auf Karbide der Erdalkalien Zyanamide hergestellt werden sollten. Die Sache ging aber nicht wie angenommen vonstatten, da der Wasserdampf das Karbid zerstörte. Es wurde ein junger Chemiker Dr. Rothe zu Hilfe gerufen, der dieses Problem bereits erfolgreicher bearbeitete. Er stellte u. a. fest, daß bei einer Erhitzung auf 1000 bis 1100° C aus Kalziumkarbid in Gegenwart von Stickstoff Kalziumzyanamid entsteht. Auf diese Ermittlungen stützte sich dann die fabrikmäßige

Herstellung des Kalkstickstoffes als wertvolles Düngemittel. Es entstanden die großen Stickstoffwerke in Trostberg in Bayern und Piesteritz bei Wittenberg u. a., in denen der Grundstoff, das Kalziumkarbid, nicht nur für die dort selbst durchgeführte Kalkstickstofferzeugung, sondern auch für die verschiedenen sonstigen Verwendungszwecke in großem Maße hergestellt wurde.

Das Arbeitsverfahren eines solchen Werkes stellt sich bis zur Kalkstickstoffherstellung wie folgt: Der meist schon als Ätzkalk in Stücken angelieferte Kalk, wie auch die zur Verwendung kommende Kohle oder der Koks müssen auf eine kleinkörnige Stückgröße mit möglichst wenig Staubbildung vorgebrochen werden. Aus diesen beiden Grundstoffen wird in Elektroöfen das Kalziumkarbid gewonnen und anschließend im flüssigen Zustand in Pfannen abgezogen und zum Erkalten gebracht. Ist dies geschehen, so folgt die Zerkleinerung und die Klassierung auf die für die verschiedenen Verwendungszwecke gewünschten Korngrößen. Der zur Kalkstickstoff - Herstellung bestimmte Teil gelangt dann in die Karbidmühlen, um hier zu feinem Pulver gemahlen zu werden. In einem Nebenbetrieb wird der Stickstoff aus der Luft gewonnen. In einer weiteren Abteilung findet dann die Umsetzung des gemahlenen Karbids mit Stickstoff zu Kalziumzyanamid (Kalkstickstoff) bei etwa 700 bis 1100° C nach der Formel:

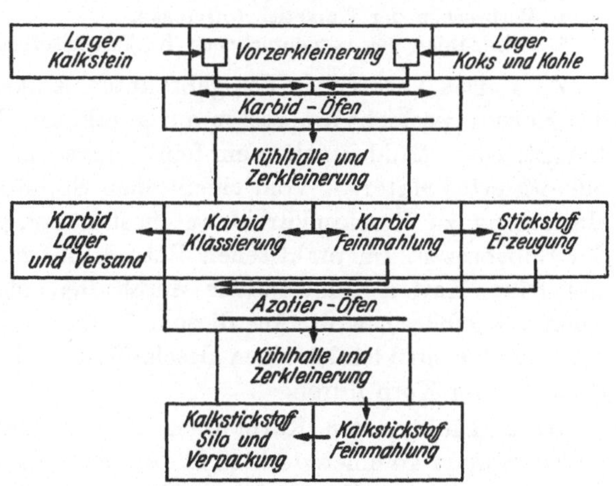

Abb. 187. Kalziumkarbid- und Kalkstickstoffwerk.

$$CaC_2 + N_2 = CaCN_2 + C$$

statt. Das Kalziumzyanamid ist an sich schneeweiß, wird aber durch den bei der Reaktion ausgeschiedenen Kohlenstoff dunkel gefärbt. Die Umsetzung des Karbids zu Kalkstickstoff findet in den sogenannten Azotieröfen statt. Dies sind vertikal aufgestellte, mit Schamottesteinen ausgefütterte Eisenzylinder, in die 2 bis 3 m hohe Körbe aus gelochtem Eisenblech gesenkt werden, die in ihrer Mittelachse einen Stab aus galvanischer Kohle enthalten. In die Eisenblechkörbe, die mit Wellpappe ausgekleidet sind, wird das Karbidmehl eingelassen und unter gleichzeitiger Einleitung von Stickstoff und Anheizen des Kohlenstabes durch elektrischen Strom zu Kalkstickstoff umgesetzt. Ist dies geschehen, so werden die Eisenblechkörbe aus den Eisenzylindern gehoben und entleert. Der Inhalt ist jeweils ein zusammengesinterter Kalkstickstoffblock, der nun nach seiner Abkühlung wiederum zerkleinert und pulverisiert werden muß, um so das streufähige Düngemittel zu ergeben.

Der soeben beschriebene Arbeitsgang ist in Abb. 187 schematisch dargestellt. Für die Auswahl der zweckmäßigsten Zerkleinerungsmaschinen ergeben sich folgende Forderungen.

1. Zerkleinerung des gebrannten Kalkes und der Kohle bzw. des Kokses,
2. Vor- und Nachbrechen der gewonnenen Kalziumkarbidblöcke,
3. Feinmahlen des vorgebrochenen Karbids,
4. Vorbrechen der Kalkstickstoffblöcke,
5. Feinmahlen des vorgebrochenen Kalkstickstoffes.

Zu 1. Das Vorbrechen des gebrannten Kalkes und der Kohle bzw. des Kokses geschieht am besten auf gezahnten Walzenmühlen üblicher Bauart. Diese Mühlen geben ein feinkörniges, aber dabei nicht zu stark pulverisiertes Material. Vom chemischen Standpunkt aus wäre für die Umsetzung zu Kalziumkarbid am besten der pulverförmige Zustand der Substanzen. Im praktischen Betrieb hat sich jedoch gezeigt, daß das feine Karbid-Kohle-Pulver durch den elektrischen Lichtbogen leicht weggeblasen wird. Aus diesem Grunde führt man die Zerkleinerung nur bis zur kleinkörnigen Beschaffenheit des Mischgutes von etwa 0 bis 20 mm Korn durch.

Zu 2. Die aus den Karbidöfen kommenden Karbidblöcke kühlen schwer ab und kommen deshalb häufig noch mit einem inneren warmen Kern zur weiteren Verarbeitung. Hierauf muß bei der Wahl der Zerkleinerungsmaschine und ihres Aufstellungsortes Rücksicht genommen werden. Als Vorzerkleinerungsmaschine kommt der Backenbrecher von mindestens 900 bis 1000 mm Maulweite in Betracht. Diese Brecher müssen mit Wasserkühlung der Lager versehen sein und an einem gut durchlüfteten Raum aufgestellt werden.

Für die Nachzerkleinerung ist der Prallbrecher geeignet. Auch die Nachzerkleinerungsmaschinen müssen in einem gut durchlüfteten Raum aufgestellt werden. Gelangt der Prallbrecher in Verbindung mit einem Klassiersieb im Kreislauf zur Aufstellung, so ist für die Vor- und Nachzerkleinerung nur eine Maschine, also nur ein Prallbrecher entsprechender Größe erforderlich. Der Prallbrecher besitzt einen außerordentlich hohen Zerkleinerungsgrad und erzeugt ein vorherrschend kubisches Korn, das auch für die Klassierung in besondere Kornklassen für verschiedene andere Verwendungszwecke geeignet ist.

Zu 3. Das Feinmahlen des Karbids erfolgt auf Mehr-Kammer-Rohrmühlen. Gewöhnlich wird hier noch eine geringe Menge Flußspat zugesetzt, dessen Wirkung in der Herabsetzung der Temperatur bei der später erfolgenden Umsetzung zu Kalkstickstoff liegt. Beide Stoffe werden im richtigen Verhältnis der Mehrkammer-Rohrmühle zugeleitet und auf dieser zu einem Feingut von etwa 10% Rückstand auf dem Sieb DIN 70 = 4900 Maschen/cm² gemahlen. Die Mehrkammer-Rohrmühle ist hierbei von der Normalausführung abweichend, da der Mahlvorgang zur Vermeidung von Explosionen unter inertem Gas erfolgen muß. Zu diesem Zweck wird die Mahltrommel am Ein- und Auslauf gut abgedichtet und im Innern unter Stickstoff gesetzt. Der spezifische Arbeitsbedarf der Mühle beträgt bei oben angegebenem Feinheitsgrad des Mahlgutes etwa 50 kWh/t.

Zu 4. Die Vorzerkleinerung der Kalkstickstoffblöcke kann in Großbackenbrechern erfolgen. Da das Material auf etwa 0 bis 40 mm für die Feinzerkleinerung vorgebrochen werden muß, so ist für das vom Großbackenbrecher kommende Gut noch eine Nachzerkleinerung erforderlich. Hierfür sind die als Feinbrecher gebauten Backenbrecher geeignet. Dagegen sind für diesen Zweck SYMONS-Brecher nicht zu empfehlen, da der zähe Kalkstickstoff durch die Schlagwirkung des Brechkegels in dieser Maschine leicht zur Brikettierung neigt, so daß die Maschine dann zum Stillstand kommt.

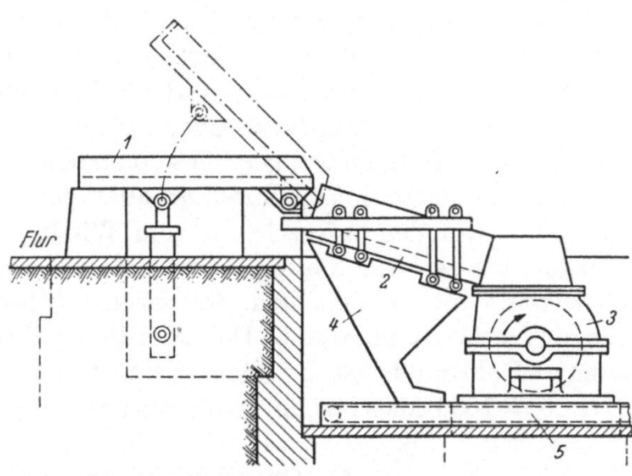

Abb. 188. Vorbrechanlage.

Die weitere Entwicklung in der Kalkstickstoffherstellung führte zu einer von der bisherigen Gepflogenheit gänzlich abweichenden Art der Vorzerkleinerung der Kalkstickstoffblöcke, und zwar unter Verwendung der Hammerbrecher. Die Erfahrung zeigte jedoch, daß diese Maschine nur dann verwendbar ist, wenn der Brecher eine der üblichen Drehrichtung entgegengesetzte Drehrichtung erhält, so wie dies beim Prallbrecher der Fall ist. Künftig dürfte daher auch der Prallbrecher für diesen Zweck gut geeignet sein.

In Abb. 188 ist eine Anlage zum Vorbrechen der Kalkstickstoffblöcke dargestellt. Man läßt zunächst den mit dem Greiferkran aufgenommenen Block auf eine hochklappbare starke Eisenplatte *1* niederfallen, wobei er in einige Stücke zerfällt. Ist dies geschehen, so wird die Platte auf etwa 45° Schrägstellung durch eine elektrische Hubvorrichtung gebracht, so daß der Inhalt auf den Transportrost *2* rutscht, der das Gut zum Einlauf des Hammerbrechers *3* transportiert. Das durch die Rostspalten gehende Feingut wird in einem Sammeltrichter *4* aufgefangen und mittels des Redlers *5*, der auch das aus dem Brecher auf etwa 0 bis 40 mm anfallende vorgebrochene Gut mit aufnimmt, zur Feinzerkleinerungsanlage befördert. Mit Rücksicht auf die großen Kalkstickstoffstücke ist ein Hammerbrecher von mindestens 1600, besser 2000 mm Rotordurchmesser zu wählen. Die Leistung des Brechers ist bei dem intermittierenden Betrieb mit etwa 50 t/h anzunehmen. Der spezifische Arbeitsbedarf beträgt beim Hammerbrecher ca. 1,5 kWh/t.

Zu 5. Die Feinmahlung des vorgebrochenen Kalkstickstoffes erfolgt wieder in Rohrmühlen. Sehr gut bewährt haben sich hierfür Zweikammer-Rohrmühlen, bei denen die erste Kammer mit Stahlkugeln und die zweite Kammer mit Mahlstangen als Mahlorgane gefüllt ist. Die Verwendung von Rundstahl-Mahlstangen geschieht mit Rücksicht auf die Erzielung eines fertigen Düngestoffes von möglichst grießiger Beschaffenheit ohne besonders hohen Anteil an allerfeinstem Gut, da dieses beim Ausstreuen auf den Acker leicht vom Winde unerwünscht weit weggetragen würde. Um dieses lästige Stäuben nach Möglichkeit einzuschränken, wird der gemahlene Kalkstickstoff häufig mit einer geringen Menge Teeröl durchmischt. Der spezifische Arbeitsbedarf der Zweikammer-Rohrmühle ist bei einer Feinheit des Mahlgutes durch Sieb DIN 40 = 1600 Maschen/cm² mit etwa 20 kWh/t anzunehmen.

5. Künstliche Düngestoffe.

a) Kalkstickstoff.

Die Herstellung von Kalkstickstoff wurde bereits in Abschnitte C 4: Kalziumkarbid und Kalkstickstoff eingehend behandelt, so daß sich weitere Ausführungen hierüber erübrigen.

b) Thomasschlacke und Thomasphosphat.

Bei dem zur Herstellung von Flußstahl angewandten Thomasverfahren entsteht durch die Verbindung der im Roheisen enthaltenen Phosphorsäure mit dem zur Entsäuerung beigegebenen gebrannten Kalk die Thomasschlacke. Durch entsprechende Feinmahlung der Thomasschlacke gewinnt man das Thomasmehl, auch Thomasphosphat genannt, das infolge seines Phosphorgehaltes ein viel begehrtes Düngemittel ist. Die Güte des Thomasmehles wird nach dem Anteil an zitratlöslicher Phosphorsäure beurteilt. Man nimmt an, daß dieser Anteil auch im Ackerboden löslich ist und so zur Düngung gut ausgenutzt wird. Der Gehalt an zitratlöslicher Phosphorsäure beträgt im allgemeinen 14 bis 18%.

Man unterscheidet Block- oder Pfannenschlacke und Flußschlacke. Die erstere besteht aus der auf dem Stahlbad schwimmenden und dem in der Gießpfanne verbleibendem Rest der Schlacke. Sie wird durch langsames Abkühlen in den Schlackenwagen meist mürbe und durchlöchert. Dagegen bildet die durch Abstechen in flüssigem Zustand gewonnene Flußschlacke infolge schnellen Erkaltens eine harte homogene Masse.

Die auf dem Schlackenlagerplatz abgestürzten Schlackenblöcke zerfallen zum Teil nach und nach infolge des Ablöschens des noch in der Schlacke enthaltenen freien Kalkes durch die Feuchtigkeit der Luft. Es ist deshalb allgemein üblich, die Schlacken so lange wie möglich lagern zu lassen, bevor sie zur weiteren Verarbeitung gelangen. Diejenigen Blöcke, die nicht durch die Witterungseinflüsse zerfallen, werden am besten mit Fallwerken vorzerkleinert, bevor sie in die Mahlanlage gelangen.

Bei der Verarbeitung der Thomasschlacke zu Thomasphosphat handelt es sich lediglich darum, die Thomasschlacke in einen pulverisierten Zustand zu versetzen, um dem Landwirt die Möglichkeit zu geben, den Düngestoff als Streupulver zu benutzen. Hierbei ist es nicht erwünscht, diesen allzu fein zu pulverisieren, da sonst beim Ausstreuen sehr leicht ein größerer Teil, besonders des feinsten Pulvers, auf des Nachbars Acker landet anstatt auf dem eigenen. Man begnügt sich deshalb mit einer Feinheit von 15 bis 20% Rückstand auf dem DIN-Sieb 1600 Maschen/cm². Gleichzeitig ist bei der Disposition der Mahlanlage zu berücksichtigen, daß in der Thomasschlacke noch Eisenrückstände enthalten sind, die als Fremdkörper die Zerkleinerungsmaschinen beschädigen können und im fertigen Verkaufsprodukt nicht mehr enthalten sein dürfen.

Nach diesen Gesichtspunkten sind für die Vorzerkleinerung solche Maschinen grundsätzlich zu vermeiden, deren Brechorgane zwangsläufig an eine bestimmte Spaltweite gebunden sind wie Backen- und Kegelbrecher oder Walzenmühlen. Ferner sind in den Arbeitsgang Magnetscheider einzuschalten, um die Eisenteile, soweit wie möglich aus dem Endprodukt fernzuhalten.

Unter Berücksichtigung vorgenannter Umstände war vor einer Reihe von Jahren ein besonderer Typ der Mahlmaschine herausgebildet worden, und zwar die Siebkugelmühle ohne durchgehende Achse. Die große Einlauföffnung dieser Maschine und die zwanglose Zerkleinerungsarbeit durch die in eine Wurfbewegung versetzten schweren Mahlkugeln hatten es ermöglicht, auf eine besondere maschinelle Vorzerkleinerung der

Schlacke zu verzichten. Die durch die Witterungseinflüsse nicht zerfallenen größeren Schlackenstücke werden auf dem Schlackenlagerplatz durch Fallhämmer, die an dem fahrbaren Verteilungskran angehängt sind, zertrümmert und gelangen dann bis zu etwa doppelter Faustgröße zusammen mit dem verwitterten Gut unmittelbar in den Aufgabetrichter der Siebkugelmühlen. Zur gleichmäßigen Beschickung der Mühlen sind über diesen an der Außenwand des Gebäudes je ein Sammeltrichter vorgesehen, in den die mit dem Greiferkran ankommende Schlacke entleert und aus dem diese dann durch einen langen Schubwagenspeiser oder eine ähnliche Vorrichtung der betreffenden Siebkugelmühle zugeführt wird. Diese allgemeine Anordnung der Vorzerkleinerung und die Zuführung der Schlackenmasse zu den Siebkugelmühlen kann man noch heute in fast allen bestehenden Thomasschlacken-Mahlanlagen antreffen.

Die Trocken-Siebkugelmühle ohne durchgehende Welle entspricht in der Konstruktion der Mahltrommel der Naß-Kugelmühle, wie S. 113, auf Abb. 87 und 88 dargestellt. Neben dem großen Vorzug der zulässigen relativ großen Stückgröße des Aufgabegutes, wodurch sich eine maschinelle Vorzerkleinerung erübrigt, dient diese Mühle gleichzeitig noch als Eisenabscheider für größere Eisenbrocken. Kommen derartige, in der Schlacke enthaltene Eisenstücke in die Mühle, so nehmen diese in gewissem Sinne an dem Mahlvorgang als Mahlorgan teil. Die allmählich eintretende Eisenanreicherung in der Mühle, die schließlich den Mahlvorgang nachteilig beeinflussen würde, muß von Zeit zu Zeit beseitigt werden. Zu diesem Zweck ist eine von den Mahlplatten als Schlotplatte mit einer verschließbaren Schlitzöffnung von etwa 60 mm versehen, durch welche Eisenteile bis zu dieser Stärke, jedoch mehrfacher Länge in gewissen Zeitabständen durch Öffnen der Schlitze und Inbetriebnahme der Mühle abgeführt werden können. Die größeren Mahlkugeln und Eisenstücke bleiben in der Mühle als Mahlorgane zurück.

Solange die Rohrmühle noch nicht bekannt war, wurde die Thomasschlacke ausschließlich in der hier geschilderten Weise auf Trocken-Siebkugelmühlen ohne durchgehende Welle vermahlen. Die Mühlen erhielten hierbei eine Siebbespannung von 1600 Maschen/cm^2, so daß das erzeugte Mahlgut fertiges Thomasphosphat war. Nach Einführung der Rohrmühle etwa um die Jahrhundertwende wurde der Arbeitsgang, wie auch in anderen Industrien, getrennt in Vorschroten und Feinmahlung. Als Vorschroter diente dann die Kugelmühle mit einer relativ gröberen Siebbespannung und zur Feinmahlung die Rohrmühle. Als Siebkugelmühle kann eine Mühle von etwa 50 kW Leistungsbedarf in Frage kommen, während die bisher gebräuchlichste Rohrmühle von 1,3 m Durchmesser und 8 m Länge mit Stahlkugelfüllung einem Leistungsbedarf von etwa 150 kW entsprach. Der spezifische Arbeitsbedarf einer solchen Mahlgruppe betrug etwa 20 kWh/t, so daß diese eine stündliche Leistung von etwa 10 t Thomasphosphat ergab.

Zur Entfernung des Feineisens aus dem Mahlgut ist zwischen den Siebkugelmühlen und der Rohrmühle eine magnetische Scheidung einzuschalten. Hierdurch wird nicht nur das Phosphatmehl, sondern auch die Rohrmühle von dem unnützen Ballast befreit.

Trotz der Fortschritte, die im Laufe der letzten Jahrzehnte in der Hartzerkleinerung zu verzeichnen sind, blieb die Thomasschlackenmüllerei hiervon gänzlich unberührt. Erst in jüngster Zeit entstand ein grundlegender Wandel in der Disposition derartiger Anlagen, angeregt durch die Erfolge auf anderen, ähnlichen Arbeitsgebieten. Das System Siebkugelmühle und Rohrmühle wurde ersetzt durch Vorrohrmühle und Rohrmühle mit Luftstromsichtung. Die Vorrohrmühle ist von großem Durchmesser und relativ kurzer Länge. Die vom Lagerplatz kommende Thomasschlacke gelangt durch einen großen, hohlen Lagerzapfen in die Mahltrommel, wird in dieser mit schweren Kugeln bis auf etwa 0 bis 30 mm zerkleinert und verläßt die Mühle durch Schlitze am Ende der Mahltrommel. Größere Eisenstücke aus der Schlacke verbleiben in der Mühle und wirken als Mahlkörper mit, bis sie auf Schlitzbreite des Auslaufs abgenützt, ebenfalls die Mühle verlassen. Zwischen der Vorrohrmühle und der Rohrmühle mit Luftstromsichtung ist eine elektromagnetische Scheidung vorgesehen, um die Schlacke von Eisenteilen zu befreien, bevor sie in die Rohrmühle mit Luftstromsichtung gelangt. Eine zweite elektromagnetische Scheidung ist schließlich noch in dem Grießrücklauf aus dem Sichter zur Rohrmühle eingebaut, um so auch noch den Rest der Eisenteilchen zu entfernen.

Nach diesen allgemeinen Erläuterungen ergibt sich der Arbeitsgang einer derartigen Thomasschlacken-Mahlanlage nach dem in Abb. 189 dargestellten Schema wie folgt: Die von dem Lagerplatz mittels des Laufkranes *1* entnommene Schlacke wird in den Sammeltrichter *2* abgestürzt und aus diesem mit der Aufgabevorrichtung *3* gleichmäßig der Vorrohrmühle *4* zugeführt. Das in dieser vorgeschrotete Gut wird mit dem Laschenketten-Becherwerk *5* auf die elektromagnetische Scheideeinrichtung *6* gehoben und gelangt nach erster Reinigung von den Eisenteilen in die Rohrmühle *7* mit Luftstromsichtung. Hier ist nun die Wirkungsweise so, daß das am Ende der Mahltrommel austretende Mahlgut von dem durch den Ventilator *8* im Steigrohr *9* verursachten Luftstrom angesaugt und in den Sichter *10* gefördert wird. In diesem Sichter wird das fertige Thomasmehl von den noch zu groben Grießen getrennt, die über die elektromagnetische Scheideeinrichtung *11* zur Mühle zwecks Weitervermahlung zurückgelangen, während das fertige Thomasmehl zum Staubabscheider *12* durch den Luftstrom weiter befördert wird, um hier aus diesem ausgeschieden und mittels des Redlers *13* zum Silo *14* für fertiges Thomasphosphat befördert zu werden. Der Ventilator *8* ist mit zwei Druckstutzen versehen, von denen der eine den Anschluß zur Ringleitung *15* vermittelt, während durch den anderen ein Teil der Umluft zur Entstaubungseinrichtung *16* abgeführt wird. Dieser Anteil der Umlaufluft wird wieder ersetzt durch die zusätzlich durch die Mahltrommel der Rohrmühle angesaugte Luftmenge. Durch diese Anordnung wird erreicht, daß in dem Steigrohr *9* dauernd eine starke Saugwirkung vorhanden ist, durch die selbst kleine Eisenpartikel mit dem Mahlgut zum Sichter befördert werden. Gelangen wider Erwarten auch einzelne größere Eisenteile in den Saugluftstrom, ohne von diesem mitgerissen zu werden, so sinken diese in den Krümmer der Ringleitung *15* ab und können hier von Zeit zu Zeit durch die Verschlußklappe *17* entfernt werden.

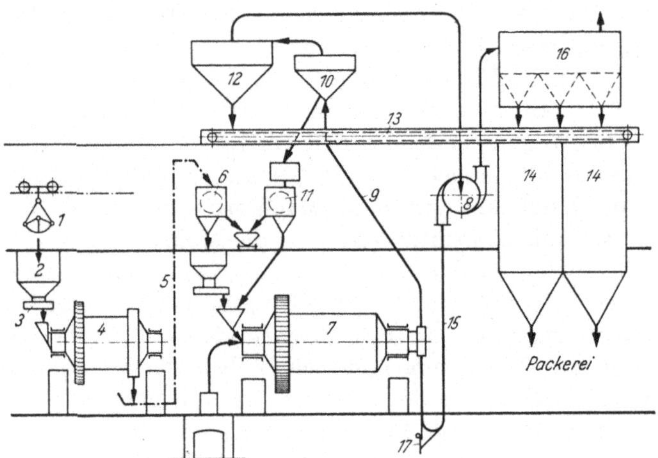

Abb. 189. Thomasschlacken-Mahlanlage.

Zwei besondere Vorzüge sind mit der Verwendung der Rohrmühle mit Luftstromsichtung für die Thomasschlackenvermahlung verbunden: Erstens wird ein zu hoher, unerwünschter Anteil an Allerfeinstem im Thomasmehl vermieden, und zweitens kann der durch die Mahltrommel gesaugte Luftstrom angeheizt werden, um so eine Trocknung der Schlacke herbeizuführen, falls diese durch die Lagerung Feuchtigkeit aufgenommen haben sollte.

Der spezifische Arbeitsbedarf der Gesamtanlage gemäß Abb. 189 beträgt etwa 15 bis 18 kWh/t. Bei entsprechender Wahl der Rohrmühle mit Luftstromsichtung kann die Leistungsfähigkeit des Mahlsystems bis auf 30 bis 40 t/h gesteigert werden.

c) Phosphat und Superphosphat.

Phosphat, d. h. Kalziumphosphat, wird meist unter Zusatz von Schwefelsäure zu Superphosphat verarbeitet, wobei außerdem Gips entsteht. Diese Umwandlung des Phosphates geschieht, um es als Superphosphat wasserlöslich zu machen, wodurch es als Düngemittel viel schneller im Boden wirkt.

Manche Phosphate sind schon in der Natur sehr feinkörnig, z. B. in Afrika, andere dagegen grob und hart, wie z. B. die Vorkommen in Florida. Bei grobem Material ist Vorbrechen erforderlich, z. B. mittels Prall- oder Hammerbrecher. Dann erfolgt die Vermahlung, z. B. auf einer Kugelmühle oder auch auf einer Ringmühle im Umlauf über einen Windsichter, der die Grieße zur Mühle zurückführt. Das Mehl gelangt dann über automatische Waagen in die Aufschließerei, wo in Mischbehältern mit Rührflügeln die Schwefelsäure aus einem Meßgefäß zugesetzt wird. Der Mischbehälter wird meist wechselweise in zwei Aufschließkammern entleert. Die Kammern werden durch einen Exhaustor von giftigen Fluorwasserstoffgasen befreit, dessen Absorption dann in einer Berieselungsanlage erfolgt, um Schädigung der Vegetation zu verhüten. In den Aufschließkammern erstarrt das Material allmählich und ist dann mit Schabemaschinen auszuschneiden. Mitunter sind die Kammern auch nicht gemauert, sondern aus Holz gebaut derart, daß die Holzwände nach dem Erstarren entfernt werden, so daß das Material leichter abgebaut werden kann. Das abgeschabte Gut gelangt zu einem Lager, wo es abermals erstarrt, da das Superphosphat sehr hygroskopisch ist. Vom Lager wird das Material mit Abkratzmaschinen nach Art senkrechter Eimerkettenbagger gelöst. Mitunter werden auch Hacken benutzt und die gelösten Brocken in Walzenbrechern zerkleinert. Vor dem Versand wird das Superphosphat in Schleudermühlen vermahlen, die ein gut mehliges Produkt mit wenig Grieß liefern.

6. Elektrodenherstellung.

Mit dem ständig sich vergrößernden Bedarf an Karbid für die verschiedensten Industriezweige nahmen auch die elektrischen Lichtbogen-Schmelzöfen immer größere Dimensionen an. Hatten die Öfen anfänglich eine Energieaufnahme von 1000 bis 2000 kW, so sind in den großen Werken bereits Öfen von 8000 kW zur Aufstellung gekommen. Daher mußte auch die Herstellung der Kohle-Elektroden den immer größer werdenden Ofenbelastungen angepaßt werden. Man vergrößerte die Querschnitte auf 50 × 50 cm, so daß bei einer Höhe von 180 cm das Gewicht einer solchen Elektrode bereits etwa 700 kg beträgt. Da aber 1 cm^2 nur mit 3 bis 4 Ampere belastet werden darf, so vereinigte man für die 8000-kW-Öfen 3 bis 4 solcher Blöcke, die nun 20000 bis 30000 Ampere aufnehmen konnten.

Als Grundstoff für die Herstellung der Kohle-Elektroden kommen Anthrazit, Pechkoks, Retortenkoks u. dgl. in Frage. Als Bindemittel werden Hartpech und gut entwässerter Steinkohlenteer der Masse zugesetzt. Die Ausgangsstoffe sind in einer besonderen Brech- und Klassieranlage in die verschiedensten Kornklassen zu zerkleinern. Die aus ihnen hergestellte Mischung wird in Knetmaschinen und Kollergängen mit den erforderlichen Bindemitteln gut durchgearbeitet und dann in Strangpressen zu Elektroden gepreßt und schließlich in gasbefeuerten Öfen gebrannt.

Im elektrischen Lichtbogen-Schmelzofen werden die Kohle-Elektroden allmählich aufgezehrt, da unten die glühende Kohle mit der Luft in Berührung kommt. Sie werden nach und nach entsprechend gesenkt, bis sie auf einen kurzen Stummel abgebrannt sind und dann

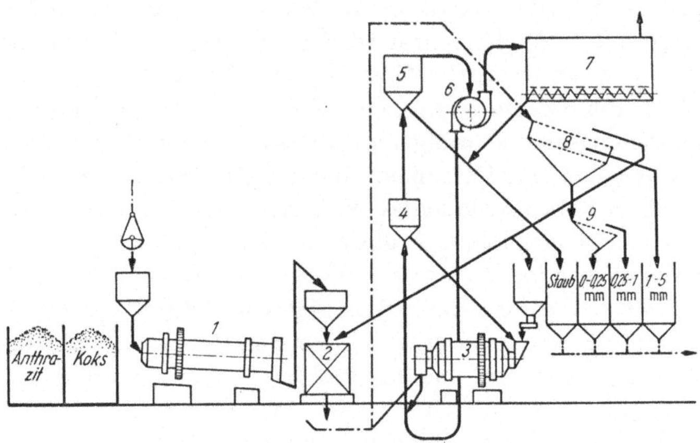

Abb. 190. Elektroden-Aufbereitungsanlage.

ausgewechselt. Um dieses Auswechseln der Elektroden und die damit verbundenen Verluste zu vermeiden, kam der schwedische Ingenieur SÖDERBERG auf den Gedanken, die Elektroden über dem Ofen kontinuierlich zu stampfen und durch die Hitze des elektrischen Ofens selbst zu brennen. Nach manchen Schwierigkeiten hat sich die selbstbrennende SÖDERBERG-Elektrode durchgesetzt. Auf einer Bühne oberhalb des elektrischen Ofens wird die Masse in Eisenblechzylindern eingestampft. In dem Maße, in dem die Elektrode unten im Herd abbrennt, läßt man sie oben nachsinken, so daß hierdurch ein kontinuierlicher Betrieb ohne Auswechseln der Elektrodenreste durchgeführt werden kann.

Zur Gewinnung der Grundmasse für die Herstellung der Elektroden in richtiger Kornzusammensetzung ist eine zweckentsprechende Aufbereitungsanlage beispielsweise nach dem Schema in Abb. 190 erforderlich. Diese Darstellung zeigt die Disposition einer Trocknungs-, Zerkleinerungs- und Mahlanlage zur Aufbereitung der Elektrodenmasse. In dem Schema bedeutet: *1* die Trockentrommel, *2* den Prallbrecher, *3* die Trocken-Rohrmühle, *4* den Sichter, *5* den Zyklon, *6* den Ventilator, *7* die Entstaubung, *8* ein Doppeldeckersieb, *9* ein Eindeckersieb. Wird Pechkoks, Anthrazit usw. in größeren Stücken angeliefert, so ist eine entsprechende Vorzerkleinerung dieser Stoffe vorzusehen. Als geeignete Maschinen kommen hier Backenbrecher, Kegelbrecher und Prallbrecher in Betracht. Als Mahlmaschine sind für vorliegenden Zweck Rohrmühlen für Trockenmahlung geeignet.

Wie ersichtlich, kann sowohl der Prallbrecher als auch die Rohrmühle im Kreislauf mit dem oberen Sieb arbeiten. Außerdem kann für besondere Feinmahlung auch die Rohrmühle mit Luftstromsichtung zur Anwendung gelangen.

Durch die hier getroffene Anordnung ist man in der Lage, die bei der Zerkleinerung anfallende prozentuale Menge jeder Kornklasse zu beeinflussen, so daß Elektrodenmassen jeder beliebigen Zusammensetzung hergestellt werden können. Im übrigen ergibt sich der Arbeitsgang der Anlage ohne weiteres aus dem Schema.

Schrifttum.

1867, v. Rittinger, P. R: Lehrbuch der Aufbereitungskunde. Berlin.

1885, Kick, F.: Das Gesetz der proportionalen Widerstände. Leipzig.

1888, v. Reytt, K.: Bestimmung des Arbeitsaufwandes zur Zerkleinerung der Aufbereitungsprodukte. Z. VDI Bd. 36 S. 229.

1900, Ostwald, Wi.: Die Oberflächenspannung fester Körper. Z. phys. Chem. Abt. A. Bd. 34 S. 495.

1903, Richards, R. H.: Ore dressing. New York Bd. I S. 3050.

1904, Fischer: Der Arbeitsvorgang in Kugelmühlen. Z. VDI.

1911, Anselm, W.: Die Zementherstellung. Berlin: Zementverl.

1912, Del Mar, A.: Mechanical efficiency in crushing. Engng. Min. J. Bd. 94 S. 1129.

1913, Gates, A. O.: The crushing-surface diagram. Engng. Min. J. Bd. 95 S. 1039.

1914, Gates, A. O.: Application of the crushing-surface diagram. Engng. Min. J. Bd. 97 S. 795.

1914, Stadler, H.: The law of crushing. Engng. Min. J. Bd. 98 S. 905.

1915, Taggert, A. F.: The work of crushing. Trans. Amer. Inst. min. metallurg. Engrs. Bd. 48.

1917, Helbig, A. B.: Zerkleinerungsarbeit. Z. Zement Bd. 6 Nr. 37—41.

1921, Ostwald, Wi.: Die beste Korngröße. Die Farbe Nr. 11 S. 1.

1923, Haultain, H. E. T.: A contribution to the Kick versus Rittinger dispute. Trans. Amer. Inst. min. metallurg. Engrs. Bd. 69 S. 183.

1924, Martin, G.: Researches on the Theory of fine Grinding. Trans. ceram. Soc. Bd. 23 S. 61.

1925, Richards, R. H., u. C. E. Locke: Textbook of ore dressing. New York Bd. 1 S. 89.

1926, Gaudin, A. M.: An investigation of crushing phenomena. Trans. Amer. Inst. min. metallurg. Engrs. Bd. 73 S. 253.

1926, Naske, C.: Zerkleinerungsvorrichtungen und Mahlanlagen 4. Aufl. Leipzig: Otto Spamer.

1927, Taggert, A. F.: Handbook of ore dressing. New York.

1927, Andreasen, A. H. M.: Einige Betrachtungen und Beobachtungen über die Wirkungsweise des Schüttelsiebes. Sprechsaal Bd. 60 S. 515.

1928, Mittag, C.: Der spezifische Mahlwiderstand. VDI-Verlag, Berlin.

1928, Andreasen, A. H. M.: Zur Kenntnis des Mahlgutes, theoretische und experimentelle Untersuchungen über die Verteilung der Stoffmenge auf die verschiedenen Korngrößen in zerkleinerten Produkten. Kolloid. Beih. Bd. 27 S. 349.

1928, Andreasen, A. H. M.: Einige Untersuchungen über die die Siebung begleitende Abnutzung des Siebgutes. Sprechsaal Bd. 61 S. 299.

1928, Griffith: Die Bruchtheorie (H. Geiger u. K. Scheel, Handbuch der Physik Bd. VI S. 455). Berlin: Springer.

1928, Mittag, C.: Der Arbeitsvorgang in Rohrmühlen. Zementverlag GmbH, Charlottenburg.

1929, Andreasen, A. H. M.: Über die Gültigkeit des Stockschen Gesetzes für nicht kugelförmige Teilchen. Kolloid-Z. Bd. 48 S. 175.

1929, Andreasen, A. H. M., u. J. J. V. Lundberg: Über Schlämmgeschwindigkeit und Korngröße. Kolloid-Z. Bd. 49 S. 48.

1929, Andreasen, A. H. M., u. J. J. V. Lundberg: Ein Apparat für die Dispersoidanalyse und einige Untersuchungen damit. Kolloid-Z. Bd. 49 S. 253.

1929, Berg, S.: New Apparatus for Determining Degrees of Fineness and some Applications of this Apparatus to various Ceramic Materials. Trans. ceram. Soc. Bd. 28 S. 427.

1929, Dreyer, H.: Die Berechnung des Arbeitsverbrauches der Rohrmühlen. Z. Zement S. 1434.

1930, Gross, I., u. S. R. Zimmerley: Relation of work input to surface produced in crushing quarts. Trans. Amer. Inst. min. metallurg. Engrs. Milling Methods S. 35.

1930, Andreasen, A. H. M., u. J. J. V. Lundberg: Ein Apparat zur Feinheitsbestimmung nach der Pipettenmethode mit besonderem Hinblick auf Betriebsuntersuchung. Ber. dtsch. keram. Ges. Bd. 11 S. 249.

1930, Andreasen, A. H. M., u. J. J. V. Lundberg: Apparat zur betriebsmäßigen Feinheitsbestimmung der Mörtelstoffe und über einige damit ausgeführte Untersuchungen. Zement Bd. 19 S. 698.

1930, Andreasen, A. H. M., u. J. Andersen: Über die Beziehung zwischen Kornabstufung und Zwischenraum in Produkten aus losen Körnern (mit einigen Experimenten). Kolloid-Z. Bd. 50 S. 217.

1930, Andreasen, A. H. M., u. J. J. V. Lundberg: On the Grinding Capacity of Flint-Ball Mills. Trans. ceram. Soc. Bd. 29 S. 239.

1930, Gross, I., u. S. R. Zimmerley: Surface measurement of quarz particles. Trans. Amer. Inst. min. metallurg. Engrs. Milling Methods S. 7.

1930, Grosse, Förderreuther u. Rammler: Mahlversuche an einer sichterlosen Rohrmühle. Z. Zement.

1931, Andersen, J.: Über Maschenweiten und Korngrößen. Z. Zement Bd. 20 S. 224.

1931, Smekal, A.: Lockerstellentheorie. Handb. d. phys. u. techn. Mech. Bd. 4/2 S. 116.

1931, Rotfuchs, G.: Bewertung der verschiedenartigen Kornform von Steinschlag und Splitt. Z. Zement Bd. 20 S. 660.

1933, Rosin, P., E. Rammler, u. K. Sperling: Korngrößenprobleme des Kohlenstaubes und ihre Bedeutung für die Vermahlung. Berlin: Ber. d. Reichskohlenrates.

1933, Rosin, P., u. E. Rammler: Über Mahlung und Mahlmaschinen. Chem. Fabrik Bd. 6 S. 395.

1933, Vinther, E. H., u. M. L. Lasson: Über Korngrößenmessung von Kaolin und Tonarten. Ber. dtsch. keram. Ges. Bd. 14 S. 259.

1933, Heywood, H.: Calculation of Specific Surface of a Powder. Colliery Guard Bd. 147 S. 867, 919, 963.

1933, Naske, C.: Die Mahltrocknung in Zahlen. Z. Zement Bd. 22.

1933, Bonwetsch, A.: Antriebsverhältnisse und Kräftespiel an Backensteinbrechern usw. Mitt. Forsch.-Inst. für Maschinen beim Baubetrieb TH Berlin.

1933, Blanc, E. C., u. H. Eckardt: Technologie der Brecher, Mühlen und Siebvorrichtungen. Berlin: Springer.

1934, Rosin, R., u. E. Rammler: Kornzusammensetzung des Mahlgutes im Lichte der Wahrscheinlichkeitslehre. Kolloid-Z. Bd. 67 S. 16

1934, Rosin, P., u. E. Rammler: Gesetze des Mahlgutes. Ber. dtsch. keram. Ges. Bd. 15 S. 399.

1934, GROSS, I: Summary of investigation on work in crushing. Trans. Amer. Inst. min. metallurg. Engrs. Milling Methods S. 116.

1934, ROTFUCHS, G.: Umrechnung von Rundloch- und Maschensieben. Z. Zement Bd. 23 S. 670.

1935, BIERBRAUER u. HOENIG: Über die Erfassung des Zerteilungszustandes fester Stoffe. Z. Zement S. 285—290.

1935, ANDREASEN, A. H. M., u. S. BERG: Beispiel der Verwendung der Pipettenmethode bei der Feinheitsanalyse unter besonderer Berücksichtigung der Feinheitsuntersuchung von Mineralfarben. Angew. Chem. Beih. Nr. 14 1935. Auszug: Angew. Chem. Bd. 48 S. 283.

1935, BIERBRAUER, E., u. F. HOENIG: Über die Erfassung des Zerteilungszustandes fester Stoffe. Z. Zement Bd. 24 S. 285 u. 301.

1935, WEINIG, A. J.: Wanted an index for measuring the sureface of a mineral powder. Engng. Min. J. Bd. 136 S. 336.

1936, KIESSKALT, S.: Aus der Entwicklung schwingender Arbeitsmaschinen für die Verfahrenstechnik. VDI-Beih. Verfahrenstechnik Nr. 1.

1936, GRÜNDER, W.: Fragen des Zerkleinerns von Verbrauchsgütern. VDI-Beih. Verfahrenstechnik Nr. 1.

1936, MELDAU, R.: Die Form technischer Pulver abhängig von der mechanischen Aufbereitung. VDI-Beih. Verfahrenstechnik Nr. 2.

1936, SMEKAL, A.: Zerkleinerungsphysik. VDI-Beih. Verfahrenstechnik Nr. 2.

1936, SMEKAL, A.: Richtlinien für die Bestimmung der Zusammensetzung von Stauben nach Korngröße und Fallgeschwindigkeit. Hrsg.: Fachausschuß f. Staubtechnik im VDI Berlin: VDI-Verl.

1936, SMEKAL, A.: Bruchtheorie spröder Körper. Z. Phys. Bd. 103 S. 495.

1936, SMEKAL A.: Die Festigkeitseigenschaften spröder Körper. Ergebn. exakt. Naturw. Bd. 15 S. 106.

1936, HÖNIG, F.: Grundgesetze der Zerkleinerung. VDI-Forsch.-Heft 378, Berlin: VDI-Verl.

1936, GONELL: Bestimmung der Zusammensetzung von Stauben nach Korngröße und Fallgeschwindigkeit. VDI-Z. S. 646.

1936, BENNETT, I. G.: Broken coal. J. Inst. Fuel Bd. 15.

1937, SMEKAL, A.: Theoretische Grundlagen der Hartzerkleinerung. VDI-Beih. Verfahrenstechnik Nr. 1.

1937, KOHLSCHÜTTER, H. W.: Die Bedeutung kompaktdisperser Stoffe für Untersuchungen über Zerkleinerungsvorgänge. VDI-Beih. Verfahrenstechnik Nr. 1.

1937, MITTAG, C.: Beobachtung und Untersuchung von Zerkleinerungsvorgängen in der Praxis. VDI-Beih. Verfahrenstechnik Nr. 1.

1937. HOENIG, F.: Zerkleinerungsversuche an Zementmörtel und Ziegeln. VDI-Beih. Verfahrenstechnik Nr. 1.

1937, GRÜNDER, W.: Sicherung der Kornfeinheit bei der Herstellung von Flotationsgut. VDI-Beih. Verfahrenstechnik Nr. 3.

1937, SMEKAL, A: Physikalisches und technisches Arbeitsgesetz der Zerkleinerung. VDI-Beih. Verfahrenstechnik Folge Nr. 5.

1937, RAMMLER, E.: Gesetzmäßigkeiten in der Kornverteilung zerkleinerter Stoffe. VDI-Beih. Verfahrenstechnik Folge Nr. 5.

1937, ANDREASEN, A. H. M., B. WESENBERG, u. E. G. JESPERSEN: Zur Kenntnis des Zerkleinerungsvorganges. Kolloid-Z. Bd. 78 S. 148.

1937, SMEKAL, A.: Theoretische Grundlagen der Hartzerkleinerung. Z. VDI-Beih. Verfahrenstechnik Nr. 1 Bd. 24.

1937, SMEKAL, A.: Zur Physik der Zerkleinerungsvorgänge. Chem. Apparatur Bd. 24 Nr. 1.

1938, ANDREASEN, A. H. M., S. BERG, u. E. KJAER: Einige Kolloid-Versuche mit einer Kugelmühle. Kolloid-Z. Bd. 82 S. 37.

1938, GRÜNDER, W.: Bestimmung der Mahlbarkeit von Stoffen. Z. DVI-Beih. Verfahrenstechnik Nr. 1 S. 17.

1939, MELDAU, R.: Untersuchungen an Schwingmühlen. Z. VDI-Beih. Verfahrenstechnik S. 98.

1939, ANDREASEN, A. H. M.: Die Feinheit feinster Stoffe und ihre technologische Bedeutung. VDI-Forsch.-Heft 399.

1939, WALZ, K.: Die Kennzeichnung der Kornform von grobkörnigen Schüttgütern. Straßenbau Bd. 30 S. 1.

1940, BACHMANN, D.: Bewegungsvorgänge in Schwingmühlen mit trockner Mahlkörperfüllung. Z. VDI-Beih. Verfahrenstechnik Nr. 2.

1941, ANSELM: Die Zementherstellung. Zementverlag.

1941, RÖSSLEIN, D.: Forschungsarbeiten aus dem Straßenwesen — Steinbrecheruntersuchungen unter besonderer Berücksichtigung der Kornform. Berlin: Volk u. Reich Bd. 32.

1942, RAMMLER, E.: Die Schuhmannsche Korngrößengleichung und ihr Verhältnis zum Exponentialgesetz der Kornzusammensetzung. Z. VDI-Beih. Verfahrenstechnik S. 103—108.

1944, MITTAG, C.: Wo bleibt die Verlustarbeit in der maschinellen Zerkleinerung. VDI-Beih. Verfahrenstechnik Nr. 1.

1948, MITTAG C.: Leistungsbedarfsmessung an Hartzerkleinerungsmaschinen. Arch.techn. Messen V 8215—6 Aug.

1949, QUITTKAT, G.: Erkenntnisse bei der Feinmahlung. Erzmetall Bd. II.

1949, KIESSKALT, S.: Zur Verfahrenstechnik der Schwingmahlung. Z. VDI. v. 1. 7. 1949.

1949, ANSELM: Zerkleinerungstechnik und Staub. VDI-Verlag, Düsseldorf.

Sachverzeichnis.